Bodo Morgenstern

Elektronik 1

Bauelemente

Bodo Morgenstern

Elektronik 1

Bauelemente

7., vollständig überarbeitete und erweiterte Auflage

Mit 242 Bildern und 40 Tabellen

Die Deutsche Bibliothek - CIP-Einheitsaufnahme

Morgenstern, Bodo:
Elektronik / Bodo Morgenstern. - Braunschweig;
Wiesbaden: Vieweg.
Bd. 1. Bauelemente: mit 40 Tabellen. -
7., vollst. überarb. und erw. Aufl. - 1993

1. Auflage 1978
2., durchgesehene Auflage 1980
3., überarbeitete und erweiterte Auflage 1983
4., durchgesehene Auflage 1985
5., durchgesehene Auflage 1986
6., verbesserte Auflage 1989
Nachdruck 1990, 1992
7., vollständig überarbeitete und erweiterte Auflage 1993

(Bis einschließlich der 5. Aufl. erschien das Buch in der Reihe uni-text.)

ISBN 978-3-528-63333-2 ISBN 978-3-322-89573-8 (eBook)
DOI 10.1007/978-3-322-89573-8

Gedruckt auf säurefreiem Papier

Vorwort zur 7. Auflage

Das vorliegende dreibändige Werk Elektronik gliedert sich in zwei Teile. In den Bänden I und II wird die *analoge Elektronik* behandelt, während sich Band III mit den *digitalen Schaltungen und Systemen* befaßt. Bände I und II sind aus Vorlesungsskripten für Studierende der Elektrotechnik im 3. und 4. Studientrimester und Band III aus Texten für Studierende der Nachrichtentechnik im 5. und 6. Trimester an der Universität der Bundeswehr Hamburg entstanden. Der Stoff ist so aufbereitet, daß die Bücher sowohl vorlesungsbegleitend als auch für das Selbsstudium verwendbar sind.

Vorausgesetzt werden elementare Kenntnisse in Mathematik, Physik und Grundlagen der Elektrotechnik. Die Stoffauswahl erfolgte so, daß einerseits die Schnittstellen mit den vorangegangenen Lehrveranstaltungen (vor allem den Grundlagen der Elektrotechnik) abgestimmt sind und andererseits das Basiswissen der Elektronik für die nachfolgenden Kernvorlesungen Technische Informatik, Hochfrequenztechnik, Nachrichtentechnik und Leistungselektronik vermittelt wird. Bei der Fülle des Stoffes ist eine Beschränkung auf die wichtigsten Grundlagen notwendig.

Thema von Band I sind die Bauelemente, wobei das Schwergewicht auf den diskreten Halbleiterbauelementen liegt. Soweit die Anwendung einzelner Bauelemente in benachbarten Fachgebieten (z.B. der Hochfrequenztechnik oder der Leistungselektronik) liegt, wird ein knapper Querverweis vorgenommen. Band II befaßt sich mit den *analogen Schaltungen* der Elektronik, wobei hier wegen der großen Vielfalt der Varianten die Beschränkung auf eine Reihe von analogen Grundschaltungen, auf einige Impulsschaltungen sowie die Grundzüge der Integrierten Schaltkreise (z.B. Operationsverstärker) notwendig ist. Mit diesen Kenntnissen sollte der Leser dann in den Stand versetzt sein, sich die Wirkungsweise spezieller Schaltungen selbst erklären zu können oder sich Schaltungen zu dimensionieren.

Band I enthält 9 Kapitel. Da die praktische Anwendung der Elektronik im Vordergrund steht und auch moderne elektronische Schaltungen noch zu einem hohen Prozentsatz lineare, passive Bauelemente enthalten, erschien eine einführende Darstellung der passiven Grundkomponenten Widerstand, Kondensator und Spule wichtig. Hierzu dient Kapitel 1. Es wurde versucht, auch auf die neueren Entwicklungen im Bereich der SMD-Bauteile einzugehen.

Soweit die physikalischen Grundlagen des Leitungsmechanismus im Vakuum und in Festkörpern für das Verständnis der Halbleiterbauelemente von Nutzen sind, werden sie im 2. und 3. Kapitel knapp umrissen. Kapitel 4 legt mit der Behandlung der Halbleiterphysik das Fundament für das Verständnis der Wirkungsprinzipien von Diode, Transistor und Thyristor. Die Halbleiterphysik an sich ist ein mehrbändiges Werk wert; hier wird die quantitative Beschreibung der Phänomene jedoch nur in dem Umfang durchgeführt, der für eine wissenschaftlich halbwegs exakte Beschreibung noch tolerabel erscheint. Der Anwender in der Praxis muß zwar mit den physikalischen Grundlagen des Leitungsmechanismus elektronischer Bauelemente ausreichend vertraut sein, ihn interessieren aber in erster Linie die Größen, die er den Datenbüchern der Hersteller entnehmen kann, nämlich Gleich- und Wechselstromeigenschaften sowie Grenzwerte. Sie werden in den speziellen Kapiteln ausführlich behandelt.

Die Einteilung der Halbleiterbauelemente in den weiteren Kapiteln erfolgt zum einen nach der Anzahl der vorhandenen PN-Übergänge (homogenes und/oder polykristallines Material, Dioden, Transistoren und Vierschichtbauelemente, z. B. Thyristoren) und zum anderen nach den Steuerungsprinzip. Dieses Schema hat sich gut bewährt.

Der Studierende soll als angehender Ingenieur in die Lage versetzt werden, Schaltungen selbst zu dimensionieren, wobei sich die wesentliche Schwierigkeit erfahrungsgemäß immer dann ergibt, wenn zwar das Verständnis für die Funktionsweise der Schaltungen im Prinzip vorhanden ist, bei der praktischen Realisierung — allein schon hinsichtlich der Wahl geeigneter Komponenten — große Unsicherheiten auftreten.

Eines vermag dieses Werk nicht zu geben: „Kochrezepte" oder Bastelanweisungen für spezielle Anwendungen, wie es häufig von Studierenden gewünscht wird, die nicht in der Lage sind, den Kern des Problems zu erkennen und das wesentliche vom exemplarischen Einzelfall zu abstrahieren.

Kapitel 5 behandelt die Bauelemente auf nichteinkristalliner Basis, deren Wirkungsweise von Volumeneffekten bestimmt ist. Dazu gehören Varistoren, Heiß- und Kaltleiter, Photowiderstände, Feldplatten, um die wichtigsten zu nennen. Thema von Kapitel 6 ist die Diode. Als Bauelement mit einem PN-Übergang weist sie eine breite Palette von Formen und Anwendungen auf, die unter den Stichworten Spitzendiode, Flächendiode, Z-Diode, Photodiode, Solarzelle u.a. erörtert werden.

Das zweifellos wichtigste Bauelement der Elektronik ist der Transistor. Er ist Gegenstand von Kapitel 7. Entsprechend den beiden unterschiedlichen Varianten *Injektionstransistor* (Bauelement mit 3 PN-Übergängen) und *Feldeffekttransistor* zerfällt Kapitel 7 in zwei Teile. Zunächst werden die Injektions- oder Bipolartransistoren und dann die Feldeffekt- oder Unipolartransistoren behandelt, und zwar bezüglich ihrer Wirkungsweise, der Grundschaltungen, der Kennlinien und Kenndaten sowie ihrer Ersatzschaltbilder und der Arbeitspunkteinstellung. In den meisten Fällen genügt bei der Dimensionierung von Transistorschaltungen die Verwendung eines praxisnahen Ersatzschaltbildes.

Deshalb werden beim Bipolartransistor die Vierpolparameter zwar eingeführt und erläutert, stehen aber im Gegensatz zu anderen Büchern nicht so sehr im Vordergrund, sondern werden nur dort verwendet, wo Genauigkeitsforderungen dies gebieten. Die beim Feldeffekttransistor verwendete Ersatzschaltung ähnelt der des Bipolartransistors, so daß die meisten Verfahren der Schaltungsdimensionierung unter Beachtung der Randbedingungen kompatibel sind.

Kapitel 8 befaßt sich mit den Vierschicht-Elementen, also mit den *Thyristoren*. Sie besitzen 3 oder mehr PN-Übergänge und sind wichtige Komponenten der Leistungselektronik. Die wiederum ist eine Grenzdisziplin zur Elektronik, weshalb eine Beschränkung auf die Darstellung der wichtigsten Eigenschaften der Thyristoren geboten erscheint.

Kapitel 9 ist abschließend der Einführung in die Grundzüge der *Halbleitertechnologie* gewidmet. Auch hier gilt das oben schon gesagte: Sie ist eigentlich eine eigenständige Sparte innerhalb der Elektronik, weshalb sich die Darstellung in unserem Rahmen nur auf einige wenige Grundprozesse beschränken muß.

Ein kurzer Ausblick sei noch auf Band II getan (Band III enthält ein ausführliches eigenes Vorwort): Zunächst werden passive Schaltungen mit L, R und C behandelt. Es folgt eine Klassifizierung der elektronischen Verstärker nach verschiedenen Kriterien (z.B. Frequenz, Leistung) sowie die Behandlung von Kleinsignal-Verstärkergrundschaltungen mit Transistoren für Niederfrequenz oder Gleichspannung. Die Theorie des Differenzverstärkers wird ausführlich behandelt, wobei die Analogien zum Operationsverstärker aufgezeigt werden. Der Operationsverstärker in Theorie und Anwendung ist Thema des folgenden Kapitels. Die Rückkopplung von Transistorverstärkern wird für Gegen- und Mitkopplung behandelt. Spannungs- und Stromstabilisatoren sind ein weiteres Thema, wobei auch das Prinzip der Schaltnetzteile erläutert wird. Die Leistungsstufe als Großsignalverstärker wird in typischen Varianten vorgestellt und in einem Beispiel ausführlich durchgerechnet. Die Behandlung des Transistors als Schalter unter verschiedenen Lastverhältnissen leitet gleichzeitig über zu den Kippschaltungen, für die auch Dimensionierungsverfahren angegeben werden. Ein weiteres Kapitel steht unter dem Thema Sinusoszillatoren. Hier werden die wichtigsten RC- und LC-Generatoren sowie Quarzoszillatorvarianten besprochen. Ein abschließendes Kapitel befaßt sich mit Integrierten Analogschaltungen.

Mit der Tatsache, daß das Werk hier und da trotz größter Sorgfalt kleine Fehler enthalten dürfte, muß ich leben. Ich möchte deshalb die Bitte an den kritischen Leser richten, mir entsprechende Hinweise zu geben.

Abschließend ist es mir ein Bedürfnis, allen denen, die zur Fertigstellung der Bücher beigetragen haben, herzlich zu danken. Bezüglich des vorliegenden ersten Bandes gilt Herrn Dipl.-Phys. Sigo Schömel mein Dank für wertvolle Anregungen, konstruktive Kritik und die mühevolle Arbeit des Korrekturlesens. Band I wurde — wie vor einem Jahr Band III — völlig neu bearbeitet und erweitert, wobei der Übergang vom alten Schreibmaschinentext der 6. Auflage auf die rechnergestützte Texterfassung in LaTeX eine besondere Herausforderung war. Bei der Erstellung der ASCII-Dateien hat sich in erster Linie Frau Heidi Kellner verdient gemacht. Dem Vieweg-Verlag gilt mein Dank für die angenehme Zusammenarbeit.

Hamburg, im Juli 1992 Bodo Morgenstern

Inhaltsverzeichnis

Formelzeichen und Abkürzungen

a	Index: *Ausgangs-*, z.B. r_a
A	Fläche
A	Stromverteilungsfaktor
A	Anode, auch als Index
A	Index: *Akzeptor,* z.B. W_A
AFC	automatische Frequenzregelung
b	Bandbreite
b	Kanalbreite beim FET
b	Index: *in Basisschaltung,* z.B. h_{11b}
B	Basis, auch als Index
B	Gleichstrom-Verstärkungsfaktor
B	Bulk, Substrat
B	Beleuchtungsstärke
B	magnetische Induktion
B	Bandüberlappung
B	Index: *Betriebs-*, z.B. U_B
c	Lichtgeschwindigkeit
c	Index: *in Kollektorschaltung,* z.B. h_{11c}
C	Kondensator, Kapazität, auch als Index
C	Kollektor, auch als Index
C_d	Diffusionskapazität
C_k	Kapazität der Anschlußkappen beim Widerstand
C_w	Kapazität Wendel gegen Masse beim Widerstand
C_w	Wärmekapazität
d	Dicke
d	Index: *differentiell,* z.B. r_d
d	Index: *Dioden-*, z.B. I_d
D	Diffusionskonstante
D	Drain, auch als Index
D	Index: *Donator-*, z.B. W_D
diff	Index: *Diffusions-*, z.B. I_{diff}
dk	Index: *Dunkel-*, z.B. I_{dk}
D	Temperaturdurchgriff
e	Elementarladung
e	Gegenspannung
e	Index: *in Emitterschaltung,* z.B. h_{11e}

E	Emitter, auch als Index
E	elektrische Feldstärke
E_{kin}	kinetische Energie
E_o	Austrittsarbeit
E_{pot}	potentielle Energie
f	Frequenz
F	Kraft
F	Rauschzahl
F^*	Rauschmaß
F	Index: *Fluß-*, z.B. I_F
f_e	Eigenresonanzfrequenz
f_{gr}	Grenzfrequenz
f_o	Serienresonanzfrequenz
f_T	Transitfrequenz
feld	Index: *Feld-*, z.B. I_{feld}
FET	Feldeffekttransistor
g, G	Leitwert (für Wechsel-, Gleichstrom), auch als Index
G	Gate, auch als Index
g	optoelektronische Erzeugungsrate
ges	Index: *Gesamt-* , z.B. α_{ges}
h	Plancksches Wirkungsquantum
h	Index: *Höcker-*, z.B. I_h
h	h-Parameter
h_{11}, h_i	Eingangswiderstand
h_{12}, h_r	Spannungsrückwirkung
h_{21}, h_f	Stromverstärkung
h_{22}, h_o	Ausgangsleitwert
HDK	hohe Dielektrizitätskonstante
i, I	Strom (Wechsel-, Gleich-)
I_{CBO}	Kollektor-Basis-Reststrom bei offenem Emitter
I_{CEO}	Kollektor-Emitter-Reststrom bei offener Basis
I_{CES}	Kollektor-Basis-Reststrom bei kurzgeschlossenem Emitter
I_d	Durchlaßstrom
I_{DSS}	Drain-Source-Kurzschlußstrom
I_H	Haltestrom
I_s	Steuerstrom der Hall-Sonde
IGFET	Insulated Gate FET
IMPATT	Impact Ionisation Avalanche Transit Time
j	Index: *Sperrschicht-(junction)*, z.B. ϑ_j

j	$\sqrt{-1}$
k	Boltzmann-Konstante
k	Index: *Kurzschluß-*, z.B. v_{ik}
k	Katode, auch als Index
l	Kanallänge beim FET
l	Index: *Leerlauf-*, z.B. r_{CEl}
L	Induktivität
L	Rekombinationsweglänge, Debye-Länge (Index L,P)
L	Index: *Last-*, z.B. R_L
L	Index: *Leitungsband-*, z.B. W_L
LASER	Light Amplification by Stimulated Emission of Radiation
LED	Lumineszenzdiode, Light Emittung Diode
m	Masse
m	Multiplikationsfaktor beim Lawinendurchbruch
maj	Index: *Majoritätsträger-*, z.B. n_{maj}
MASER	Microwave Amplification by Stimulated Emission of Radiation
max	Index: *maximal-*
m_e	Ruhemasse des Elektrons
min	Index: *minimal-*
min	Index: *Minoritätsträger-*, z.B. n_{min}
MISFET	Metal-Insulator-Semiconductor FET
MNSFET	Metal-Nitride-Semiconductor FET
MOSFET	Metal-Oxide-Semiconductor FET
MP	Metallpapier (Kondensator)
n	Zahl pro Volumeneinheit
n	Elektronenzahl
n	Index: *Elektronen-*, z.B. v_n
n_i	Inversionsdichte
N	Leistung (alte Bezeichnung)
N	Halbleiterzone mit Elektronenleitung, auch als Index
N	Index: *Nenn-*, z.B. U_N
NDK	niedrige Dielektrizitätskonstante
NTC	negativer Temperaturkoeffizient
o	Index: *ober(e)*, z.B. f_o
o	Index: *Gleichstrom-Ruhewert im Arbeitspunkt*, z.B. I_{Co}
p, P	Leistung (Wechsel-, Gleichstrom)
p	Löcheranzahl
p	Index: *Löcher-* , z.B. τ_p
P	Halbleiterzone mit Löcherleitung, auch als Index

PIN	Schichtenfolge P-Intrinsic-N
PN-	Sperrschicht-
PSN	Soft-Concentration-Übergang
PTC	positiver Temperaturkoeffizient
Ptot	Verlustleistung
q	Index: *Quer-*, z.B. C_q
Q	Ladung
Q	Güte
r, R	Radius beim Drehkondensator
r, R	Widerstand (für Wechsel-, Gleichstrom)
r	Index: *Erhol-(recovery)*, z.B. t_r
r	Index: *Rausch-*, z.B. u_r
R	Rekombinationsrate
R	Überschußrekombinationsrate
R	Index: *Randschicht-*, z.B. n_R
R_b	Bahnwiderstand
R_{BB}	Basisbahnwiderstand
R_g	Generatorinnenwiderstand
R_H	Hall-Konstante
R	Gleichstromwiderstand
R_{Cu}	Kupferwiderstand
R_{Hyst}	Hystereseverlustwiderstand
R_{kap}	dielektrischer Verlustwiderstand
R_{krel}	Kern-Relaxations-Verlustwiderstand
R_{kw}	Kern-Wirbelstrom-Verlustwiderstand
R_s	Strahlungswiderstand
R_w	Wirbelstrom-Verlustwiderstand
s	Index: *Sperr-*, z.B. U_s
s	Index: *Sperrschicht-*, z.B. C_s
S	Source, auch als Index
S	Steilheit
$\vec{S}$	Stromdichte
sat	Index: *Sättigungs-*, z.B. u_{CEsat}
SAW	Spannungsabhängiger Widerstand
S_S	Kurzschlußsteilheit
t	Zeit
t	Index: *Tal-*, z.B. I_t
T	absolute Temperatur
T	Zeitkonstante

T	Index: *Spannungsteiler-*, z.B. I_T
th	Index: *thermisch*, z.B. r_{th}
TK	Temperaturkoeffizient
tot	Index: *Gesamt-*, z.B. C_{tot}
t_e	Einschaltzeit
t_{gd}	Zündverzugszeit
t_{gr}	Durchschaltzeit
t_{gt}	Zündzeit
t_q	Freiwerdezeit
u, U	Spannung (Wechsel-, Gleich-)
u	Index: *unter(e)*, z.B. f_u
u	Index: *Umgebungs-*, z.B. ϑ_u
U_{br}	Lawinendurchbruchspannung
U_{CB0}	Kollektor-Basis-Spannung bei offenem Emitter
U_{CE0}	Kollektor-Emitter-Spannung bei offener Basis
U_{EBO}	Emitter-Basis-Sperrspannung bei offenem Kollektor
U_D	Diffusionsspannung
U_D	Schleusenspannung im Durchlaßbetrieb
U_{GSK}	Kompensationsspannung (FET)
U_{GS0}	Gate-Source-Schwellspannung
U_H	Hall-Spannung
U_P	Abschnürspannung
U_T	Temperaturspannung
U_Z	Durchbruchspannung der Z-Diode
v	Index: *Verlust-*, z.B. P_v
v	Geschwindigkeit
V	Verluste je kg Kerngewicht
V	Index: *Vor-*, z.B. R_V
V	Index: *Valenzband-*, z.B. W_V
VDR	Voltage Dependent Resistor
v_r	Spannungsrückwirkung
w	Sperrschichtbreite (-weite)
w_B	Basisweite
W	Energie
W_F	Fermi-Energie
x	Ortskoordinate
X	Blindwiderstand
y	y-Parameter
y_{11}	Eingangsleitwert
y_{12}	Rückwirkungsleitwert

y_{21}	Übertragungsleitwert
y_{22}	Ausgangsleitwert
z	Index: *Zuleitungs-*, z.B. L_z
z	Index: *zusätzlich*, z.B. p_z
Z	Index: *Z-Dioden-*, z.B. I_Z
Z	Index: *Zünd-*, z.B. t_Z
Z	Scheinwiderstand, Impedanz
z	z-Parameter
z_{11}	Eingangswiderstand
z_{12}	Rückwirkungswiderstand
z_{21}	Übertragungswiderstand
z_{22}	Ausgangswiderstand
α	Stromverteilungsfaktor
α	Temperaturkoeffizient
α_o	Gleichstromverteilungsfaktor
β	Stromverstärkungsfaktor
β_o	Gleichstrom-Verstärkungsfaktor
δ	Verlustwinkel
Δ	Differenz, z.B. ΔU
Δh	Determinante $h_{11}h_{22} - h_{12}h_{21}$
ε_o	absolute Dielektrizitätskonstante
ε_r	relative Dielektrizitätskonstante
η	Wirkungsgrad
ϑ	Temperatur
ϑ_s	Lagerungstemperaturbereich
$\vartheta_{ü}$	Übertemperatur
ϑ_j	Sperrschichttemperatur
κ	elektrische Leitfähigkeit
λ	Wellenlänge
μ	Beweglichkeit
μ_o	absolute Permeabilitätskonstante
μ_r	relative Permeabilitätskonstante
μ_a	Anfangspermeabilität
ρ	Raumladungsdichte
τ	Lebensdauer
φ	Drehwinkel
φ	elektrisches Potential
Φ	magnetischer Fluß
ω	Kreisfrequenz

Kapitel 0

Einleitung

Das Fachgebiet Elektronik hat in den vergangenen Jahrzehnten eine zentrale Bedeutung für die gesamte Elektrotechnik gewonnen. Was versteht man unter dem Begriff „Elektronik“?

> *Die Elektronik ist die Technik elektrischer Stromkreise und Schaltungen, in denen elektronische Bauelemente (z.B. Röhren, Transistoren, Widerstände, Kondensatoren, Kathodenstrahlröhren usw.) verwendet werden.*

Es werden ausschließlich *elektrische Größen* (z.B. Spannung, Strom) nach gegebenen Vorschriften und Gesetzen verarbeitet. Sind die Ein- und Ausgangsgrößen bei der Lösung eines Problems nichtelektrischer Art, so müssen sie durch entsprechende Wandler im Eingang *(Sensoren)* und im Ausgang *(Aktoren)* des elektronischen Gerätes umgeformt werden.

Die Elektronik durchzieht das gesamte Gebiet der Elektrotechnik sowie angrenzende Gebiete der Technik, wobei sich einige Schwerpunkte herausgebildet haben.

Hier ist in erster Linie die *Elektrische Nachrichtentechnik* zu nennen, die wiederum in die Teilgebiete *Nachrichtenübertragung, Nachrichtenverarbeitung* (Schwerpunkt Datenverarbeitung) und *Hochfrequenztechnik* aufgeteilt werden kann.

Ein zweiter wichtiger Zweig ist die *Leistungselektronik*, ohne die eine moderne Energieversorgung nicht denkbar ist.

Neben der klassischen elektrischen Meßtechnik hat sich die *Elektronische Meßtechnik* entwickelt, die in wachsendem Umfang der elektrischen Messung nichtelektrischer Größen (z.B. Temperatur, Druck, Geschwindigkeit, Licht u. a.) dient.

Ein weiterer Schwerpunkt ist die *Industrie-Elektronik* zur Steuerung, Regelung und Überwachung selbständig ablaufender Produktionsvorgänge.

Ein breites Anwendungsfeld hat sich die *Unterhaltungselektronik* erschlossen, die dem Nutzer der audiovisuellen Technik gerade in jüngster Zeit eine Vielzahl von Neuerungen gebracht hat. Hier seien nur die elektronischen Unterhaltungsspiele auf dem Fernsehmonitor genannt.

Besonderes Interesse hat die Elektronik auch für die *Waffentechnik*. In modernen Streitkräften mit ihren immer komplexer werdenden Waffensystemen nimmt die Elektronik eine zentrale Stellung ein. Exemplarisch seien hier nur einige Anwendungen erwähnt: Lenkwaffenelektronik, elektronische Abwehr, elektronische Aufklärung, Ortung und Navigation.

Obwohl das Gebiet der Elektronik sehr breit, die Vielfalt der elektronischen Geräte fast unübersehbar groß ist und die Technik sich fortwährend stürmisch weiterentwickelt, lassen sich die Grundlagen doch relativ klar umreißen. Das vorliegende dreibändige Gesamtwerk gliedert sich dementsprechend in drei große Teile:

- Bauelemente der Elekronik (Band I),
- Analoge Schaltungen der Elektronik (Band II),
- Digitale Schaltungen und Systeme (Band III).

Im ersten Teil (Band I) werden die Bauelemente behandelt, wobei das Schwergewicht auf die modernen Bauelemente gelegt wird. Eine Reihe von Komponenten sind zwar noch in der Anwendung, verlieren jedoch laufend an Bedeutung. Soweit das Schwergewicht des Einsatzes bestimmter Komponenten in benachbarten Fachgebieten liegt, wird der Vollständigkeit halber eine Aufzählung mit einem Querverweis vorgenommen.

Der zweite Teil des Stoffes befaßt sich mit den analogen Schaltungen der Elektronik (Band II). Wie schon erwähnt, ist gerade hier die Vielfalt so groß, daß es im Rahmen dieses Bandes unmöglich ist, alle Varianten erschöpfend zu behandeln. Die analogen Schaltungen der Elektronik lassen sich jedoch auf eine Reihe von grundlegenden Prinzipien zurückführen, mit deren Kenntnis man die Wirkungsweise spezieller Schaltungen und Geräte verstehen kann und sie richtig einzusetzen vermag. Darüberhinaus soll der Studierende in die Lage versetzt werden, Schaltungen selbst zu dimensionieren, wobei die wesentliche Schwierigkeit sich erfahrungsgemäß immer dann ergibt, wenn zwar das Verständnis für die Funktionsweise der Schaltung vorhanden ist, jedoch bei der praktischen Realisierung allein schon hinsichtlich der Wahl geeigneter Bauelemente große Unsicherheiten auftreten.

Band III behandelt schließlich das große Gebiet der digitalen Mikroelektronik, ausgehend von den Grundlagen der kombinatorischen Verknüpfungslogik, der Schaltalgebra, der Zahlencodierung bis hin zu einfachen digitalen Schaltungen. Darauf baut die Einführung in komplexere Schaltnetze und Schaltwerke (Codierer, Decodierer, Zähler, Register etc) auf, und den Abschluß bildet die Diskussion des Aufbaus und der Wirkungsweise von kompletten Digitalrechnern.

Wir wollen uns nachfolgend auf die Bauelemente konzentrieren. Ihre Eigenschaften und ihr jeweiliger Anwendungsbereich stehen in enger Wechselbeziehung miteinander. Je nach Art der Aufgabenstellung ist eine Vielzahl von Systematiken denkbar, in denen eine Darstellung des Stoffes geschehen kann. Zur Übersicht wollen wir die Bauelemente der Elektronik zunächst einmal in zwei große Gruppen aufteilen, nämlich in *passive* und *aktive*. Ferner unterscheidet man zwischen *linearen* und *nichtlinearen* Bauelementen (Bild 0.1).

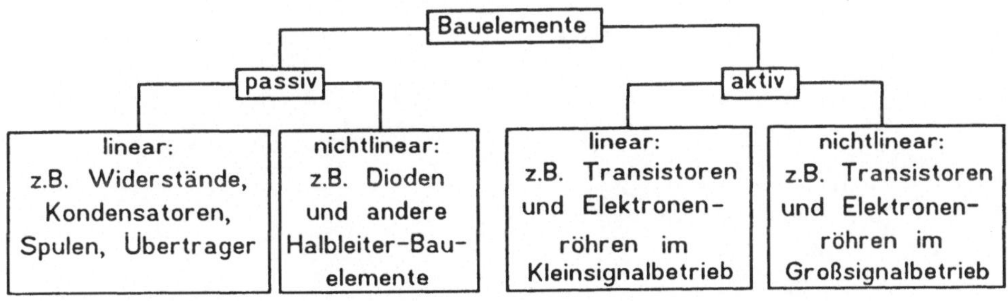

Bild 0.1: Systematik elektronischer Bauelemente

Ein Bauelement ist dann *passiv*, wenn es keine *Verstärkerwirkung* zeigt. Ein Bauelement wird als *aktiv* bezeichnet, wenn es eine Verstärkerwirkung in irgendeiner Form besitzt. Ein Bauelement ist dann *linear*, wenn der *funktionale Zusammenhang zwischen seinen charakteristischen Größen* (z.B. Strom und Spannung) linear ist oder wenn bei Betrieb mit *Wechselgrößen* im Ausgangssignal keine anderen Frequenzen vorkommen als im Eingangssignal.

Kapitel 1

Passive lineare Grundbauelemente

Nach der Übersicht in Bild 0.1 gehören zu der Gruppe der passiven linearen Bauelemente die Ohmschen oder technischen Widerstände, die Kondensatoren und die Spulen, sofern die letztgenannten keine nichtlinearen Ferromagnetika enthalten.

1.1 Lineare Widerstände

Der Begriff *Widerstand* wird mit zwei Bedeutungen verwendet.

- Der elektrische Widerstand als *physikalisches Phänomen* ist die Eigenschaft eines elektrischen Leiters, elektrische Energie (in Form eines fließenden Stroms) in Wärme umzusetzen.
- Spricht man vom Widerstand in einer elektronischen Schaltung, so meint man im allgemeinen den Ohmschen Widerstand, also ein lineares Bauelement, das die oben beschriebene Eigenschaft besitzt. Das Bauelement Widerstand besitzt in der Regel außer der Wirkkomponente (Ohmscher Anteil) auch noch parasitäre Komponenten in Form von Induktivitäten und Kapazitäten (Blindanteile).

Der Wert eines elektrischen Widerstands ist durch das bekannte Ohmsche Gesetz definiert, das in allgemeinster Form lautet

$$\boxed{\vec{E} = \frac{1}{\kappa} \cdot \vec{S} = \rho \cdot \vec{S}} \tag{1.1}$$

mit $\vec{S}$: elektrische Stromdichte
$\vec{E}$: elektrische Feldstärke
κ : spezifische elektrische Leitfähigkeit $\kappa = 1/\rho$
ρ : spezifischer elektrischer Widerstand.

Für den für uns wichtigen skalaren Fall wird Gleichung (1.1) umgeformt zu

$$R = \frac{U}{I} = \frac{\varphi_2 - \varphi_1}{I} = \frac{\int_{x_1}^{x_2} E dx}{\int_A S dA} = \frac{\int_{x_1}^{x_2} E dx}{\kappa \int_A E dA} \tag{1.2}$$

mit U, I : elektrische Spannung, Strom
R : elektrischer Widerstand
φ : elektrisches Potential
E, S: elektrische Feldstärke bzw. Stromdichte
x : Ortskoordinate und
A : Querschnittsfläche des Leiters.

Wenn wir künftig vom Widerstand sprechen, so wollen wir darunter, wenn es nicht ausdrücklich anders definiert ist, das *technische Bauelement* Widerstand verstehen. Der Leitungsmechanismus im Widerstand ist mittels der Vorgänge beim Stromtransport in Festkörpern zu beschreiben, die in den Kapiteln 3 und 4 erörtert werden. Wir gehen ferner davon aus, daß Einflüsse bei hohen Frequenzen *(Skin-Effekte)* und bei tiefen Temperaturen *(Supraleitung)* keine Rolle spielen.

In diesem Kapitel werden die linearen Widerstände behandelt, die im Idealfall bezüglich Spannung, Strom, Temperatur etc. kein nichtlineares Verhalten zeigen. Den nichtlinearen Widerständen auf Halbleiterbasis ist Kapitel 5 gewidmet.

1.1.1 Bauformen von technischen Widerständen

Es gibt eine Vielzahl von Arten und Bauformen von technischen Widerständen, von denen wir einige typische Vertreter behandeln wollen. Die meisten Bauformen und elektrischen Kenngrößen der Widerstände sind in den DIN-Vorschriften genormt. Außerdem existieren weitere nationale und internationale Normen (z.B. IEC, MIL CECC). Das gesamte Normenwerk ist sehr umfangreich, und wir können hier auf Details nicht eingehen.

1.1.1.1 Schichtwiderstände

Schichtwiderstände bilden die in der Elektronik am häufigsten verwendete Gruppe von technischen Widerständen. Nach der Grundnorm DIN 44050 unterscheiden wir im einzelnen:
DIN 44051 Kohleschichtwiderstände für allgemeine Anforderungen,
DIN 44052 Kohleschichtwiderstände für erhöhte Anforderungen,
DIN 44054 Kohlegemisch-Schichtwiderstände für allgemeine Anforderungen,
DIN 44055 Kohleschichtwiderstände für erhöhte Anforderungen (mit kleiner Drift und kleiner Ausfallrate),
DIN 44061 Metallschichtwiderstände für erhöhte Anforderungen,
DIN 44063 Metalloxidschichtwiderstände für erhöhte Anforderungen,
DIN 44064 Metallglasurwiderstände für erhöhte Anforderungen.

Die hier zitierten Normen behandeln Widerstände, deren Grundkörper ein zylindrischer Keramikstab ist. Die *Baugröße* wird nach DIN spezifiziert, indem man Durchmesser d und Länge l in einer vierstelligen Zahl zusammenfaßt (Beispiel: Bauform 0412 bedeutet d = 4 mm und l = 12 mm).

Außerdem gibt es im Bereich der *SMD-Bauteile* (**S**urface **M**ounted **D**evices) und im Bereich der *Hybridschaltungen ebene Dünn- und Dickschicht-Widerstände*.

Kohleschichtwiderstände

Kohleschichtwiderstände bestehen aus einem zylindrischen Tragkörper, einer speziellen Keramik oder Glas, auf den eine kristalline Glanzkohleschicht (je nach Widerstandswert und Belastbarkeit $10^{-2} \cdots 10^{-6}$ mm stark) durch thermische Spaltung von Kohlenwasserstoffen im Vakuum oder Schutzgas unlösbar niedergeschlagen ist. Die Kontaktierung erfolgt entweder an den Stirnflächen mit aufgepreßten Kappen oder mit Hilfe von Schellen um die Enden der Mantelflächen (Bild 1.1). Höchstohmwiderstandsschichten bestehen zum Teil auch aus kolloidalen Verbindungen.

Die Einstellung des gewünschten Widerstandswertes erfolgt meistens durch *Wendelung* (mechanisches Einschleifen oder Einbrennen mittels Laser). Die Wendel (Bild 1.1) teilt die Widerstandsschicht in ein Band ein. Sie sollte mindestens 80 % der Fläche erfasssen, und das Verhältnis (Widerstandsnennwert nach der Wendelung) : (Widerstandswert des ungewendelten Rohlings) kann zwischen 10 (für niedrige Werte) und 1000 (Hochohmwiderstände) liegen.

Beim Widerstand mit sehr guten Hochfrequenzeigenschaften darf die Wendelung nicht vorgenommen werden; hier erfolgt der Abgleich durch gleichmäßi-

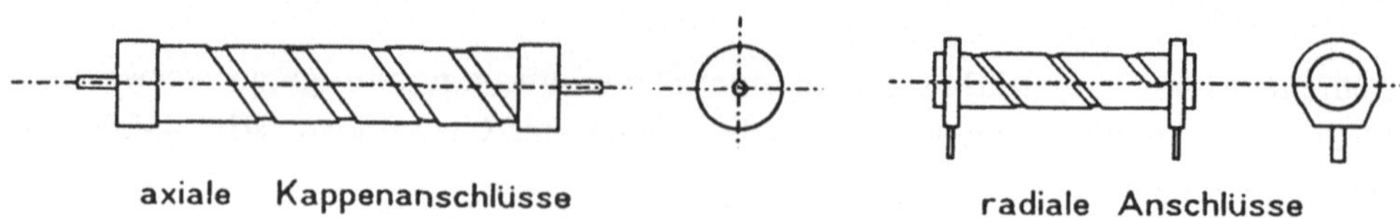

Bild 1.1: Kohleschichtwiderstände, gewendelt a) mit achsialen Kappenanschlüssen b) mit radialen Anschlüssen für gedruckte Schaltungen

ges Abtragen der Widerstandsschicht auf dem ganzen Zylinderumfang. Zum Schutz gegen äußere Einflüsse und zur Isolation werden die Widerstände mit Lacken, Tauch- oder Preßmassen ummantelt.

Kohlegemisch–Schichtwiderstände

Kohlegemisch-Schichtwiderstände bestehen aus einem Glasröhrchen, in das ein Kohle-Bindergemisch gefüllt wird, dessen Kohleanteil den Widerstand bestimmt. Die Anordnung wird ausgehärtet, mit Drähten kontaktiert und lackiert. Ein Abgleich auf den Nennwert ist im Vergleich zu den gewendelten Widerständen während der Herstellung nicht möglich, deshalb bleibt am Schluß nur die Sortierung nach Toleranzbereichen.

Metallschicht– und Metalloxidschichtwiderstände

Metallschichtwiderstände haben im Prinzip den gleichen Aufbau wie Kohleschichtwiderstände, nur daß hier die Widerstandsschicht aus einem Metallfilm (z.B. CrNi oder Ta oder AgPd von ca. 10^{-5} mm Stärke) besteht. Daneben gibt es noch *Metalloxid-Schichtwiderstände*, bei denen die Widerstandsschicht aus einem Metalloxid (z.B. SnO) besteht. Infolge der großen Härte ist sie nahezu unzerstörbar. Ein Überzug aus Silikonzement schützt vor äußeren Einflüssen.

Metallglasur–Widerstände (Cermet–Widerstände)

Bei *Metallglasur-Widerständen* wird die Glasur, bestehend aus einem Metalloxid (Grundstoff Wi, Ni, Ta, Ru u.a.) als Dickschichtpaste auf den Keramikträger aufgebracht und bei ca 800 °C eingebrannt. Sie sind auch unter der Bezeichnung Cermet-Widerstände (**cer**amic **met**al) bekannt.

Massewiderstände

Massewiderstände haben wegen ihrer zum Teil schlechteren Eigenschaften heute im europäischen Raum praktisch keine Bedeutung mehr. Man findet sie vorwiegend in den USA. Sie bestehen aus einer zylinderförmigen Masse bestimmter Leitfähigkeit (Grundstoff Graphit), die allseitig mit einer Isolierschicht umpreßt ist und in die gleichzeitig die Anschlußdrähte mit eingelassen sind (Bild 1.2).

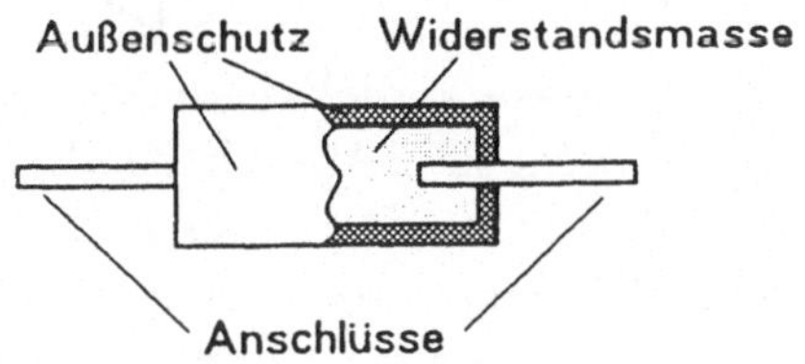

Bild 1.2: Massewiderstand, schematisch

Wie die Kohlegemisch–Schichtwiderstände können sie während der Herstellung nicht feinabgeglichen werden, sondern sie werden anschließend nach Toleranzbereichen in der Regel E6 (20 %) oder E12 (10 %) sortiert. MIL-R-11 ist eine Norm für Massewiderstände; die E–Toleranzreihen werden im Abschnitt 1.1.2.2 behandelt.

1.1.1.2 Drahtwiderstände

Drahtwiderstände bestehen zumeist aus einem hitzebeständigen Isolierkörper, auf den eine Wicklung aus Widerstandsdraht aufgebracht ist. Die Widerstandswicklung und die Anschlüsse (Kappen oder Schellen) sind durch Schweißung kontaktsicher verbunden. Es gibt eine große Vielzahl verschiedener Bauformen, von denen einige aufgeführt werden sollen.

Glasierte Drahtwiderstände (Bild 1.3)

Der Widerstandsdraht (oder das gewellte Widerstandsband) ist mit einer Glasur überzogen, die vollkommen dicht ist. Die Anschlüsse können axial, mit Schellen oder über Kappen erfolgen. Zusätzlich sind bei einigen Typen Abgreifschellen vorhanden.

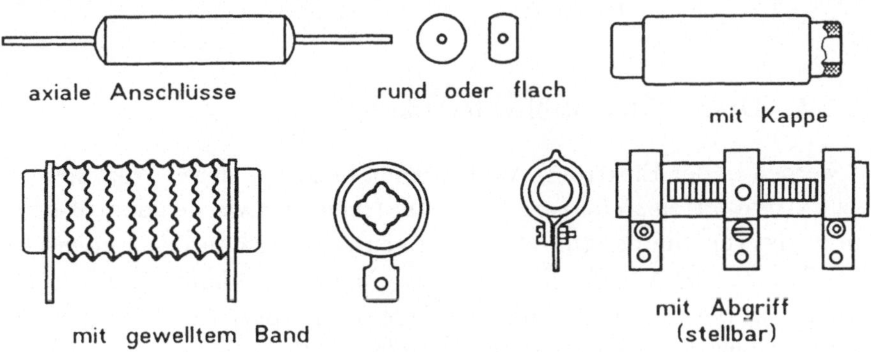

Bild 1.3: Glasierte Drahtwiderstände

Zementierte Drahtwiderstände (Bild 1.4)

Als Körper wird eine Glasfaserkordel verwendet, auf die die Wicklung mit konstanter Steigung aufgebracht ist. Anschließend erfolgt eine Zementierung einschließlich der Anschlußkappen. Bei einer anderen Ausführung liegt das gleiche Widerstandselement in einem rechteckigen Keramikrohr, das auch mit Führungszungen für stehende Montage ausgestattet sein kann. Darüber hinaus können Auslötsicherungen vorgesehen werden, die bei bestimmten Temperaturen ansprechen. Rücklötung ist möglich, allerdings darf man nur ein Lot mit dem vorgegebenen Schmelzpunkt verwenden (und nicht etwa ein beliebiges).

1.1.1.3 Festwiderstände

Festwiderstände sind Widerstände, bei denen der Ohmsche Wert durch den Herstellungsprozeß festgelegt und nicht veränderbar ist. Alle bisher besprochenen Widerstandsarten werden vorwiegend als Festwiderstände verwendet. Tabelle 1.1 gibt einen Überblick über die wichtigsten Kenndaten von Festwiderständen. Weitere Begriffsbestimmungen werden wir im Abschnitt 1.1.2 vornehmen.

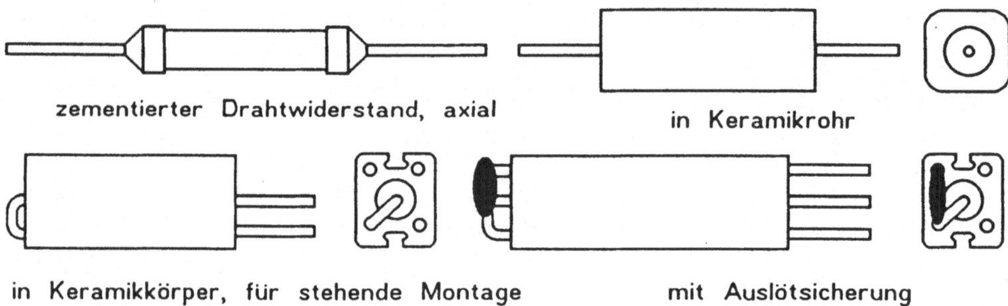

Bild 1.4: Zementierte Drahtwiderstände

1.1.1.4 Dreh– oder Stellwiderstände

Oft werden in der Elektronik Widerstände benötigt, deren Wert sich zwischen zwei Extremwerten *stetig verändern* läßt (meisten zwischen dem Wert 0 Ω und dem Endwert). Sie besitzen deshalb einen Anschluß an den Enden und einen Schleifkontakt als Abgriff. Für Laborzwecke werden häufig *Schiebewiderstände* benutzt. In der Gerätetechnik verwendet man vorwiegend Drehwiderstände, die man allgemein als *Potentiometer* oder *Stellwiderstand* (Steller) bezeichnet. Der veraltete Ausdruck „Regler“ ist irreführend und sollte daher nicht gebraucht werden.

Tabelle 1.1: Kenndaten von Festwiderständen

	spez. Widerstand	Wertebereich	Toleranz	Baugröße	Temp.-koeff. $10^{-4}/K$	max. Betr.-temp. [°C]	Ausfallrate $\cdot 10^{-9}/h$	P_{max} [mW]	Drift [%] nach 10000 h	Stromrauschen [$\mu V/V$]
Kohle-schicht-W.	$3 \cdot 10^{-3} \Omega cm$	$10\Omega \cdots 22M\Omega$	E24, E48	0204 ··· 0933	$-2 \cdots -6$ -15	125	$0,3 \cdots 30$	$140 \cdots 850$	abh.von Baugröße	< 1
Metallsch.-Widerstand	$10^{-4} \Omega cm$	$10\Omega \cdots 10M\Omega$	E48 ··· E196	0204 ··· 0617	nichtlin. $\pm 0,1$	125	10	$140 \cdots 460$	$-0,5 \cdots +1$	$< 0,2$
Metalloxid-schichtwid.	$10^{-3} \Omega cm$	$10\Omega \cdots 100k\Omega$	E48, E96	0414 ··· 0933	nichtlin. ± 200	$155 \cdots 220$	100	$530 \cdots 1400$	$< \pm 2$	< 1
Kohlegem.-schichtwid.	Lack auf Glasrohr	$10\Omega \cdots 22M\Omega$	E12, E24	0207 ··· 0619	$-18 \cdots +6$ nichtlin.	125	100	$270 \cdots 720$	$+5 \cdots -15$	$5 \cdots 50$
Masse-widerstand		$10\Omega \cdots 22M\Omega$	E12, E24	0204 ··· 0833	± 15 nichtlin.	125	100	$100 \cdots 2000$	± 15	$2 \cdots 5$
Metallglas.-schichtwid.	Fläch.-Wid. $10\Omega \cdots 100k$	$10\Omega \cdots 1M\Omega$	E48, E96	0204 ··· 617	± 1 nichtlin.	155	$5 \cdots 50$	$500 \cdots 1000$	± 2	$0,1 \cdots 10$
Glasierte Drahtwid.	$0,1 \cdots 1,3$ $\Omega mm^2/m$	$1\Omega \cdots 7,5k\Omega$	E6, E12	0613 ··· 1155	$-0,5 \cdots +2,5$	$70 \cdots 350$	50	2700 $10 \cdot 10^3$	$-1,5 \cdots +7$	

Je nach Anwendungszweck hat man die Wahl zwischen Kohleschicht-, Draht- oder Metallschicht-Potentiometern. Bei den Kohleschichtpotentiometern kann der Tragkörper aus Hartpapier (z.B. Pertinax) oder Keramik bestehen. Potentiometer für häufige betriebsmäßige Verstellung werden mit Drehachsen zur Befestigung von Knöpfen, solche für einmalige oder gelegentliche Einstellung (z.B. Abgleich) mit Einstellschlitzen z.B. für Schraubendreher versehen (Trimmpotentiometer).

Bei Kohleschichtpotentiometern besteht der Schleifkontakt meistens aus einem Kohlestift, der in einer isoliert mit der Achse verbundenen Schleiffeder gehalten wird; bei Draht- und Metallschichtpotentiometern werden Speziallegierungen für die Schleifkontakte verwendet. Bei Potentiometern mit Metallgehäuse dient dieses als mechanischer Schutz und zugleich als elektrische Abschirmung. DIN 44150 enthält Normen über Schicht-Drehwiderstände.

Für spezielle Anwendungen stehen sog. *Tandempotentiometer* zur Verfügung, bei denen mehrere Stellwiderstände auf einer Achse sitzen und gleichzeitig betätigt werden. Bild 1.5 zeigt verschiedene Ausführungsformen von Potentiometern. In Rundfunk- und vielen anderen Geräten werden Potentiometer oft auch mit angebautem Schalter versehen, der in einer Endstellung durch Drehung die Netzversorgung schaltet oder durch Zug bzw. Druck betätigt wird.

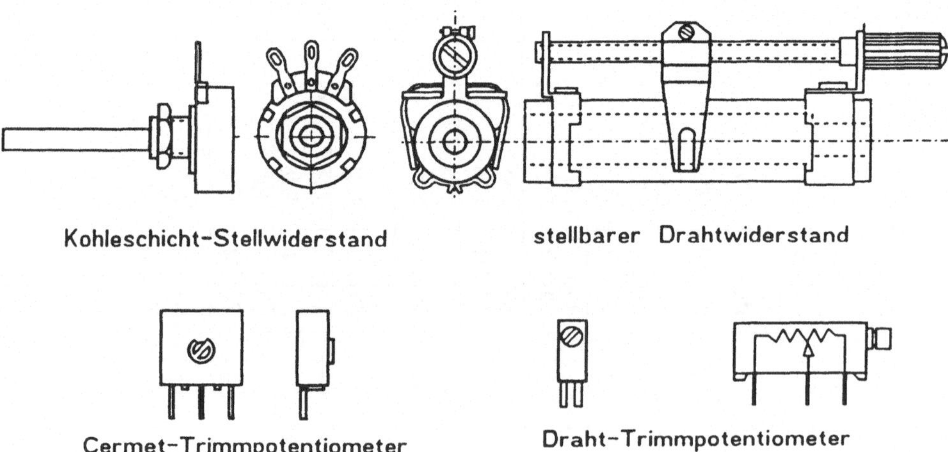

Bild 1.5: Ausführungsbeispiele für Potentiometer

Je nach Verwendungszweck hat die *Widerstandskennlinie*, d. h. die Abhängigkeit des Widerstandswertes zwischen Abgriff und Festpunkt von der Weglänge bzw. dem Drehwinkel α einen bestimmten Verlauf. Die einfachste

Kennlinie ist die *lineare*, bei der der Widerstand dem Weg (Winkel) proportional ist (Anwendung z.B. Spannungsteiler). Häufig verwendet werden auch *logarithmische Kennlinien* (z.B. bei Lautstärkestellern wegen der logarithmischen Hörempfindlichkeit des Ohres), die entweder positiv oder negativ logarithmisch ausgebildet sein können.

Darüber hinaus gibt es Potentiometer mit Spezialschnitten (z.B. S-Kurve usw. für die unterschiedlichsten Anwendungen. Bild 1.6 zeigt Kennlinien eines linearen (a), eines positiv(b) bzw. negativ logarithmischen (c) und eines S-förmigen Potentiometers (c).

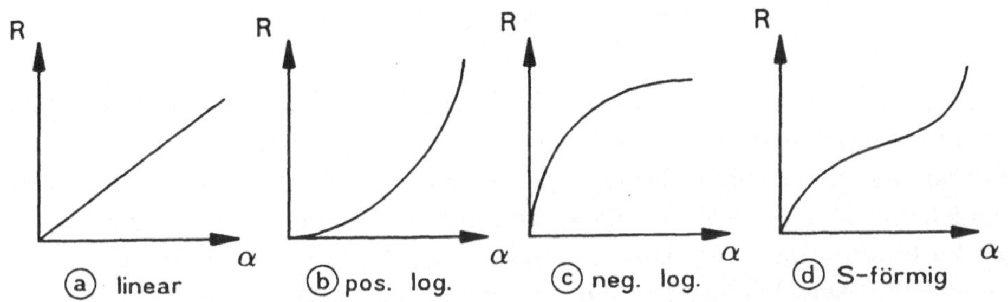

Bild 1.6: Verschiedene Widerstandskennlinien von Potentiometern

Für Anwendungen in der Meß und in der Analogrechentechnik sind die sogenannten *Ring-* und *Wendelpotentiometer* entwickelt worden. Sie sind äußerst präzise in der Einstellung und bestehen aus einem sehr gleichmäßig bewickelten Widerstandsträger, der beim Wendelpotentiometer schraubenförmig (in meistens 10 Gängen) in einem Gehäuse eingebaut ist. Beim Ringpotentiometer bildet er einen geschlossenen Ring; die Achse hat keinen Anschlag und kann mit bis zu 100 U/min rotieren. Bild 1.7 zeigt das Prinzip des Wendelpotentiometers.

In der Rundfunk-Studiotechnik sind die Flachbahn-Steller mit geradlinig verlaufender Widerstandsbahn im Gebrauch. Der Schleifer bewegt sich hier nicht auf einer Kreis- oder Spiralbahn, sondern longitudinal. Dies hat den Vorteil einer kontinuierlicheren Verstellung und einer besseren Einstellgenauigkeit (z.B. auf einer in dB kalibrierten, linearen Skala).

1.1.1.5 Ebene Dünnfilmmetallwiderstände

Die *Dünnfilmmetallwiderstände* sind Festwiderstände für sehr hohe Ansprüche. Ein dünner Metallfilm (Bestandteile NiCr, Ta u.a.) mit genau definierten Eigenschaften wird auf einen keramischen Flachkörper aufgebracht.

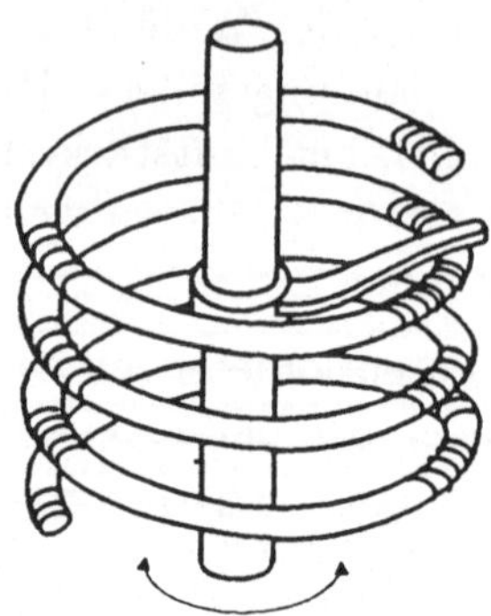

Bild 1.7: Prinzip des Wendelpotentiometers

Hierbei ist die Filmdicke um etwa den Faktor 10 größer als bei den üblichen Metallschichtwiderständen. Teile des Films werden durch Lasertrimmen oder im Photoätzverfahren entfernt, so daß entweder eine mäanderförmige Widerstandsbahn oder ein Flächenwiderstand mit sehr genauer Geometrie entsteht. Zur Verbindung mit den Anschlußdrähten werden dünne, flexible Bänder angeschweißt. Das Widerstandselement wird mit einer Vergußmasse versehen und in ein Epoxidharzgehäuse gebracht. Für Spezialanwendungen werden in manchen Fällen gleichzeitig Kondensatoren mit auf das Substrat integriert.

1.1.1.6 Ebene Dickfilmwiderstände

Dickfilmwiderstände erhält man, indem man Widerstandspasten (für den eigentlichen Widerstand) und Metallpasten für die Kontaktierung mittels Siebdruck in verschiedenen Arbeitsgängen auf ein keramisches Substrat aufbringt und einbrennt (sog. Cermet-Verfahren, s.o.). Der Feinabgleich erfolgt mittels Laser. Anschließend werden die Widerstände ähnlich wie die Dünnfilmwiderstände konfektioniert. Häufig findet man *Widerstandsarrays*, die hochwertige und hochgenaue Widerstandsnetzwerke für spezielle Schaltungen enthalten.

1.1.1.7 Chipwiderstände für SMD-Technik

Die *SMD-(Surface Mounted Device)-Technik* hat in den letzten Jahren eine weite Verbreitung gefunden. Es handelt sich hierbei um eine Fertigungstechnik, bei der die Bauelemente (diskrete Komponenten wie Widerstände, Kondensatoren, Transistoren und/oder hochintegrierte Schaltungen) nicht mehr in radialer oder axialer Durchstecktechnik auf Leiterplatten gebracht und verlötet werden. Stattdessen befestigt man sie (beispielsweise mittels Klebetechniken) direkt auf den Leiterbahnen und verlötet sie anschließend. Diese Methode hat gegenüber der herkömmlichen eine Reihe von Vorteilen

- Miniaturisierung der Bauelemente und dadurch höhere Packungsdichte auf der Leiterplatte (beidseitige Bestückung möglich),
- Kostenreduzierung (z.B. weniger Bohrlöcher für Durchsteck-Komponenten, effektivere Bestückung durch Automaten),
- höhere Zuverlässigkeit,
- günstigere Hochfrequenzeigenschaften, da die Komponenten nur kurze oder gar keine Anschlußbeine haben und die Leitungsführungen insgesamt verkürzt werden können.

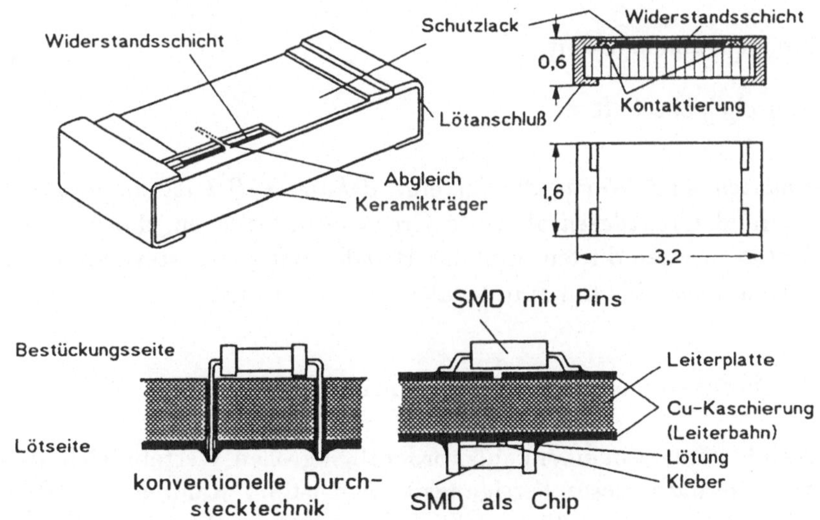

Bild 1.8: Aufbau, Abmessungen und Montage von Chip-Widerständen (nach Valvo)

SMD-Widerstände sind in verschiedenen Technologien erhältlich (Kohleschicht, Metallschicht etc.). Sie sind gemäß Bild 1.8 in der Regel rechteckförmig aufgebaut und in verschiedenen Größen lieferbar. Die Rechteckform hat den Vorteil, daß sie platzsparend und leicht klebbar ist. Der elektrische Aufbau entspricht im Prinzip dem der oben besprochenen Schichtwiderstände; er ist lediglich den andersartigen konstruktiven Gegebenheiten angepaßt. Der Abgleich auf den Nennwert erfolgt mittels Lasertrimmung (im Bild 1.8 angedeutet). Die Normung der SMD-Komponenten ist noch im Entwurfsstadium.

1.1.2 Normen und Eigenschaften von Widerständen

Um bei der Fülle der zur Verfügung stehenden Widerstandstypen den für die spezielle Anwendung am besten geeigneten herauzufinden, benötigt der Anwender eine Reihe von Kenn- und Grenzdaten. Sie lassen sich mit folgenden Stichworten charakterisieren:

- Nennwert und dessen Verschlüsselung auf dem Widerstand,
- Toleranz (Abweichung vom Nennwert) und Güteklasse,
- Nennlast und Belastbarkeit,
- Temperaturkoeffizient,
- Spannungsabhängigkeit,
- Frequenzabhängigkeit,
- Rauscheigenschaften.

Kenndaten sind Werte, die für eine *definierte Betriebsumgebung* typisch sind, während *Grenzdaten* absolute Grenzwerte festlegen, die *in keinem Fall überschritten* werden dürfen, weil das Bauelement sonst irreversible Änderungen der Kenndaten bis hin zum totalen Ausfall erfährt.

1.1.2.1 Wertebereich, Kennzeichnung

Widerstände können in einem außerordentlich großen Wertebereich hergestellt werden. Innerhalb dieses Fertigungsbereich ist im Rahmen der Toleranzen jeder beliebige Wert darstellbar. Üblicherweise erfolgt die Staffelung der Werte jedoch nach international gebräuchlichen *dezimal-geometrischen Reihen* mit Stufensprüngen von

$$\sqrt[6]{10}, \quad \sqrt[12]{10}, \quad \sqrt[24]{10}, \quad \sqrt[48]{10}, \quad \sqrt[96]{10}, \quad \sqrt[192]{10}$$

entsprechend den Toleranzreihen

	E 6,	E 12,	E 24,	E 48,	E 96	E 192
mit	±20%,	±10%,	±5%,	±2%,	±1%,	±0,5%.

Die Zahl hinter dem Buchstaben E gibt an, in wieviel geometrisch äquidistante Teile eine Dekade geteilt ist — anders gesagt wieviel Werte in eine Dekade passen. In Tabelle 1.3 und 1.4 sind die Zahlenwerte dieser Reihen (als Teile I und II) nach DIN 41 426 aufgeführt. Sie können mit beliebigen Zehnerpotenzen multipliziert werden und ergeben so den *Nennwert* des Widerstandes. E–Reihen sind nicht nur für die Staffelung von Widerstandswerten, sondern für alle möglichen anderen Größen (z.B. Kapazitäten, Spannungen etc.) gebräuchlich.

Jeder Widerstand trägt verschiedene Kennzeichnungen, aus denen im allgemeinen der *Widerstandswert* , die *Güteklasse*, die *Toleranz* und die *Nennlast*, manchmal auch der Hersteller hervorgehen. Widerstandswert und Toleranz (s. u.) werden meistens nach einem international gültigen *Farbcode* durch eine Reihe von Farbringen oder -punkten angegeben. Bild 1.9 enthält den Schlüssel für die internationale Farbkennzeichnung (DIN/IEC 62) .

Die Anzahl der zählenden Ziffern richtet sich nach der Art der Widerstände bzw. nach der Toleranz gemäß der E-Reihe. Sie beginnt mit dem Ring, der zum Ende des Widerstands den kleinsten Abstand hat (z.B. auf der Kappe, vgl. Beispiele in Bild 1.9). So haben

- Kohleschicht- und Metallschichtwiderstände der Reihen E 6 ··· E 24 *2 zählende Ziffern* (1. und 2. Ring); hinzu kommen der *Multiplikator* (3. Ring) und die *Toleranzangabe* (4. Ring). Metallschichtwiderstände dieser Klasse tragen wahlweise zusätzlich einen 5. Ring (mit 1,5 ··· 2-facher Breite) auf einer Kappe für den TK.

- Metallschichtwiderstände der Reihen E 48 ··· E 196 weisen *3 zählende Ziffern* (Ringe 1 bis 3), den Multiplikator (Ring 4), die Toleranz (Ring 5) und gegebenenfalls eine TK-Angabe (Ring 6) auf.

- Fehlt generell der Ring für die Toleranz, so ist Reihe E6 gemeint.

Widerstände werden wahlweise auch mit Ziffern und Buchstaben gekennzeichnet (z.B. bei SMD-Ausführungen oder in Schaltbildern bzw. Stücklisten). Man verwendet 2 bis 4 Ziffern und einen Buchstaben, dessen Stellung innerhalb der Folge gleichzeitig das Komma ersetzt (Tabelle 1.2).

1.1.2.2 Toleranz, Güteklasse

Die *Toleranz* gibt an, um wieviel Prozent der unter Normalbedingungen tatsächlich gemessene Wert eines Widerstandes vom aufgedruckten Sollwert abweichen darf. Die üblichen Toleranzbereiche sind 20% bei der Reihe E 6 (s.

Tabelle 1.2: Kennzeichnung von Widerstandswerten (Beispiele)

Widerstands-wert		Kennzeich-nung	Widerstands-wert		Kennzeich-nung
0,1	Ω	R10	1	MΩ	1M0
0,15	Ω	R15	1,5	MΩ	1M5
0,332	Ω	R332	3,32	MΩ	3M32
0,590	Ω	R59	5,90	MΩ	5M9
1	Ω	1R0	10	MΩ	10M
1,5	Ω	1R5	15	MΩ	15M
3,32	Ω	3R32	33,2	MΩ	33M2
5,90	Ω	5R9	59,0	MΩ	59M
10	Ω	10R	100	MΩ	100M
15	Ω	15R	150	MΩ	150M
33,2	Ω	33R2	332	MΩ	332M
59,0	Ω	59R	590	MΩ	590M
100	Ω	100R	1,0	GΩ	1G0
150	Ω	150R	1,5	GΩ	1G5
332	Ω	332R	3,32	GΩ	3G32
590	Ω	590R	5,90	GΩ	5G9
1	kΩ	1K0	10	GΩ	10G
1,5	kΩ	1K5	15	GΩ	15G
3,32	kΩ	3K32	33,2	GΩ	33G2
5,90	kΩ	5K9	59,0	GΩ	59G
10	kΩ	10K	100	GΩ	100G
15	kΩ	15K	150	GΩ	150G
33,2	kΩ	33K2	332	GΩ	332G
59,0	kΩ	59K	590	GΩ	590G
100	kΩ	100K	1	TΩ	1T0
150	kΩ	150K	1,5	TΩ	1T5
332	kΩ	332K	3,32	TΩ	3T32
590	kΩ	590K	5,90	TΩ	5T9
			10	TΩ	10T

Tabelle 1.4), 10% bei E 12, 5% bei E 24 usw. Die Sprünge der E–Reihen sind so gewählt, daß sich die Toleranzbereiche benachbarter Widerstandswerte gerade berühren. Die Toleranz beinhaltet keine Aussage über die Konstanz des Istwertes im Betrieb.

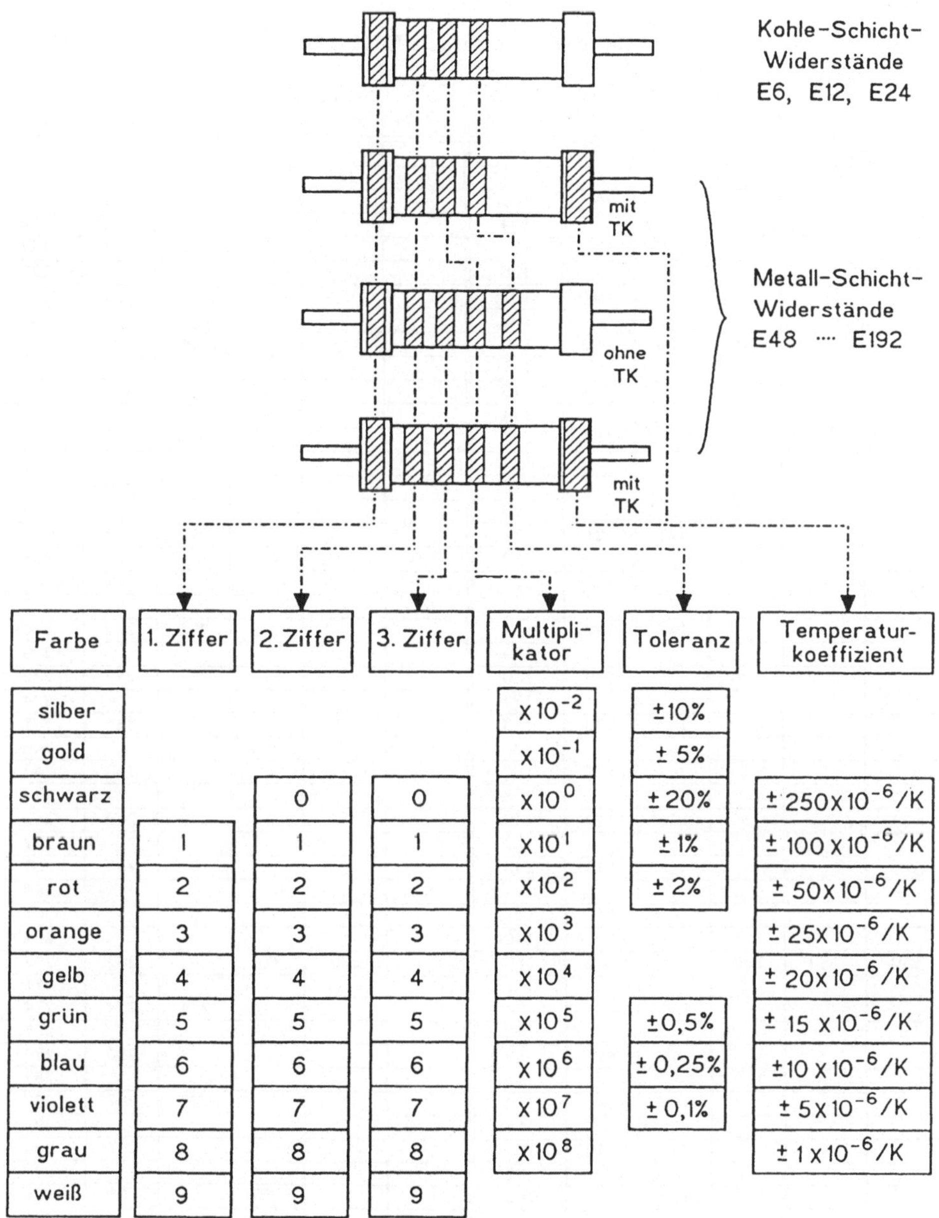

Farbe	1. Ziffer	2. Ziffer	3. Ziffer	Multiplikator	Toleranz	Temperaturkoeffizient
silber				$\times 10^{-2}$	±10%	
gold				$\times 10^{-1}$	± 5%	
schwarz		0	0	$\times 10^{0}$	± 20%	$\pm 250 \times 10^{-6}/K$
braun	1	1	1	$\times 10^{1}$	± 1%	$\pm 100 \times 10^{-6}/K$
rot	2	2	2	$\times 10^{2}$	± 2%	$\pm 50 \times 10^{-6}/K$
orange	3	3	3	$\times 10^{3}$		$\pm 25 \times 10^{-6}/K$
gelb	4	4	4	$\times 10^{4}$		$\pm 20 \times 10^{-6}/K$
grün	5	5	5	$\times 10^{5}$	±0,5%	$\pm 15 \times 10^{-6}/K$
blau	6	6	6	$\times 10^{6}$	± 0,25%	$\pm 10 \times 10^{-6}/K$
violett	7	7	7	$\times 10^{7}$	± 0,1%	$\pm 5 \times 10^{-6}/K$
grau	8	8	8	$\times 10^{8}$		$\pm 1 \times 10^{-6}/K$
weiß	9	9	9			

Bild 1.9: Farbcode für Widerstände und Kondensatoren

Tabelle 1.3: E-Reihen nach DIN 41426, Teil I

E 6 ±20%	E 12 ±10%	E 24 ±5%	E 48 ±2%	E 96 ±1%	E 192 ±0,5%	E 6 ±20%	E 12 ±10%	E 24 ±5%	E 48 ±2%	E 96 ±1%	E 192 ±0,5%
100	100	100	100	100	100				178	178	178
					101		180	180			180
				102	102					182	182
					104						184
			105	105	105				187	187	187
					106						189
				107	107					191	191
					109						193
		110	110	110	110				196	196	196
					111						198
				113	113			200		200	200
					114						203
			115	115	115				205	205	205
					117						208
				118	118					210	210
	120	120			120						213
			121	121	121				215	215	215
					123	220	220	220			218
				124	124					221	221
					126						223
			127	127	127				226	226	226
					129						229
		130		130	130					232	232
					132						234
			133	133	133				237	237	237
					135			240			240
				137	137					243	243
					138						246
			140	140	140				249	249	249
					142						252
				143	143					255	255
					145						258
			147	147	147				261	261	261
					149						264
150	150	150		150	150		270	270		267	267
					152						271
			154	154	154				274	274	274
					156						277
				158	158					280	280
		160			160						284
			162	162	162				287	287	287
					164						291
				165	165					294	294
					167						298
			169	169	169			300	301	301	301
					172						305
				174	174					309	309
					176						312

Tabelle 1.4: E-Reihen nach DIN 41426, Teil II

E 6 ±20%	E 12 ±10%	E 24 ±5%	E 48 ±2%	E 96 ±1%	E 192 ±0,5%	E 6 ±20%	E 12 ±10%	E 24 ±5%	E 48 ±2%	E 96 ±1%	E 192 ±0,5%
			316	316	316		560	560	562	562	562
					320						569
				324	324					576	576
330	330	330			328						583
			332	332	332				590	590	590
					336						597
				340	340					604	604
					344						612
			348	348	348			620	619	619	619
					352						626
				357	357					634	634
		360			361						642
			365	365	365				649	649	649
					370						657
				374	374					665	665
					379						673
			383	383	383	680	680	680	681	681	681
					388						690
	390	390		392	392					698	698
					397						706
			402	402	402				715	715	715
					407						723
				412	412					732	732
					417						741
			422	422	422			750	750	750	750
					427						759
		430		432	432					768	768
					437						777
			442	442	442				787	787	787
					448						796
				453	453					806	806
					459						816
			464	464	464		820	820	825	825	825
470	470	470			470						835
				475	475					845	845
					481						856
			487	487	487				866	866	866
					493						876
				499	499					887	887
					505						898
		510	511	511	511			910	909	909	909
					517						920
				523	523					931	931
					530						942
			536	536	536				953	953	953
					542						965
				459	459					976	976
					556						988

Die *Konstanz* wird durch verschiedene Faktoren beeinflußt, die den Wert des Widerstandes im Laufe des Betriebes irreversibel verändern (Klima, Alterung, Belastung). Die Alterung hat verschiedene Ursachen: Bei Kohleschichtwiderständen findet vorwiegend Oxidation, bei Metallschichtwiderständen Rekristallisation und Diffusion und bei Gemischschichtwiderständen Veränderung der Lack- und Bindereigenschaften statt, und zwar umso mehr, je höher die Betriebstemperatur des Widerstands ist. Nach DIN (41 400 ff.) werden *Güteklassen* definiert, z.B. die Klassen 5, 2 und 0,5. Die Zahl gibt die höchstzulässige Widerstandsänderung in % nach Lagerung von 5000 h und anschließender Belastung mit Nennlast (Klasse 0,5 halbe Nennlast) über wiederum 5000h oder 10000h.

Am Beispiel von Kohleschichtwiderständen (Rosenthal) zeigt Bild 1.10 einige typische Alterungskurven für verschiedene Bauformen. Handelsübliche Kohleschichtwiderstände entsprechen der Klasse 5; man kann bei normaler Belastung aber davon ausgehen, daß die meisten Widerstände dieser Klasse ihre Werte mit etwa 1 % Genauigkeit länger als 5 Jahre halten.

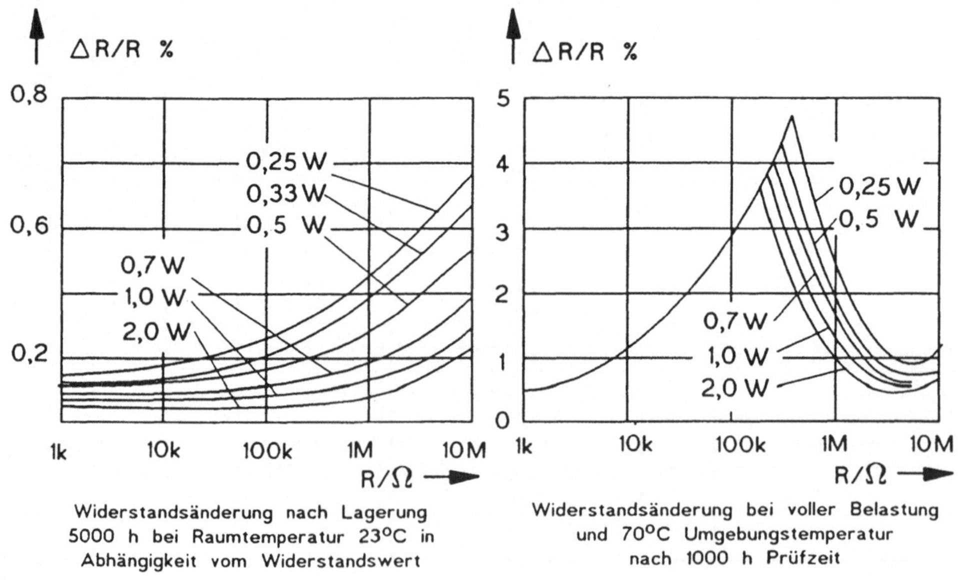

Bild 1.10: Alterungskurven von Kohleschichtwiderständen

1.1.2.3 Belastbarkeit, Nennlast

Jeder technische Widerstand setzt im Betrieb Energie in *Verlustwärme* um. Die *Belastbarkeit* des Widerstandes muß so gewählt werden, daß der Widerstand seine Verlustwärme an die Umgebung abgeben kann, ohne daß er dabei selbst Schaden nimmt, indem die höchstzulässige Widerstandstemperatur überschritten wird. Die Wärme kann umso schlechter abgeführt werden, je höher die Umgebungstemperatur ist. Die angegebene Nennlast für einen speziellen Widerstandstyp bezieht sich auf eine bestimmte Umgebungstemperatur ϑ_u (z.B. 25° C, 40° C oder 70° C) und freie Wärmeabfuhr und bewirkt eine Erwärmung des Widerstandes, die folgende Werte erreicht:

Kohleschichtwiderstände	Klasse 5	110° C
Kohleschichtwiderstände	Klasse 0,5	85° C
Metallschichtwiderstände		150° C
offene Drahtwiderstände		170° C
zementierte Drahtwiderstände		350° C
glasierte Drahtwiderstände		570° C
Metallfilmwiderstände		160° C .

Bei zunehmender Umgebungstemperatur ϑ_u oder sonstigem Wärmestau muß die Betriebslast herabgesetzt werden. Die sogenannten *Lastminderungs-* oder *Deratingkurven* dienen hier als Dimensionierungshilfe. Bild 1.11a zeigt die Deratingkurven für einen Kohleschichtwiderstand der Klasse 5 mit 0,25 W Nennlast (obere Kurve) und den gleichen Typ in Klasse 0,5 mit 0,1 W. Bild 1.11b gibt die Übertemperatur $\vartheta_{ü}$ dieses Widerstands als Funktion der Betriebslast wieder.

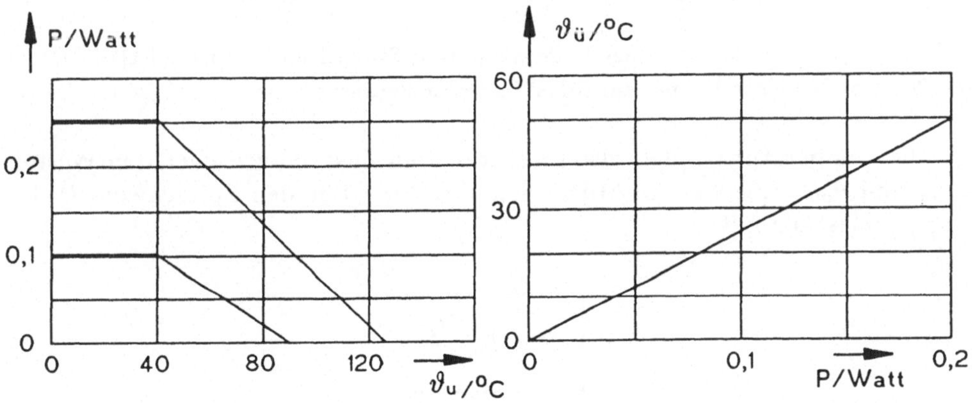

Bild 1.11: Lastminderungs-(Derating-)Kurve (a) und Übertemperatur $\vartheta_{ü}$ infolge der Last im stationären Zustand (b)

Bei *Impulsbelastung* (Bild 1.12) ist ein Widerstand in der Lage, kurzzeitig ein Vielfaches (bis zum 20fachen) der Nennlast aufzunehmen, sofern die pulsfreie Zeit genügend lang ist und die zulässige Spannung am Widerstand nicht überschritten wird.

Speist man einen Widerstand beispielsweise mit einem periodischen, rechteckförmigen Strom gemäß Bild 1.12a mit dem *Tastverhältnis* $\nu = \tau / t_0$, so läßt sich für den zeitlichen Erwärmungsverlauf im stationären Zustand schreiben

$$\vartheta_n - \vartheta_u = (\vartheta_{max} - \vartheta_u) \cdot \left[1 - exp\left(-\frac{\tau + t_{n-1}}{\tau_w}\right)\right] \tag{1.3}$$

mit ϑ_n : stationäre Impuls- Betriebstemperatur,
ϑ_u : Umgebungs-(Raum)-temperatur (z.B. 300 K),
τ : Impulsdauer,
t_{n-1} : berücks. Anfangstemp. zu Beginn des n-ten Impulses (Bild 1.12),
τ_w : Wärmezeitkonstante des Widerstands,
t_o : Impulswiederholzeit.

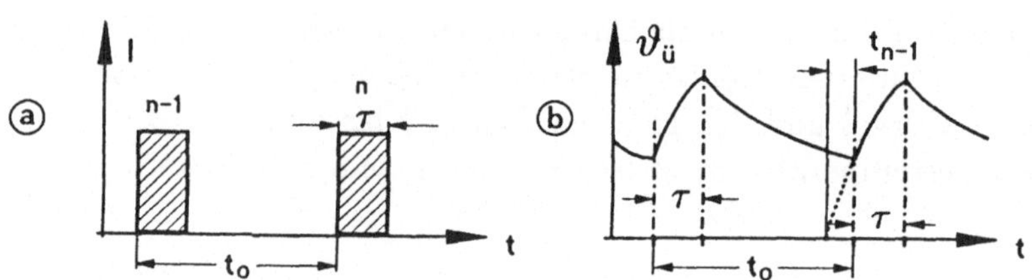

Bild 1.12: Impulsbelastung eines Widerstandes: a) Strom I im Widerstand als Funktion der Zeit t b) Zeitlicher Temperaturverlauf in der Kohleschicht

Die Temperatur pendelt also im stationären Zustand zwischen den Werten ϑ_{min} und ϑ_{max} und hat im Mittel den Wert ϑ_n. Für den Spitzenwert $\hat{P}$ der Impulsbelastung gilt

$$\boxed{\hat{P} = P_n \cdot \frac{t_o}{\tau}} \tag{1.4}$$

mit P_n als Leistung bei Gleichstrombelastung.

Mit zunehmender Last erhöht sich die *Ausfallrate*. Das zeigt Bild 1.13 an einem Beispiel für verschiedene Typen von Kohleschichtwiderständen. Bei einer Erhöhung der Umgebungstemperatur von 20° C auf 60° C verdoppelt sich in etwa die Ausfallquote.

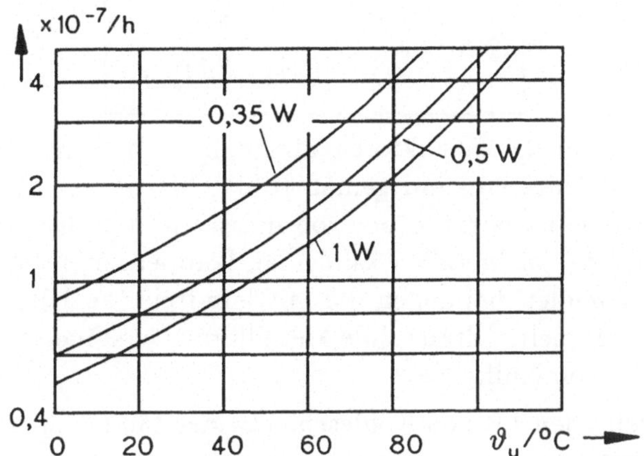

Bild 1.13: Ausfallrate für mittlere Schichtwiderstandstypen und 100 kΩ Widerstandswert in Abhängigkeit von der Umgebungstemperatur ϑ_u

1.1.2.4 Temperaturkoeffizient

Der *Temperaturkoeffizient* α_R — häufig einfach als TK bezeichnet — ist eine reversible Größe. Er gibt die relative Änderung des Widerstandes als Funktion der Temperatur an. Es ist

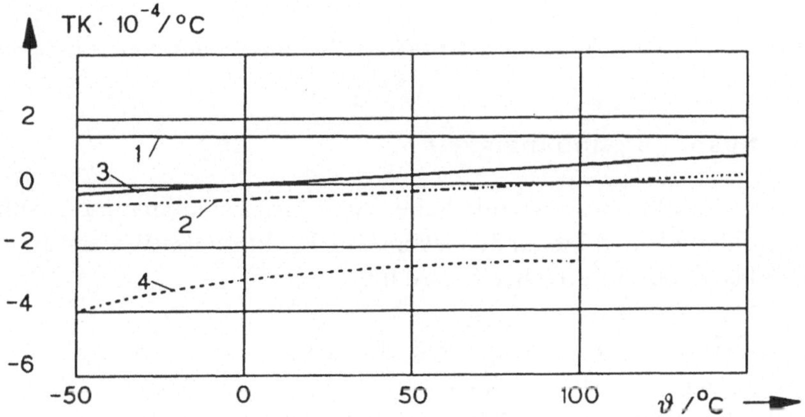

Bild 1.14: Temperaturkoeffizient α_R in Abhängigkeit von der Temperatur: (1) Chromnickeldraht, (2) Konstantandraht, (3) Metallschichtwiderstand, (4) Kohleschichtwiderstand

$$TK = \alpha_R = \left.\frac{1}{R}\right|_{T_o} \cdot \left.\frac{\partial R}{\partial \vartheta}\right|_{\vartheta = T_o} \quad . \tag{1.5}$$

TK ist von verschiedenen Faktoren abhängig, z.B. vom Material, von der Schichtdicke des Materials und gemäß Bild 1.14 von der Temperatur selbst. Der TK von Kohle ist negativ, der von massivem Metall vorwiegend positiv. Den positiven TK von Metallen kann man kompensieren, indem man dünne Metallfilme verwendet, bei denen die mittlere freie Weglänge der Elektronen bereits eine Rolle spielt. Ultrastabile Metallfilmwiderstände haben daher einen TK in der Nähe von Null.

Bild 1.15 zeigt den TK von Kohleschichtwiderständen in Abhängigkeit vom Widerstandswert.

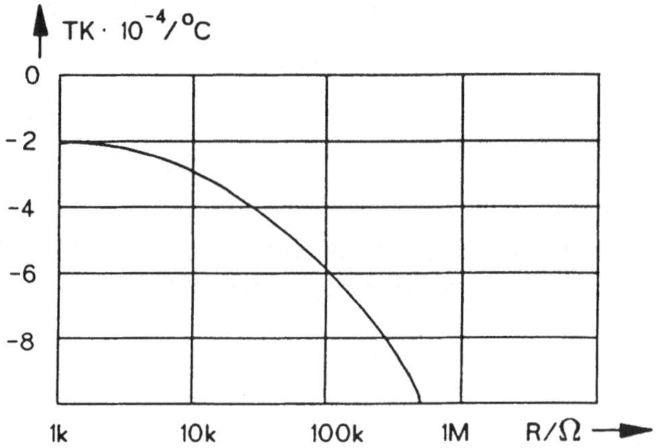

Bild 1.15: TK von Kohleschichtwiderständen als Funktion des Widerstandswertes

1.1.2.5 Spannungsabhängigkeit

Draht- und Metallfilmwiderstände haben praktisch keine Spannungsabhängigkeit; bei Kohleschichtwiderständen ist sie eine Funktion des Widerstandswertes und der Klasse. So gilt z.B. bei Klasse 0,5

$$\text{bis } 1\ \text{M}\Omega \quad \rightarrow \quad \frac{\Delta R}{R} \approx 2 \cdot 10^{-6}/\text{V},$$

$$\text{über } 1\ \text{M}\Omega \quad \rightarrow \quad \frac{\Delta R}{R} \approx 10 \cdot 10^{-6}/\text{V}.$$

Sie ist in den meisten Anwendungsfällen von untergeordneter Bedeutung.

1.1.2.6 Frequenzabhängigkeit

Jeder stromdurchflossene Leiter besitzt ein Magnetfeld, und jeder Spannungsabfall an diesem Leiter ist mit einem elektrischen Feld verknüpft. Technische Widerstände haben deshalb prinzipiell induktive und kapazitive Blindanteile, die das Frequenzverhalten beeinflussen. Die *Frequenzabhängigkeit* von Widerständen wird sehr stark vom konstruktiven Aufbau beeinflußt. Es leuchtet ohne weiteres ein, daß Drahtwiderstände wegen ihres großen Induktivitäts- und Kapazitätsbelages für Hochfrequenz ungeeignet sind. Dagegen sind Kohle- und Metallschichtwiderstände je nach Widerstandswert bis etwa 100 MHz bei richtigem Einbau ohne nennenswerte Scheinwiderstandsabweichung vom Gleichstromnennwert zu betreiben.

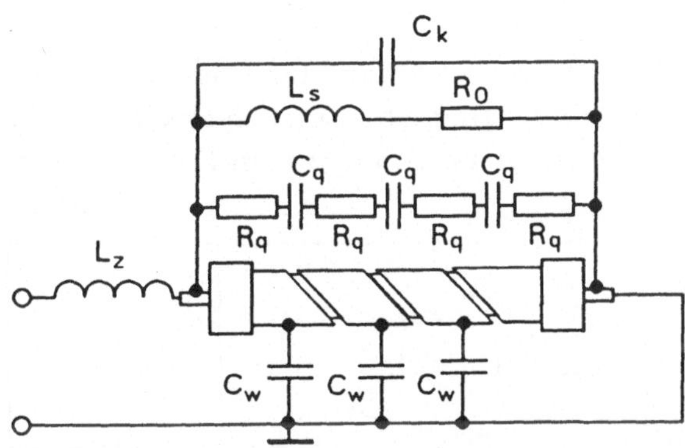

Bild 1.16: Gewendelter Widerstand mit parasitären Blindkomponenten

Bild 1.16 zeigt die bei einem gewendelten Schichtwiderstand auftretenden Blindkomponenten, wenn der Widerstand parallel zur Masse geführt wird. Die Zuleitung enthält die Induktivität L_z. In Reihe mit dem Gleichstromwiderstand R_o liegt die Induktivität L_s der Wendel. Parallel dazu liegen die Kapazität C_k der Anschlußkappen und die Reihenschaltungen aus R_q und C_q, wobei C_q die Kapazitäten von Wendel zu Wendel und R_q die dazwischenliegenden Querwiderstände darstellen. Außerdem hat jede Wendel noch eine Kapazität C_w gegen Masse. Für die Praxis ist dieses Ersatzbild zu komplex; es genügt, wenn man für 3 typische Widerstandsbereiche die Frequenzabhängigkeit entsprechend den Bildern 1.17 bis 1.19 darstellt.

Bild 1.17 zeigt qualitativ den Scheinwiderstand Z als Funktion der Frequenz f in doppelt logarithmischem Netz für Widerstände unterhalb 100 Ω. Hier genügt es, wenn man die Reihenschaltung R_o mit der Induktivität $L = L_s + L_z$ betrachtet. Der Widerstand hat also *Tiefpaßverhalten*.

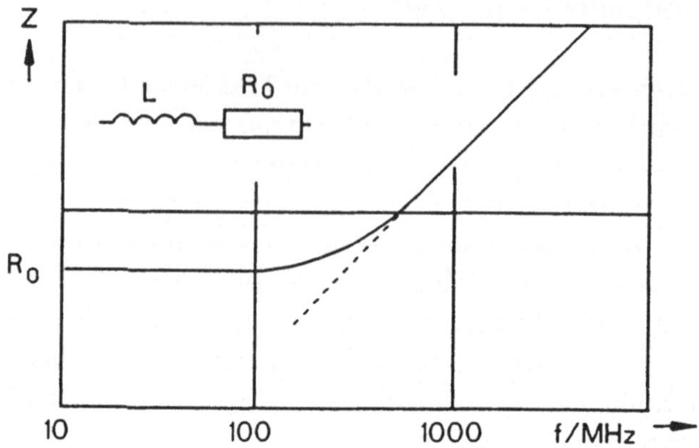

Bild 1.17: Scheinwiderstand für Widerstände < 100Ω

In Bild 1.18 ist der Scheinwiderstand für Widerstände im Bereich zwischen 100 Ω und 1 kΩ dargestellt. Hier ist zusätzlich eine Parallelkapazität C_p wirksam. Das führt zu *Resonanzerscheinungen* im Frequenzbereich um 300 MHz.

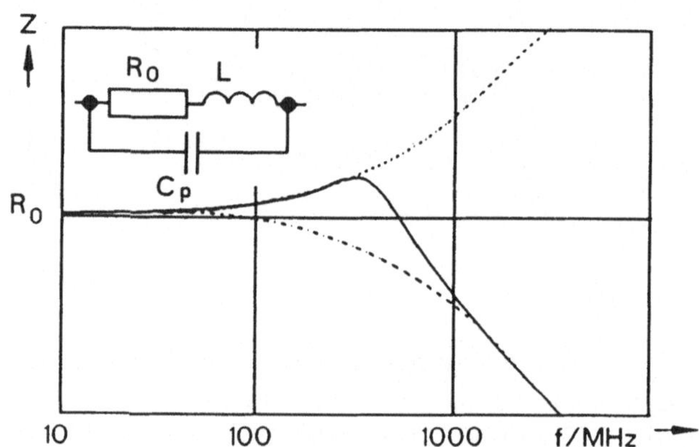

Bild 1.18: Scheinwiderstand für Widerstände zwischen 100 Ω und 1000 Ω

In Bild 1.19 ist der Scheinwiderstandsverlauf für Widerstände oberhalb 1 kΩ aufgetragen. Infolge der Wendelung überwiegt hier der kapazitive Anteil, weshalb lediglich das Parallel-C noch eine Rolle spielt. Der Widerstand wirkt demnach als *Hochpaß*.

Der Einfluß des Skin-Effektes ist bei Schichtwiderständen fast immer zu vernachlässigen, so daß es relativ einfach ist, die Grenzfrequenz eines Widerstandes zu bestimmen, wenn R_o, L und C_p bekannt sind. Gibt man eine Abweichung δ (z.B. 5%, 10% oder 20 %) vor, um die der Betrag des Scheinwiderstandes vom Gleichstromwert differieren darf, so läßt sich die Grenzfrequenz

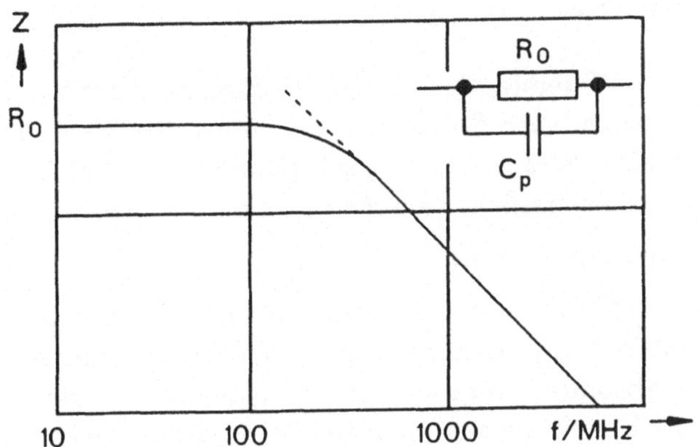

Bild 1.19: Scheinwiderstand für Widerstände oberhalb 1 kΩ

von Schichtwiderständen (Bauform nach DIN 40399) etwa nach Bild 1.20 angeben.

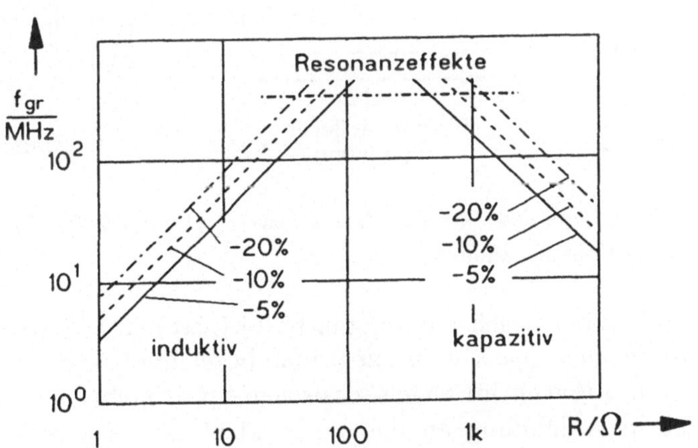

Bild 1.20: Grenzfrequenzen von Kohleschichtwiderständen

Damit der Anwender einen Begriff von den Größenordnungen bekommt, in denen sich die Blindkomponenten von Kohleschichtwiderständen etwa bewegen, sollen hier noch einige Richtwerte genannt werden:
Widerstand von 470 Ω ungewendelt: $L = L_z + L_s = 10$ nH, $C \approx 1$ pF;
mit Wendelung erhöht sich L etwa um den Faktor 10.

1.1.2.7 Rauschen

Jeder technische Widerstand stellt einen *Rauschgenerator* dar und erzeugt somit eine unvermeidbare Störung, *unabhängig von dem in ihm fließenden Gleich- oder Wechselstrom*. Die Rauschspannung setzt sich aus zwei Anteilen zusammen, dem *thermischen Rauschen* und dem *Stromrauschen*.

Thermisches Rauschen:

In jeder festen Materie führen die einzelnen Atome bei Temperaturen oberhalb des absoluten Nullpunkts Schwingungen um ihre Ruhelage durch, deren Amplitude der absoluten Temperatur proportional ist. Bei Leitern teilt sich diese thermische Bewegung auch den frei beweglichen Elektronen mit, die deshalb dauernd auf *statistisch verteilten Zickzackbahnen* im Material ihre Lage verändern (Bild 1.21).

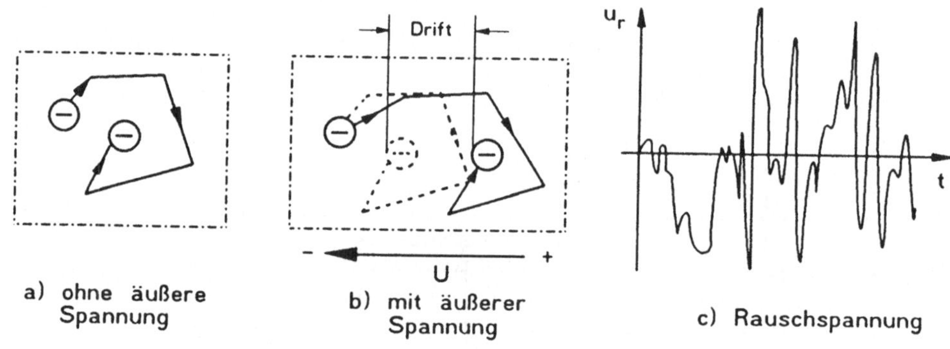

Bild 1.21: Zur Entstehung des Widerstandsrauschens a) ohne äußere Spannung b) mit äußerer Spannung c) Rauschspannung

Die so entstehende Rauschspannung u_r (Bild 1.21c) enthält im Idealfall *alle Frequenzen mit gleichen Spektralanteilen*; man bezeichnet sie aufgrund der Untersuchungen von *Johnson* im angelsächsischen Sprachgebrauch als *Johnson-Rauschen* oder in Anlehnung an das weiße Licht in der Optik als *„weißes Rauschen"*.

Das thermische Rauschen eines Widerstands ist proportional zur absoluten Temperatur T [K] und dem Ohmschen Wert R. Die spektralen Anteile sind nicht miteinander korreliert. Innerhalb eines schmalen Frequenzbereichs $\Delta f = f_2 - f_1$ läßt sich der Mittelwert des Quadrats der Rauschspannung $\overline{u_r^2}$ nach *Nyquist* für nicht zu hohe Frequenzen angeben:

$$\boxed{\overline{u_r^2} = u_{r\ eff}^2 = 4 \cdot k \cdot T \cdot R \cdot \Delta f} \quad . \tag{1.6}$$

Hierin ist

$$\boxed{k = 1,38 \cdot 10^{-23} [Ws/K]} \tag{1.7}$$

die *Boltzmann-Konstante*. Der *Effektivwert* dieser Spannung ergibt sich bei einer Temperatur von $T_o = 300K$ (27°C) etwa mit

$$u_{r\ eff} \approx 2,88 \cdot \sqrt{\frac{R}{[k\Omega]} \cdot \frac{\Delta f}{[MHz]}} \qquad [\mu V] \tag{1.8}$$

Der *zeitliche Mittelwert* der Rauschspannung ist Null, da die Wahrscheinlichkeit der statistischen Elektronenbewegung für alle Raumrichtungen gleich ist. Thermisches Rauschen spielt nur dort eine praktische Rolle, wo Ströme $< 10\mu A$ auftreten. Darüberhinaus ist das Stromrauschen wichtiger (s.u.).

Stellt man Gleichung (1.6) nach der Leistung um, so erhält man

$$\boxed{\frac{1}{4} \cdot \frac{\overline{u_r^2}}{R} = \frac{1}{4} \cdot R \cdot \overline{i_r^2} = k \cdot T \cdot \Delta f} \ . \tag{1.9}$$

> *Die Rauschleistung ist also unabhängig vom Widerstand; im Prinzip hat ein niederohmiges Stück Draht dieselbe verfügbare Rauschleistung wie ein hochohmiger Isolator, vorausgesetzt, sie befinden sich auf derselben Temperatur!*

Schaltet man Widerstände in Reihe, so erhöht sich zwar die Rauschspannung, gleichzeitig aber auch der Widerstand. Damit wird der Rauschstrom kleiner, und die verfügbare Leistung bleibt konstant.

Auf der Basis von Gleichung (1.9) können wir einen rauschenden Widerstand (Bild 1.22a) ersatzweise darstellen durch einen rauschfreien Widerstand, dem eine Rauschspannungsquelle mit der EMK $\sqrt{\overline{u_r^2}}$ in Reihe geschaltet ist (Bild 1.22b). Dazu äquivalent ist die Parallelschaltung aus dem rauschfreien Widerstand und der Rauschstromquelle $\sqrt{\overline{i_r^2}}$ (Bild 1.22c).

Wie in Abschnitt 1.1.2.6 erläutert, besitzt jeder technische Widerstand Blindkomponenten. Sie rauschen zwar im Idealfall nicht, bewirken aber je nach Größe innerhalb bestimmter Frequenzgebiete eine Bevorzugung oder Benachteiligung spektraler Rauschanteile. Aus dem „weißen“ Rauschen entsteht „farbiges“ Rauschen. Für Schichtwiderstände kommt dies erst im GHz-Bereich zum Tragen.

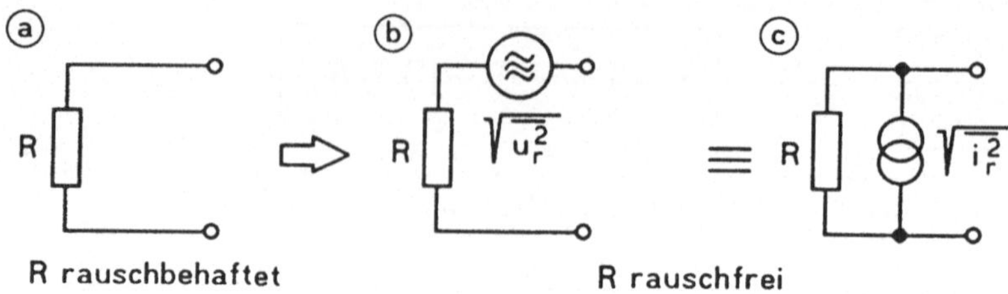

Bild 1.22: Spannungs- und Stromquellen-Ersatzschaltung des rauschenden Widerstands

Nehmen wir als Beispiel den quadratischen Mittelwert der Rauschspannung einer *RC-Parallelschaltung*, so entsteht ein Tiefpaß für das weiße Rauschen mit der Übertragungsfunktion

$$\overline{u_{rRC}^2} = \int_0^\infty 4 \cdot k \cdot T \cdot Re(\underline{Z})df = \int_0^\infty 4 \cdot k \cdot T \cdot \frac{R}{1+(\omega RC)^2}df = \frac{k \cdot T}{C} \; . \quad (1.10)$$

Wir sehen, daß der quadratische Mittelwert der Rauschspannung einer RC-Schaltung (und damit eines technischen Widerstands ähnlich Bild 1.18 oder 1.19) nur von der Größe der (unvermeidlichen) Blindkomponenten abhängt. Ein Parallel-C der Größe 1 pF bewirkt einen Effektivwert von u_r von etwa 60 μV.

Stromrauschen:
Legt man an den Leiter eine äußere Spannung an, so überlagert sich der *statistischen* Bewegung der Elektronen eine *geordnete (Drift)*, die den eigentlichen Stromfluß darstellt (Bild 1.21b). Dabei entsteht *Stromrauschen.* Das Stromrauschen ist farbig und besonders ausgeprägt bei Kohleschichtwiderständen. Es hat seine Ursache in statistischen Kontaktschwankungnen zwischen den einzelnen leitenden Bereichen des Materials und ist bei inhomogenen Stoffen ausgeprägter. Deshalb besitzen Draht- und Metallschichtwiderstände weniger Stromrauschen. Es nimmt etwa mit $1/\sqrt{f}$ ab. Im Bereich der Niederfrequenz (30 Hz bis 15 kHz) sind die in Bild 1.23 dargestellten Werte des Stromrauschens bei Kohleschichtwiderständen typisch (Rosenthal). Außer dem (inneren) Stromrauschen kann zusätzlich *Kontaktrauschen* durch schlechte Konfektionierung der äußeren Anschlüsse auftreten.

1.1.3 Anwendungshinweise für Widerstände

Bei der Verwendung der verschiedenen Widerstandstypen können unterschiedliche Gesichtspunkte im Vordergrund stehen, deren Spektrum sich von besonderer Wirtschaftlichkeit über spezielle Eigenschaften bezüglich äußerer Ein-

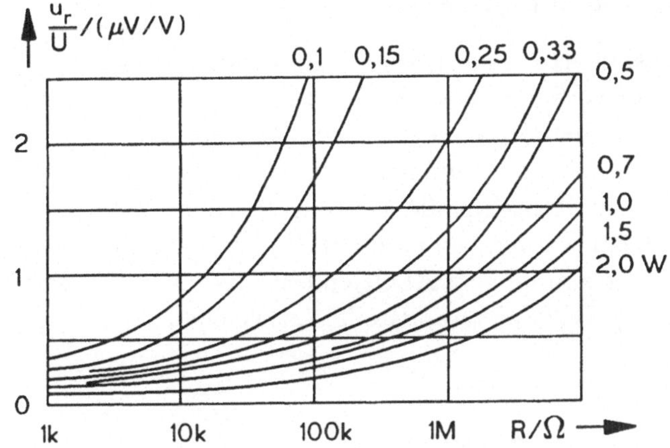

Bild 1.23: Stromrauschen in Abhängigkeit vom Widerstandswert

flüsse bis hin zu höchster Zuverlässigkeit und/oder Genauigkeit erstreckt. Allgemein gültige Richtlinien sind daher nur grob formulierbar. Wir wollen hier deshalb nur einige Gesichtspunkte zusammenfassen.

Kohleschichtwiderstände

Kohleschichtwiderstände sind besonders preiswert und für viele Anwendungen in der Massenfertigung ausreichend. Gängige Toleranzreihen sind E 12 und E 24 bei Nennlasten bis 0,5 W. Bei Impulsbetrieb sind sie im Vergleich zu Metallschichtwiderständen robuster.

Metallschichtwiderstände

Metallschichtwiderstände sollten überall dort verwendet werden, wo höhere Genauigkeit, geringere Änderung durch Alterung und geringes Rauschen im Vordergrund stehen. Legt man insbesondere Wert auf Langzeitkonstanz, so empfiehlt es sich, Widerstände mit größerer Nennlast als erforderlich zu wählen, sofern nicht andere Gründe dagegensprechen, weil dann die Betriebstemperatur niedriger bleibt.

Drahtwiderstände

Drahtwiderstände sind für hohe Belastbarkeit ausgelegt. Sie haben hohen induktiven Anteil und daher schlechte Hochfrequenzeigenschaften. Beim Einbau in Schaltungen ist zu berücksichtigen, daß die maximale Betriebstemperatur bei einigen Typen bis 350°C betragen darf und andere, wärmeempfindliche Komponenten genügend weit entfernt angeordnet werden. Hochlastwiderstände müssen sauber kontaktiert werden, so daß sie sich beispielweis nicht selbst auslöten können (häufige Fehlerursache bei schlecht dimensionierten gedruckten Schaltungslayouts).

Veränderbare Widerstände

Gut dimensionierte, zuverlässige Schaltungskonzepte zeichnen sich durch ein Minimum an veränderlichen Widerständen aus, weil diese eine Reihe von Fehlerquellen besitzen. Besonders ist hier der Übergang Abgriff - Widerstandsbahn zu nennen, der oft einen spannungsabhängigen Widerstand besitzt und der eine zusätzliche Rauschquelle darstellt. Veränderliche Widerstände sollten nur dort verwendet werden, wo häufiges Stellen während des Betiebs nötig ist. Bei seltenem oder einmaligem Abgleich oder Arbeitspunkteinstellungen sollte man auf (lötbare) Festwiderstandsteiler ausweichen.

1.2 Kondensatoren

Kondensatoren — genauer gesagt — *technische Kondensatoren* sind Bauelemente mit zwei voneinander isolierten, leitenden Belägen, zwischen denen sich ein elektrisches Feld bilden kann. Sie haben in der gesamten Elektrotechnik ein sehr breites Anwendungsspektrum. Entsprechend den verschiedenartigsten Anforderungen ist auch die Mannigfaltigkeit der Bauformen sehr groß. Die speziellen Eigenschaften eines Kondensators werden wesentlich von seinem konstruktiven Aufbau bestimmt. Der Elektroingenieur muß beurteilen können, welche Konsequenzen der Einsatz von bestimmten Kondensatortypen bei der Lösung seiner speziellen Probleme hat. Durch die Wahl ungeeigneter Kondensatoren kann die Funktion einer Schaltung völlig infrage gestellt werden.

1.2.1 Allgemeine Eigenschaften von Kondensatoren

Ein idealer Kondensator ist ein reiner Blindwiderstand, der elektrische Energie in Form von Ladung speichert. Den Zusammenhang zwischen der elektrischen Ladung Q, der Kapazität C und der Kondensatorspannung U_C ergibt sich nach der bekannten Beziehung

$$\boxed{Q = C \cdot U_C} \; . \tag{1.11}$$

Außerdem ist

$$\boxed{Q = \int i dt = \int_A D dA = \varepsilon_o \cdot \varepsilon_r \int_A E dA} \tag{1.12}$$

mit i: Strom in den Kondensatorzuleitungen,
D: dielektrische Verschiebung,
A: Fläche und E: elektrische Feldstärke.

Bei Betrieb mit Wechselspannung u der Kreisfrequenz $\omega = 2 \cdot \pi \cdot f$ gilt

$$\boxed{X_C = \frac{1}{j\omega C}} \quad \textit{und} \tag{1.13}$$

$$\boxed{i_C = u_C \cdot j\omega C} \; . \tag{1.14}$$

Hierbei sind X_C der kapazitive Blindwiderstand und f die Frequenz der Wechselspannung $u_C = u$. Der Phasenwinkel φ_i des Stroms i_C eilt dem der Spannung am Kondensator um 90° voraus. Die im Kondensator gespeicherte *elektrische Energie* W hat die Größe

$$\boxed{W = \frac{1}{2} \cdot Q \cdot U_C = \frac{1}{2} \cdot C \cdot U_C^2 = \frac{1}{2} \cdot \frac{Q^2}{C} = \frac{1}{2} \cdot \varepsilon_o \cdot \varepsilon_r \cdot E^2 \cdot V_a} \; . \tag{1.15}$$

mit V_a : aktives Volumen des Dieelektrikums (s. nächsten Abschnitt).

1.2.1.1 Spezifische Kapazität (Kapazität pro Volumeneinheit)

Eine für die praktische Anwendung wichtige Größe ist die *auf die Volumeneinheit bezogene Kapazität* C_{spez}, weil durch sie letzlich die mechanischen Abmessungen einer elektronischen Schaltung insgesamt mitbestimmt wird. Das Gesamtvolumen V_{ges} eines Kondensators setzt sich zusammen aus dem *aktiven Volumen* V_a *des Dielektrikums* und den Volumina V_{bel} der leitenden Beläge sowie des Gehäuses V_{geh}, also

$$V_{ges} = V_a + V_{bel} + V_{geh} \; . \tag{1.16}$$

Somit wird die *spezifische Kapazität*

$$\boxed{C_{spez} = \frac{C}{V_{ges}} = \frac{C}{V_a} \cdot \frac{V_a}{V_{ges}} = \frac{C}{V_a} \cdot V_\varepsilon} \; . \tag{1.17}$$

Je näher der *dielektrische Füllfaktor* $V_\varepsilon = V_a/V_{ges}$ an 1 liegt, desto günstiger ist die Bauform.

Nun ist beim *Plattenkondensator* mit der Fläche A, dem Plattenabstand d und der relativen Dielektrizitätskonstanten ε_r die Kapazität

$$\boxed{C = \varepsilon_o \cdot \varepsilon_r \cdot \frac{A}{d}} \quad . \tag{1.18}$$

Mit dem aktiven Volumen $V_a = A \cdot d$ und Gleichung (1.16) wird aus Gleichung (1.17)

$$\boxed{C_{spez} = \varepsilon_o \cdot \varepsilon_r \cdot \frac{A}{d} \cdot \frac{1}{A \cdot d} = \frac{\varepsilon_o \cdot \varepsilon_r}{d^2}} \quad . \tag{1.19}$$

Die spezifische Kapazität ist also von der *Belagfläche unabhängig* und *umso größer, je kleiner der Belagabstand* d ist. Die letztgenannte Forderung läßt sich aus technologischen und elektrischen Gründen nicht beliebig gut erfüllen. Insbesondere die *kritische Durchschlagfeldstärke* $E_{krit} = U_c/d$ setzt hier eine natürliche Grenze. Tabelle 1.5 gibt eine Übersicht über typische Durchschlagfeldstärken und über technisch realisierbare Schichtdicken d bei Dielektrika.

1.2.1.2 Ersatzschaltbild des Kondensators

Jeder technische Kondensator besitzt Verlust- und induktive Blindkomponenten, die von der Bauform und den Betriebsbedingungen abhängig sind. Allgemein lassen sich diese Einflüsse in einem Ersatzschaltbild (Bild 1.24) zusammenfassen. Wir erkennen einen verlustbehafteten Schwingkreis, für dessen Frequenzgang sich schreiben läßt

$$\boxed{Z(\omega) = R_s + j \cdot \omega \cdot L_s + \frac{r_p \parallel R_p}{1 + j \cdot \omega \cdot C \cdot (r_p \parallel R_p)}} \quad . \tag{1.20}$$

Wir wollen die Komponenten in den folgenden Abschnitten diskutieren.

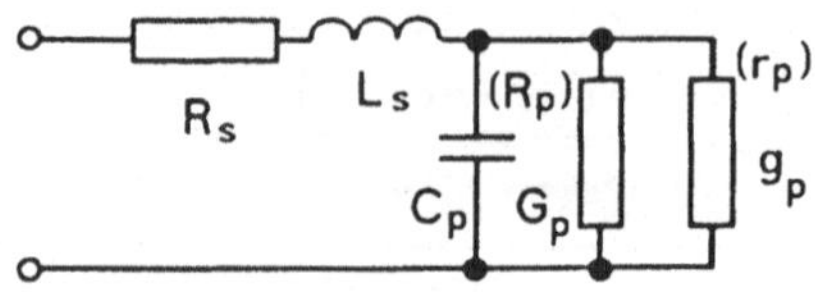

Bild 1.24: Ersatzschaltbild des technischen Kondensators

Tabelle 1.5: Mittlere Durchschlagsfeldstärke E_{krit} verschiedener Stoffe im homogenen elektrischen Gleichfeld

Stoff			Durchschlags-Feldstärke E_{krit} kV/mm
Vakuum	d < 0,1 mm		30
	d = 10 mm		300
Luft	d = 10 mm	$p = 10^{-3}$ bar	0,03
		p = 1 bar	3,2
		p = 10 bar	26,6
Tetrachlorkohlenstoff	d = 10 mm	p = 1 bar	8
		p = 10 bar	60
Schwefelhexafluorid (SF_6)	d = 10 mm	p = 1 bar	8,9
Transformatorenöl			8
Silicatglas			10···20
Teflon			20
Lackpapier, kunstharzgetränkt			25
Glimmer			150···200
Cellulosetriacetat (Triafol)			60
Polyethylen			100···150
Polypropylen			100

1.2.1.3 Verluste im Kondensator

Die im Kondensator verwendeten Dielektrika haben stets einen endlichen Isolationswiderstand. Er bewirkt bei Betrieb mit *Gleichspannung* einen *Leckstrom* und ist im Ersatzschaltbild durch den Leitwert $G_p = 1/R_p$ symbolisiert. Bei Betrieb mit *Wechselspannung* entsteht durch *dielektrische Absorption* ein weiterer Verlustanteil, der frequenzabhängig ist. Im Ersatzschaltbild wird er durch den Leitwert $g_p = 1/r_p$ dargestellt. Er macht sich bei Gleichspannung durch eine gewisse *Nachwirkung (Relaxation)* bemerkbar. Entlädt man einen Kondensator (z.B. eine Fernsehbildröhre nach Abtrennen von der Hochspannung durch Kurzschluß des inneren und äußeren leitenden Belages) und beseitigt anschließend den Kurzschluß wieder, so entsteht an den Belägen erneut eine Spannung. Die elektrischen Dipole im Dielektrikum haben nach der kurzzeitigen Entladung noch eine gewisse Vorzugsorientierung (Polarisation), die sich erst allmählich abbaut.

Die Verluste eines Kondensators werden allgemein durch den *Verlustfaktor* angegeben. Das ist der Tangens des Verlustwinkels δ oder der Quotient aus Verlustleistung P_v und Blindverlustleistung P_b. In der *Parallelersatzschaltung* gemäß Bild 1.25)wird

$$\boxed{tan\delta = \frac{i_G}{i_C} = \frac{P_v}{P_b} = \frac{G'_p}{\omega \cdot C_p}} \quad . \tag{1.21}$$

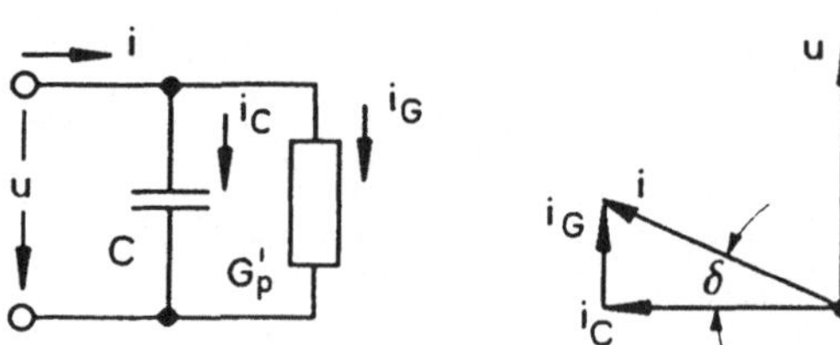

Bild 1.25: Verlustwinkel δ im Parallelersatzschaltbild

G'_p in Gleichung (1.21) ist aus Isolationsleitwert G_p und dielektrischem Verlustleitwert g_p zusammengesetzt (Bild 1.24), wobei der Anteil der Isolationsverluste bei modernen Dielektrika oft vernachlässigbar ist (außer bei Elektrolytkondensatoren, s. u.).

Geht man von einer *Reihenersatzschaltung* nach Bild 1.26 aus, so wird

$$\boxed{tan\delta = \omega \cdot C_r \cdot R_r} \quad . \tag{1.22}$$

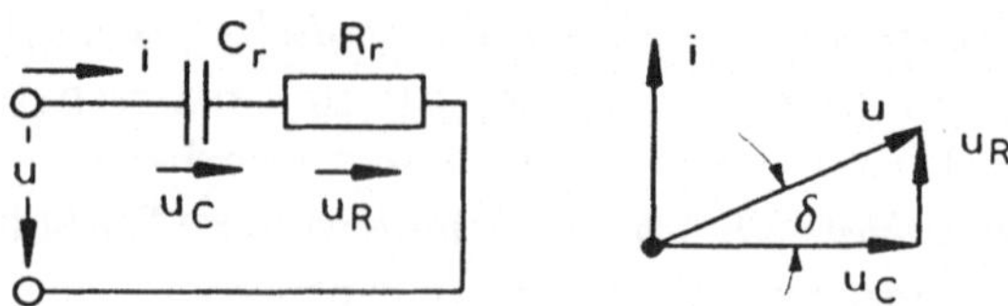

Bild 1.26: Verlustwinkel δ im Reihenersatzschaltbild

Ein Maß für die *Isolationsgüte* eines Kondensators ist das *Produkt aus Kapazität und Isolationswiderstand* $[Farad \cdot M\Omega]$ oder $[Farad \cdot \Omega]$. Sie hat die Dimension einer *Zeitkonstanten* [s].

1.2.1.4 Eigenresonanz

Jeder Kondensator besitzt induktive Blindanteile in den Zuleitungen und den Belägen. Das führt zu Eigenresonanzen, die — abhängig vom mechanischen Einbau in die Schaltung — mehrfach auftreten können (vgl. a. Ersatzschaltung, Abschnitt 1.2.1.2).

Tabelle 1.6: Kennzeichnung von Kapazitätswerten (Beispiele)

Kapazitätswert	Kennzeichnung	Kapazitätswert	Kennzeichnung
0,1 pF	p10	100 nF	100N
0,15 pF	p15	150 nF	150N
0,332 pF	p332	332 nF	322N
0,590 pF	p59	590 nF	590N
1,0 pF	1p0	1,0 μF	1μ0
1,5 pF	1p5	1,5 μF	1μ5
3,32 pF	3p32	3,32 μF	3μ32
5,90 pF	5p9	5,90 μF	5μ9
10 pF	10p	10 μF	10μ
15 pF	15p	15 μF	15μ
33,2 pF	33p2	33,2 μF	33μ2
59,0 pF	59p0	59,0 μF	59μ
100 pF	100p	100 μF	100μ
150 pF	150p	150 μF	150μ
332 pF	332p	332 μF	332μ
590 pF	590p	590 μF	590μ
1,0 nF	1n0	1,0 mF	1m0
1,5 nF	1n5	1,5 mF	1m5
3,32 nF	3n32	3,32 mF	3m32
5,90 nF	5n9	5,90 mF	5m9
10 nF	10n	10 mF	10m
15 nF	15n	15 mF	15m
33,2 nF	33n2	33,2 mF	33m2
59,0 nF	59n	59,0 mF	59m0

1.2.1.5 Wertebereich, Kennzeichnung

Der Wertebereich von technischen Kondensatoren erstreckt sich etwa über 12 Zehnerpotenzen, ist also sehr groß. Zur Kennzeichnung eines Kondensators werden in jedem Falle die *Nennkapazität* C_N und die *Nennspannung* U_N angegeben, erforderlichenfalls auch die *Nennfrequenz* f_N. C_N bezieht sich meistens auf eine Umgebungstemperatur von 20° C oder eine Oberflächentemperatur des Kondensators von 40° C sowie auf U_N und f_N. U_N ist so zu wählen, daß im ungünstigsten Betriebsfall die am Kondensator liegende Gleichspannung oder sinusförmige Effektivspannung der Frequenz f_N nicht für längere Zeit höher als U_N ist. Entsprechende Angaben lassen sich hinsichtlich des Nennstroms I_N festlegen, bezogen auf U_N, C_N und f_N.

Die *Kennzeichnung* von Kondensatoren erfolgt bei genügend großem Gehäuse mittels Zahlenaufdruck im Klartext. Kleinkondensatoren wie z.B. axiale Keramikkondensatoren oder Scheibenkondensatoren werden entweder mit einem codierten Zahlenaufdruck oder mit Verschlüsselungen entsprechend dem internationelen Farbcode nach DIN/IEC 62 (s. Bild 1.27) versehen. Wie bei den Widerständen werden 2 bis 4 Ziffern und ein Buchstabe verwendet, dessen Stellung innerhalb der Folge gleichzeitig das Komma ersetzt (Tabelle 1.6). Zu den Angaben gehören mindestens C_N und U_N und bei gepolten Kondensatoren die Polung. Dazu kommen häufig noch weitere Angaben, z.B. Hersteller, erlaubter Temperaturbereich (bei Elkos), Prüfspannung (s.u.), Markierung des Außenbelages (für Abschirmzwecke wird dieser oft an Masse gelegt) und Toleranz. Die *Nenngleichspannungen* von Kondensatoren bis 1 kV sind nach DIN 41312 genormt. Tabelle 1.7 gibt die wichtigsten Werte wieder. Die *Nennwechselspannungen* sind nicht generell genormt. Zur Kennzeichnung von Keramikkondensatoren gehört meist auch der Temperaturkoeffizient α_c der Kapazität. Nach DIN ist definiert

$$\boxed{\alpha_c = \frac{2 \cdot (C_2 - C_1)}{(C_2 + C_1) \cdot (\vartheta_2 - \vartheta_1)} \approx \frac{1}{C} \cdot \frac{\partial C}{\partial \vartheta}} \quad . \tag{1.23}$$

Hierbei sind C_1 und C_2 die bei den Temperaturen ϑ_1 und ϑ_2 gemessenen Kapazitätswerte eines Kondensators. Wegen der Temperaturabhängigkeit von α_c dürfen ϑ_1 und ϑ_2 nicht zu weit auseinander liegen.

1.2.1.6 Toleranz, Konstanz

Die Begriffe *Toleranz* und *Konstanz* sind bereits von den Widerständen her bekannt. Sie werden hier im gleichen Sinne verwendet. Je nach Kondensatortyp überstreichen beide einen breiten Wertebereich. Hinweise erfolgen bei den speziellen Typen.

Tabelle 1.7: Nenngleichspannungen für Kondensatoren bis 1000 V (Vorzugswerte nach DIN 41312

Bauform	Elektrolytkondensatoren			Papier-Konden-satoren	MP-Konden-satoren	Keramik-Klein-Kondensatoren		Kunststoff-Folien-Konden-satoren
	Aluminum		Tantal					
	Typ I	Typ II				Typ I	Typ II	
DIN	41230 41240	41332	44350	41140	41180	41920	41920	41380 44110
Nenngleichspannungen in Volt		10	6,3 10					
			16 20					25
	100	25 100	25					63 100
	250	250		160 250	250	160	160	160 250
				400 630	400 630	400	400	400 630
				800 1000				1000

1.2.1.7 Elektrische, thermische und klimatische Belastbarkeit

In einem gegebenen Dielektrikum darf die elektrische Feldstärke einen Höchstwert nicht überschreiten, wenn Überschläge und damit Zerstörungen vermieden werden sollen. Die höchstzulässige Feldstärke ist einmal vom Material selbst, zum anderen aber auch von Temperatur und Feuchtigkeit abhängig. Bei vielen Dielektrika wird der Verlustfaktor mit steigender Temperatur größer.

Wie schon erwähnt, tragen Kondensatoren deshalb einen Hinweis auf die zulässige Betriebsspannung U_N, der eine bestimmte Ausfallquote zugrundegelegt ist. Oft findet man auch einen Hinweis auf die *Prüfspannung*. Das ist die Spannung, mit der jeder Kondensator bei der Herstellung nach einem zerstörungsfreien Verfahren einzeln geprüft wird. Sie liegt allgemein 50% $\cdots$ 200% über U_N. Diese Angabe ist nur bedingt verwertbar. Sofern der erlaubte Temperatur- und Feuchtigkeitsbereich für einen Kondensator verschlüsselt angegeben wird, geschieht dies nach DIN 40 040 durch 3 Buchstaben. Der erste gibt die niedrigste Temperatur ϑ_{min} an, die die kälteste Stelle des Kondensators bei Inbetriebnahme haben darf. Der zweite steht für ϑ_{max}. Das ist die Temperatur, die im ungünstigsten Fall an der wärmsten Stelle des Kondensators (einschließlich Eigenverlustwärme) auftreten darf. Der dritte Buchstabe macht Angaben über die maximal zulässige relative Feuchte. Tabelle 1.8 gibt die Verschlüsselung dieser Angaben für die Vorzugswerte wieder.

Tabelle 1.8: Kennzeichnung von Temperatur- und Feuchtigkeitsbereich

1. Buchstabe	E		F		G		H		J
$\vartheta_{min}[^\circ C]$	-85		-55		-40		-25		-10
2. Buchstabe	E	H	K	M	P	S	U	V	Y
$\vartheta_{max}[^\circ C]$	200	155	125	100	85	70	60	55	40
3. Buchstabe	C					F			
rel. Feuchte max.	100 % (Mittel. $>$ 80 %)					95 % (Mittel $\leq$ 75 %)			

1.2.2 Bauformen von Kondensatoren

Im Hinblick auf die Anwendung lassen sich ganz grob 3 Gruppen von Kondensatoren unterscheiden

- *Bauteilkondensatoren* als Bauelemente der Elektronik und Nachrichtentechnik,
- *Leistungskondensatoren* für Energietechnik, Leistungselektronik und HF-frequenz-Leistungsgeneratoren,
- *Schutzkondensatoren* für Berührungs- und Störschutz.

Zwischen Bauform und Anwendung besteht ein enger Zusammenhang; eine bestimmte Bauform kann andererseits in jeder der drei, oben genannten Gruppen auftreten.

Im folgenden wollen wir die Bauformen ausführlicher behandeln, die für die Elektronik in erster Linie von Wichtigkeit sind. Durch den konstruktiven Aufbau eines Kondensators lassen sich die Elemente der Ersatzschaltung nach Bild 1.24 zum Teil beeinflussen. So werden z.B. die Verluste dadurch reduziert, daß man geeignete Dielektrika wählt und durch *Mehrfachstromzuführungen* die Belagverluste vermindert.

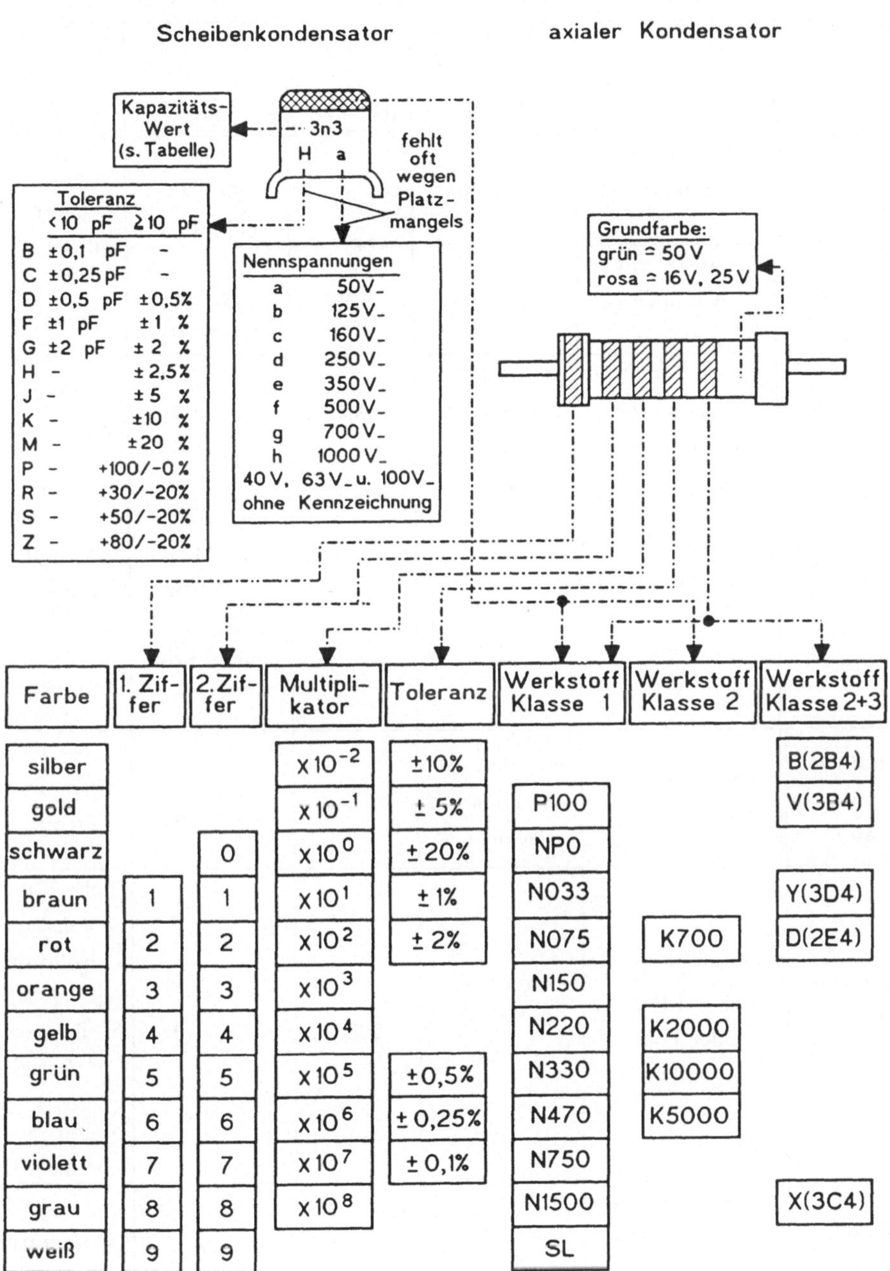

Farbe	1. Ziffer	2. Ziffer	Multiplikator	Toleranz	Werkstoff Klasse 1	Werkstoff Klasse 2	Werkstoff Klasse 2+3
silber			x 10⁻² → $\times 10^{-2}$	±10%			B(2B4)
gold			$\times 10^{-1}$	± 5%	P100		V(3B4)
schwarz		0	$\times 10^{0}$	± 20%	NPO		
braun	1	1	$\times 10^{1}$	± 1%	N033		Y(3D4)
rot	2	2	$\times 10^{2}$	± 2%	N075	K700	D(2E4)
orange	3	3	$\times 10^{3}$		N150		
gelb	4	4	$\times 10^{4}$		N220	K2000	
grün	5	5	$\times 10^{5}$	±0,5%	N330	K10000	
blau	6	6	$\times 10^{6}$	± 0,25%	N470	K5000	
violett	7	7	$\times 10^{7}$	± 0,1%	N750		
grau	8	8	$\times 10^{8}$		N1500		X(3C4)
weiß	9	9			SL		

Bild 1.27: Kennzeichnung von Keramik-Kleinkondensatoren (axiale und scheibenförmige Ausführungnen)

Tabelle 1.9: Bauformen von Leistungskondensatoren

Bauform	Dielektrikum	Belag	P_{Nmax} je Einheit kvar	tan δ bei 25 ⋯ 100°C $\cdot 10^{-4}$	Bemerkungen
Ölkondensator	Papier, mit Mineralöl getränkt	Al-Folie	50	20⋯23 bei 50 Hz	besonders für 50 Hz; bis 10 kHz möglich beliebig große Batterien für beliebig hohe Spannungen
Clophenkondensator	Papier, mit Clophen getränkt	Al-Folie	100	23⋯27 bei 50 Hz	
Metallpapier (MP-) Kondensator	Papier (eventuell lackiert,) mit Öl getränkt	auf Papier aufgedampfte Metallschicht	50	30⋯40 bei 50 Hz	
Kunststofffolien-Kondensator	Kunststofffolie z.B. Polystyrol) mit und ohne Tränkmittel (Öl)	Al-Folie	15	< 1 bei 50 Hz; 3⋯5 bei 10 kHz	vorzugsweise für Mittelfrequenz (10 kHz), aber auch für HF; aber zusammensammenschaltbar wie oben
Keramikkondensator	keramische Sondermassen	eingebrannte Silberschicht	50	<10 bei 1 MHz	bei zu hohen Spannungen und Frequenzen:α_c kann <0 sein
Glimmerkondensator	Glimmer allein oder auf Papier oder Folie geklebt	eingebrannte Silberschicht	2000	0,2⋯10	hohe Kapazitätskonstanz und Isolationsgüte (>5000s) sowie Temperaturfestigkeit; $\alpha_c = -2 \cdots +2 \cdot 10^{-4}$/grd je nach Bauart
Glaskondensator	Glasfolie oder aufgedampfte Glasschichten	Metallfolie		≈10	besonders temperatur- und alterungsbeständig

Eine Reduktion der Induktivität erreicht man, indem man die Belagströme *bifilar* führt. Der Ohmsche Kontaktwiderstand läßt sich verringern, indem man die Beläge durch Schweißen, Löten oder Metallspritzen sicher mit den Stromzuführungen verbindet.

1.2.2.1 Vakuum- und Luftkondensatoren

Das *Vakuum* stellt ein besonders verlustfreies Dielektrikum dar. Auch *Luft* und viele andere Gase zeigen in reinem, nicht ionisiertem Zustand sehr gute dielektrische Eigenschaften. Die relative Dielektrizitätskonstante ε_r liegt in der Nähe von 1. *Vakuum-* und *Gaskondensatoren* haben deshalb ein relativ großes Volumen pro Kapazitätseinheit und finden in der Elektronik kaum Verwendung. Sie werden vorwiegend in der Hochfrequenztechnik, und zwar hier in Sendern und anderen Generatoren hoher Leistung eingesetzt.

1.2.2.2 Kondensatoren für die Leistungselektronik

Leistungskondensatoren sind u. a. als Speicher elektrischer Energie sehr wichtig; hierbei können Spannung bis 25 kV und Blindströme bis 1 kA auftreten. Verwendung finden z.B. Preßgaskondensatoren, bei denen Stickstoff oder *Stickstoff* mit *Frigen* (CF_2Cl_2) mit Drücken bis zu 10 bar als Dielektrikum eingesetzt werden. Andere Ausführungen arbeiten mit Ölfüllungen. Im übrigen sind eine Reihe von Kondensatoren im Einsatz, deren Aufbau im Prinzip den Bauteilkondensatoren gleich ist und die hier nur tabellarisch aufgeführt werden sollen (Tabelle 1.9). Einzelheiten zu diesen Typen werden in den folgenden Abschnitten behandelt.

1.2.2.3 Glimmerkondensatoren

Glimmer ist ein natürlich vorkommendes Mineral, das sich, bedingt durch seinen kristallinen Aufbau, leicht in dünne Plättchen (bis zu 10 μm Dicke) spalten läßt. Er ist gegen Wärme, Feuchtigkeit und Chemikalien sehr beständig, seine elektrischen Fähigkeiten sind ebenfalls ausgezeichnet. Die chemische Zusamensetzung des technisch verwendeten Glimmers ist K $Al_2[(OHF)_2\ AlSi_3O_{10}]$, also recht kompliziert.

Die *relative Dielektrizitätskonstante* ε_r beträgt etwa $\varepsilon_r = 6 \cdots 7{,}7$;
der *Temperaturkoeffizient* ist $\alpha_{Glim} = -20 \cdots +50 \cdot 10^{-6}/°C$
und der *Verlustwinkel* $\tan\delta = 0{,}1 \cdots 1 \cdot 10^{-3}$ bei 20° C.
Die Durchbruchsfeldstärke beträgt $150 \cdots 200 kV/mm$.

Bild 1.28 zeigt die am häufigsten verwendeten Formen von Glimmerkondensatoren. Sie bestehen aus einem oder mehreren Glimmerplättchen (max 25 mm x 25 mm), die beid- oder einseitig mit Edelmetall bedampft und mit Löt- oder Nietverbindungen kontaktiert sind. Sie finden in speziellen Gehäusen als Normalkondensatoren, in Filter- und Schwingkreisschaltungen und bei hohen Betriebstemperaturen Verwendung. Sie sind tropenfest. Im europäischen Raum sind Glimmerkondensatoren nicht so verbreitet wie in den USA.

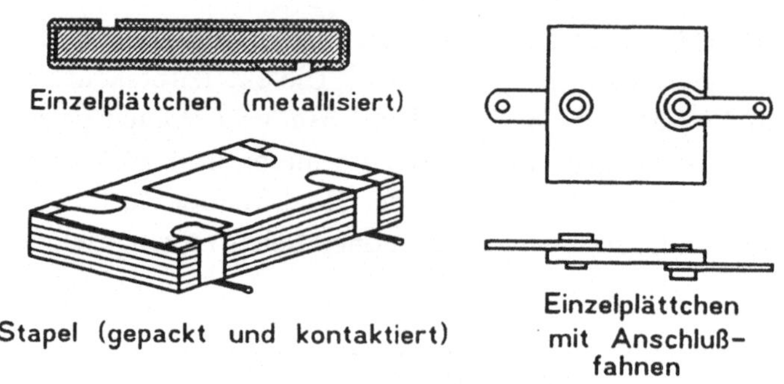

Bild 1.28: Glimmerkondensator

1.2.2.4 Keramische Kondensatoren

Keramikkondensatoren werden vorwiegend in Scheibenform (in Einschicht- oder Vielschichtaufbau gemäß Bild 1.29a und b oder als Röhrchen (Bild 1.29c) hergestellt. Das Dielektrikum besteht aus keramischen Sondermassen, die nach DIN 40685 in Gruppen eingeteilt sind. Man unterscheidet:

- *Gruppe 100 Aluminiumsilikate (Porzellane):* Zusammensetzung 50% Ton und 50% Kaolin, Quarz und Feldspat, Anwendung in Hochspannungskondensatoren und Isolatoren, $\varepsilon_r \approx 6$, $tan\delta \approx 25 \cdot 10^{-3}$ bei 50 Hz und $25 \cdot 10^{-3}$ bei 1 MHz;

- *Gruppe 200 Magnesiumsilikate (Steatite):* Magnesium statt Aluminium, Rohstoffe sind Magnesium-Hydrosilikate (Speckstein und Talk), $\varepsilon_r \approx 6$, $tan\delta \approx 1,5 \cdot 10^{-3}$ bei 50 Hz und $0,5 \cdot 10^{-3}$ bei 1 MHz;

- *Gruppe 300 Titandioxid-Massen (rutilhaltige Magnesiumsilikate):* Diverse Arten von Titandioxid (TiO_2) ergeben, mit Magnesiumsilikaten gemischt, das Ausgangsmaterial für die verschiedenen Kondensatorkeramiken, die in Tabelle 1.12 und in Bild 1.27 näher erläutert sind.

- *Gruppe 400 Magnesium-Aluminiumsilikate:* Geringer Temperaturausdehnungskoeffizient, daher gut für Wärmetechnik geeignet, porös, für Kondensatoren ebenso wie die beiden folgenden Gruppen nicht gut geeignet;
- *Gruppe 500 Poröse Aluminiumsilikate*;
- *Gruppe 600 Aluminiumoxidkeramik*;
- *Gruppe 700 Reine Oxidkeramik (Sinterberyllium, Sinterkorund, Sintermagnesia u.a.)*: Besonders feuerbeständig, geeignet für Katodenträger in Elektronenröhren und als Substrat für mikroelektronische Hybridschaltungen.

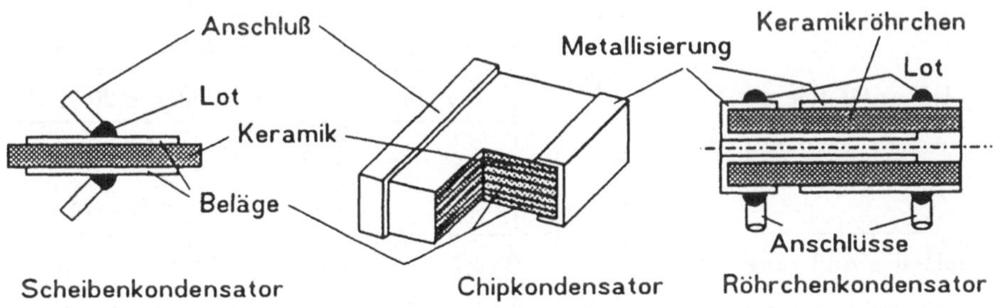

Bild 1.29: Keramik-Kondensatoren: Scheiben- (a), Vielschicht- (b) und Röhrchenkondensator (c)

Je nach Wahl der chemischen Zusammensetzung insbesondere der Gruppe 300 lassen sich die unterschiedlichsten Eigenschaften erzielen. So läßt sich z.B. die relative Dielektrizitätskonstante im Bereich zwischen $\varepsilon_r = 6 \cdots 50000$ verändern. Temperaturkoeffizient, Durchschlagsfestigkeit, Kapazitätskonstanz etc. können bestimmten Anforderungen angepaßt werden.

Die Beläge bestehen bei Keramikkondensatoren hauptsächlich aus organisch gelöstem Silber, das nach der Aufbringung auf das Dielektrikum unlöslich eingebrannt wird. Die Anschlüsse werden durch Lötung hergestellt. Die zulässige Betriebstemperatur ist im wesentlichen durch die Hitzebeständigkeit des Oberflächenschutzes bzw. der Kontaktierung gegeben.

Tabelle 1.10: Kenngrößen von Keramik-Kleinkondensatoren bis 1000 V (DIN 41920)

Anwendungsklassen			HPF	HPG
ϑ_{min} (untere Grenztemperatur)°C			-25)[1]	-25)[1]
ϑ_{max} (obere Grenztemperatur)°C			+85	+85
zulässige Feuchtebeanspruchung	Höchstwert %		95)[2]	85)[3]
	Jahresmittel%		≤75	≤65
	Betauung		nein	nein
Schüttelfestigkeit			≈10 g	≈10 g
Kapazitätstoleranz)[4] bei 20°C	Typ I	≤10 pF	± 0,25; 0,5 oder 1 pF	
	Typ II	>10 pF	±1, 2, 5 oder 10 %)[5]	
	Typ II	P, Q	± 10 oder ± 20 %)[5]	
		R, S, T	±20 %)[5] +80 % oder+100 % -20 % - 20 %	
zulässige Änderung vom Wert der Anlieferung bis zu 5 Jahren Lagerzeit	Typ I Typ II		≤0,2 % , jedoch nicht kleiner als 0,2 pF	
tan δ bei 20°C	Typ I	5 ⋯ 50 pF	$\leq(15/C+0{,}7)\cdot 10^{-3}$ (C in pF)	
	Typ I	>50 pF	$\leq 1\cdot 10^{-3}$	
	Typ II		$\leq 35 \cdot 10^{-3}$	
Isolation	Typ I		$R_i \geq 10^{10}\Omega$	
	Typ II	≤ 25000 pF	$R_i \geq 3 \cdot 10^{9}\Omega$	
	Typ II	> 25000 pF	$R_i \cdot C \geq 75$s	

)[1] Niedrigste Transporttemperatur: -40°C

)[2] Jedoch nur 30 Tage im Jahr, im übrigen nur 85 % relative Luftfeuchte

)[3] Jedoch nur 60 Tage im Jahr, im übrigen nur 75 % relative Luftfeuchte

)[4] Zu bevorzugende Werte nach VDE 0560 Teil 17

)[5] Jedoch nicht kleiner als ± 0,5 pF.

In DIN 41920 werden Keramik–Kleinkondensatoren nach ihren charakteristischen Eigenschaften in 3 Hauptgruppen eingeteilt:

1. Typ I (Klasse 1) mit niedriger Dielektrizitätskonstante NDK,
2. Typ II (Klasse 2) mit hoher Dielektrizitätskonstante HDK,
3. Typ III (Klasse 3) Sperrschichtkondensatoren.

In Tabelle 1.10 sind die Kenngrößen von Keramik–Kleinkondensatoren der Anwendungsklassen HPF und HPG (vgl. a. Tabelle 1.8) zusammengestellt.

Keramik–Kleinkondensatoren der Klasse 1 mit Dielektrikum vom Typ I (NDK)
Sie finden Verwendung z.B. in Schwingkreisen und anderen Schaltungen, in denen hohe Konstanz der Kapazität und kleine Verluste ausschlaggebend sind. NDK gehört zur Keramikgruppe 300.

Da der Temperaturgang weitgehend linear ist, läßt sich durch geeignete Wahl des α_c der Temperaturgang anderer Bauelemente einer Schaltung (z.B. Spulen) kompensieren. Genormt sind 10 Werte von α_c und außerdem je nach Toleranz von α_c fünf Typen:
I A (Toleranz besonders eng) bis I E.

Tabelle 1.11 gibt die Vorzugswerte wieder (vgl. a. Bild 1.27). ε_r liegt steigend zwischen 18 (bei P 100) und 150 (bei N 2200).

Darüberhinaus läßt sich der Temperaturkoeffizient einer Gruppe von parallel geschalteten Kondensatoren auf einen ganz bestimmten Wert $\alpha_{c\ ges}$ einstellen. Für die Parallelschaltung zweier Kondensatoren C_1 und C_2 mit den Temperaturkoeffizienten α_{c1} und α_{c2} gilt

$$\boxed{\alpha_{c\ ges} = \frac{\alpha_{c1} \cdot C_1 + \alpha_{c2} \cdot C_2}{C_1 + C_2}} \quad . \tag{1.24}$$

Tabelle 1.11: Temperaturkoeffizienten von Keramik-Kleinkondensatoren Typ I bis 1000 V-(DIN 41 920)

$\alpha_c)^1 \cdot 10^{-6}/grd$		+100	±0	-33	-75	-150	-220	-330	-470	-750	-1500	-2200
Typ		P100	NP 0	N033	N075	N150	N220	N330	N470	N750	N1500	N2200
zulässige Abweich.)[2] in 10^{-6}/grd $C_N \geq 20$pF	Typ IA	±15	±15	±15	±15	±15	±15	±25	±35	±60	-	-
	Typ IB	±30	±30	±30	±30	±30	±30	±50	±70	±120	±250	±250
Farbkennzeichen												
Grundfarbe grau oder farblos mit Farbpunkten auf dem Grundkörper		rot und violett	schwarz	braun	rot	orange	gelb	grün	blau	violett	orange und orange	gelb und orange
		Typ IA ist zusätzlich durch einen weißen Punkt am Außenbelag–Anschluß zu kennzeichnen										
Werkstoff (DIN 40685, KER-Nr.		330,221	320,330	320	330	331	331	311	311	310	340	340

)[1] Der Temperaturbeiwert α_c der Kapazität ist durch die Art des für das Dielektrikum verwendeten Stoffes bedingt; die angegebenen Werte gelten zwischen + 20 und + 85°C.

)[2] Für Typ IA und IB lackiert sowie IB auch mit verstärkter Umhüllung gelten größere Toleranzen (siehe DIN 41 920).

Keramik–Kleinkondensatoren der Klasse 2 mit Dielektrikum vom Typ II (HDK)

Sie zeichnen sich durch große Kapazität pro Volumeneinheit aus, haben aber hinsichtlich der Verluste und der Konstanz der Kapazität schlechtere Werte als die NDK–Typen. Die Verluste liegen etwa um den Faktor 10 bis 100 höher. Kondensatoren dieses Typs werden deshalb für Kopplung, Siebung, Entstörung etc. eingesetzt, wo der Wert der Kapazität nicht so entscheidend ist, solange man ihn nur groß genug wählt. Nach DIN 41920 sind 5 Temperatur–Charakteristik–Typen definiert, die angeben, um wieviel % der Wert der Kapazität innerhalb eines gegebenen Temperaturbereichs vom Istwert bei 20° C abweichen kann (Tabelle 1.12). HDK–Keramiken stammen ebenfalls aus der Gruppe 300.

Tabelle 1.12: Temperaturgang der Kapazität von Keramik–Klein–Kondensatoren Typ II (HDK) bis 1000 V (DIN 41 920)

Stoffgruppentyp)*			II P	II Q	II R	II S	II T
zulässige Abweichung der Kapazität vom Wert bei 20°C	-25 ··· ··· +100°C	$U_- = 0$	±10	±10	±20	±30	+30 -50
		$U_- = U_N$	+10 -15	+10 -15	+20 -30	+30 -40	+30 -60
	-10 ··· ··· +70°C	$U_- = 0$	±10	±10	±10	+30 -20	±30
		$U_- = U_N$	+10 -15	+10 -15	+10 -15	±30	+30 -40
)* Der Temperaturgang der Kapazität des Kondensators des Typs II ist durch den für das Dielektrikum verwendeten Stoff bestimmt.							

Die *Spannungsabhängigkeit der Kapazität* ist zum Teil beträchtlich. In Bild 1.30 ist sie für eine HDK–Type mit $\varepsilon_r = 4000$ dargestellt.

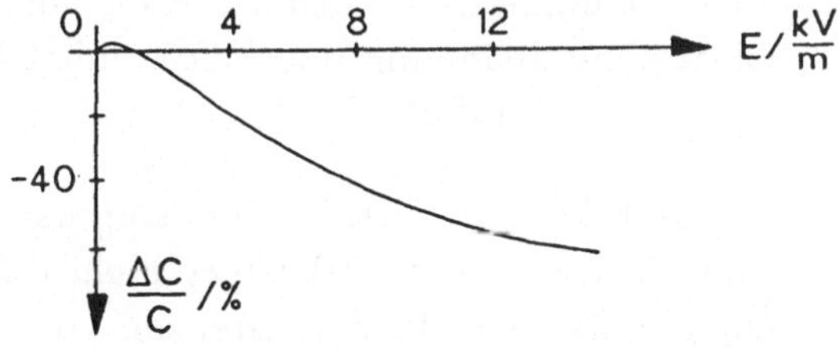

Bild 1.30: Spannungsabhängigkeit der Kapazität eines HDK–Kondensators mit $\varepsilon_r = 4000$

Außer nach DIN sind die Kapazitätsänderungen in Abhängigkeit von Temperatur und Spannung auch noch nach EIA RS 198-b (Electronic Industries Assoziation) und nach IEC 384-9 bzw. CECC 30700 und MIL genormt.

In Tabelle 1.13 ist die *Temperaturcharakteristik* nach EIA mit 3 Buchstaben verschlüsselt. Y6P bedeutet danach: In den Grenzen von -30°C bis +105°C ändert sich die Kapazität um ±10%.

Tabelle 1.13: Temperaturcharakteristik von Keramik-Kondensatoren der Klasse 2 nach EIA Standard RS-198-b

1. Zeichen (Buchstabe)		2. Zeichen (Zahl)		3. Zeichen (Buchstabe)	
Untere Grenztemperatur °C		Obere Grenztemperatur °C		$(\Delta C/C)_{max}$ /% im Temperaturbereich, bezogen auf C(25°C)	
				± 1,0	A
				± 1,5	B
				± 2,2	C
				± 3,3	D
		+ 45	2	± 4,7	E
+10	Z	+ 55	4	± 7,5	F
-30	Y	+ 85	5	±10	P
-55	X	+105	6	±15	R
		+125	7	±22	S
				+22/-23	T
				+22/-56	U
				+22/-82	V

Tabelle 1.14 zeigt uns die Temperaturcharakteristik nach IEC 384-9 bzw. CECC. Hier geschieht die Codierung mit 2 Ziffern, die einen Buchstaben einschließen. 2C2 bedeutet danach: In den Grenzen von -55°C bis +85°C ändert sich die Kapazität ohne Spannung um ±20%, mit Gleichspannung um +20% und -30%, jeweils bezogen auf 20°C.

Als drittes Beispiel gibt Tabelle 1.15 die Temperaturcharakteristik nach der amerikanischen MIL-Spezifikation wieder. Hier geschieht die Codierung mit 2 Buchstaben. CW bedeutet danach: In den Grenzen von -55°C bis +150°C ändert sich die Kapazität ohne Spannung maximal um +22% und -56% mit Gleichspannung um +22% und -66%, jeweils bezogen auf 25°C.

Tabelle 1.14: Temperaturcharakteristik von Keramik-Kondensatoren der Klasse 2 nach IEC 384-9 bzw. CECC 30700

1.Kennzahl und Buchstabe	Größte Kapazitätsänderung [%] im Kategorietemperaturbereich, bezogen auf Kapazität bei 20°C ohne Gleichspannung		Kategorietemp.-Bereich und 2. Kennz.				
			- 55/ + 125 °C	- 55/ + 85 °C	-40/ + 85 °C	-25/ + 85 °C	-10/ + 70 °C
	ohne Gleichspannung	mit Nenn-Gleichspannung	1	2	3	4	5
2B	± 10	+10 / -15	—	X	X	X	—
2C	±20	+20 / -30	X	X	X	—	—
2D	+20 / -30	+20 / -40	—	—	—	X	—
2E	+20 / -55	+20 / -70	—	X	X	X	—
2F	+30 / -80	+30 / -90	—	X	X	X	X

X: In CECC/IEC genormte Werte

Tabelle 1.15: Temperaturcharakteristik von Keramik-Kondensatoren der Klasse 2 nach MIL

1. Buchstabe	Betriebstemp.-Ber.	2. Buchstabe	Zuläss. Kapazitätsändg. bezog. auf 25 °C	
			bei 0 Volt	bei U_N
		R	+15%	+15% ··· -40%
		T	—	+15% ··· -10%
A	-55°C ··· + 85°C	W	+22% ··· -56%	+22% ··· -66%
B	-55°C ··· +125°C	X	+15%	+15% ··· -25%
C	-55°C ··· +150°C	Y	+30% ··· -70%	+30% ··· -80%
		Z	+20%	+20% ··· -30%

1.2.2.5 Wickelkondensatoren

Ein breites Anwendungsspektrum hat in der Elektronik der *Wickelkondensator*. Er besteht aus mehreren Lagen — abwechselnd Isoliermaterial und Belagmaterial — , die zu einem Wickel geformt sind (Bild 1.31). Beim „klassischen“ Wickelkondensator dient als Belag eine sehr dünne Aluminiumfolie (einige μm stark), und die Isolation wird durch wachsimprägniertes Papier (oft in 2 Lagen) gebildet. Bei modernen Wickelkondensatoren werden sehr dünne Kunstoff-Folien als Dielektrikum eingesetzt, auf die die Beläge unmittelbar aufgedampft sind (Stärke etwa 0,1 μm). Anstelle der Kunststoff-Folien verwendet man auch spezielle, durch Lackschichten verstärkte Papiere (MP-Kondensator). Die Kontaktierung erfolgt allgemein an den Stirnseiten entweder durch Verschweißen, Verlöten oder Metallspritzen. Hierbei ergeben sich sehr niedrige Eigeninduktivitäten, die fast in derselben Größenordnung wie bei Keramik-Kondensatoren gleicher Geometrie liegen.

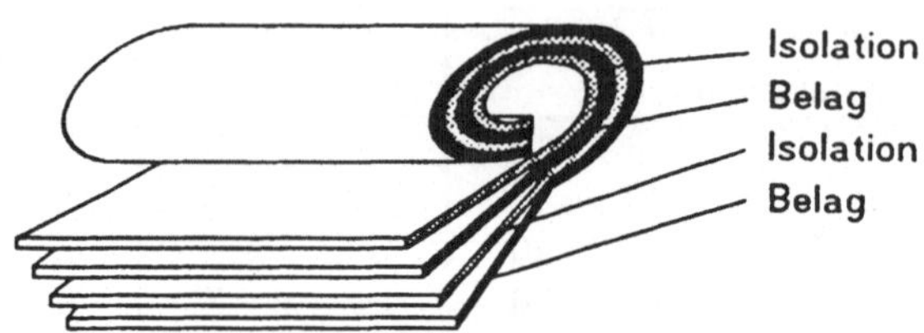

Bild 1.31: Wickelkondensator

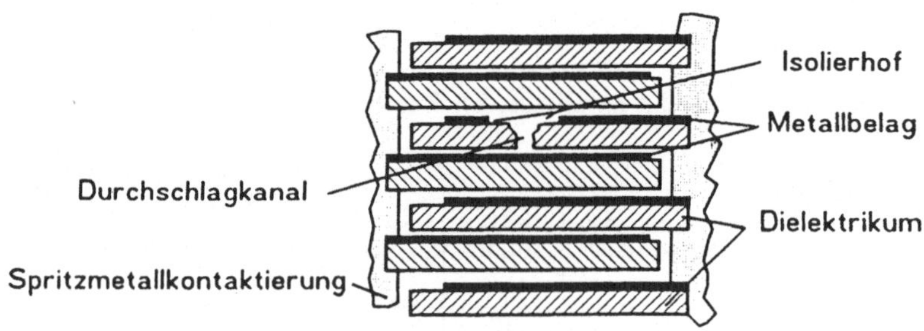

Bild 1.32: Prinzip des selbstheilenden Kondensators

Kondensatoren mit getrennten Folien und Isolationen haben gegenüber denen mit aufgedampften Belägen eine Reihe von Nachteilen. Zunächst ist das spezifische Kapazitätsvolumen größer. Tritt zwischen den Folienbelägen ein Durchschlag auf, so verschweißen meistens die Folien miteinander, der Kondensator hat einen inneren Kurzschluß und ist damit unbrauchbar. Die metallisierten Dielektrika besitzen die Eigenschaft der *Selbstheilung*. Der beim Durchschlag fließende Entladestrom läßt den Metallbelag in der Umgebung der Fehlstelle in sehr kurzer Zeit (ca. 10 μs) verdampfen. Bei niedrigen Spannungen kommt es nicht zu einem Überschlag, sondern zu einem allmählichen elektrochemischen Abbau des Metallbelages an der Fehlstelle. Wenn das Dielektrikum so beschaffen ist, daß es bei der Verbrennung selbst keine leitenden Rückstände bildet, entsteht in der Umgebung des Durchschlagkanals ein Isolierhof (Bild 1.32), und der Kondensator bleibt weiterhin einsatzfähig. Der

Kapazitätswert wird durch den relativ geringen Flächenverlust nur unwesentlich beeinflußt.

Wickelkondensatoren sind in verschiedenen Bauformen genormt:

- Papierkondensatoren (DIN 41140 ··· 41177),
- Metallpapier-(MP)-Kondensatoren (DIN 41180 ··· 41199),
- Aluminium-Elektrolytkondensatoren (DIN 41240 ··· 41332) (s.Abschn. 1.2),
- Kunststoffolienkondensatoren (DIN 41379 ··· 41391),
- Kunststoffolienkondensatoren (DIN 44110 ··· 44116) mit metallisierter Folie.

Tabelle 1.16: Spannungsbelastbarkeit von Papierkondensatoren bis 1000 V (DIN 41 140)

Spannungsbelastbarkeit		Energieinhalt W_N)[1]	
		< 5 Ws	≥ 5 Ws
Dauergrenzspannung U_g)[2] bei ϑ_c)[3]	≤ 40°C	$1 \cdot U_N$	$1 \cdot U_N$
	= 60°C	$0{,}94 \cdot U_N$	$0{,}93 \cdot U_N$
	= 70°C	$0{,}86 \cdot U_N$	$0{,}83 \cdot U_N$
	= 85°C	$0{,}65 \cdot U_N$	$0{,}55 \cdot U_N$
Überlagerte Wechselspannung	≤ 100 Hz	$0{,}20 \cdot U_g$	
	mit f = 1000 Hz	$0{,}06 \cdot U_g$	
	= 100 Hz	$0{,}01 \cdot U_g$	
Scheitelwert von Gleichspannung mit überlagerter Wechselspannung	im Dauerbetrieb	$1 \cdot U_g$	
	kurzzeitig)[4] bis zu 1 min	$1{,}25 \cdot U_g$	

)[1] $W = C_N \cdot U_N^2/2$.
)[2] Die Werte für U_g gelten nur bis zur oberen Grenztemperatur ϑ_{max} laut Anwendungsklasse
)[3] Oberflächentemperatur des Kondensators.
)[4] Gelegentlich, zum Beispiel beim Einschalten von Geräten.

Papierkondensatoren

Da unbehandeltes Papier hygroskopische Eigenschaften besitzt, ist Feuchtigkeitsschutz (z.B. Wachs, Vaseline, Polymere, Öl) nötig. Die wichtigsten technischen Werte für Papierkondensatoren bis 1000 V nach DIN 41140 sind in der Tabelle 1.17 dargestellt. Tabelle 1.16 enthält Angaben über die Spannungsbelastbarkeit von Papierkondensatoren.

Kunststoffolien–Kondensatoren

Einige Kunststoffe mit sehr guten elektrischen Eigenschaften lassen sich zu dünnen Folien hoher mechanischer Festigkeit und Homogenität verarbeiten und bilden somit ein ausgezeichnetes Kondensator-Dielektrikum. Sie haben gegenüber der Papierfolie den Vorteil, daß sie nur geringe Neigung besitzen, Wasser aufzunehmen. Kunststoffolien-Kondensatoren können analog den Papierkondensatoren mit getrennten oder auch aufgedampften Belägen hergestellt werden. Im wesentlichen finden 5 Kunststoffe Anwendung:

1. *Polystyrol (PS)* findet Anwendung in *KS-Kondensatoren* bzw. bei metallisierter Folie in *MKS-Kondensatoren*. Polystyrolkondensatoren sind für Hochfrequenzanwendungen gut geeignet (z.B. als Styroflexkondensatoren in Schwingkreisen etc.).

2. *Polyterephtalsäureester (PETP)* wird in *KT-Kondensatoren* bzw. bei metallisierter Folie in *MKT-Kondensatoren* eingesetzt. Handelsformen für PETP sind Hostaphan, Mylar, Melinex.

3. *Polycarbonat (PC)* findet Anwendung in *KC-* bzw. bei metallisierter Folie in *MKC-Kondensatoren.*

4. *Polypropylen (PP)* ist Basis für *KP-* und *MKP-Kondensatoren* (Handelsnamen für PP sind Hostalen und Trespaphan). In Gegensatz zu den drei erstgenannten Kondensatortypen existiert in dieser und der nächsten Gruppe noch keine DIN-Norm.

5. *Celluloseacetat (CA)* findet Anwendung in *MKU-Kondensatoren.*

Eine Zusammenfassung der wichtigsten genormten Eigenschaften von Kunststoffolien-Kondensatoren gibt Tabelle 1.18.

Tabelle 1.17: Kenngrößen von Papierkondensatoren bis 1000 V Gleichspannung (DIN 41 140)

Anwendungsklassen (DIN 40040)		FCK	FPC	GPC	HSC	FMF	HPF	HUF	JUG 1)[1]
ϑ_{min} (untere Grenztemp.) ° C		-55	-55	-40	-25	-55	-25	-25	-10
ϑ_{max} (obere Grenztemp.) ° C		+125	+85	+85	+70	+100	+85	+60	+60
zuläss. Feuchte-beanspr.	Höchstwert %	100	100	100	100	95)[2]	95)[2]	95)[2]	85)[3]
	Jahresmitt. %	>80	>80	>80	>80	≤75	≤75	≤75	≤65
	Betauung	ja	ja	ja	ja	nein	nein	nein	nein
Toleranzen	$C_N < 0,1\mu F$ %				± 10,		± 20		
	$C_N > 0,1\mu F$ %				± 5,		± 10		
	zeitlich % (in Jahren)	± 4 5				± 4 3			±5 3
	zwischen 0°C und 60°C %	Richtwert ± 3							
tan δ_{max} bei 20°C	f = 50 Hz	$8 \cdot 10^{-3}$							$10 \cdot 10^{-3}$
	f = 1000 Hz	$10 \cdot 10^{-3}$							$12 \cdot 10^{-3}$
Isolationswiderstand R_i bei 20°C)[4]	bei Anlieferung	100 000 MΩ ($C_N \leq 0,33\mu F$ Tränkstoff chloriert) 100 000 MΩ ($C_N \leq 0,33\mu F$ Tränkst. nicht chlor.)				20 000 MΩ ($C_N \leq 0,1\mu F$)			10 000 MΩ ($C_N \leq 1\mu F$)
	nach Lager- u. Betriebszeit	6000 MΩ in 5 Jahren				2500 MΩ in 3 Jahren			100 MΩ in 3 Jahr.
Isolationsgüte $R_i \cdot C$	bei Anlieferung	2000 s (Tränkstoff chloriert 4000 s (Tränkstoff nicht chlor.)				2000 s			1000 s
	nach Lager- u. Betriebszeit	250 s nach 5 Jahren				250 s nach 3 Jahren			100 s nach 3 Jahr.

)[1] Niedrigste Transporttemperatur - 25°C

)[2] Jedoch nur 30 Tage im Jahr, im übrigen 85 % relative Luftfeuchte

)[3] Jedoch nur 60 Tage im Jahr, im übrigen 75 % relative Luftfeuchte

)[4] Bei anderen Temperaturen gemessene Werte mit folgenden Faktoren umrechnen: 0,71 bei 15°C; 1,23 bei 23°C; 1,62 bei 27°C; 2,0 bei 30°C und 2,83 bei 35°C

Tabelle 1.18: Kenngrößen von Kunststoff-Folien-Kondensatoren bis 1000 V- (DIN 45 1380, Blatt1 und 2)

Folientyp		KS					KT			KC			
Anwendungsklassen		FSC	HSC	FSG	HSG	JSG	FKC	GMF	GPG	FKC	FKF	FMF	FMG
ϑ_{min} (untere Grenztemperatur) °C		-55	-25)[1]	-55	-25)[1]	-10)[1]	-55	-40	-40	-55	-55	-55	-55
ϑ_{max} (obere Grenztemperatur) °C		+70	+70	+70	+70	+70	+125	+100	+85	+125	+125	+100	+100
zulässige Feuchte-beanspruchung	Höchstwert %	100	100	85	85	85	100	95	85	100	95	95	85
	Jahresmittel %	>80	>80	<65	<65	<65	>80	≥75	≥75	>80	≥75	≥75	≥65
	Betauung	ja	ja	nein	nein	nein	ja	nein	nein	ja	nein	nein	nein
Kapazitätstoleranz von C_N bei Anlieferung %		±0,3; ±0,5; ±1,0; ±2,0					±10; ±20			siehe Normen über Bauformen			
		±2,5; ±5; ±10; ±20											
Kapazitätsändg. vom Anliefe-rungswert während 2 Jahre	$U_N > 63V$	±(0,2 % + 0,4 pF)					2 %	±3 %		± 1 %	± 2 %		
	$U_N \leq 63V$	±(0,5 % + 0,4 pF)					-	-	-				
$\alpha_C \cdot 10^{-6}/°C$		-50 ⋯ -250					+300 bis +800			bis + 200			
tan $\delta \cdot 10^{-3})^2$ bei Anlieferung und f =	C_N	100 pF	1000 pF	4700pF	0,1µF	0,47µF	1000pF	10 nF	0,1µF	≥ 1µF			
	1 kHz	-	0,2	0,2	0,3	0,5	6	8	10	2			
	10 kHz	0,2	0,2	0,2	0,5	-	15	20	35	2			
	100 kHz	0,2	0,2	0,5	-	-	20	35	-	2			
	1 MHz	0,5	1,0	-	-	-	-	-	-	2			
$R_i \cdot 10^3$ bei Anlieferung und U_N =		200											
	25 V			0,1									
	63 V			0,1									
	≥ 160 V			100									
	bei $C_N \leq 0,33$ µF						30	15	10	30	15	-	10
$C_N \cdot R_i$ in 10^3 s für $C_N > 0,33$µF							10	5	3,3	10	5	-	3,3

)[1] Niedrigste Transporttemperatur -40°C; danach muß jedoch mit einer Kapazitätsänderung gerechnet werden: bei $U_N \geq 63$ V von ±(0,3 % +0,2 pF) und bei $U_N > 63$ V von ±(0,2 % + 0,2pF).

)[2] Die tanδ -Werte beziehen sich auf die angegebenen Kapazitäten und nicht auf die einzelnen Anwendungsklassen.

1.2.2.6 Vielschichtkondensatoren

Vielschichtkondensatoren bestehen aus vielen, aufeinandergeschichteten Lagen Dielektrikum und Belag, wobei als Dielektrikum Glimmer, Glas, Keramik oder auch Kunststoffolien verwendet werden. Insbesondere der *Keramikschichtkondensator* (vgl. Bild 1.29b) und der *Polycarbonatschichtkondensator* finden wegen ihres kompakten Aufbaus (z. Teil als Chip) Verwendung in modernen Schaltungen der Elektronik. Bild 1.32 zeigt den Prinzipaufbau eines selbstheilenden MKC-Schichtkondensators von Siemens.

1.2.2.7 Elektrolytkondensatoren mit flüssigen Elektrolyten

Elektrolytkondensatoren (Kurzform: *Elkos*) mit flüssigen Elektrolyten sind Kondensatoren, deren einer Belag, die Anode, aus Aluminiumfolie, seltener aus Tantalfolie besteht. Das Dielektrikum wird aus einer dünnen Schicht Aluminiumoxid (Al_2O_3) oder Tantalpentoxid (Ta_2O_5) gebildet, die beim Herstellungsprozeß (Formieren) gerade so dick gemacht wird, daß man die geforderte Spannungsfestigkeit erreicht. (Beispiel: beim Al-Elko für 3 V Betriebsspannung beträgt die Schichtdicke 4 nm).

Wegen der hohen Dielektrizitätskonstanten der Oxidschicht (bei Al_2O_3 ist $\varepsilon_r = 7 \cdots 8$ und bei Ta_2O_5 $\varepsilon_r = 26 \cdots 27$) ergeben sich sehr hohe spezifische Volumenkapazitäten. Bei chemisch aufgerauhten Folien ist die Oberfläche vor dem Formierprozeß und damit die Kapazität um den Faktor $5 \cdots 10$ vergrößert. Der zweite Belag (Katode) besteht aus einer Elektrolytflüssigkeit oder Paste. Der Elektrolyt ist in Papier oder Glasfasergewebe aufgesaugt; die Kontaktierung erfolgt über eine zweite, nicht formierte Folie. Al-Elkos werden als Wickelkondensatoren, Ta-Elkos als Wickelkondensatoren oder mit Sinteranode ausgeführt. Die Sinteranode besteht aus einem porösen zylindrischen Körper, der aus hochreinem Tantalpulver gesintert wird und dadurch eine sehr große innere Oberfläche besitzt.

Bild 1.33 zeigt den Längsschnitt durch einen Tantalelko mit Sinteranode schematisch. Tantalelkos haben durchweg günstigere elektrische Eigenschaften und kleinere mechanische Abmessungen, sind aber auch entsprechend teurer.

Zur Aufrechterhaltung des Dielektrikums ist ein Reststrom erforderlich, der bei Al-Elkos in der Größenordnung von $0,1 \cdot \dfrac{\mu A}{\mu F \cdot V}$ liegt. Bei Ta-Elkos beträgt er höchstens $0,5 \cdot \dfrac{nA}{\mu F \cdot V}$ und liegt damit wesentlich günstiger. Bei Al-Elkos ist nach langer Lagerzeit ein Formierungsprozeß notwendig, der bis zu einigen

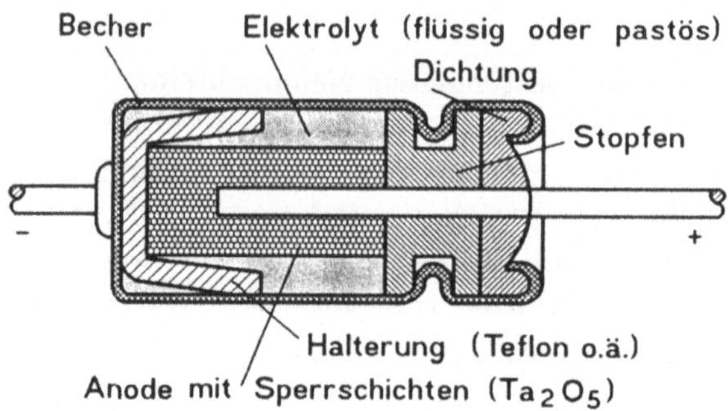

Bild 1.33: Längsschnitt durch einenTantal-Elektrolytkondensator mit Sinteranode und flüssigem oder pastösem Elektrolyten

Stunden dauern kann und sich in einem erhöhten Reststrom bemerkbar macht. Das entfällt beim Ta-Elko.

Wegen des elektrisch asymmetrischen Aufbaus ist *richtige Polung des Elkos im Betrieb* unbedingt erforderlich (Plus an Anode, Minus an Katode). Bei umgekehrter Polung erfolgt eine Zerstörung des Elkos. Al-Elkos vertragen im allgemeinen eine kurzzeitige Falschpolung, Ta-Elkos jedoch meistens nicht (vgl. Tabelle 1.19. Für einen Betrieb mit wechselnder Polarität gibt es *bipolare Al-Elkos*, bei denen Anode und Katode formiert sind, so daß für jede Polarität ein funktionsfähiger Kondensator vorhanden ist. Wegen der Hintereinanderschaltung der beiden Teilkapazitäten ist die Gesamtkapazität pro Volumeneinheit nur halb so groß wie beim gepolten Elko.

Die *Nennspannung* eines Elkos sollte im Betriebsfall keineswegs länger überschritten werden. Hierbei gilt als Betriebsspannung die *Summe aus Gleichspannung und Spitzenwert einer überlagerten Wechselspannung.* Elkos besitzen allgemein ein wesentlich schlechteres Verhalten bei höheren Frequenzen als alle anderen Kondensatortypen. Legt man die Ersatzschaltung von Bild 1.24 zugrunde, so sind Verlustleitwert g_p, Leckleitwert G_p und Serienwiderstand R um Größenordnungen höher. Die Serieninduktivität ist vorwiegend frequenzabhängig, ebenso die Kapazität C selbst. Alle Werte sind darüberhinaus auch temperatur- und spannungsabhängig.

Am Beispiel in Bild 1.34 ist der Verlauf der Kapazität als Funktion der Frequenz für Al-Elkos aus einer 35 V-Baureihe dargestellt. Die Kapazität nimmt mit zunehmender Frequenz ab. Der scheinbare Anstieg bei den Typen 250 μF und 500 μF ist auf Resonanzerscheinungen im Elko zurückzuführen.

In den Bildern 1.35a (Scheinwiderstandsverlauf über der Frequenz) und

Tabelle 1.19: Typische Werte von nassen, polaren Tantal-Elektrolyt-Kondensatoren

Bauart	Tantal-Folie (rauh oder glatt)	Tantal-Sinterperle mit Ag-Gehäuse	mit Ta-Gehäuse
Grenztemperaturen	-55 °C ··· 85 °C oder 125 °C	-55 °C ··· 85 °C oder 125 °C oder 175 °C	- 55 °C ··· 85 °C oder 125 °C
Nennspannungen u. Kapazitätsbereich	3V: 10μF ··· 1300μF 300V: 0,25μF ··· 30μF	6V: 30μF ··· 1200μF 125V: 1μF ··· 56μF	6V: 140μF ···1200μF 125V: 9μF ··· 56μF
Spannungsderating bei 125 °C	0,65 U_N	0,7 U_N	0,7 U_N
Maximaler Reststrom bei 25 °C	$0,02C_N \cdot U_N \frac{\mu A}{\mu F \cdot V}$	$0,5C_N \cdot U_N \frac{nA}{\mu F \cdot V}$ oder 1 μA	$0,5C_N \cdot U_N \frac{nA}{\mu F \cdot V}$ oder 1 μA
$\frac{I_R(125°C)}{I_R(22°C)}$	30	8 ··· 12	8 ··· 12
Falschpolung	max. 3V	nicht erlaubt	max. 3V
Resonanz: Z_{res} bei f_{res} und 25°C	1 μF: 0,7Ω bei 600 kHz 2000μF: 0,1 Ω bei 20kHz	0,1 ··· 0,8 Ω bei 1 ··· 2 MHz	0,2 ··· 0,3 Ω 0,1 ··· 2 MHz

1.35b (Verlustwinkel über der Frequenz) ist für einen Al–Elko 10 μF /70 V sehr gut die Temperaturabhängigkeit dieser Kenngrößen zu sehen. Die Lebensdauer von Elkos mit flüssigem Elektrolyten liegt in der Größenordnung von etwa 20 000 Betriebsstunden bei Standardausführungen, bei Sonderausführungen bei etwa 100 000 Stunden. Sie reduziert sich bei erhöhter Temperatur, und zwar rechnet man bei Al–Elkos oberhalb 40°C mit einer Halbierung bei jeweils 7°C Temperaturerhöhung.

1.2.2.8 Elektrolytkondensatoren mit festem Elektrolyten

Die Eigenschaften der Elkos haben sich in den letzten Jahrzehnten durch neue Technologien zum Teil erheblich verbessert. So sind Typen entwickelt worden, bei denen der Elektrolyt nicht mehr flüssig oder pastös, sondern fest ist. Elkos mit festem Elektrolyten gibt es sowohl in Aluminium– als auch Tantalausführung. Die Aluminium–Ausführung unterscheidet sich prinzipiell nicht von der mit flüssigem Elektrolyten. Der Elko besteht aus einem Wickel mit

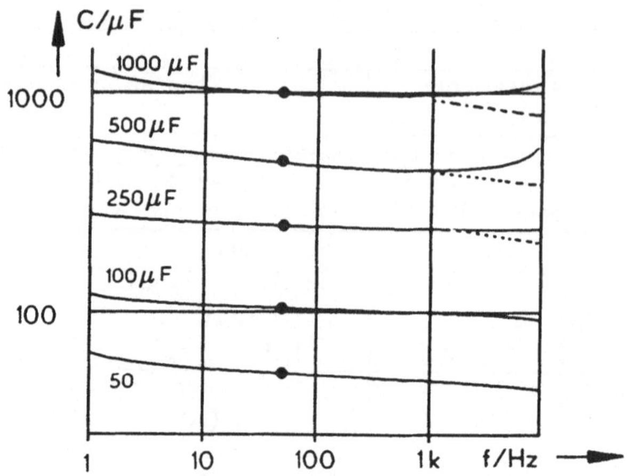

Bild 1.34: Kapazität als Funktion der Frequenz

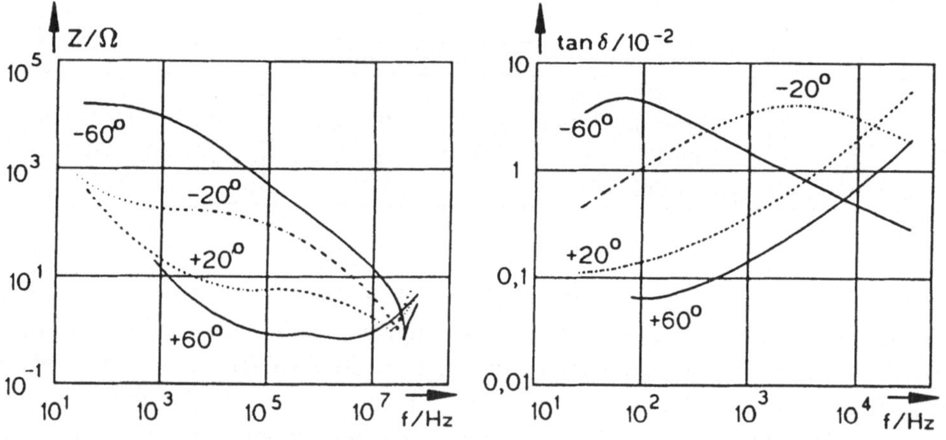

Bild 1.35: Scheinwiderstand (a) und Verlustwinkel (b) über der Frequenz

zwei aufgerauhten Al-Folien, zwischen denen als Abstandshalter ein Glasfasergewebe liegt, das gleichzeitig den Elektrolyten trägt. Der Elektrolyt besteht aus einem halbleitenden Mangandioxid (Braunstein). Da er nicht verdunsten kann, erhöht sich die Lebensdauer wesentlich. Es ist nach längerer Lagerzeit auch keine Nachformierung notwendig. Die Al-Ausführung verträgt darüberhinaus das Anlegen einer Spannung mit umgekehrter Polarität.

Die Tantal-Trockenelkos sind mit Sinteranode aufgebaut. Älterer Versionen sind gegen Verpolung sehr empfindlich und benötigen zur Erhöhung der

Lebensdauer einen Vorwiderstand von mindestens 3 Ω je Volt Betriebsspannung. Der Elektrolyt ist ebenfalls Mangandioxid. Besonders günstig liegt bei diesem Elko–Typ die spezifische Kapazität mit ca. 150 $\mu F \cdot cm^{-3}$. Die Bilder 1.36a und b zeigen für einen Tantal–Trockensinterelko 47 μF/35 V den Verlauf des Scheinwiderstands über der Frequenz mit der Temperatur als Parameter (a) und des Verlustfaktors über der Temperatur (b) (Siemens). Ein qualitativer Vergleich mit den Bildern 1.35a und b zeigt die geringere Temperaturabhängigkeit der Trockenelkos.

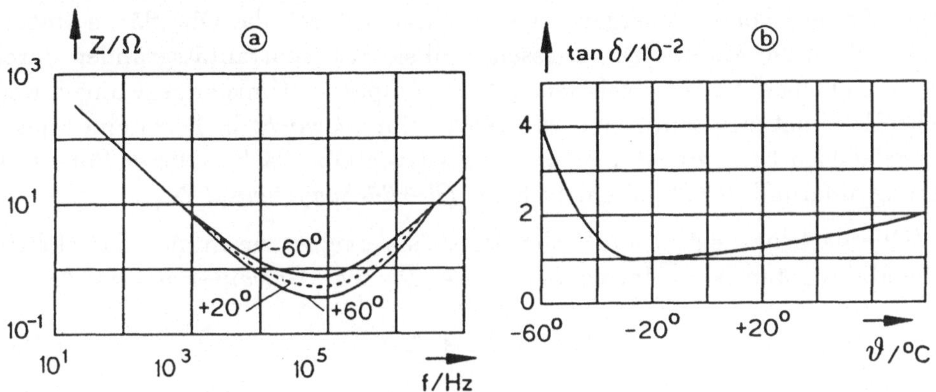

Bild 1.36: Scheinwiderstandsverlauf eines Tantal–Trocken–Sinterkondensators in Abhängigkeit von Frequenz und Temperatur (a) und Verlustfaktor tan δ bei 50 Hz in Abhängigkeit von der Temperatur

1.2.2.9 Elektrochemische Doppelschicht–Kondensatoren

Kommen bestimmte *chemische Phasen*, (z.B. ein fester Stoff und eine Flüssigkeit) miteinander in Kontakt, so bildet sich eine elektrische Ladungsanreicherung in der Kontaktregion in Form einer *elektrochemischen Doppelschicht*. Um deren Zustandekommen zu verstehen, müssen wir ein wenig weiter ausholen.

Enthält eine feste oder flüssige Phase einen elektrischen Ladungsüberschuß, so besitzt sie ganz allgemein ein elektrisches Potential $\Delta\psi$, das man als *Volta-Potential* bezeichnet. Es ist definiert als die Arbeit

$$W = -e \cdot \int_{P_0}^{P_1} \left(\vec{E} d\vec{s}\right) \quad , \tag{1.25}$$

die man aufwenden muß, um eine Elementarladung e vom (unendlich entfernten) Punkt P_0 bis in einen Punkt P_1 an der Oberfläche der Phase zu bringen.

Das Voltapotential läßt sich als Potentialdifferenz zweier Punkte im Medium grundsätzlich messen.

Geht man mit der Punktladung nun von der Oberfläche außerhalb der Phase ins Phaseninnere, so ist eine weitere Energiezustandsänderung erforderlich, die verschiedene Ursachen haben kann.

Im Gegensatz zu den Atomen im Inneren der Phase sind die an der Oberfläche befindlichen einseitig wirkenden Kräften ausgesetzt; die *Oberflächenatome* werden zu *Dipolen verzerrt* und/oder gleichförmig ausgerichtet. Bei elektrischen Leitern können energiereiche Elektronen durch die Oberfläche stoßen, ohne jedoch die Materie zu verlassen, weil sie aus Neutralitätsgründen durch die Anziehung der positiv geladenen Atomrümpfe zur Umkehr gezwungen werden. Es bildet sich somit eine *elektrische Doppelschicht* in Form eines negativ geladenen Elektronenfilms auf der positiven Oberfläche. Dieser Potentialsprung aufgrund der Dipolschicht heißt *Oberflächenpotential* $\Delta\chi$.

Oberflächenpotential und Volta-Potential ergeben zusammen das elektrische Makropotential im Innern der Phase, das sog. *Galvani-Potential* $\Delta\varphi$:

$$\Delta\varphi = \Delta\chi + \Delta\psi \ . \tag{1.26}$$

$\Delta\varphi$ läßt sich aufgrund der Tatsache, daß $\Delta\chi$ keiner Messung zugänglich ist, äußerlich nicht messen.

Die Beschaffenheit der elektrochemischen Doppelschicht einer Elektrode kann nun in der Praxis zwischen zwei idealen Extremfällen liegen:

1. *Ideale, nicht polarisierbare Elektrode:*
   Der Ionen- oder Elektronenaustausch zwischen zwei Phasen ist ungehemmt, die Doppelschischt verschwindet.

2. *Vollständig polarisierbare Elektrode:*
   Es findet praktisch kein Übergang geladener Teilchen von einer Phase in die andere statt. In einem gewissen Potentialbereich können also z.B. keine Ionen aus der festen Phase in die flüssige übergehen und keine Ionen entladen werden. Man kann daher bei derartigen Elektroden $\Delta\varphi$ durch eine von außen angelegte Spannung vorgeben, ohne daß sich ein elektrochemischer Ausgleich in Form eines Stroms einstellt. Eine solche Anordnung verhält sich wie ein Kondensator.

Der zuletzt genannte Effekt läßt sich zum Bau von Kondensatoren mit besonders hoher spezifischer Kapazität ausnutzen. Sie stellen in gewisser Hinsicht den Grenzübergang zu Batterien dar, von denen sie sich andererseits deutlich unterscheiden. Verwendet man gemäß Bild 1.37a eine Anordnung mit zwei festen Elektroden A und B und einer Flüssigkeit (z.B. wässriger Schwefelsäure H_2SO_4) und legt zwischen die Elektroden eine Spannung, so baut sich allmählich eine kräftige elektrische Doppelschicht zwischen fester und flüssiger Phase auf, die nach Abschalten der Spannung als elektrische Ladung erhalten bleibt. Um nun eine möglichst große Oberfläche zu erhalten, verwendet man gemäß Bild 1.37b für die festen Elektroden *Aktivkohle*, die durch einen *Separator* gegeneinander isoliert sind.

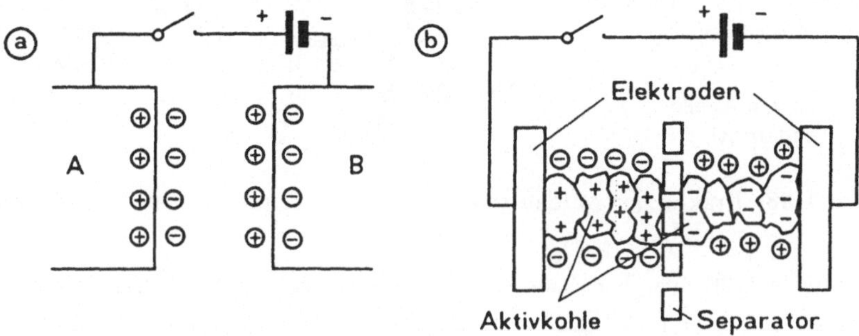

Bild 1.37: Prinzip des elektrischen Doppelschicht-Kondensators

Die zum Aufbau der Ladungsdoppelschicht benutzte Spannung darf einen gewissen Maximalwert, die sog. *Einsatzspannung*, nicht überschreiten, damit keine Elektrolyse eintritt, die zur Gasentwicklung führen würde (ca. 1,2 V für anorganische und 2,3 V für organische Elektrolyte). Eine Anordnung nach Bild 1.37b bezeichnet man als *Einheitszelle*. Um sie nun praktisch zur Realisierung von technischen Kondenstoren einzusetzen, wählt man einen Aufbau nach Bild 1.38.

Mehrere Einheitszellen mit tablettenförmigen Aktivkohleelektroden werden in Reihe geschaltet (z.B. 6 Stück für eine Nenn-Betriebsspannung von 5,5 V). Damit erreicht man extrem hohe spezifische Kapazitäten (z.B. 0,68 F in einem Zylindervolumen von ca. 14 mm Durchmesser und 12 mm Höhe). Kondensatoren dieser Art haben wie oben erwähnt, batterieähnliche Eigenschaften, obwohl sie sich andererseits von Batterien deutlich unterscheiden.

Tabelle 1.20 zeigt den Vergleich zwischen einem Kondensator 0,68F/5,5V und einem 6 V Ni-Cd-Akkumulator.

Kenndaten und deren Ermittlung

Die *Nennkapazität* wird in einer Anordnung gemäß Bild 1.39a ermittelt. Der Kondensator wird mit einem Konstantstrom I_o geladen (z.B. 2 mA), und man mißt die Zeit Δt, die vergeht, während der die Kondensatorspannung um den

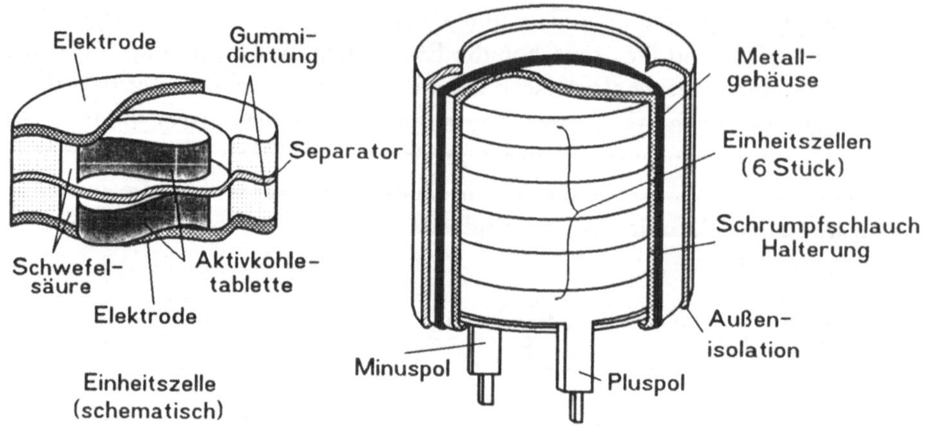

Bild 1.38: Praktischer Aufbau eines elektrischen Doppelschicht–Kondensators

Tabelle 1.20: Vergleich Doppelschichtkondensator — NiCd–Akkumulator

	Kondensator 0,68 F/5,5 V	NiCd-Batterie
Zellenzahl	6	5
Größe (⊘ x Höhe)	14 mm x 12mm	5 Stück 14 mm x 18 mm
Gewicht	2,6 g	30 g
Nennspannung (pro Zelle)	5,5 V (0,92 V)	6 V (1,2 V)
Ladezeit	ca. 10 ⋯ 30 s	einige Stunden
max. Entladestrom	unbegrenzt	begrenzt
Lade-/Entladezyklen	$> 10^5$	max. 300
Wartung	keine	ca. 1 Mal / 6 Monate
Polarität	bipolar	unipolar
Gefährdungsmöglichkeiten durch	Überspannung	Überladung Falschpolung Kurzschluß

Wert $\Delta U_c = U_{c2} - U_{c1}$ ansteigt (z.B. von 2V auf 4V). Die Kapazität C berechnet sich daraus zu

$$C[F] = \frac{I_o[A] \cdot \Delta t[s]}{\Delta U_c[V]} \quad . \tag{1.27}$$

Äquivalenter Serienwiderstand (Equivalent Series Resistance) ESR: Diese Kenngröße wird in einer Schaltung gemäß Bild 1.39b ermittelt. Mittels eines

Sinusgenerators der Frequenz f_o (z.B. 1kHz) wird ein Strom i_o (z.B. 1 mA) in den Kondensator eingespeist und die über ihm abfallende Wechselspannung u_o gemessen. Für ESR gilt dann

$$ESR[k\Omega] = \frac{u_o[V]}{i_o[mA]} \quad . \tag{1.28}$$

Leckstrom (Leakage Current) I_{Lc}: Die Meßschaltung für den Leckstrom zeigt Bild 1.39c. Der Kondensator wird in einem Stromkreis mit R_c auf Nennspannung U_N (z.B. 5 V) aufgeladen. Der Strom, der nach einer Zeit Δt (z.B. 30 min) noch fließt und als Spannungsabfall U_{RC} über R_c gemessen werden kann, ist als Leckstrom I_{LC} definiert; er beträgt

$$I_{Lc}[\mu A] = \frac{U_{Rc}[mV]}{R_c[k\Omega]} \quad . \tag{1.29}$$

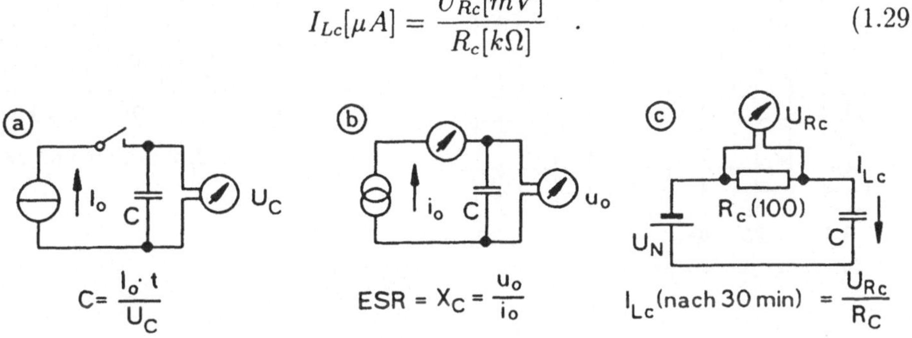

Bild 1.39: Meßschaltungen für Kenndaten: Kapazität C (a), äquvalenter Serienwiderstand ESR (b) und Leckstrom I_{Lc} (c)

Das Einsatzgebiet von Doppelschichtkondensatoren erstreckt sich vor allem auf Anwendungen, in denen digitale CMOS-Schaltungen (vgl. Elektronik Band III) mit geringem Stromverbrauch benutzt werden. In Mikrocomputern, Steuerungen für Empfangsgeräte und Videorecorder etc. sind digitale Programmspeicher enthalten, deren Inhalt verlorengeht, sobald die Betriebsspannung abgeschaltet wird. Hier lassen sich diese Komponenten als *Backup-Kondensatoren* verwenden. Sie sind in der Lage, ihre Spannung, die sie während des Gerätebetriebs aufgebaut hat, über Monate hinaus zu halten und somit die Speicher mit *Haltespannung* zu versorgen. Bild 1.40 zeigt hierzu einige charakteristische Kurven. Im Bild 1.40a ist die Selbstentladungscharakteristik einer 5 V-Kondensatorfamilie über der Zeit dargestellt. Bild 1.40b zeigt die Ladecharakteristik eines 0,1 F/5V-Kondensators mit dem Ladewiderstand R_c als Parameter, und Bild 1.40c enthält den funktionalen Zusammenhang zwischen der erreichbaren Backup-Zeit und dem Leckstrom für 4 verschiedene Kondensatoren 5V (0,01F $\cdots$ 0,1F).

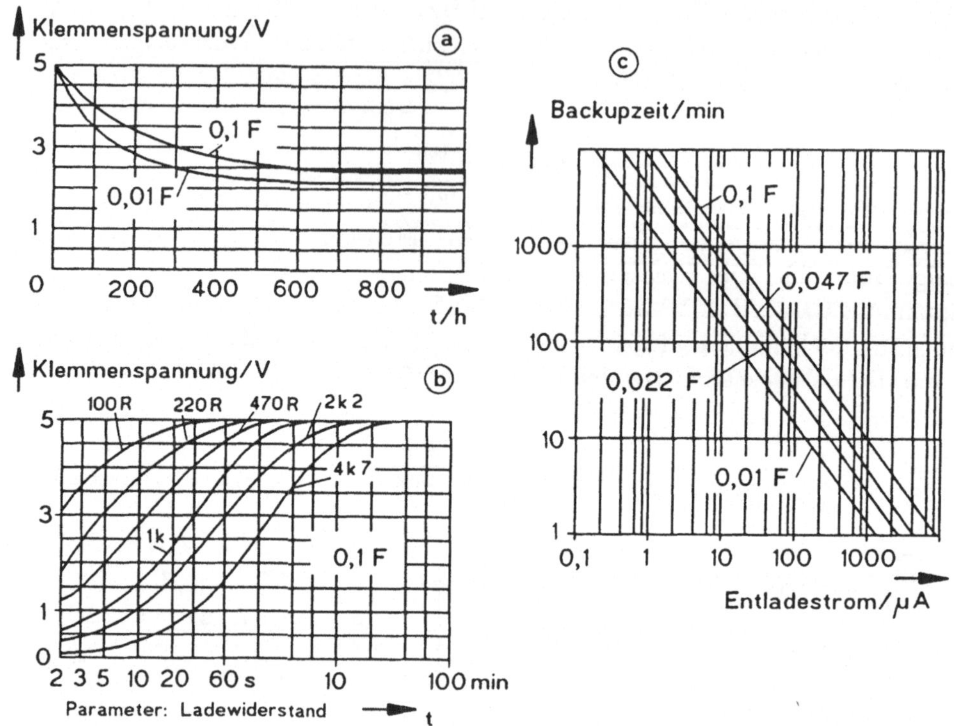

Bild 1.40: Entladecharakteristik (a), Ladecharakteristik (b) und erzielbare Backup-Zeit (c) von elektrischen Doppelschicht-Kondensatoren bei Raumtemperatur (muRata ACECAP)

Andere Anwendungen sind z.B. die Unterstützung von Batterien bei tiefen Temperaturen, Gleichspannungsteiler mit niedrigem Innenwiderstand, Kurzzeitbatterien für Kinderspielzeuge oder Energiespeicher in Solaranlagen. Nicht geeignet sind sie beispielsweise als Sieb- oder Koppelkondensatoren und überall dort, wo Wechselspannungen mit Amplituden $>5 \cdots 10\%$ der Nennspannung auftreten. Die Kapazitätstoleranzen liegen im Bereich +80%/-20%. Obwohl Doppelschichtkondensatoren bipolar sind und Falschpolung unkritisch ist, sollten sie doch in der vom Hersteller empfohlenen Richtung betrieben werden, weil sonst Kapazitätsminderung eintreten könnte.

1.2.2.10 Funk-Entstörkondensatoren

Funk-Entstörkondensatoren oder *Störschutzkondensatoren* sollen störende hochfrequente Spannungen entweder am Ort ihrer Entstehung kurzschließen oder von empfindlichen Geräten bzw. Gerätestufen fernhalten. Sofern es sich um

Anwendungen handelt, bei denen durch Versagen des Bauelements eine Gefährdung von Menschen auftritt, gelten besonders strenge Vorschrifen (DIN 41 170). Da die von den Störern erzeugten Felder (z.B. durch Funkenentladungen) zum Teil sehr hochfrequente Anteile enthalten, müssen die Störschutzkondensatoren auch besondere Hochfrequenzeigenschaften haben (z.B. kleine Eigeninduktivität).

Man unterscheidet *Zweipol-* und *Vierpol-Entstörkondensatoren* und darüberhinaus bei den Vierpolkondensatoren *koaxiale* und *nichtkoaxiale* Ausführungen. Zweipol-Entstörkondensatoren haben jeweils nur einen Anschluß pro Belag (Bild 1.41a). Ihre Anwendung beschränkt sich auf Frequenzen bis etwa 10 MHz. Beim Vierpol-Entstörkondensator sind mindestens für einen Belag zwei weitgehend gegeneinander HF-entkoppelte Anschlüsse vorhanden. Bei der nichtkoaxialen Ausführung (Bild 1.41b) wird der Leitungsstrom (z.B. Speisestrom) am HF-mäßig wirksamen Teil des Kondensators vorbeigeführt; bei der koaxialen Ausführung fließt der Leitungsstrom in einem zentralen Leiter, der vom Kondensator röhrenförmig umgeben ist. Wegen der sehr geringen Eigeninduktivität sind diese Kondensatoren für hohe Frequenzen gut geeignet.

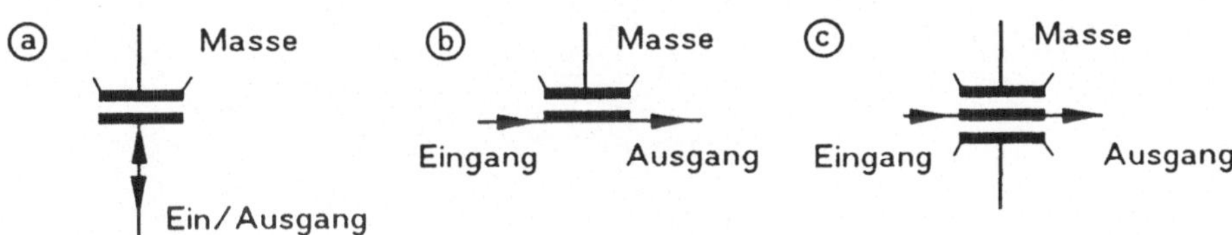

Bild 1.41: Zweipol-Entstörkondensator (a), Vierpol-Entstörkondensator nichtkoaxial (b) und koaxial (c)

1.2.2.11 Drehkondensatoren, Trimmkondensatoren

Drehkondensatoren sind veränderbare Kondensatoren, die vorzugsweise Luft als Dielektrikum enthalten. Sie bestehen aus einem *feststehenden Plattenpaket (Stator)*, in das ein zweites Plattenpaket mittels einer Drehachse kammförmig hineingedreht werden kann *(Rotor)*. Die *Kapazitätskennlinie* (Kapazität C als Funktion des Drehwinkels α) richtet sich nach dem *Plattenschnitt*. Im Bild 1.42 sind 4 gebräuchliche Plattenschnitte und die zugehörigen Randkurven dargestellt.

Mehrfachdrehkondensatoren enthalten mehrere Statoren und Rotoren, die von einer gemeinsamen Achse bewegt werden. Eine Spezialausführung ist der

Randkurve $y = f(\alpha)$

kapazitätslinear

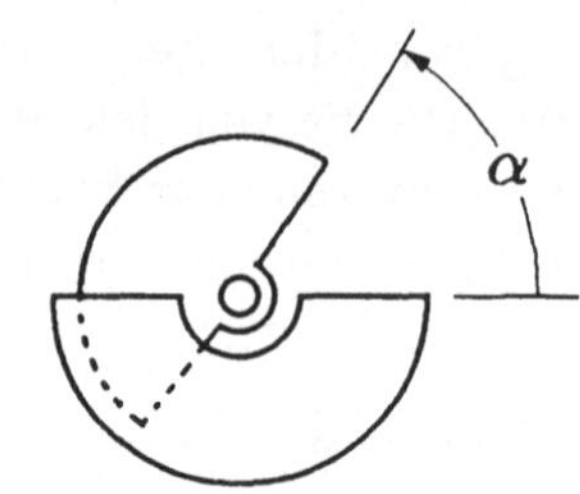

kapazitätslogarithmisch

$$y = \sqrt{(R_1^2 - r^2)\cdot\left(\frac{C_{max}}{C_o}\right)^{\frac{\alpha^\circ - 180^\circ}{180^\circ}} + r^2}$$

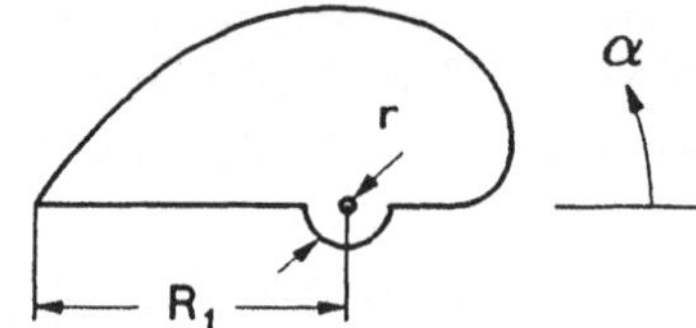

wellenlängenlinear

$$y = \sqrt{(R_1^2 - r^2)\cdot\frac{\alpha^\circ}{180^\circ} + r^2}$$

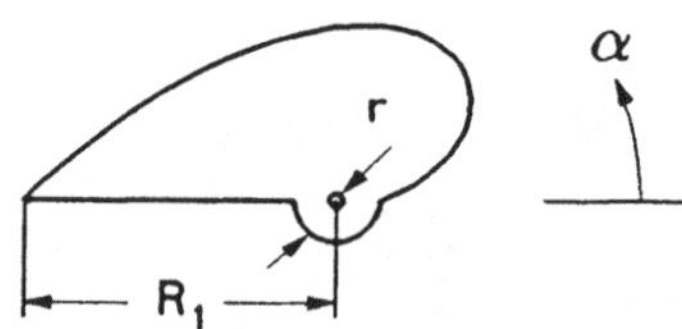

frequenzlinear

$$y = \sqrt{\frac{(R_1^2 - r^2)}{\left[\frac{f_o}{f_\pi} - \left(\frac{f_o}{f_\pi} - 1\right)\cdot\frac{\alpha^\circ}{180^\circ}\right]^3} + r^2}$$

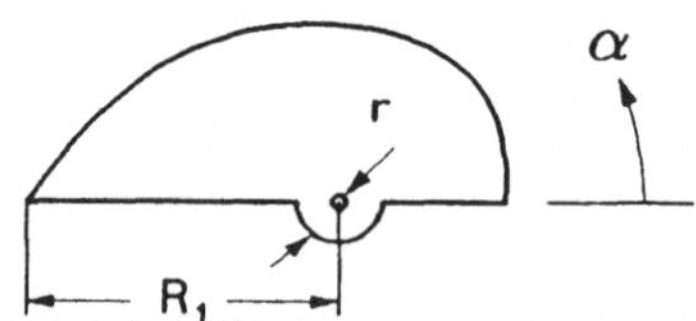

Bild 1.42: Plattenschnitte von Drehkondensatoren

Differentialdrehkondensator (Bild 1.43). Er besitzt 2 Statoren, die sich gegenüberstehen und einen Rotor. Der Differentialdrehkondensator wirkt als kapazitiver Spannungsteiler.

Trimmkondensatoren sind im Gegensatz zu den betriebsmäßig häufig betätigten Drehkondensatoren solche, deren Einstellung nur einmal oder doch zumindest sehr selten (z.B. für Servicezwecke) geschieht. Sie können zum Beispiel als *Scheiben-*, *Rohr-* oder *Drahttrimmkondensator* ausgeführt sein

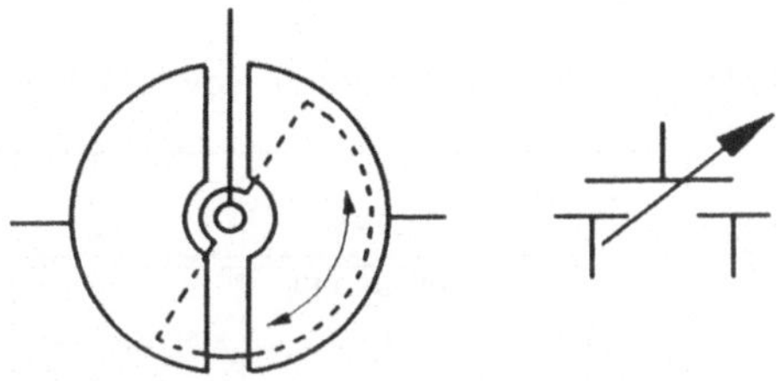

Bild 1.43: Differential-Drehkondensator

(Bild 1.44). Der Drahttrimmer kann nur nach kleineren Werten hin verändert werden. Darüberhinaus gibt es weitere Bauformen wie z.B. *Quetschtrimmer, Tauchtrimmer* usw. Anstelle von Dreh- und Trimmkondensatoren verwendet man häufig *Varicapdioden* (s.a. Abschnitt 6.8.6).

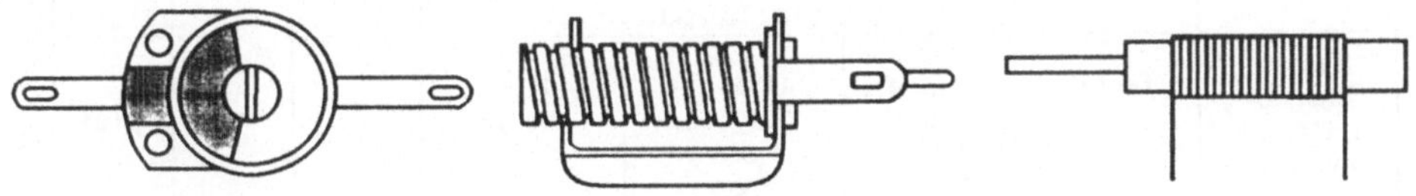

Bild 1.44: a) Scheiben- b) Rohr- c) Draht- Trimmkondensator

1.2.2.12 Zusammenfassende Übersicht über Bauteilkondensatoren

In Tabelle 1.21 sind noch einmal die wichtigsten Daten genormter Bauteilkondensatoren zusammengestellt. Insbesondere erfolgt ein Hinweis auf ausführliche Vorschriften nach DIN 41 000 ff, DIN 44 000 ff und 44110 ff. Darüberhinaus existiert noch eine Fülle von internationalen und international harmonisierten Normen (Beispiel DIN IEC 40(0) $\cdots$), auf die wir hier nicht eingehen wollen.

Tabelle 1.21: Bauformen genormter Kondensatoren (Übersicht)

Bauform	Dielek-trikum	Belag	DIN 41··· oder 44···	C_N)[1] etwa	U_N)[2] V=	ϑ_{min} °C)[1]	ϑ_{max} °C)[3]
Papier-konden-sator	Papier, imprägniert	Al-Folie	44140, 143, 44159, 44161, 44168	50 pF ··· 10 μF	6300 500	-55	+125
Metall papier-Konden-sator	Papier, imprägniert	aufgedampfte Metall-schicht	44180, 187 189, 191 192, 195··· 198	100 pF··· 60 μF	6300 500	-55	+85
Aluminium-Elektrolyt-Kondensator	Al-Oxid-schicht Al_2O_3	ungepolt, rauhe Anode	44236	0,5 ··· 4000 μF	100	-25	+70
			44238, 243 245, 248, 250 253, 257, 259 316, 328, 332	0,5 ··· 68000 μF	450	-25 bzw. -40	+70 +85
Tantal-Elektrolyt-Kondensator	Tantal-oxid Ta_2O_3	Ta-Sinteranode, fester Elektrol. MnO_2	44350 ··· 352, 355, 356 358	1 ··· 470 μF	35	-55	+125
Keramik-Klein-Kondens.	keramische Sondermassen	Silber schicht	41353, 901 902, 904, 905 920···922 928, 930	0,1 pF··· 0,1 μF	1000	-25	+85
Kunst-stoff-Folien-Kondensator	Polystyrol-Folie KS-Kond.	Metall-Folie	44379, 380 385, 387 388, 390, 392	1 pF ··· 0,5 μF	1000	-55	+70
	Polyerephthal-Säure-ester-Folie, (KT)	Metall-Folie	44379, 380 Bl.1 389, 391	100 pF ··· 0,5 μF	1000	-55	+125
	Polykarbonat-Folie, (KC)	Metall-Folie	44380, Blatt 2	100 pF ··· 0,5 μF	1000	-55	+125
Kunst-stoff-Folien-Kond. mit metallisierter Folie	Polyerephthal-Säure-ester-Folie (MKT)	aufgedampfte Metall-schicht	44110 ··· 44113	1000 pF ··· 1 μF	1000	-55	+100
	Polycarbonat-F. (MKC)		44115, 116 121, 122, 126, 127		630	-40	+85

)[1] Abhängig von der Nennspannung U_N

)[2] Höchste, in den Normen vorkommende Werte

)[3] Der Temperaturbereich ist mit dem 1. und 2. Kennbuchstaben festgelegt: ϑ_{min} und ϑ_{max} brauchen daher nicht zusammenzugehören, sondern geben die in den Normen empfohlenen Höchstwerte an.

1.3 Induktivitäten

Technische Induktivitäten gibt es in großer Mannigfaltigkeit, entsprechend einem breiten Anwendungsspektrum. Hier sollen die Bauformen im Vordergrund stehen, die für die Elektronik von Interesse sind. Dabei lassen sich zwei große Gruppen unterscheiden, nämlich die *Spulen*, bei denen die *Selbstinduktion* ausgenutzt wird und die *Transformatoren*, bei denen die *Gegeninduktion* eine wichtige Rolle spielt.

Darüberhinaus verfügt die moderne Elektronik über Schaltungen, die das Verhalten von Induktivitäten haben, ohne daß jedoch Spulen verwendet werden (s.a. Abschnitt über Gyratoren, Elektronik Band II). Der Vorteil liegt darin, daß sich die relativ teuren, aufwendigen und verlustbehafteten Spulen durch preiswertere Kapazitäten ersetzen lassen. Gyratoren haben daher Induktivitäten in vielen Bereichen insbesondere der Nachrichtentechnik verdrängt.

1.3.1 Allgemeine Eigenschaften von Induktivitäten

Nach dem *Induktionsgesetz* erzeugt jeder *Wechselstrom* i(t) einen zeitlich veränderlichen Magnetfluß Φ(t) und als Folge davon in der den Strom führenden Leiteranordnung eine *Gegenspannung* e(t), die sowohl von der geometrischen Form der Leiteranordnung als auch von der zeitlichen Stromänderung di/dt abhängt nach der Beziehung

$$\boxed{e = -L \cdot \frac{di}{dt}} \quad . \tag{1.30}$$

L ist hierbei die *Induktivität* der Leiteranordnung und entsteht als Produkt aus der *absoluten Permeabilitätskonstanten* μ_o, der *relativen Permeabilitätskonstanten* μ_r und einem *Formfaktor*, der durch die Geometrie der Leiteranordnung gegeben ist. Die Einheit der Induktivität ist

$$1Henry = 1H = 1\frac{V \cdot s}{A} \quad . \tag{1.31}$$

$$1H = 10^3 mH = 10^6 \mu H = 10^9 nH = 10^{12} pH \quad . \tag{1.32}$$

Der Begriff *Induktivität* wird nicht nur für den Proportionalitätsfaktor L aus Gleichung (1.30), sondern auch für die Bezeichnung *Spule* schlechthin verwendet. Eine ideale Induktivität ist ein *reiner Blindwiderstand*, der magnetische Energie in Form eines Magnetfeldes speichert.

Bei Betrieb mit Wechselspannung u der Frequenz $\omega = 2 \cdot \pi \cdot f$ hat die Spule den Blindwiderstand

$$\boxed{X_L = j \cdot \omega \cdot L} \ . \tag{1.33}$$

Ferner gilt

$$u_L = j \cdot i_L \cdot \omega \cdot L \ , \tag{1.34}$$

wobei die an der Spule abfallende Spannung $u = u_L$ dem fließenden Strom i_L um 90° vorauseilt. Die in der Spule gespeicherte *magnetische Energie* hat die Größe

$$\boxed{W = \frac{1}{2} \cdot L \cdot i_L^2} \ . \tag{1.35}$$

1.3.1.1 Ersatzschaltbild der Induktivität

Jede technische Induktivität besitzt Verlust- und kapazitive Blindkomponenten, die von der Bauform und den Betriebsbedingungen abhängig sind. Sie lassen sich allgemein in einem *Ersatzschaltbild* (Bild 1.45) zusammenfassen.

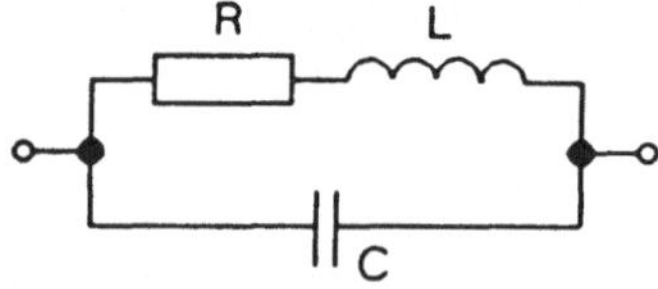

Bild 1.45: Ersatzschaltung der verlustbehafteten Spule

R stellt den *Gesamt-Verlustwiderstand* dar und enthält eine Reihe von Anteilen verschiedensten Ursprungs, auf die wir im nächsten Absatz eingehen. C erfaßt die *unvermeidlichen Kapazitäten* (Kapazität der Anschlüsse gegeneinander, der Spulenwicklung gegen die Umgebung, der Windungen gegeneinander usw.), und L ist die eigentliche Induktivität.

1.3.1.2 Verluste in der Spule

Der Verlustwiderstand R läßt sich im wesentlichen in 7 Anteile zerlegen

$$R = R_{Cu} + R_w + R_{kap} + R_{hyst} + R_{kw} + R_{krel} + R_s \tag{1.36}$$

mit R_{Cu}, R_w, R_{kap} : Verlustwiderstände in der Wicklung selbst,
$R_{hyst}, R_{kw}, R_{krel}$: Verlustwiderstände im ferromagnetischen Kern, soweit vorhanden
und R_s : Strahlungswiderstand.

Je nach Bauform und Anwendung treten bestimmte Anteile mehr oder weniger in Erscheinung. Wir wollen sie einzeln diskutieren:

1. $R_s(\sim \omega^4)$ *Strahlungswiderstand:* R_s spielt in der Elektronik keine wesentliche Rolle und erreicht erst bei hohen Frequenzen oder bei Spulen mit großen Abmessungen (mindestens 10 % der Betriebswellenlänge) merkliche Werte.

2. $R_{Cu}(\sim \omega)$ *Kupferwiderstand der Wicklung:* Er nimmt infolge des *Skineffektes* mit der Frequenz zu. Der Einfluß des Skineffektes läßt sich im Bereich von 0,1 bis 5 MHz durch Verwendung von *Hochfrequenzlitze* vermindern. HF-Litze enthält einen Strang von ca. 5 - 100 gegeneinander durch Lackisolation galvanisch getrennte Adern, wodurch das Verhältnis Oberfläche/Querschnitt wesentlich erhöht wird. Wichtig ist eine sorgfältige Lötung der Enden. Wird nur eines der Teildrähtchen nicht mit erfaßt, so kann das zu großen Einbußen bei der *Spulengüte* führen. Für Frequenzen oberhalb 5 MHz ist der Einsatz von HF-Litze nicht mehr von Vorteil, weil hier die Teilkapazitäten zwischen den Einzelleitern den Oberflächengewinn wieder kompensieren und gleichzeitig die dielektrischen Verluste ansteigen.

3. $R_w(\sim \omega^2)$ *Wirbelstromverluste bei Spulen mit Abschirmung:* Das Magnetfeld der Spule erzeugt in benachbarten Metallteilen (z.B. Abschirmhauben) infolge der endlichen Leitfähigkeit dieser Materialien durch Wirbelströme Verlustwärme. Sie spielen bis etwa max. 500 kHz eine Rolle.

4. $R_{kap}(\sim \omega^3)$ *Dielektrische Verluste:* Sie treten in allen zur Induktivität gehörenden *Isolierteilen* (Isolation des Drahtes, Spulenhalterung etc.) auf und hängen von der *Eigenkapazität* der Spule ab. Der Verlustwinkel der verwendeten Isolierstoffe spielt hierbei eine wesentliche Rolle.

5. $R_{hyst}(\sim \omega)$ *Hystereseverluste:* Wegen des hysteretischen Verhaltens aller Ferromagnetika wird für die Ummagnetisierung stets Energie verbraucht.

6. $R_{kw}(\sim \omega^2)$ *Wirbelstromverluste im Kern:* Die verwendeten Ferromagnetika haben im allgemeinen eine endliche Leitfähigkeit, so daß auch hier (analog zu R_w) Verluste auftreten. Bei *Ferriten* sind sie wegen des keramischen Stoffaufbaus vernachlässigbar klein.

7. R_{krel} *Relaxationsverluste im Kern:* Infolge von magnetischen Nachwirkungserscheinungen, hervorgerufen durch die Trägheit atomarer Vorgänge, treten gewisse Verluste auf. Sie sind in der Elektronik von geringerem Interesse.

In der Praxis ist es üblich, sämtliche Verluste in einem Widerstand zusammenzufassen und sie analog zum Kondensator durch den *Verlustwinkel* $\tan\delta$ auszudrücken. Mit der Reihen–Ersatzschaltung nach Bild 1.46a erhält man analog Gleichung (1.21)

$$\boxed{\tan\delta = \frac{P_v}{P_b} = \frac{R_r}{\omega \cdot L_r}} \; . \qquad (1.37)$$

R_r und L_r sind die Komponenten der Reihenschaltung, P_v und P_b die Wirk– und Blindleistung .

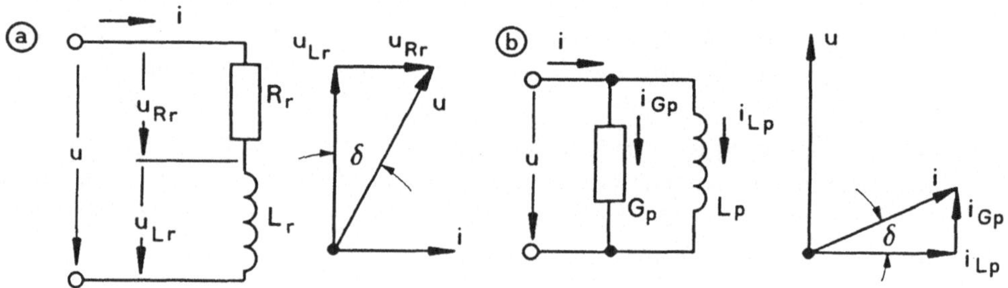

Bild 1.46: Verlustwinkel der Spule in der Reihenersatzschaltung (a) und in der Parallelersatzschaltung (b)

Geht man von einer Parallel–Ersatzschaltung nach Bild 1.46b aus, so wird

$$\boxed{\tan\delta = \omega \cdot L_p \cdot G_p} \; . \qquad (1.38)$$

G_p und L_p sind die Komponenten der Parallelschaltung.

Eine häufig verwendete Größe ist die *Spulengüte* Q. Sie ist definiert durch

$$\boxed{Q = \frac{1}{\tan\delta}} \; . \qquad (1.39)$$

In Bild 1.47 ist der Verlauf des Verlustwinkels für die wichtigsten Verlustanteile grob qualitativ in Abhängigkeit von der Frequenz doppelt logarithmisch dargestellt.

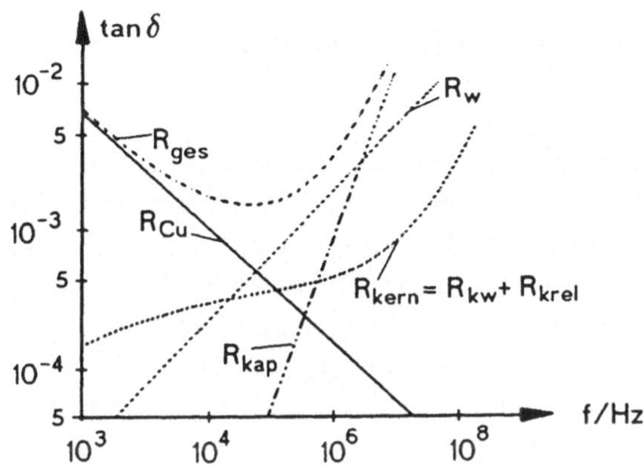

Bild 1.47: Verlustwinkel als Funktion der Frequenz

1.3.1.3 Eigenkapazität und Eigenresonanz

Die *Eigenkapazität* C_e einer Spule setzt sich aus verschiedenen Anteilen zusammen (z.B. Teilkapazitäten der Windungen miteinander, Kapazität der Wicklung und der Anschlüsse gegen die Umgebung). Durch bestimmte Wickeltechniken versucht man sie möglichst klein zu halten (z.B. *Kreuzwickel, Mehrkammerspulen*). Die Eigenkapazität bestimmt zusammen mit der Induktivität der Spule die *Eigenresonanzfrequenz* f_e.

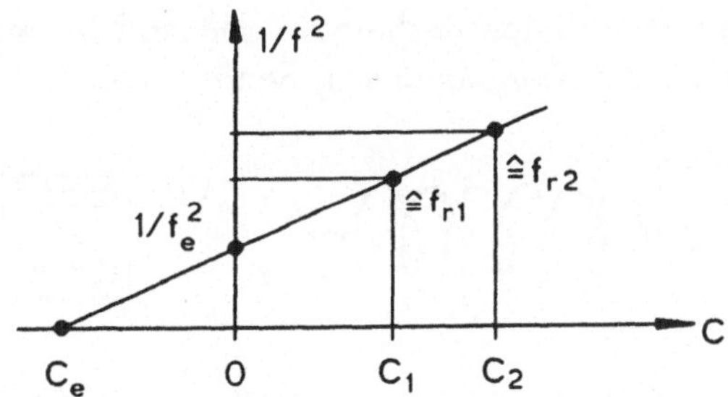

Bild 1.48: Zur Ermittlung der Eigenkapazität (s. Text)

Zur Ermittlung der Eigenkapazität C_e mißt man die Resonanzfrequenzen f_{r1} bzw. f_{r2} unter Hinzuschalten zweier bekannter Kapazitäten C_1 bzw. C_2

und extrapoliert gemäß Bild 1.48. Die Abszisse trägt C und die Ordinate $1/f^2$. Die Gerade durch die Meßpunkte, verlängert über $C = 0$ hinaus, schneidet die Ordinate bei $-C_e$.

1.3.1.4 Elektrische und thermische Belastbarkeit von Induktivitäten

Je nach Anwendung sind dem Einsatz von Induktivitäten elektrisch und thermisch Grenzen gesetzt. Infolge der Verluste tritt z.B. eine Erwärmung auf, die ein bestimmtes Maß nicht überschreiten darf (Beispiel: Transformatoren bei der Übertragung von Leistungen). Bei anderen Anwendungen steht die Spannungsfestigkeit der Isolation im Vordergrund (z.B. bei Zeilentransformatoren in Fernsehgeräten). Bei Spulen mit Eisenkernen, bei denen die relative Permeabilität μ_r vom Spulenstrom abhängt, kann eine Belastungsgrenze z.B. auch aus der Forderung nach Linearität bzw. Konstanz der Induktivität gegeben sein, die weit unter den oben angeführten Grenzen liegen kann.

1.3.2 Bauformen von Induktivitäten

Wegen der großen Vielfalt der Bauformen von Induktivitäten können wir uns hier nur einen groben Überblick verschaffen. Im übrigen wird auf die umfangreiche Spezialliteratur verwiesen, die zum Teil auch in Form von Firmendruckschriften existiert.

1.3.2.1 Luftspulen

Luftspulen zeichnen sich durch besonders geringe Verluste und hohe Konstanz der Induktivität aus. Sie finden deshalb vorwiegend Verwendung als *Induktivitätsnormale* oder als *Leistungsspulen* in Sendeanlagen.

Bild 1.49: Luftspule, einlagig gewickelt (a), gedruckt (b)

Sie werden meistens als *einlagige Zylinderspulen* (Bild 1.49a) ausgeführt. Wegen der niedrigen relativen Permeabilität der Luft ($\mu_r = 1$) sind Spulen bis maximal 10 μH üblich. Zu den Luftspulen kann man auch *gedruckte Spulen* auf Leiterkarten rechnen (Beispiel in Bild 1.49b.)

Tabelle 1.22: Werkstoffe für Übertrager nach DIN 41301

Material	Zusammensetzung	Dichte g/cm³	ρ µΩcm	H_c A/cm	B_s T	T_c °C	Blechdicke mm	μ_{16} (μ_4) x10³	μ_{max} x10³
A0	Stahl mit ca. 2,5 ··· 4,5% Si	7,7	40	1,0	2,03	750	0,35 ··· 0,50	≥ 0,4	4···8
A2		7,63	55	0,6	2,0		0,35	≥0,8	≈9
A3		7,6	68	0,35	1,9		0,35	>0,8	
							0,20	>0,75	
C2	Stahl mit 3-4% Si	7,55	50	0,30	2,0		0,35	≥1,3	≈10
C5		7,65	45	0,15			0,35	(> 0,8)	≈35
D1	Stahl mit ca. 36 ··· 40% Ni	8,15	75	0,6	1,3	250	0,1 ···0,35	2,1±0,2	≈8
							0,05	2,1±0,2	
D1a				0,5			0,1 ···0,35	2,4±0,3	
							0,05	2,3±0,3	
D3				0,15			0,1 ···0,35	(≥2,9)	16 ··· 20
							0,05	(≥2,5)	
E3	NiFe-Leg. mit ca. 75% Ni +Zusätze	8,6	50	0,02	0,7 ··· 0,8	400	0,20···0,35	(≥20)	90 ··· 120
							0,10	(≥18)	
							0,05	(≥16)	
E4		8,7	55	0,01	0,6 ··· 0,8	270 ··· 400	0,35	(≥35)	130 ··· 250
							0,20	(≥40)	
							0,01	(≥35)	
							0,05	(≥30)	
F3	NiFe mit ca. 50% Ni	8,25	45	0,1	1,5	470	0,05 ··· 0,35	(≥4)	50 ··· 80

1.3.2.2 Ferromagnetika für Spulen und Übertrager

Ferromagnetische Werkstoffe haben Permeabilitätswerte $\mu_r \gg 1$ und werden in verschiedenster Weise beim Bau von Induktivitäten eingesetzt, z.B. als offene oder geschlossene Kerne. Entscheidend für die Art des zu verwendenden Magnetwerkstoffes ist der Anwendungsbereich.

Blechkerne: (Metall-Legierungen)
Blechkerne sind Pakete aus aufeinandergeschichteten, gestanzten Blechen oder aus aufgewickelten Bändern (*Schnittbandkerne*). Wegen der hohen Permeabilität finden sie Anwendung für große Induktivitäten (> 10 H) bei Frequenzen bis maximal in den kHz-Bereich hinein.

Man unterscheidet Metall-Legierungen für

- Transformatoren mit großer magnetischer Aussteuerung (Netztransformatoren etc.): Normung der Bleche in DIN 46 400,
- Transformatoren mit kleiner magnetischer Aussteuerung (Eingangs- und Meßübertrager etc.): Normung der Bleche in DIN 41 301.

Bei Anwendungen von *Übertragern für kleine Leistungen* stehen folgende Kenngrößen im Vordergrund:

Anfangspermeabilität μ_a: Sie gibt die Steigung der Hystereseschleife B = f(H) im Ursprung an.

Koerzitivfeldstärke H_c: Sie sollte möglichst klein sein, da es sich um weichmagnetische Materialien handelt.

Curie-Temperatur T_c: Oberhalb von T_c verliert das Material seine magnetischen Eigenschaften.

Blechdicke: Die Blechdicke bestimmt u.a. die Wirbelstromverluste und damit den Einsatz-Frequenzbereich. Nach DIN 41 301 unterscheiden wir Blechstärken von 0,35, 0,2, 0,1 und 0,05 mm .

Maximal-Permeabilität μ_{max}: Sie gibt die größte Steigung der Hystereseschleife an.

Permeabilität μ_{16} (bzw. μ_4): Dies sind die Werte von μ für bestimmte Arbeitspunkte, nämlich bei H = 16 mA/cm (4 mA/cm).

Materialzusammensetzung (Kennbuchstaben A, C $\cdots$ F): DIN 41 301 enthält Normen für Klasse A und C (siliziumlegierte Stähle), D $\cdots$ F NiFe-Legierungen (z. Teil mit Zusätzen Cu, Mo, Cr).

Tabelle 1.22 gibt einen Auszug aus den wichtigsten Kenndaten für Übertrager-Kernbleche nach DIN 41 301. Handelsnamen einzelner Fabrikate sind z.B. Trafoperm, Vacoflux, Permenorm, Mumetall und Ultraperm.

Tabelle 1.23: Elektrobleche nach DIN 46 400

Werkstoff	Dicke mm	Si-Gehalt %	Spez. Verl. W/kg bei		Induktion in T		Dichte g · cm^{-3}	Spezifischer Widerstand $\mu\Omega cm$	Permeabilität	
			V_1 $\hat{B}$= 1,0 T	$V1,5$ $\hat{B}$= 1,5 T	B_{25} bei 25 A/cm	B_{300} bei 300 A/cm			μ_{16}	μ_{max} x10^3
V360-50A	0,5	0,7	3,6	8,1	1,58	2,01	7,80	25	≈150	2
V360-50B					1,56	2,00				...
V300-50A	0,5	1,0	3,0	6,8	1,56	2,00	7,80	30	≈180	
V300-50B					1,54	1,99	7,75			5
V260-50A		1,7	2,6	6,0	1,55	1,98	7,75	36		
V260-50B					1,53	1,97	7,70			3
V230-50A	0,5	2,3	2,3	5,3	1,54	1,97		42	≈230	
V230-50B					1,51	1,96	7,70			...
V200-50A		2,7	2,0	4,7	1,52	1,94	7,65	48		6
V200-50B					1,49	1,93				
V170-50A		3,4	1,7	4,0	1,51	1,90		55		
V170-50B					1,48	1,89	7,65			
V150-50A	0,5	3,9	1,5	3,5	1,50	1,89	7,70	60		4
V150-50B					1,47	1,88			400	
V135-50A		4,3	1,4	3,3			7,60	65	...	...
V135-50B							7,55		1200	8
V130-35A		3,9	1,3	3,3	1,49	1,89	7,65	60		
V130-35B	0,35				1,47	1,88	7,60			
V110-35A		4,3	1,1	2,7			7,60	65		
V110-35B							7,55			

Tabelle 1.24: Weichmagnetische Ferrite nach DIN 41 280

Material	μ_a bei	f_1 MHz	$\tan\delta_1$ bei f_2 x10^{-6}	$\tan\delta_2$ bei f_2 x10^{-6}	MHz	B_s mT	H_c A/cm	T_c °C	ρ Ωcm
B1	4 ⋯ 10	50	$\leq$500	$\leq$1000	100	110	10	500	10^7
C1	10	10	$\leq$ 80	$\leq$ 200	50	145	12	400	10^7
C2	⋯		$\leq$250	$\leq$ 900		⋯	⋯		10^5
C3	25		$\leq$500	$\leq$2600		175	15	500	10^6
D1	25 ⋯ 62	10	$\leq$380	$\leq$4000	50	255	5	400	10^5
E1	63 ⋯	1	$\leq$ 40	$\leq$ 130	10	300 ⋯	5	350	10^6
E2	160		$\leq$100	$\leq$ 250		380			10^5
F1	160 ⋯ 400	0,2	$\leq$ 50	$\leq$ 300	5	330	0,8	250	10^5
G1	400 ⋯	0,05	$\leq$ 15	$\leq$ 50	1	340 ⋯	0,80 ⋯	200	10^4
G2	1000		$\leq$ 13	$\leq$ 30		400	1,0	150	10^2
H1	1000	0,01	$\leq$ 7	$\leq$ 60	0,2	360	0,25	115	10^4
H2	⋯		$\leq$ 2,5	$\leq$ 25		⋯	⋯	145	10^2
H3	1600		$\leq$ 8	$\leq$ 60		460	0,45	140	
I1	1600	0,01	$\leq$ 1,5	$\leq$ 10	0,1	360	0,20 ⋯	150	10^2
I2	⋯		$\leq$ 1,5	$\leq$ 10		⋯	0,48		
I3	2500		$\leq$ 4	$\leq$ 30		480			
K1	2500 ⋯	0,01	$\leq$ 2	$\leq$ 10	0,1	380 ⋯	0,08 ⋯	180	10^2
K2	4000		$\leq$ 5	$\leq$ 20		460	0,2	125	
L	$\geq$4000	0,01	$\approx$8	$\leq$ 30	0,03	420	0,1	125	10^2

Bei Induktivitäten mit größeren Leistungen (z.B. Leistungsübertrager, Netztransformatoren, Elektromotoren etc.) sind nach DIN 46 400 folgende Kenngrößen maßgebend:

Spezifische (Wirbelstrom-) Verluste in W/kg: Sie werden angegeben für bestimmte Scheitelflußdichten (Beispiel: $V_{1,5}$ bezieht sich auf eine Scheitelinduktion von 1,5 Tesla [T]). Die Verluste nehmen mit zunehmenden Si-Gehalt ab (vgl. Tabelle 1.23).

Blechdicke: Für Elektrobleche sind Dicken von 0,35 mm und 0,5 mm genormt.

Induktion [T] bei typischen Feldstärken: B_{25} gibt beispielsweise die Induktion bei H = 25 A/cm an. Sie nimmt mit zunehmendem Si-Gehalt (geringfügig) ab.

Material: Die Materialbezeichnung enthält in verschlüsselter Form die spezifischen Verluste V_1, die Blechdicke (0,5mm oder 0,35 mm) sowie die Angabe einer evtl. vorhandenen magnetischen Vorzugsrichtung (Textur). Kennbuchstabe A: Kalt nachgewalzte Bleche mit Textur, B: warmgewalzte Bleche ohne Textur.

Wechselfeldpermeabilität $\mu_\sim$: Dies ist die relative Permeabilität in Abhängigkeit von der aussteuernden Feldstärke $\hat{H}$ bei größeren Aussteuerungen; außerdem sind die *Verluste W je kg Kerngewicht* bei höheren Flußdichten von entscheidendem Interesse.

Tabelle 1.23 gibt einen Auszug aus den wichtigsten Kenndaten für Elektrobleche nach DIN 46 400. Handelsnamen einzelner Fabrikate sind z.B. Dynamoblech III, IV etc.

Ferrite und Karbonyleisenmassen:
Für höhere Frequenzen sind Bleche wegen der endlichen Leitfähigkeit und der damit verbundenen Wirbelstromverluste nicht mehr geeignet. Hier werden *Ferrite* oder *Pulverkerne* verwendet. Ferrite sind gesinterte, keramikähnliche Verbindungen aus Eisenoxyd (Fe_2O_3) und anderen Metalloxiden, während Pulverkerne oder *Ferrocart-Kerne* metallische, ferromagnetische Stoffe (z.B. Karbonyleisen) in feinster Verteilung (Teilchen $< 5\mu m$ Durchmesser), eingebettet in dielekrisch hochwertige Isoliermaterialien, enthalten. Sie finden Verwendung für Induktivitäten unter 1 H bei Frequenzen bis in den GHz-Bereich hinein. Ferrite sind in DIN 41 280 genormt. Tabelle 1.24 enthält eine Übersicht. Wir erkennen, daß im Vergleich zu den Eisenkernblechen folgende Unterschiede bestehen:

Tabelle 1.25: Eigenschaften von typischen Karbonyleisenmassen und Ferriten

μ_a	ρ Ωcm	f_u MHz	f_o	$\frac{\tan\delta}{\mu_o} \cdot 10^{-6}$ bei f_u	bei f_o	$\frac{\Delta\mu}{\mu \cdot \Delta\vartheta} \cdot 10^{-6}$ bei +20°C	+70°C	Beispiele für Handelsbezeichnungen Siemens	Valvo
4		70	150	800	2000	≈ 80		Si 71	
8		1,5	80	80	2500	≈ -10		Si 31 S	
13		0,1	15	30	1500	- 5		Si 16	
10	10^7	10	200	80	2000	+50	+100	U 17	4 E 1
100	10^6	1	10	20	150	+5	+20	80 K 1	4 C 1
500	10^2	0,2	2,0	10	100	+2	+5	550 M 25	3 B 3
1300	10^2	0,001	0,2	2	20	+0,8	+2,0	1100 N 22	3 B 5
2000	10^2	0,001	0,1	1	10	+0,5	+1,5	2000 N 28	3 H 1

f_u bis f_o: für die Anwendung günstiger Frequenzbereich

$\frac{\tan\delta}{\mu_a}$: relativer Verlustfaktor in diesem Bereich

$\frac{\Delta\mu}{\mu \cdot \Delta\vartheta}$: relativer Temperaturkoeffizient der Permeabilität bei +20 bis 70°C.

- Der spezifische Widerstand ρ ist wesentlich höher (Keramik).
- Der Einsatz-Frequenzbereich ist wesentlich größer.
- Die Sättigungsinduktion B_s ist um Größenordnungen kleiner.
- Die Curie-Temperatur T_c liegt zum Teil nicht wesentlich über 100°C.

Tabelle 1.25 zeigt eine ergänzende Aufstellung von typischen Karbonyleisen- und Ferritwerkstoffen, die auch Beispiele für Handelbezeichnungen enthält.

In Bild 1.50 sind die Wechselfeldpermeabilität $\mu_\sim$ (ausgezogen) und die Verluste V pro kg Kerngewicht (gestrichelt) für Werkstoffe aus den Tabellen 1.23 und 1.25 als Funktion der Flußdichte B dargestellt, und Bild 1.51 enthält in Anlehnung an Tabelle 1.22 μ_a (ausgezogen) und $\frac{\tan\delta}{\mu_a}$ (gestrichelt) von Übertrager-Werkstoffen, die vorwiegend für kleine Leistungen bei höheren Frequenzen verwendet werden.

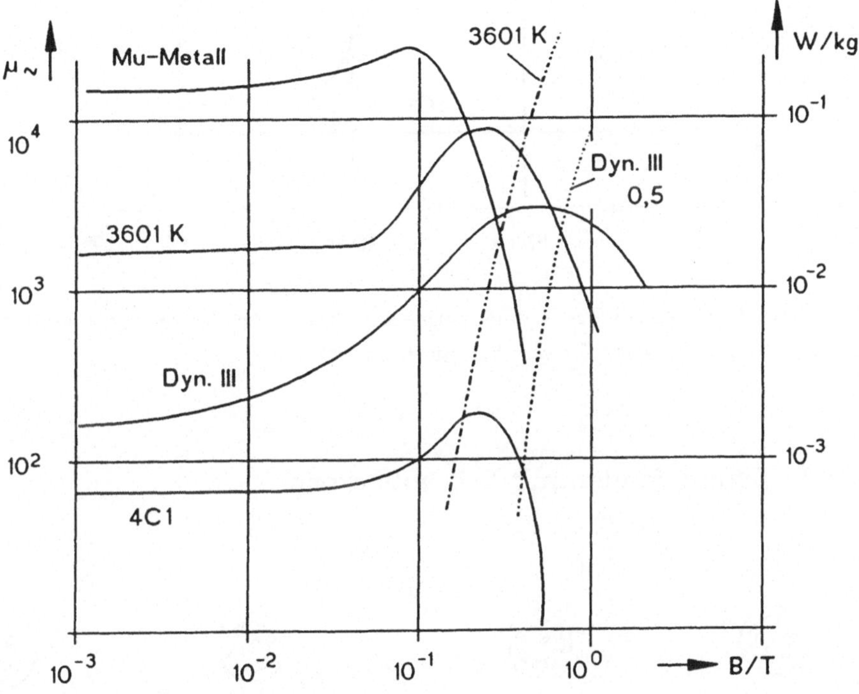

Bild 1.50: Abhängigkeit der Wechselfeldpermeabilität $\mu_{\sim}$ und der Verluste W je kg Kerngewicht von der Scheitelflußdichte $\hat{B}$ für verschiedene Kernwerkstoffe

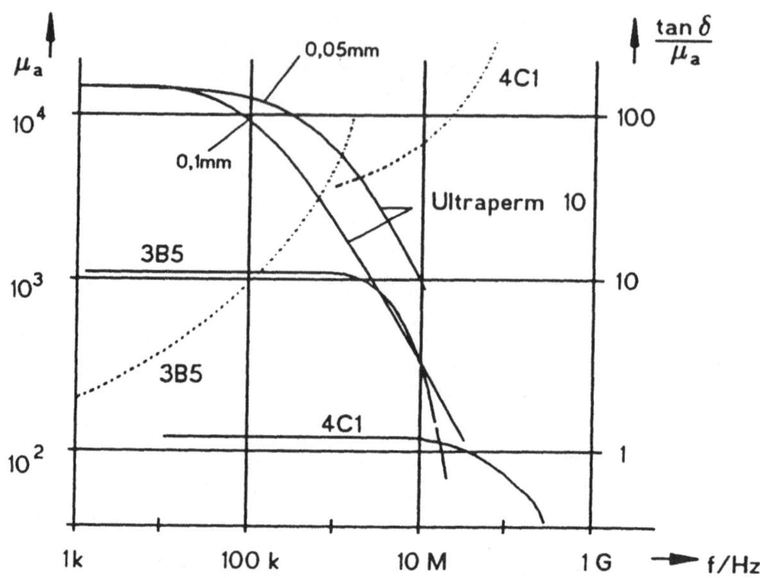

Bild 1.51: Abhängigkeit der Anfangspermeabilität μ_a und des relativen Verlustfaktors $\tan\delta/\mu_a$ von der Frequenz für verschiedene Kernwerkstoffe

1.3.2.3 Offene Spulen mit Schraubkernen

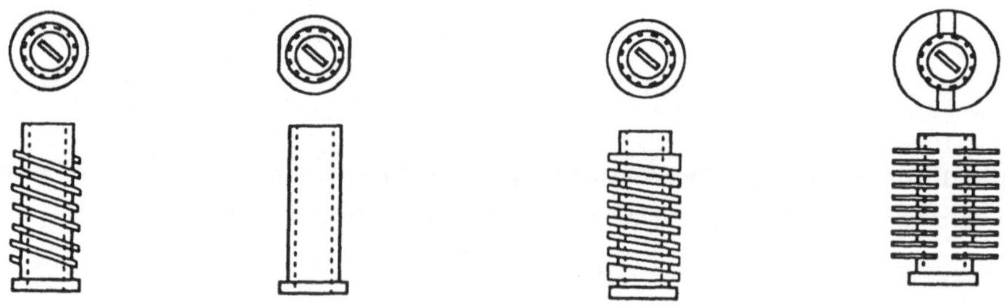

Bild 1.52: Spulen mit Schraubkern

Offene Spulen mit Schraubkernen haben eine weite Verbreitung z.B. in der Rundfunk- und Fernsehtechnik, wo sie als Schwingkreisspulen, Bandfilter usw. eingesetzt werden. Der Spulenkörper ist zylindrisch und besteht vorwiegend aus *Polystyrol IV* oder *Makrolon* (Ausführungsbeispiele in Bild 1.52) und ist für die Aufnahme für Kreuz- oder Zylinderwicklung vorgesehen. Mittels aufschiebbarer Kammerkörper läßt sich auch Kammerwicklung durchführen. Das Innengewinde des Körpers nimmt einen Ferrit- oder Ferrocart-Schraubkern auf, dessen jeweilige Stellung eine maximale Induktivitätsänderung um ca. 5 - 10 % bewirkt. Die erreichbaren Spulengüten liegen je nach Frequenzbereich zwischen 100 und 250.

1.3.2.4 Schalen- und Topfkernspulen

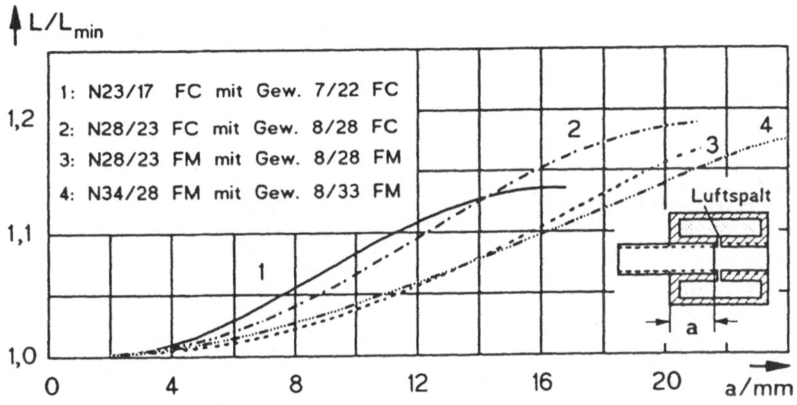

Bild 1.53: Abgleichkurven für Schalen-Kerntypen N 23/17, N 28/23, N 34/28 mit den zugehörigen Gewindekernen

Unter dem Begriff *Topfkern* werden allgemein alle zylindrischen Kernkonstruktionen zusammengefaßt, bei denen der magnetische Fluß einen vollkommenen oder nahezu *geschlossenen Eisenweg* vorfindet. Beim *Schalenkern* liegt die Teilungsebene in der halben Zylinderhöhe.

Bild 1.53 zeigt den Schnitt durch einen Schalenkern und für verschiedene Schalenkerngrößen (Durchmesser/Höhe) und die Abgleichkurven (normiert auf kleinstes L ohne Kern) als Funktion der Kern-Eintauchtiefe a bei Verwendung von Schraubkernen der Typen FC und FM. Die beiden Schalenhälften sind für nicht abgleichbare Kerne so aufeinander eingeschliffen, daß ein möglichst geringer Luftspalt entsteht. Wünscht man eine einstellbare Induktivität, so wird zusätzlich der Mittelsteg weiter abgeschliffen, so daß ein definierter Luftspalt um die Achse herum entsteht. Ein Schraubkern gestattet dann den Abgleich. Einen *Topfkern* im engeren Sinn seiner Bedeutung zeigt Bild 1.54. A ist der Schraubkern, B eine Kappe, C der Abschlußdeckel und D die Wicklung. Fehlt der Deckel C, so spricht man von einem *Kappenkern*, bei dem zwar auch ein

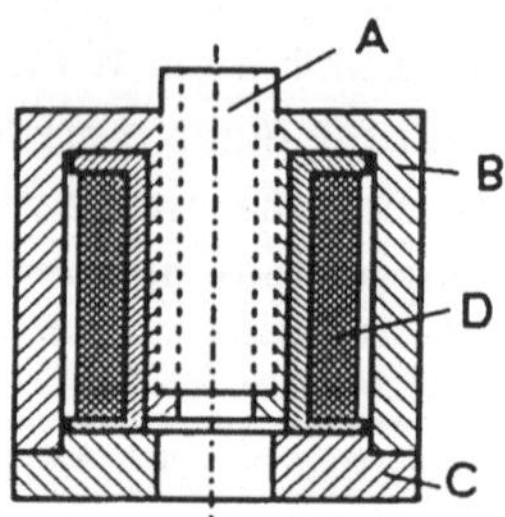

Bild 1.54: Topfkern

relativ großer Luftweg vorhanden ist, wobei aber die Streuung gegenüber der offenen Spule wesentlich geringer ist.

1.3.2.5 Ringkernspulen

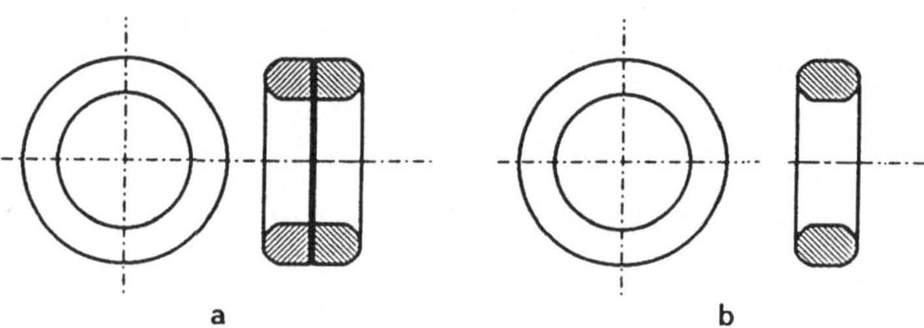

Bild 1.55: Ringkern

Spulen mit *Ringkernen* besitzen fast keinen magnetischen Streufluß, insbesondere wenn Materialien mit hohem μ_r verwendet werden. Das Ferromagnetikum besitzt keinen Luftspalt und besteht entweder aus zwei Halbkernringen (Form a in Bild 1.55) oder aus einem Stück (Form b). Der Luftspalt bei Form a liegt in Richtung der Feldlinien und ist deshalb nicht wirksam. Form a liefert höhere Permeabilitäten und ist wicklungstechnisch günstiger. Anwendung finden Ringkerne überall dort, wo es auf äußerst geringe Streufelder ankommt (z.B. Netztransformatoren in besonders kritischen Geräten) oder wo hohe Symmetrie von Teilwicklungen verlangt werden (z.B. Impulsübertrager) sowie (früher) in Kernspeichern von Rechenanlagen (vgl. Elektronik Band III). Ungünstig ist der Ringkern in wicklungstechnischer Hinsicht, weil der Draht für jede Windung erneut durch den Kern gezogen werden muß.

1.3.2.6 Spulen und Übertrager mit Blechkernen

Bild 1.56 zeigt die wichtigsten handelsüblichen Formen von Spulen und Übertragern mit *gestanzten Blechkernen.*

M–Schnitt, Normreihe von M 20 bis M 102 (Zahl hinter M ⇒ Kantenlänge des Bleches in mm), Blechdicke 0,05 bis 0,5 mm:
Der Luftspalt ist durch den Schnitt festgelegt, das Blech hat zum Teil eine

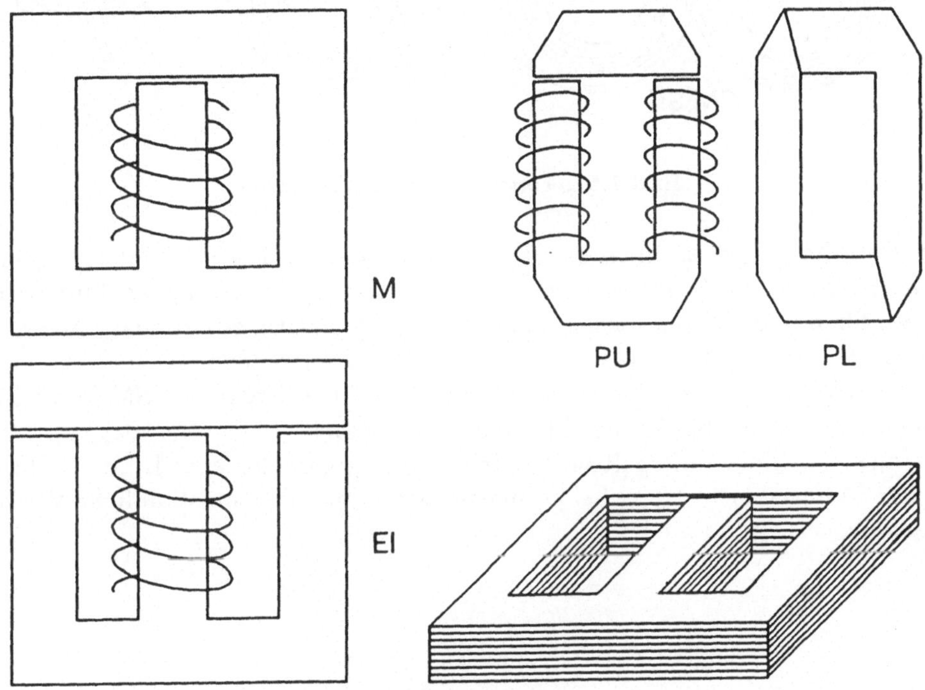

Bild 1.56: Blechschnitte für Transformatoren

magnetische *Vorzugsrichtung (Textur).*

EI–Schnitt, Normreihe EI 19 bis EI 106, Blechdicke wie bei M:
Der Luftspalt ist durch ein Isolierstück zwischen Kern und Joch einstellbar.

P–Schnitt (Philbert–Schnitt), vorwiegend für Netz- und Niederfrequenztransformatoren, Eigenschaften:
Geringe Streuung bei symmetrischer Wicklung auf beiden Schenkeln, PU–Schnitt mit besonders niedriger Streuung, PL–Schnitt mit besonders niedrigem Magnetisierungsstrom. Bild 1.57 zeigt die wichtigsten Schnitte mit gewickelten Blechkernen.

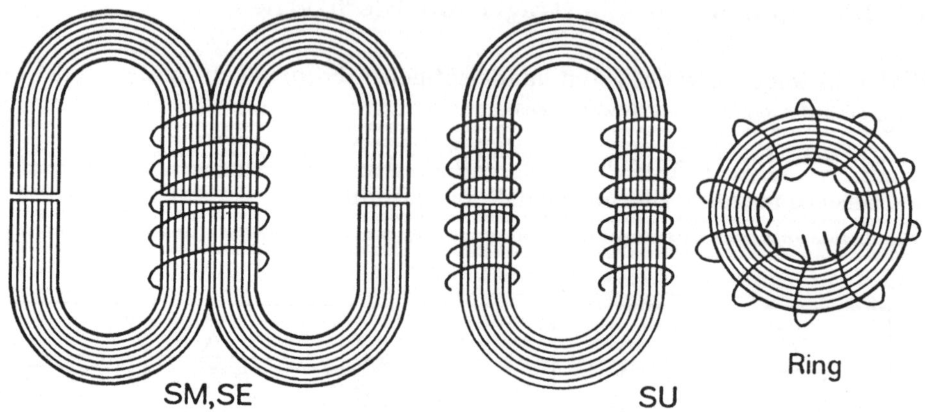

Bild 1.57: Formen von Schnittbandkernen

S–Schnitte: Die Blechkerne sind gewickelt, fixiert und aufgeschnitten (Schnittbandkerne). Die Schnittfläche wird zur Erzielung eines kleinen Luftspaltes geschliffen, die Hälften werden bei der Montage kräftig zusammengepreßt. S-Schnitte lassen sich in SM–, SE– und SU–Form verwenden.
Eigenschaften: Gute Materialausnutzung, geringe Streuung. SM- und SE-Schnitte sind mit Spulen der M–Reihe kompatibel.
Ringkern: Kein Luftspalt vorhanden, sondern geschlossener Ring. Dadurch beste Materialausnutzung bei geringster Streuung, aber umständliche Wickeltechnik.

Kapitel 2

Elektrischer Leitungsmechanismus im Vakuum

Frei bewegliche Elektronen im Vakuum sind Grundlage der *Elektronenröhren*, die die gesamte Nachrichtentechnik der ersten Hälfte dieses Jahrhunderts beherrscht haben. Elektronenröhren spielen heute nur noch in wenigen Spezialanwendungen eine Rolle. Soweit die physikalischen Grundlagen des Leitungsmechanismus im Vakuum für das Verständnis der Halbleiterbauelemente von Nutzen sind, werden sie knapp umrissen.

2.1 Ladungsträger, Elektronen

Träger der Ladung eines Stromes im Vakuum sind in der Regel die *Elektronen*, wenn man von Ionenröhren o.ä. absieht. Die kleinste, nicht mehr teilbare Menge negativer Elektrizität ist die *Elementarladung*; sie hat die Größe

$$\boxed{e = 1,602 \cdot 10^{-19} \qquad [\mathrm{As}]=[\mathrm{Coulomb}]=[\mathrm{C}]} \quad . \tag{2.1}$$

Das Elektron ist ein Elementarteilchen, und je nach physikalischem Phänomen ordnet man ihm entweder *Teilchen-* oder *Wellencharakter* zu. Die ihm innewohnende Ladung verursacht beim ruhenden Elektron ein elektrostatisches, beim bewegten Elektron ein elektromagnetisches Feld. Die *Masse des Elektrons* ist abhängig von seiner Geschwindigkeit. Für die *Ruhemasse* gilt

$$\boxed{m_e = 9,1095 \cdot 10^{-28} \qquad [g]} \quad . \tag{2.2}$$

Nach der speziellen Relativitätstheorie ist die *Geschwindigkeitsabhängigkeit der Masse* gegeben durch

$$\boxed{m_e^* = \frac{m_e}{\sqrt{1 - [v/c]^2}}} \tag{2.3}$$

(relativistische Massenänderung)

mit v : Geschwindigkeit $[m \cdot s^{-1}]$
c : Lichtgeschwindigkeit im Vakuum; $c = 2,998 \cdot 10^8 [m \cdot s^{-1}]$
m_e^* : bewegte oder relative Masse.

Je nach Anwendung oder Erscheinungsform steht entweder der Wellencharakter oder der Teilchencharakter im Vordergrund. Bei der *Glühemission* (s. a. Abschnitt 2.5) tritt der Teilchencharakter des Elektrons auf, und in der *Elektronenmikroskopie* z.B. wird die Wellennatur ausgenutzt.

Die Wellenlänge λ der *Materiewelle* von Elektronen beträgt nach *de Broglie*

$$\boxed{\lambda = \frac{h}{m_e^* \cdot v}} \tag{2.4}$$

mit dem *Planck'schen Wirkungsquantum*

$$\boxed{h = 6,625 \cdot 10^{-34} \quad [Ws^2]} \; . \tag{2.5}$$

Sie wird mit zunehmendem Impuls $m_e^* \cdot v$ größer; damit konzentriert sich das Wellenpaket räumlich immer mehr, wodurch der Teilchencharakter stärker hervortritt. Tabelle 2.1 gibt einen Überblick über den Zusammenhang zwischen der relativen Masse m_e^*, der durchlaufenen Potentialdifferenz $\Delta\varphi$ und der auf die Lichtgeschwindigkeit c bezogenen Geschwindigkeit v.

Elektronen in Atomen (s. a. Abschn. 4.2.4.1) bewegen sich mit Geschwindigkeiten in der Größenordnung von $v = 0,6...0,7 \cdot c$. Hierzu gehören Wellenlängen von $\lambda \approx 3,5 \cdot 10^{-6} nm$. (Zum Vergleich: Die Wellenlänge des sichtbaren Lichts beträgt $\lambda \approx 500 nm$).

Tabelle 2.1: Elektronenmasse m_e^* als Funktion der durchlaufenen Potentialdifferenz $\Delta\varphi$ bzw. der Geschwindigkeit v

Durchlaufene Potential-differenz $\Delta\varphi$ in V	Geschwindigkeit v in $km \cdot s^{-1}$	Bruchteil von c	spezif. Ladung e/m in As/g	Masse in g
10^{-2}	$5{,}93 \cdot 10^1$	$2{,}00 \cdot 10^{-4}$	$1{,}760 \cdot 10^8$	$9{,}11 \cdot 10^{-28}$
10^{-1}	$1{,}87 \cdot 10^2$	$6{,}00 \cdot 10^{-4}$	$1{,}760 \cdot 10^8$	$9{,}11 \cdot 10^{-28}$
10^0	$5{,}93 \cdot 10^2$	$1{,}90 \cdot 10^{-3}$	$1{,}760 \cdot 10^8$	$9{,}11 \cdot 10^{-28}$
10^1	$1{,}87 \cdot 10^3$	$6{,}20 \cdot 10^{-3}$	$1{,}760 \cdot 10^8$	$9{,}11 \cdot 10^{-28}$
10^2	$5{,}93 \cdot 10^3$	$1{,}98 \cdot 10^{-2}$	$1{,}760 \cdot 10^8$	$9{,}11 \cdot 10^{-28}$
10^3	$1{,}87 \cdot 10^4$	0,0623	$1{,}760 \cdot 10^8$	$9{,}11 \cdot 10^{-28}$
10^4	$5{,}84 \cdot 10^4$	0,1950	$1{,}720 \cdot 10^8$	$9{,}29 \cdot 10^{-28}$
10^5	$1{,}64 \cdot 10^5$	0,5470	$1{,}442 \cdot 10^8$	$1{,}09 \cdot 10^{-27}$
10^6	$2{,}82 \cdot 10^5$	0,9410	$0{,}590 \cdot 10^8$	$2{,}69 \cdot 10^{-27}$

2.2 Ablenkung von Elektronen durch elekrische Felder

Ein elektrisches Feld der Stärke $\vec{E}$ übt auf ein Elektron mit der Ladung e die Kraft $\vec{F}$

$$\boxed{\vec{F} = -e \cdot \vec{E}} \quad . \tag{2.6}$$

aus. Sie wirkt dem Feldstärkevektor wegen der negativen Ladung des Elektrons entgegen. Diese Kraft beschleunigt das Elektron wie einen frei fallenden Körper im Gravitationsfeld.

Nach Durchlaufen eines bestimmten Weges $\vec{s}$ hat das Elektron (für $v \ll c$) dann eine *kinetische Energie* gewonnen von der Größe

$$\boxed{m_e \cdot \frac{1}{2} \cdot m_e \cdot v^2 = \int |\vec{F} d\vec{s}| = e \cdot \int |\vec{E} d\vec{s}| = e \cdot U} \quad . \tag{2.7}$$

Daraus ergibt sich die *Geschwindigkeit*

$$\boxed{v = \sqrt{2 \cdot \frac{e}{m_e} \cdot U} = 594 \cdot \sqrt{U[V]} \qquad [km \cdot s^{-1}]} \quad . \tag{2.8}$$

Bei $U = 100\ V$ beträgt v etwa 6000 kms^{-1}. Für $U > 2,5\ kV$ spielt die relativistische Massenänderung des Elektrons bereits eine Rolle. Oft gibt man die kinetische Energie direkt in *Volt durchlaufener Potentialdifferenz* an, auch für den Fall, daß tatsächlich keine Spannung durchlaufen worden ist. Beträgt die Austrittsenergie eines Elektrons aus einem glühenden Metall beispielsweise 0,1 eV oder kurz 0,1 V, so heißt das, daß nur die Elektronen den Metallverband verlassen können, deren kinetische Energie $> 0,1\ eV$ ist (s. a. Gleichungen 2.11 und 2.13).

2.3 Ablenkung von Elektronen durch Magnetfelder

Ruhende Elektronen erfahren im Magnetfeld *keine* Beschleunigung. *Bewegte* Elektronen (fließender Strom) lassen sich von äußeren Magnetfeldern ablenken (Anwendung: Katodenstrahlröhre mit Magnetablenkung, z.B. Fernsehbildröhre). Die hierbei auftretende *Lorentzkraft* ist

$$\boxed{\vec{F} = -e \cdot [\vec{v}, \vec{B}] = -e \cdot \left(\vec{v} \times \vec{B}\right)} \tag{2.9}$$

oder, mit α als Winkel zwischen $\vec{B}$ und $\vec{v}$

$$\boxed{F = -e \cdot v \cdot B \cdot \sin\alpha} \ . \tag{2.10}$$

Die ablenkende Kraft $\vec{F}$ steht immer senkrecht auf der Elektronengeschwindigkeit $\vec{v}$ und auf der magnetischen Flußdichte $\vec{B}$ (Bild 2.1a).

So ergibt sich für $\vec{v} \perp \vec{B}$ eine Kreisbahn (Bild 2.1b, in allen anderen Fällen eine Schraubenbahn (Bild 2.1c).

Das Magnetfeld kann immer nur eine Krümmung der Bahn hervorrufen, nie einen Energiezuwachs des Elektrons.

2.4 Elektronenemission aus einem Leiter im Vakuum

In Metallen (Leitern) bewegen sich die freien Leitungselektronen infolge der Temperatur auf statistisch ungeordneten Bahnen. (Zustandekommen von Leitungselektronen s. a. Abschnitt 4.3). Sie sind normalerweise nicht in der

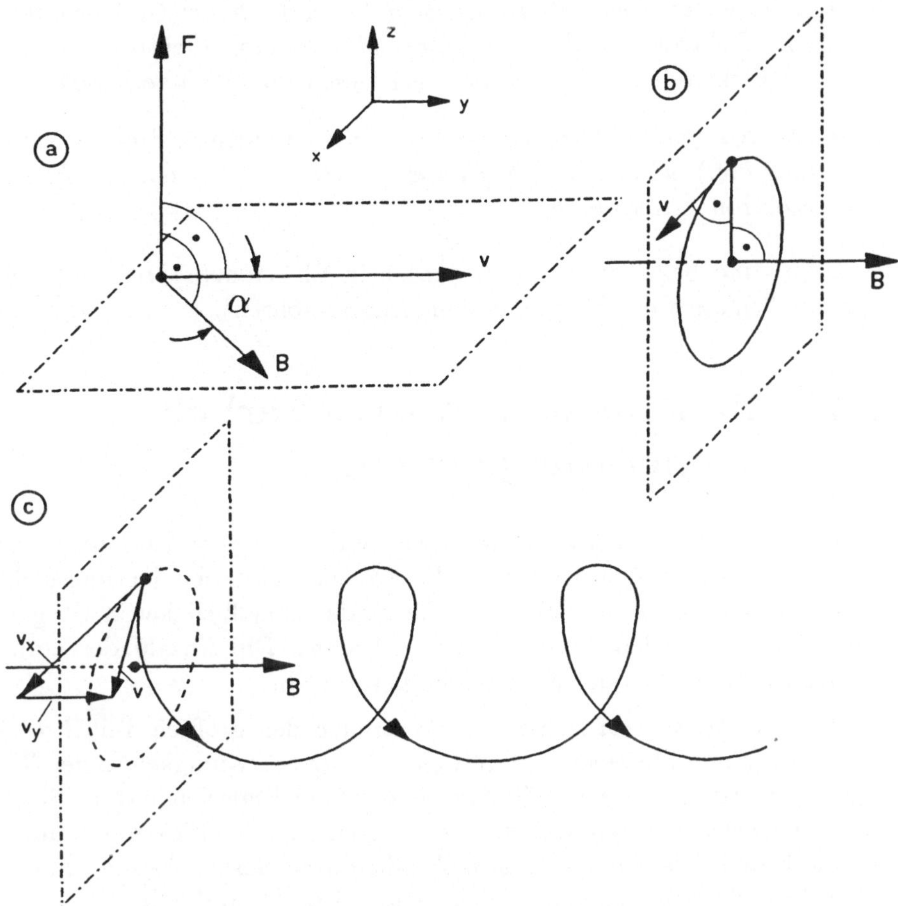

Bild 2.1: Ablenkung von Elektronen durch Magnetfelder

Lage, den Leiter (Elektrode) zu verlassen, da die erforderliche Energie zur Überwindung der durch die positiv geladenen Atomrümpfe ausgeübten Anziehungskräfte nicht vorhanden ist. Führt man jedoch von außen genügend Energie zu, so kann die Elektrode Elektronen in den sie umgebenden Raum *emittieren* .

Dabei sind verschiedene Möglichkeiten der Energiezufuhr gegeben:

- *Erhitzen* der Elektrode führt zur *Glühemission.*
- *Anwendung sehr hoher Feldstärken* ($> 10^9 V cm^{-1}$) bei normalen Temperaturen führt zur *Feldemission.*

- *Beim Aufprall von Elektronen oder Ionen mit hoher Geschwindigkeit* auf eine Elektrode werden durch *Sekundäremission* Elektronen erzeugt, die die Elektrode mit relativ niedriger Geschwindigkeit verlassen.
- *Durch Zufuhr elektromagnetischer Energie* (Licht-, Röntgen-, γ-Strahlung etc.) können durch *Photoemission* oder den *inneren Photoeffekt* Elektronen frei werden.

Glüh- und Sekundäremission werden in Elektronenröhren ausgenutzt, in Spezialfällen auch die Photoemission (Kameraröhren).

2.5 Glühemission, Austrittsarbeit, Temperaturspannung

Ordnet man eine *heizbare Elektrode* (Katode) in einem Vakuum an und erwärmt sie, so läßt sich die kinetische Energie der freien Leitungselektronen bei genügender Erwärmung in der Elektrode schließlich soweit steigern, daß einige Elektronen den Atomverband verlassen. Die Anzahl der emittierten Elektronen hängt von der Katodentemperatur ab.

Beim Austritt verbrauchen die Elektronen den größten Teil ihrer kinetischen Energie und bewegen sich mit einer Restgeschwindigkeit in der Richtung im Vakuum weiter, die sie zufällig im Moment der Emission hatten. Sie geraten dabei in Wechselwirkung mit den anderen emittierten Elektronen und umgeben die Katode als *Raumladungswolke*, die durch elektrische und magnetische Felder beeinflußt werden kann (s. a. Abschnitte 2.2 und 2.3).

Die zur Emission minimal erforderliche kinetische Energie wird *Austrittsarbeit* genannt:

$$\boxed{\frac{1}{2} \cdot m_e \cdot v^2 = e \cdot U \qquad [J],\ [Ws]\ oder\ [eV]} \tag{2.11}$$

mit

$$\boxed{1eV = 1,602 \cdot 10^{-19} \qquad [J]}\ . \tag{2.12}$$

Bezieht man sie auf die Ladung des Elektrons, so kommt man wieder zu einer Spannung.

$$\boxed{E_0 = \frac{1}{2} \cdot m_e \cdot \frac{v^2}{e} \qquad [V]}\ . \tag{2.13}$$

Auch für E_0 wird in der Literatur häufig der Ausdruck Austrittsarbeit benutzt.

Tabelle 2.3 enthält die Werte E_0 für einige Katodenmaterialien. *Je niedriger die Austrittsarbeit, desto ergiebiger ist die Katode.* Bei modernen Elektronenröhren werden Bariumoxid-(BaO)-Katoden verwendet. Die Abhängigkeit

Tabelle 2.2: Temperaturspannung bei verschiedenen Temperaturen

T/K	U_T/V
273	0,023
300	0,026
1000	0,086
2000	0,172
2500	0,215

Tabelle 2.3: Austrittsarbeit einiger Materialien

Stoff	E_0/V
Wolfram (W)	4,5
thoriertes Wolfram	2,6
Barium (B)	2,7
Barium auf Wolfram	1,7
Ba auf W mit dünner BaO-Zwischenschicht	1,0

der kinetischen Energie von der Katodentemperatur und damit von der *Temperatur der Elektronen* berechnet sich zu

$$\frac{1}{2} \cdot m_e \cdot v_T^2 = k \cdot T \tag{2.14}$$

mit v_T als *mittlerer „Temperatur-Geschwindigkeit“*, d. h. mittlere Geschwindigkeit der Elektronen bei dieser Temperatur und

$$k = 1,38 \cdot 10^{-23} \quad [Ws/K] \qquad (Boltzmannkonstante) \tag{2.15}$$

und T = absolute Temperatur [K]. Durch Setzen von Gl. (2.11) = (2.14) erhält man einen Zusammenhang zwischen der absoluten Temperatur und der *Temperaturspannung* U_T.

$$k \cdot T = e \cdot U \longrightarrow U_T = \frac{k \cdot T}{e} = 8,6 \cdot 10^{-5} \quad [V] \; . \tag{2.16}$$

Die Gleichungen (2.14) und (??) spielen auch für den Leitungsmechanismus in Halbleitern eine zentrale Rolle.

Allgemein ist U_T die mittlere kinetische Energie eines Elektrons bei einer gegebenen absoluten Temperatur T, ausgedrückt in Volt. U_T heißt deshalb auch Voltäquivalent der Temperatur.

Tabelle 2.2 enthält die zu einigen Temperaturen gehörigen Temperaturspannungen. Vergleicht man sie mit der Austrittsarbeit E_0 (Tabelle 2.3), so dürften bei einer rotglühenden Katode ($T \approx 1200\ K$) eigentlich keine Elektronen emittiert werden, weil $U_T \ll E_0$ ist. Nun sind aber die Werte für U_T nur statistische Mittelwerte, und nur wenige Elektronen besitzen eine so große kinetische Energie, daß $U_T \geq E_0$ wird. Die Wahrscheinlichkeit p hierfür gehorcht der *Boltzmann-Verteilung*

$$p = exp\left[\frac{-E_o}{U_T}\right] \approx e^{-20} \approx 10^{-9} \ , \tag{2.17}$$

so daß bei $T = 1000\ K$ im Mittel nur etwa jedes 10^9-te Elektron emittiert wird.

Kapitel 3

Elektrische Leitungsvorgänge in Festkörpern allgemein

3.1 Erscheinungsformen fester Materie

Wenn wir die elektrischen Leitungsvorgänge in *Festkörpern* untersuchen wollen, müssen wir uns zunächst Kenntnisse über den Aufbau der festen Materie verschaffen. Wie auch im Vakuum (s. Kap. 2), sind die Träger des elektrischen Stroms primär *frei bewegliche Elektronen*, und zwar hier die aus der Chemie bekannten *Valenzelektronen*, wenn sie aufgrund genügender Energiezufuhr (z.B. in Form von Wärme) aus ihren Atombindungen herausgebrochen werden.

Die Vorgänge, die zum Aufbrechen von Valenzbindungen führen, lassen sich mit Hilfe der *Quantenmechanik* beschreiben, derer wir uns in Form des *Energiebändermodells* im Abschnitt 4.3 bedienen werden. Für die Leitungsvorgänge in Halbleitermaterialien spielt, wie gesagt, der Aufbau der Materie eine entscheidende Rolle, der sich in der Anordnung der Atome bezüglich ihrer Nachbarn in 3 typische Formen gliedern läßt:

- amorph oder glasig,
- polykristallin und
- einkristallin.

Entscheidend hierfür ist einerseits die sog. *Nahordnung* — also die Atomanordnung hinsichtlich der Nachbarn „erster“ und “zweiter Art“ (also die nächsten und übernächsten Atome — und andererseits die *Fernordnung*, die sich, grob betrachtet, über mehr als 10 Atomabstände erstreckt.

Amorphe Stoffe besitzen in der Regel eine Nahordnung, aber es fehlt ihnen die Fernordnung, so daß sich die Einzelatome in einem kontinuierlichen, ungeordneten räumlichen Netzwerk befinden, wie es Abbildung 3.1 (links) schematisch in ebener Darstellung zeigt.

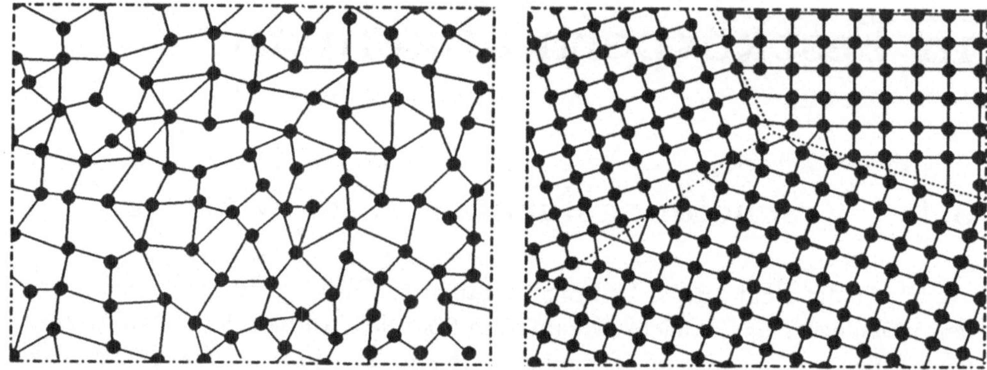

Bild 3.1: Typischer Aufbau von fester Materie (zweidimensionaler Schnitt) links: amorphe Struktur, rechts: polykristalliner Aufbau

Bei *polykristallinen* Stoffen ist gemäß Abbildung 3.1 (rechts) sowohl eine Nah- als auch eine Fernordnung vorhanden. Die Fernordnung erstreckt sich aber nur auf sog. *Kornbereiche* mit Längenausdehnungen von etwa 10 nm bis 0.5 μm (bei Silizium). An den Korngrenzen ist die periodische Struktur gestört.

Einkristalliner Aufbau ist durch eine räumlich streng periodische Nah- und Fernordnung über den gesamten Kristall gekennzeichnet (hier nicht dargestellt).

In der Regel findet man natürliche Stoffe entweder in amorpher oder polykristalliner Form, und die ersten Anwendungen der Halbleiter in der Elektronik in der ersten Hälfte dieses Jahrhunderts beschränkten sich im wesentlichen auf amorphe (z.B. Selen) und verschiedene polykristalline Materialien (z.B. Bleiglanz).

Der eigentliche Durchbruch der Halbleiterelektronik begann, als es gelang, einkristalline Stoffe mit hoher Reinheit preiswert herzustellen, da die meisten heute verwendeten Halbleiterbauelemente auf einkristalliner Basis aufbauen.

Allerdings erschließen sich in jüngster Zeit immer neue Gebiete für polykristalline und amorphe Halbleiter. Wir kommen später darauf zurück.

3.2 Elektronen- und Ionenstrom

Wie im vorigen Abschnitt bereits erwähnt, wird die elektrische Leitung in Festkörpern vor allem von Valenzelektronen getragen. Es gibt allerdings auch Halbleiter (und prinzipiell auch Isolatoren), bei denen *Ionenleitung*, also Materietransport, auftritt. Sie sind für die Halbleiterelektronik jedoch ohne Bedeutung, weswegen wir sie nicht weiter erörtern wollen.

In Kapitel 2 wurde gezeigt, daß die Elektronen sich im Vakuum auf glatten Bahnen von Elektrode zu Elektrode bewegen, weil sich im teilchenleeren Raum praktisch keine Zusammenstöße ereignen können. Der Stromtransport erfolgt hier also durch sogenannte *ballistische Elektronen.*

In Halbleiterbauelementen herkömmlicher Art und auch im Leiter wird die Bewegung der für den Strom verfügbaren Elektronen jedoch immer wieder durch *regellose Stöße* unterbrochen. Der Weg eines Elektrons von einer Elektrode *(Quelle)* zur anderen *(Senke)* erfolgt also nicht auf direkter Bahn; er ist um ein Vielfaches länger. Damit erreichen die Elektronen im Festkörper auch nur einen Bruchteil der Geschwindigkeit von Elektronen im Vakuum.

Will man die Hochfrequenzeigenschaften verbessern, so muß das Bestreben einerseits dahin gehen, die *mittlere freie Weglänge* der Ladungsträger möglichst groß zu machen, und zwar im Idealfall so groß, daß sie in die Größenordnung der Abstände der maßgeblichen Elektroden des Bauelementes kommen. Zusätzlich sollten die Abstände der Elektroden möglichst klein sein.

Die erste Forderung wird umso besser erfüllt, je einkristalliner der Halbleiter ist. Dies ist ein Problem der Halbleitertechnologie. (Einkristall: vgl. Kapitel 4). Die zweite Forderung bezieht sich auf mikroelektronische Problemstellungen. Die Grenzen der Leistungsfähigkeit der Mikroelektronik liegen bezüglich der erreichbaren Auflösung von Einzelstrukturen derzeit in der Größenordnung von $0,5 \mu m$. Man vermutet, daß hier die technologische Grenze in etwa einem Jahrzehnt erreicht ist.

Die Forschungsaktivitäten gehen deshalb in verstärktem Maße dahin, Halbleitermaterialien zu entwickeln, die in der Lage sind, Elektronen ballistisch zu führen, wie es in Bild 3.2 schematisch dargestellt ist, um damit quantenphysikalische Effekte ausnutzen zu können. Gelingt es nämlich, einen Kristall extrem periodisch aufzubauen und die Atome dabei in gleichen, wohl definierten Abständen anzuordnen, so werden die Elektronen in derartigen Strukturen nicht gestreut, weil hier ihr *Wellencharakter* zum Tragen kommt. Die

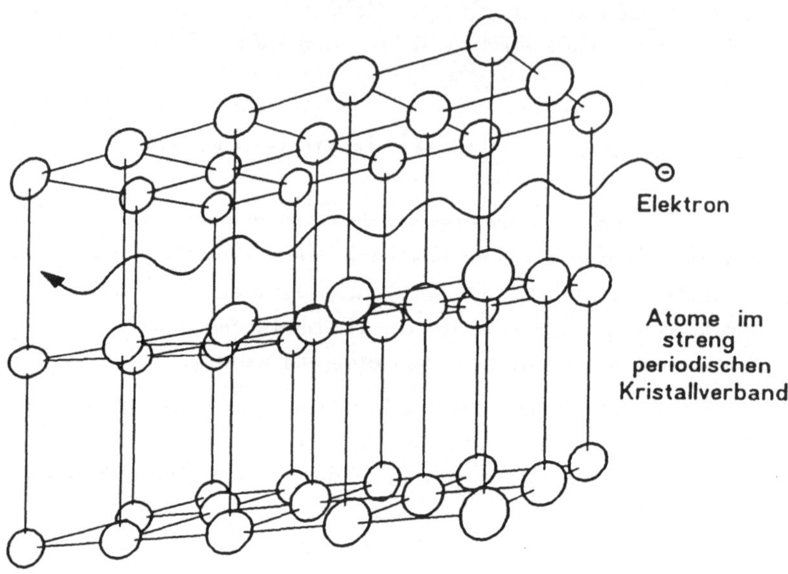

Bild 3.2: Entstehung ballistischer Elektronen (schematisch)

regelmäßige Kristallstruktur erzeugt ein elektrisches Potential, das räumlich periodisch variiert. Mit diesem Potential geraten die Elektronen in Wechselwirkung, und zwar derart, daß sie ihn im Idealfall ohne Streuung durchdringen. Man bezeichnet sie wegen der dadurch erreichbaren hohen Geschwindigkeiten auch als *„heiße Elektronen"* oder *„hot carrier"*.

Bauelemente, die derartige Quanteneffekte ausnutzen, sind Gegenstand intensiver Forschung. Wir wollen uns in den folgenden Kapiteln jedoch vorwiegend mit den klassischen Halbleiterbauelementen befassen und die hier maßgeblichen Mechanismen der Stromleitung mit Hilfe der klassischen Physik nur so ausführlich erörtern, wie das zum Verständnis der Wirkungsweise der Bauelemente erforderlich ist.

Kapitel 4

Physik der Halbleiterbauelemente

4.1 Historisches

Halbleiter nehmen, wie der Name schon sagt, eine Zwischenstellung zwischen den elektrischen Leitern und den Nichtleitern (Isolatoren) ein. Sie sind bereits seit über 100 Jahren bekannt; ihre eigentliche Bedeutung ist aber erst in den letzten 40 Jahren nach der Entdeckung des *Transistoreffektes* sprunghaft gestiegen. Halbleiterbauelemente sind aus der modernen Elektronik nicht mehr wegzudenken. Zunächst seien einige wenige Daten aus der Historie der Halbleitertechnik festgehalten:

1839: *Faraday* stellt die *Abnahme des elektrischen Widerstandes* von Silbersulfid bei *wachsender Temperatur* fest (bei Metallen umgekehrte Tendenz).

1873: *Smith* entdeckt den *inneren Photoeffekt* bei Selen.

1874: *Braun* stellt den *Spitzendetektor* vor (Gleichrichtereffekt durch Metallspitze auf Bleiglanzkristall), der Anfang dieses Jahrhunderts lange Zeit Bedeutung in der Rundfunkempfangstechnik besaß.

1879: *Hall* entdeckt den nach ihm benannten *Hall-Effekt* (Ablenkung von bewegten Elektronen im Festkörper durch ein Magnetfeld).

1948: *Shockley, Bardeen und Brattain:* In den Bell Laboratories wird bei Arbeiten am Germaniumdetektor für Mikrowellen der *Transistoreffekt* entdeckt.

4.2 Abgrenzung: Leiter - Halbleiter - Nichtleiter

Die Klassifizierung von Stoffen in die 3 Kategorien Leiter, Halbleiter und Nichtleiter bezieht sich auf deren *Fähigkeit, elektrischen Strom zu leiten.* Die Grenzen zwischen diesen 3 Gruppen sind fließend. Bild 4.1 zeigt die elektrische Leitfähigkeit κ für eine Reihe von Stoffen.

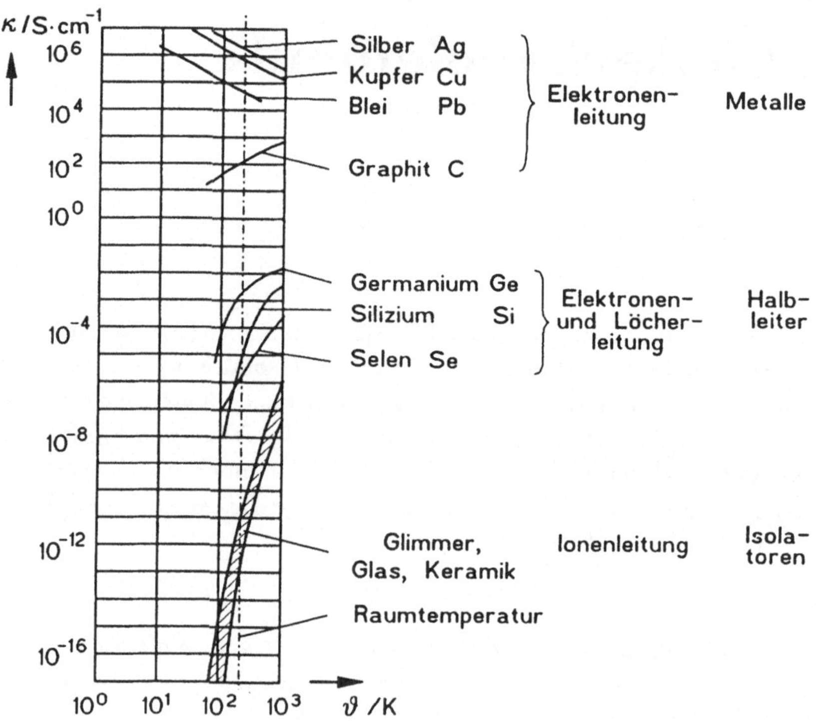

Bild 4.1: Leitfähigkeit einiger Stoffe

4.2.1 Leiter

Bei den Leitern ist eine große Anzahl von „freien Elektronen" (Leitungselektronen) vorhanden, das heißt, ein Teil der *Valenzelektronen* – das sind die die chemische Wertigkeit bestimmenden Elektronen auf der äußeren Atomschale (s.a. Abschn. 4.2.4.1) – „vagabundieren" als ungeordnetes *Elektronengas* im Kristallgitter umher. Sie werden für die Gitterbindungen nicht benötigt. Durch

Anlegen eines elektrischen Feldes werden Kräfte auf sie ausgeübt; der Stromfluß entsteht durch Wanderung des Elektronengases.

Dabei ist die *Wanderungsgeschwindigkeit* relativ niedrig. Sie hat nichts mit der *Leitungsgeschwindigkeit* zu tun, die bis in die Nähe der Lichtgeschwindigkeit kommen kann. Beim Anlegen einer Spannung setzen sich nämlich alle Elektronen praktisch gleichzeitig in Bewegung. Die an einem Leiterende heraustretenden sind aber nicht dieselben wie die am anderen Ende eintretenden.

Leiter sind in der Hauptsache Metalle mit polykristallinem Aufbau. Beim Stromfluß findet kein Materietransport statt.

4.2.2 Nichtleiter (Isolatoren)

Beim *Nichtleiter* oder *Isolator* werden alle Valenzelektronen für die Kristallgitterbindungen beansprucht; es gibt keine freien Leitungselektronen. Das gleiche gilt theoretisch auch für den völlig reinen Halbleiter. In der Praxis hat jedoch jeder Isolator eine gewisse Leitfähigkeit auch im chemisch reinen Zustand. Sie ist durch Störungen im Gitteraufbau bedingt. Insofern verhält sich der Isolator *prinzipiell ähnlich* wie der Halbleiter; die Unterschiede sind vorwiegend *gradueller* Natur, und die Abgrenzung zwischen beiden ist eher willkürlich.

4.2.3 Halbleiter

Halbleiter unterscheiden sich von den Isolatoren dadurch, daß bei ihnen durch geringste Verunreinigungen in der Größenordnung von 10^{-6} bis 10^{-10} die elektrische Leitfähigkeit um 6 bis 2 Zehnerpotenzen erhöht werden kann. Dieser starke Einfluß des Verunreinigungsgrades auf die Leitfähigkeit macht es verständlich, daß die genaue theoretische Deutung des Leitungsmechanismus in Halbleitern erst so spät erfolgt ist.

Bei der Leitfähigkeit von Halbleitern müssen wir unterscheiden zwischen *Eigenleitfähigkeit (intrinsischer L.)* und *Störstellenleitfähigkeit.* Die Eigenleitung setzt theoretisch absolut einkristallines Material voraus, während die Störleitung durch (gewollte oder ungewollte) Störatome im Kristall verursacht wird (vgl. Abschnitte 4.4 und 4.5).

Es hat lange gedauert, bis man technisch (ca. 1940) brauchbares Halbleitermaterial mit dem erforderlichen Reinheitsgrad von etwa 10^{-10} herstellen konnte. Konzentrationen von 1 Fremdatom auf 10^{10} Atome des reinen Materials sind chemisch nicht mehr nachweisbar, sondern nur noch über Leitfähigkeitsmessungen. Ein Vergleich mit geläufigen Größen möge dies verdeutlichen: Eine Verunreinigung von 10^{-10} bedeutet in einem Schwimmbecken von $25 \times 10 \times 2m^3$ eine Erbse!

Typische Merkmale elektronischer Halbleiter:
Technisch gebräuchliche Halbleiter sind einige elektrisch und chemisch 4-wertige Elemente (sog. *Elementhalbleiter*) und gewisse *III-V-Verbindungen* (sog. *Verbindungshalbleiter*)

- Silizium (Si), mit der Ordnungszahl 14 und
- Germanium (Ge) mit der Ordnungszahl 32 sowie
- z.B. die III-V-Verbindung *Gallium-Arsenid* (GaAs).

Zur definierten Verunreinigung *(Dotierung)* von reinem Si und Ge werden 3- und 5-wertige Stoffe verwendet (z.B. Bor (B) oder Indium (In) als 3-wertige und Arsen (As) und Phoshor (P) als 5-wertige Stoffe). Tabelle 4.1 zeigt einen Ausschnitt aus dem periodischen System der Elemente.

Tabelle 4.1: Ausschnitt aus dem periodischen System der Elemente

III 3 Valenzelektronen	IV 4 Valenzelektronen	V 5 Valenzelektronen	besetzte Atomschalen
5 Bor **B**	**6** Kohlenstoff **C**	**7** Stickstoff **N**	K,L
13 Aluminium **Al**	**14** Silizium **Si**	**15** Phosphor **P**	K,L,M
21 Skandium **Sc**	**22** Titan **Ti**	**23** Vanadium **V**	K,L,M,N
31 Gallium **Ga**	**32** Germanium **Ge**	**33** Arsen **As**	K,L,M,N
39 Yttrium **Y**	**40** Zirkonium **Zr**	**41** Nioben **Nb**	K,L,M,N,O
49 Indium **In**	**50** Zinn **Sn**	**51** Antimon **Sb**	K,L,M,N,O
Metalle $\Longleftarrow$	Übergangsbereich $\Longleftrightarrow$	Nichtmetalle $\Longrightarrow$	

Halbleiter sind kristalline Festkörper mit Elektronenleitung (keiner Ionenleitung !), die

- sich in der Nähe des absoluten Nullpunktes wie Isolatoren verhalten,
- bei höheren Temperaturen jedoch entweder

- eine meßbare *Eigenleitfähigkeit* besitzen oder
- durch Zusatz von Fremdatomen eine *Störleitstellenfähigkeit* erhalten (Größenordnung 10^3 bis 10^{-12} $S \cdot m^{-1}$) oder

- bei denen durch äußere Energieeinwirkung (z.B. Licht, Strahlung) eine zusätzliche Leitfähigkeit erzielt werden kann oder
- bei denen die Leitfähigkeit mit zunehmender Temperatur sinkt (Kaltleiter).

4.2.4 Atom- und Kristallaufbau von Germanium und Silizium (Bindungsmodelle)

Für die Betrachtung der halbleiterphysikalischen Vorgänge, die in der Elektronik von Interesse sind, genügt es, das klassische *Atom-* oder *Bindungsmodell* von *Bohr* zu verwenden, obwohl es nach den Erkenntnissen der modernen Atomphysik nur sehr grob ist. Der Aufbau der Materie ist gekennzeichnet durch Massen und Ladungen, die jeweils gequantelt auftreten.

4.2.4.1 Das Bohr'sche Atommodell

Nach Bohr besteht ein Atom aus dem positiv geladenen *Kern* (Durchmesser ca. $10^{-15}m$, m positiv geladenen *Protonen* mit der Elementarladung e und einer Anzahl von ungeladenen *Neutronen*) sowie einer bestimmten Anzahl (im elektrisch neutralen Zustand genau m) *Elektronen* mit der Ladung e, die den Kern auf *Schalen* (Bezeichnung K, L, M, N, O, P (s. Bild 4.4)) umkreisen. Die Schalen haben genau fixierte Abstände vom Kern und sind gemäß dem *Pauli-Prinzip* mit einer definierten Anzahl von Elektronen besetzt. So hat die Schale K maximal $n_{K_{max}} = 2 \cdot 1^2 = 2$, die Schale L maximal $n_{L_{max}} = 2 \cdot 2^2 = 8$, die Schale M maximal $n_{M_{max}} = 2 \cdot 3^2 = 18 \ldots$ und Schale O maximal $n_{O_{max}} = 2 \cdot 5^2 = 50$ Elektronen. *Maximal besetzte Schalen* liefern chemisch besonders stabile Elemente, nämlich die *Edelgase* (z.B. Helium, Neon, Argon).

Zwischen den Schalen dürfen sich keine Elektronen aufhalten, da sich Materiewellen (s.a. Abschnitt 2.1) um den Kern nur ausbilden können, wenn der Bahnumfang ein ganzes Vielfaches der Wellenlänge λ nach Gleichung (2.4) ist. Die Elektronenhülle bestimmt die Größe des Atoms (Größenordnung $10^{-10}m$ Durchmesser).

Das Gesamtsystem Atomkern - Elektronen nimmt nach dem *Energie-Minimierungsprinzip* immer einen Zustand minimaler Energie ein, das heißt, die Elektronen besetzen bevorzugt die am weitesten *innen* liegenden Schalen nach Maßgabe der vorhandenen freien Plätze n_{max}. Durch Zufuhr von *Energiequanten definierter Größe*, z.B. Licht

$$\boxed{h \cdot \nu = \frac{c \cdot h}{\lambda}} \tag{4.1}$$

ist es möglich, Elektronen von einer Schale auf die nächstäußere „anzuheben“, (ν: Frequenz der Strahlung). Umgekehrt gibt ein Elektron das Energiequant $h \cdot \nu$ als Strahlung ab, wenn es sich von einer äußeren auf die nächstinnere Schale begibt. Jede Umlaufbahn mit der Nummer n repräsentiert eine charakteristische Gesamtenergie W_n , bestehend aus einem Anteil potentieller Energie $W_{pot,n}$ und einem Anteil kinetischer Energie $W_{kin,n}$. Sie heißt *Energie-Eigenwert* oder *Energieterm*.

Für das Wasserstoffatom H gilt

$$\boxed{W_n = W_{kin,n} + W_{pot,n} = -\frac{W_1}{n^2} = -\frac{m_e \cdot e^4}{(2 \cdot \pi \cdot \varepsilon \cdot h \cdot n)^2}} \tag{4.2}$$

mit $n = 1, 2, 3 \quad \ldots \quad \infty$ und

$$\boxed{\varepsilon_o = 8,854 \cdot 10^{-12} \quad [\frac{As}{Vm}]} \quad \textit{und} \quad \boxed{W_1 = 13,6 \quad [eV]} \; . \tag{4.3}$$

Bild 4.2a zeigt schematisch das Modell eines einzelnen H–Atoms mit 1 Proton und 1 Elektron und Bild 4.2b das Energietermschema für verschiedene Schalen r_n (zu Wassserstoff gehört n = 1). Infolge der Wechselwirkung vieler Atome „fiedern“ sich die Energieterme zu *Energiebändern* „auf“.

4.2.4.2 Germanium und Silizium

Germanium und Silizium kristallisieren wie Kohlenstoff (Diamant) im *Diamantgitter*. Jedes Atom ist Mittelpunkt eines Tetraeders, in dessen 4 Ecken seine nächsten Nachbarn sitzen (Bild 4.3). Am Beispiel des Siliziumatoms wollen wir die Art der Bindung der Atome genauer untersuchen.

Bild ??a zeigt schematisch den Aufbau eines Si–Atoms. Der Kern besteht aus 14 Protonen und 14 Neutronen (Kernladungszahl $Z_{si} = 14$). Ferner sind 3 Schalen K, L und M mit insgesamt 14 Elektronen vorhanden. Die Schalen K und L sind mit 2 bzw. 8 Elektronen voll besetzt, während die *elektrisch und*

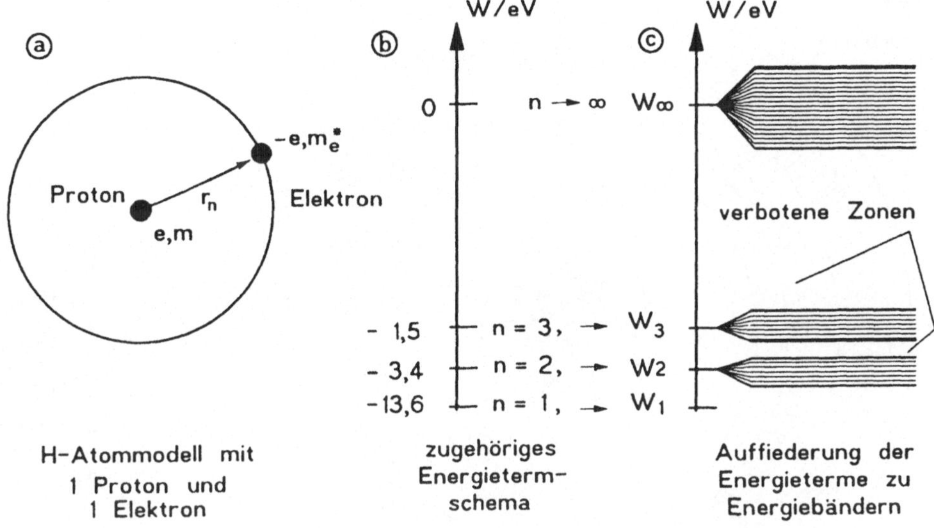

Bild 4.2: Wasserstoff-Atom, Aufbau und Energiebändermodell schematisch

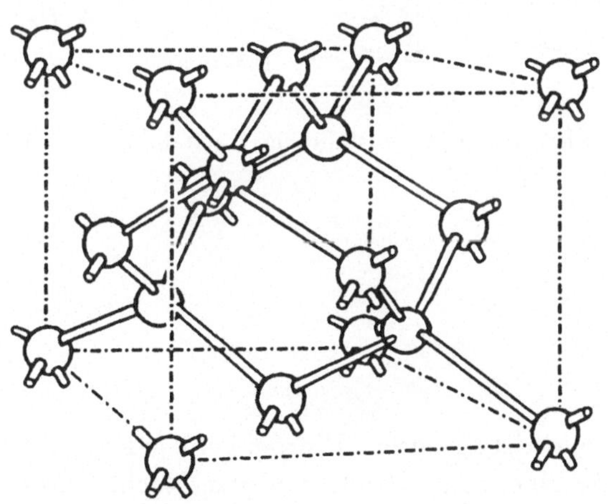

Bild 4.3: Diamantgitter-Modell

chemisch charakteristische Schale M nur 4 Elektronen hat und damit unterbesetzt ist.

Zur Vereinfachung der Darstellung beschränkt man sich auf das *elektrische Äquivalent*, also auf die 4 Protonen, denen beim nicht ionisierten Atom die 4 Valenzelektronen gegenüberstehen (Bild 4.4b).

Nun haben Silizium und Germanium, wie oben erwähnt, die Eigenschaft,

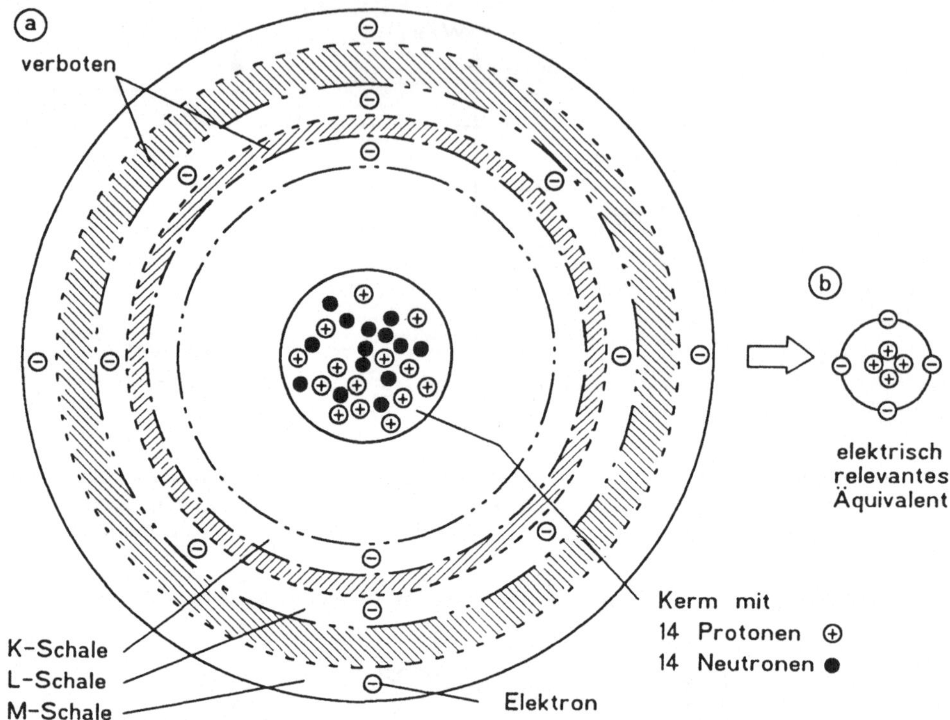

Bild 4.4: Si–Atom, schematisch (a): ausführliche Darstellung, (b): elektrisches Äquivalent

im Diamantgitter zu kristallisieren. Hierbei geht jedes der 4 Valenzelektronen eines Atoms mit je einem der Elektronen der Nachbaratome eine paarweise Bindung ein, so daß alle Elektronen im Kristallgitter fest gebunden sind. Bild 4.5 zeigt das in ebener Darstellung am Beispiel des Germaniums. Man nennt Bindungen dieser Art zwischen Elektronen von Nachbaratomen *kovalente Bindungen*. Einen Kristallverband mit völlig homogenem Aufbau bezeichnet man als *Einkristall*. Ge–und Si–Einkristalle sind neben GaAs die wichtigsten Ausgangsstoffe für Halbleiterbauelemente. Das Kristallgitter für GaAs erhält man sinngemäß zu dem von Ge und Si, wenn man in der Darstellung nach Bild 4.5 die Ge–Atome abwechselnd durch Ga (3–wertig) und As (5–wertig) ersetzt, so daß ein GaAs–Paar insgesamt wieder über 8 kovalente Bindungen verfügt. Räumlich entspricht das der *Zinkblende–Struktur*.

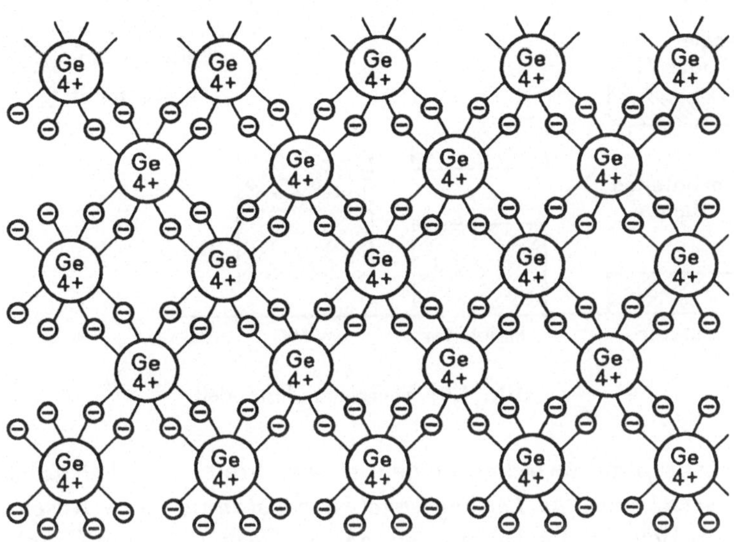

Bild 4.5: Ge–Kristall, schematische, ebene Darstellung

4.3 Energiebändermodell eines reinen Halbleiters

Die für den Leitungsmechanismus in Festkörpern wichtigste Größe ist der *Energie-Eigenwert* der Elektronen. Er macht Aussagen darüber, ob ein Elektron für den Stromtransport infrage kommt oder nicht.

Wie in Bild 4.2c angedeutet, verbreitern sich die höheren Energieterme infolge der gegenseitigen Wechselwirkung der Atome mit wachsendem n und „verschmieren" schließlich zu einem kontinuierlichen *Energieband.* Befinden sich im äußeren Band Elektronen, so ist deren Kopplung an die Atomrümpfe so lose, daß man sie als frei beweglich und unmittelbar für den Stromtransport zur Verfügung stehend betrachten kann. Dieser Energieterm heißt *Leitungsband.*

Hingegen sind Elektronen mit niedrigerem Energieniveau an den Kern gebunden. Sie bewegen sich auf den inneren, voll besetzten Schalen. Diese Energieterme gehören zum Valenzband und tragen zum Stromtransport nicht bei. Werden von außen Energiequanten zugeführt, so ist die Anhebung von Elektronen aus dem Valenzband in das Leitungsband möglich (s.a. Abschnitt 4.2.4.1). Je nach Stofftyp befindet sich zwischen Valenz- und Leitungsband eine mehr oder weniger breite Zone, das *verbotene Band.* Eine Veranschaulichung hierfür liefert das *Energiebändermodell* nach Bild 4.6.

Beim *Isolator* liegt das Valenzband weit unterhalb des Leitungsbandes.

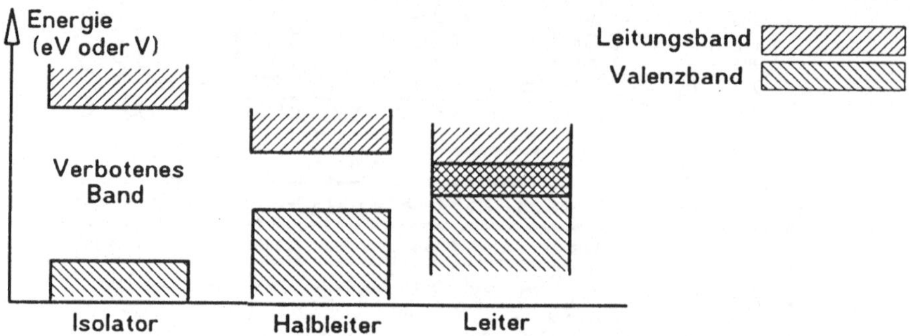

Bild 4.6: Energiebändermodell

Das verbotene Band zwischen beiden ist sehr breit. *Das Valenzband ist vollständig besetzt, und das Leitungsband ist vollständig leer.* Anschaulich ausgedrückt am Beispiel des Diamanten, der im Gegensatz zum Graphit — dem gleichen Element Kohlenstoff — ein sehr guter Isolator ist: Die kovalenten Bindungen im Kristallgitter sind nur sehr schwer zu lösen, es muß zum Loslösen eines Elektrons sehr viel Energie zugeführt werden (bei Diamant $7eV$).

Beim *Halbleiter* sind Valenz- und Leitungsband nicht so weit voneinander entfernt; es gelingt einigen Elektronen z.B. durch Zufuhr thermischer Energie der Sprung von Valenz- in das Leitungsband.

Beim *Leiter* überlappen sich Valenz- und Leitungsband, so daß viele Valenzelektronen gleichzeitig Leitungselektronen sind. Ein reiner, idealer Halbleiter wirkt in der Nähe des absoluten Nullpunkts (Fehlen thermischer Energiezufuhr) als Isolator.

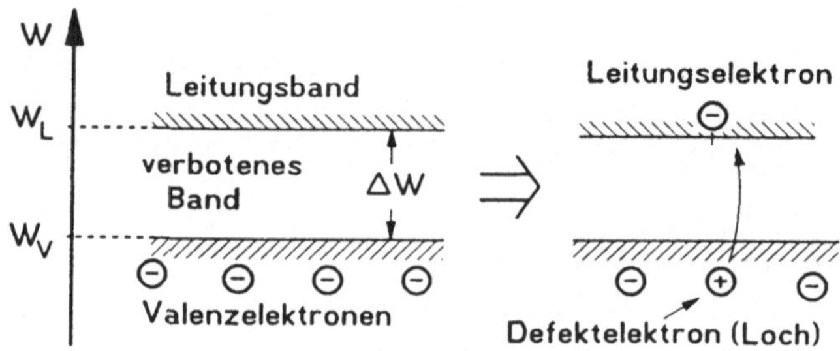

Bild 4.7: Ladungsträgerbildung

Bild 4.7 zeigt die Vorgänge der Ladungsträgerpaarbildung (Generation) beim Halbleiter in einem sehr groben Modell. Führt man einem Valenzelektron das Energiequant $\Delta W = W_L - W_V$ zu, so wird es zu einem Leitungselektron

$\ominus$. Gleichzeitig fehlt im Valenzband jetzt eine negative Ladung, es entsteht also dort eine gleichgroße positive Ladung $\oplus$. Man nennt sie *Defektelektron* oder *Loch*. Das Modell ist insofern sehr grob, weil sich der Ort, an dem sich das Elektron befindet, nur mittels der sog. *Unschärferelation* beschreiben läßt, die in diesem Zusamenhang besagt, daß es sich über etwa 10^4 Atome „verschmieren" kann.

Im reinen Halbleiter sind Leitungselektronen und Defektelektronen stets paarweise vorhanden. Das Zurückkehren eines Leitungselektrons in das Valenzband bezeichnet man als *Rekombination*. Dabei geht ein Ladungsträgerpaar verloren, und Energie ΔW wird frei.

Nach dem Energieminimierungsprinzip bildet sich die Verteilung von Löchern und Elektronen auf Valenz- und Leitungsband so aus, daß das Gesamtsystem bei einer bestimmten Temperatur den Zustand minimaler Energie W_F einnimmt. Diese recht komplizierten Zusammenhänge werden von der *Fermistatistik* beschrieben, auf die wir hier nur oberflächlich eingehen können. Beim reinen Halbleiter bildet sich der als *Fermi-Niveau* oder *Fermi-Kante* bezeichnete Energiezustand W_F praktisch in der Mitte der verbotenen Zone aus (Bild 4.6).

W_F ist anschaulich die Energie, bei der *die Hälfte der verfügbaren Energieterme im Leitungsband besetzt und die andere Hälfte leer* ist. Dadurch ist das Material nach außen hin neutral. Bei dotierten Halbleitern (s. Abschnitt 4.5.1) liegt W_F normalerweise im verbotenen Band in der Nähe des Valenz- oder des Leitungsbandes, weil ein Ladungsträgertyp (N-oder P-leitend) überwiegt.

4.4 Eigenleitung im Halbleiter (intrinsic-Leitung)

Unter der *Eigenleitung* oder *I-Leitung* (von intrinsic, englisch: innewohnend) versteht man die Leitfähigkeit von reinem Si oder anderen Halbleitern, die durch *thermische Ladungsträgerpaarbildung* (s. Abschnitt 4.3) zustandekommt. Sie ist, absolut gesehen, gering und sehr stark temperaturabhängig. Bild 4.8 zeigt ein Elektronen-Lochpaar bei Si. Bei Raumtemperatur kommt im reinen Ge auf etwa $2 \cdot 10^9$ Atome ein Ladungsträgerpaar, bei Si auf 10^{12} Atome.

Das Loch, das beim Abwandern eines Elektrons entsteht, kann durch ein anderes Valenzelektron wieder aufgefüllt werden, so daß das Loch auf ein anderes Atom überwechselt. Allgemein stehen in einem Halbleiter beim Stromtransport bei thermischem Gleichgewicht (ausgedrückt durch den Index 0) n_0

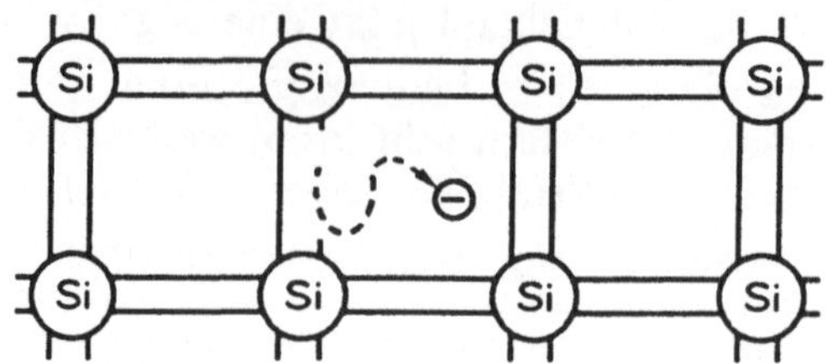

Bild 4.8: Elektronen–Lochpaar bei Si, schematisch

Elektronen p_0 Löcher gegenüber. Für den hier betrachteten Fall der intrinsic–Leitung ist

$$\boxed{p_0 = n_0 = n_i} \quad . \tag{4.4}$$

n_i wird auch als *Inversionsdichte* bezeichnet. Sie ist nach einer e–Funktion von der Temperatur abhängig. Es gilt

$$\boxed{n_i^2 = n_i^2(T_0) \cdot \left(\frac{T}{T_0}\right)^3 \cdot \exp\left[-\frac{\Delta W}{k} \cdot \left(\frac{1}{T} - \frac{1}{T_0}\right)\right]} \tag{4.5}$$

oder für $T = T_0 = 300K$ näherungsweise

$$n_i^2 = n_i^2(T_0) \cdot \exp\left[\frac{\Delta W(T - T_0)}{k \cdot T_0^2}\right] \quad . \tag{4.6}$$

Die Intrinsicdichte n_i verdoppelt sich bei Ge jeweils etwa bei Temperaturerhöhung um 15^0 C. Tabelle 4.2 enthält die Zusammenstellung einiger wichtiger Größen für Ge, Si und GaAs.

Die Temperaturabhängigkeit der I–Leitung ist bei Dioden und Transistoren unerwünscht. Man nutzt sie jedoch technisch aus bei den *Heißleitern*, die im Gegensatz zu den metallischen Widerständen einen *negativen Temperaturkoeffizienten* TK haben (s.a. Kapitel 5).

4.5 Störstellenleitung im Halbleiter

4.5.1 Dotierung eines Halbleiters

Durch Einbau von Fremdatomen in den reinen Halbleiterkristall läßt sich die Leitfähigkeit κ definiert verändern. Dieses kontrollierte Verunreinigen heißt *dotieren* oder *dopen*.

Tabelle 4.2: Materialgrößen von Ge, Si und GaAs Werte für T = 300 K

Werte ($T = 300K$)	Größe	Ge	Si	GaAs	Einheit
Kernladungszahl		32	14	31 und 33	
Atomgewicht		28,1	72,6	144,6	
Atome pro cm^3		$4,4 \cdot 10^{22}$	$5,0 \cdot 10^{22}$	$4,4 \cdot 10^{22}$	cm^{-3}
Gitterstruktur		Diamant	Diamant	Zinkblende	
Schmelzpunkt		937	1420	1238	^0C
Wärmeleitfähigkeit		0,64	0,84	0,46	$Wcm^{-1}K^{-1}$
spezifische Wärme		310	760	318	$Wskg^{-1}K^{-1}$
Dichte	ρ	5,33	2,3	5,35	$g \cdot cm^{-3}$
relative Dielektrizitäts - Konstante	ϵ	16	11,8	10,9	
Energiebandlücke	ΔW	0,67	1,12	1,43	eV
Elektronenbeweglichkeit	μ_n	3900	1500	8500	$cm^2V^{-1}s^{-1}$
Löcherbeweglichkeit	μ_p	1900	600	400	$cm^2V^{-1}s^{-1}$
Intrinsicdichte	n_i	$2,5 \cdot 10^{13}$	$1,5 \cdot 10^{10}$	$1,3 \cdot 10^6$	cm^{-3}
Diffusionskonstante für Elektronen	D_n	101	35	221	cm^2s^{-1}
Diffusionskonstante für Löcher	D_p	49	12,5	12	cm^2s^{-1}
Durchbruchfeldstärke		$3 \cdot 10^5$	$4 \cdot 10^5$	10^5	$V \cdot cm^{-1}$

Bei technischen Halbleitern werden, wie in Abschnitt 4.2.3 schon erwähnt, 3- oder 5-wertige Elemente verwendet. Sie erzeugen dann einen Mangel bzw. einen Überschuß an Elektronen. Die Zahl der Löcher p bzw. die Zahl der Leitungselektronen n wird im Fall der 3- bzw. 5-wertigen Dotierung erhöht. Im Kristall sind dann im ersten Fall mehr Löcher als Leitungselektronen und im zweiten mehr Leitungselektronen als Löcher vorhanden. Dennoch bleibt der Kristall nach außen hin elektrisch neutral.

Die Dotierung bewirkt die Vermehrung *einer* Ladungsträgerart. Das bedeutet aber, daß die Konzentration der anderen Art zwangsläufig herabgesetzt wird. Ein Beispiel möge das verdeutlichen: Ein 4-wertiger Halbleiter werde mit einem 5-wertigen Stoff dotiert. Somit herrscht Leitungselektronenüberschuß. Damit erhöht sich aber die Wahrscheinlichkeit, daß ein aufgrund der I-Leitung vorhandenes Loch mit einem freien Elektron rekombiniert. Die Zahl der Löcher wird somit kleiner als im Intrinsic–Fall. Thermisch bedingt stellt sich durch Paarbildung und Rekombination immer folgendes Gleichgewicht ein:

$$\boxed{n_0 \cdot p_0 = n_i^2} \tag{4.7}$$

(Massenwirkungsgesetz des Halbleiters) mit n_0, p_0 : Zahl der Elektronen bzw. Löcher im thermischen Gleichgewicht.

Eine Erhöhung der Gesamtzahl n_0 der freien Elektronen bewirkt eine Verringerung der beweglichen Löcher p_0 und umgekehrt. Wie im Abschnitt 4.3 schon erwähnt, verschiebt sich durch die Dotierung jeweils auch das Fermi–Niveau.

4.5.1.1 N–Dotierung (N–Halbleiter), Donator (P, Sb, As)

Als *Donator (Geber)* bezeichnet man ein 5–wertiges Fremdatom. Dabei werden 4 Valenzelektronen für die Bindung im Kristallverband benötigt, während das 5. nur locker an das Donatoratom gebunden ist.

Ein Blick auf das periodische System der Elemente (Tabelle 4.1) vermittelt uns, daß als Donatoren beispielsweise Phosphor P, Arsen As und Antimon Sb geeignet sind. Bild 4.9a zeigt das ebene Kristallmodell (atomistisches Modell) eines As–dotierten Ge–Halbleiters *(IV–V–Verbindung oder N–Halbleiter)*. Infolge der lockeren Bindung des 5. Elektrons kann das As–Atom relativ leicht ionisiert werden und ist dadurch, wie Bild 4.9b darstellt, von einer positiven Raumladung umgeben. Sie erstreckt sich wegen der oben bereits erläuterten Unschärferelation nicht nur auf die unmittelbar benachbarten Atome, und so erklärt sich auch, warum so kleine Dotierungsraten die Eigenschaften des Halbleiters so stark beeinflussen.

Die eben anhand des Bildes 4.9 dargestellten Vorgänge lassen sich auch mit dem Energiebändermodell erklären (Bild 4.10). Das Energieniveau, das dem 5. Valenzelektron des neutralen Donatoratoms D zukommt, liegt dicht unter dem Leitungsband im verbotenen Band. Durch Hinzufügen der geringen Energie $\Delta W_D = W_L - W_D$ entsteht ein freies Elektron $\ominus$ und ein positives Donatorion D^+. Der Vorgang ist reversibel, also

$$\boxed{D \Longleftrightarrow D^+ + \ominus} \; . \tag{4.8}$$

Der Donator ist eine Störstelle, die entweder den Ladungszustand neutral oder positiv geladen annehmen kann.

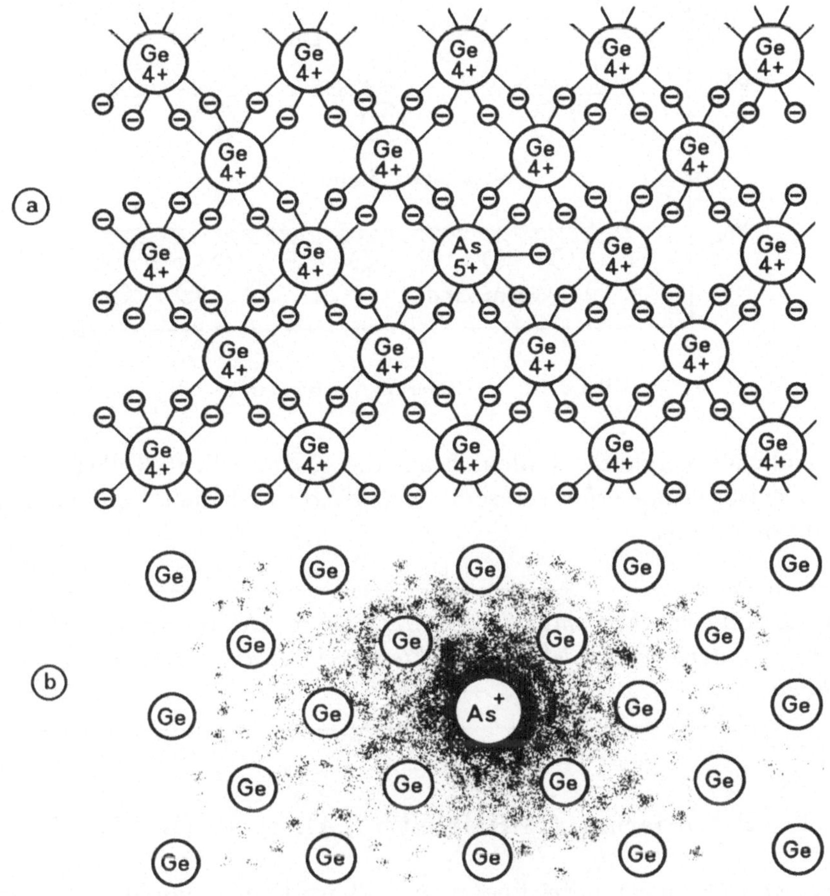

Bild 4.9: As–dotiertes Ge (N-Ge)

Werte für ΔW_D bei $T = T_0 = 300K$:

in Ge:	As	$\longrightarrow$	$0{,}0127\ eV$	in Si:	As	$\longrightarrow$	$0{,}049\ eV$
	Sb	$\longrightarrow$	$0{,}0096\ eV$		Sb	$\longrightarrow$	$0{,}039\ eV.$

Die mittlere thermische Energie eines Elektrons bei Raumtemperatur beträgt $0{,}025 eV$ (s.a. Tabelle 2.2). Das bedeutet: *Bei Raumtemperatur* $T_0 =$ $300\ K$ *sind praktisch alle Donatoren ionisiert.*

Gängige Dotierungsraten (Anteil der Fremdatome an der Gesamtatomanzahl) liegen für Ge etwa bei $10^{-6} \ldots 10^{-8}$ und bei Si zwischen $10^{-8} \ldots 10^{-11}$

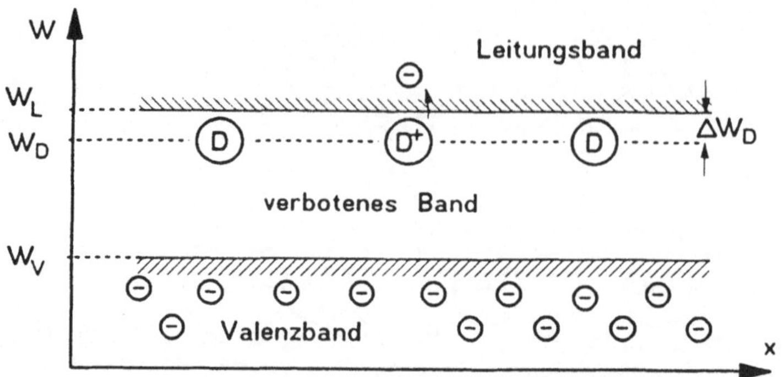

Bild 4.10: N-Dotierung im Bändermodell

(anschaulicher Vergleich: 1 Mensch auf die gesamte Erdbevölkerung!). Eine definierte Dotierung erfordert somit einen extrem hohen Reinheitsgrad des Ausgangsmaterials.

Der Leitungsmechanismus im N-Material beruht im wesentlichen auf dem Wandern von Elektronen (Elektronenleitung, N-Leitung, Überschußleitung).

4.5.1.2 P-Dotierung (P-Halbleiter), Akzeptor (In, Ga, B)

Als *Akzeptor* (Fänger) bezeichnet man ein 3-wertiges Fremdatom. Dabei werden alle 3 Valenzelektronen für die Bindung im Kristallverband benötigt. Die vierte Bindung kann nicht geliefert werden, es entsteht ein *Defektelektron.* Als Akzeptoren kommen beispielsweise Indium In, Bor B und Galliun Ga infrage.

Bild 4.11a zeigt am Beispiel des In-dotierten Germaniums das atomistische Modell eines *P-Halbleiters (III-IV-Verbindung).*

Analog zum Donatoratom, das mit einer positiven Raumladung umgeben ist, wird die Umgebung des Akzeptoratoms von einer negativen Raumladung erfüllt (Bild 4.11b). *Der Leitungsmechanismus im P-Material beruht im wesentlichen auf dem Wandern von Löchern (Defektelektronenleitung, Löcherleitung, P-Leitung, Mangelleitung).*

Bild 4.13 zeigt in einem groben Modell die Löcherleitung in Silizium in 3 Phasen. In Bild 4.13a fehlt zur Absättigung der rechte, unteren Valenzbindung des Si-Atoms links unter dem In-Atom ein Elektron; in der „Defektelektronensprache“ ausgedrückt: Ein Defektelektron ist zuviel. Durch Zufuhr

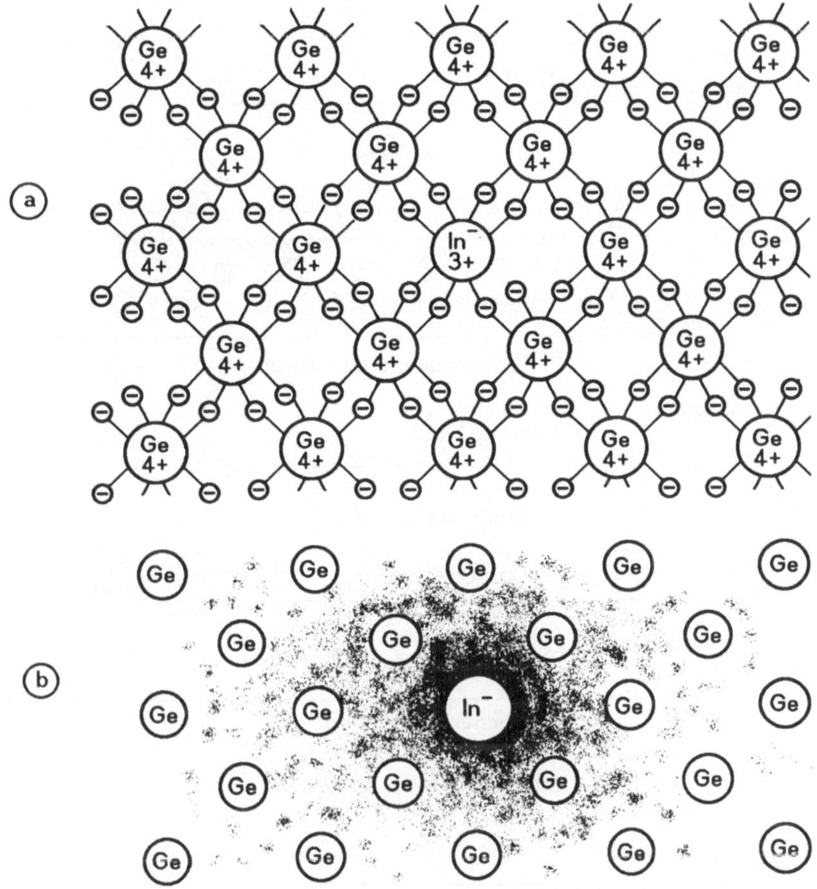

Bild 4.11: In–dotiertes Ge (P-Ge)

eines kleinen Energiebetrages ΔW_A wird die Valenzbindung unten rechts am Si–Atom aufgebrochen, und das Defektelektron wandert dorthin, bzw. das Elektron füllt das alte Loch aus (Bild 4.13b). Im folgenden Bild 4.13c findet derselbe Vorgang mit einer anderen Valenzbindung statt, das Loch wandert nach unten.

Wir wollen diesen Mechanismus am Bändermodell betrachten. Auch hier ist wieder die Darstellung in der „Elektronensprache" und in der „Löchersprache" möglich (Bild 4.12a, b). Das Energieniveau W_A des ionisierbaren Akzeptoratoms liegt dicht über dem Valenzband. Nimmt diese Störstelle durch Zuführung der Energie $\Delta W_A = W_A - W_V$ nun aus dem Valenzband ein Elektron auf, so entsteht ein negativ ionisiertes Akzeptoratom A^- und ein Loch $\oplus$

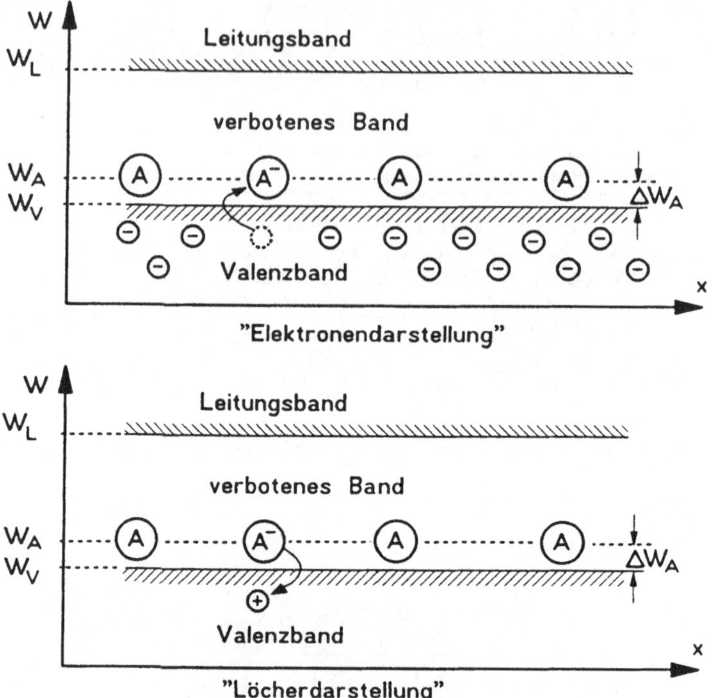

Bild 4.12: P–Dotierung im Bändermodell

im Valenzband.

$$\boxed{A \Longleftrightarrow A^- + \oplus} \quad . \tag{4.9}$$

Dieser Vorgang ist reversibel. *Der Akzeptor ist eine Störstelle, die die Ladungszustände neutral oder negativ geladen einnehmen kann.*

Werte für ΔW_A bei $T_0 = 300K$:

in Ge:	Ga	$\longrightarrow$	$0,0011\ eV$	in Si:	Ga	$\longrightarrow$	$0,065\ eV$
	In	$\longrightarrow$	$0,0112\ eV$		In	$\longrightarrow$	$0,160\ eV.$

Bei Raumtemperatur $T_0 = 300K$ sind praktisch alle Akzeptoratome negativ ionisiert.

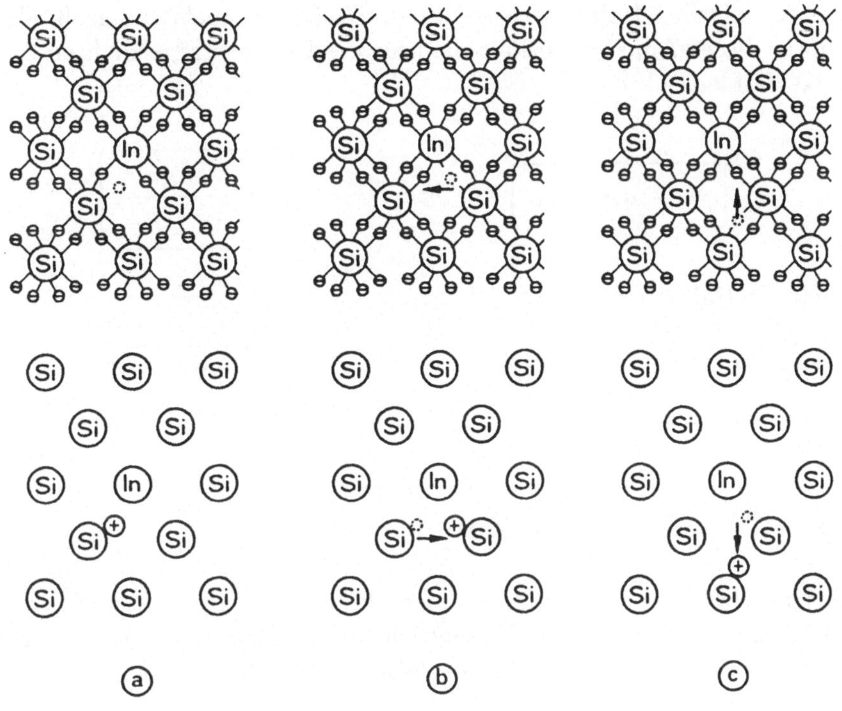

Bild 4.13: Löcherleitung, Prinzip

4.5.2 Neutralitätsbedingungen

Ein homogen dotierter Halbleiter (n_D = Zahl der Donatoren, n_A = Zahl der Akzeptoren pro Volumeneinheit) ist im thermischen Gleichgewicht *elektrisch neutral* (Ladungsdichte $\rho = 0$), also

$$\boxed{\rho = e \cdot (p_0 + n_{D^+}) - e \cdot (n_0 + n_{A^-}) = 0} \quad . \tag{4.10}$$

p_0: Zahl der Löcher $\quad$ n_{D^+}: Zahl der positiv ionisierten Donatoren
n_0: Zahl der Elektronen, $\quad$ n_{A^-}: Zahl der negativ ionisierten Akzeptoren.

Mit $n_D \approx n_{D^+}$ und $n_A \approx n_{A^-}$ (300 K) erhält man aus Gleichung (4.10)

$$n_0 - p_0 = n_{D^+} - n_{A^-} \approx n_D - n_A \quad . \tag{4.11}$$

Gleichung (4.11) zeigt in Verbindung mit Gl. (4.10), daß sich die Trägerdichten n_0 bzw. p_0 aus der Differenz der Dichten von Donator- und Akzeptoratomen ergeben.

Bei technischen Halbleitern ist n_A und/oder n_D meistens groß gegen n_i, und unter dieser Annahme erhält man für die Ladungsträgerdichten beim N-Halbleiter

$$\boxed{n_0 = n_D - n_A} \quad bzw. \quad \boxed{p_0 = \frac{n_i^2}{n_D - n_A}} \tag{4.12}$$

und beim P-Halbleiter

$$\boxed{p_0 = n_A - n_D} \quad bzw. \quad \boxed{n_0 = \frac{n_i^2}{n_A - n_D}}\,. \tag{4.13}$$

4.5.3 N–, P– und I–Zonen

Technische Halbleiterbauelemente auf einkristalliner Basis können sehr verschiedenartig aufgebaut sein. Wesentlich für die Funktion und den Typ des Bauelementes ist die *innere Schichtenfolge.* Man unterscheidet

- Bauelemente mit (im eigentlichen Wirkungsbereich) *homogenem Halbleiter* (nur P- oder N-Zone, z.B. Halbleiterwiderstände und Feldeffekt- bzw. Unipolar-Transistoren),
- Bauelemente mit *einem PN-Übergang* (z.B. Dioden, eine P-dotierte Zone liegt unmittelbar an einer N-dotierten),
- Bauelemente mit *zwei PN-Übergängen* (z.B. Bipolar-Transistoren),
- Bauelemente mit *mehr als zwei PN-Übergängen* (z.B. Thyristoren).

An PN-Übergängen bilden sich *Sperrschichten* mit ganz charakteristischen physikalischen Vorgängen aus, die wir noch ausführlich behandeln werden. Das Wirkungsprinzip der einzelnen Halbleiter unterscheidet sich teilweise wesentlich, je nachdem, ob nur *Volumen-* oder auch *Sperrschichteffekte* beteiligt sind. Wir werden im einzelnen noch darauf eingehen. In der P-Zone sind Akzeptoren in der Mehrzahl, in der N-Zone Donatoren. I-Zonen, die häufig auch technische Bedeutung haben, sind praktisch ohne Fremdatome, hier herrscht I-Leitung. Eine Abart der I-Zone ist die *Kompensationszone*, in der gleich viel Donatoren wie Akzeptoren vorhanden sind.

4.5.4 Majoritäts– und Minoritätsträgerstrom

In jedem dotierten Halbleiter sind sowohl freie Elektronen als auch freie Defektelektronen vorhanden, wobei jeweils eine Art Ladungsträger aufgrund der Dotierung überwiegt. Man bezeichnet die zahlenmäßig überwiegende Ladungsträgerart als *Majoritätsträger* und die andere entsprechend als *Minoritätsträger*. Die Drift der Majoritätsträger heißt *Majoritätsträgerstrom*, die der Minoritätsträger entsprechend *Minoritätsträgerstrom*.

N–Material:

Elektronen überwiegen $\Longrightarrow$ sie sind deshalb Majoritätsträger,

Löcher $\Longrightarrow$ Minoritätsträger.

P–Material:

Löcher überwiegen $\Longrightarrow$ sie sind deshalb Majoritätsträger

Elektronen $\Longrightarrow$ Minoritätsträger.

Dieser Sachverhalt ist für das Verständnis der Vorgänge vor allem im Bipolar–Transistor von großer Wichtigkeit!

4.6 Elektrische Stromleitung in Halbleitern allgemein

In den vorangegangenen Abschnitten haben wir das Zustandekommen der quasifreien Ladungsträger im Halbleiter (Elektronen im Leitungsband und Defektelektronen im Valenzband) erörtert. Wir wollen nun untersuchen, wie sie unter der Einwirkung einer von außen angelegten Spannung U (aus der eine Feldstärke $\vec{E}$ resultiert) den elektrischen Strom bilden. Die Löcherwanderung trägt ebenso wie die Elektronenwanderung zum Stromfluß bei, nur daß die Geschwindigkeit der Defektelektronen geringer ist als die der Elektronen. Sowohl die *Elektronenstromdichte* $\vec{S}_n$ als auch die *Löcherstromdichte* $\vec{S}_p$ setzen sich jeweils aus der *Driftstrom*– oder *Feldstromdichte* infolge der äußeren Feldstärke und der *Diffusionsstromdichte* aufgrund des thermischen bedingten Konzentrationsgefälles zusammen. Für die Driftstromdichte $\vec{S}_{n,diff}$ der Elektronen gilt wegen der Tatsache, daß der positiv definierte Strom der Bewegung der Elektronen entgegengerichtet ist und die Zunahme der Elektronen (der Gradient) ebenfalls negativ ist

$$\vec{S}_{n,diff} = e \cdot D_n \cdot grad\, n \quad . \tag{4.14}$$

Für die Driftstromdichte $\vec{S}_{p,diff}$ der Löcher gilt, daß der positive Löcherstrom der positiven Zunahme (dem Gradienten) von p entgegengerichtet ist. Somit läßt sich schreiben

$$\vec{S}_{p,diff} = -e \cdot D_p \cdot grad\, n \ . \tag{4.15}$$

Die Feldstromdichten $\vec{S}_{n,feld}$ und $\vec{S}_{p,feld}$ genügen den Beziehungen

$$\vec{S}_{n,feld} = e \cdot \mu_n \cdot n \cdot \vec{E} \qquad und \tag{4.16}$$

$$\vec{S}_{p,feld} = e \cdot \mu_p \cdot p \cdot \vec{E} \qquad . \tag{4.17}$$

Faßt man die letzten 4 Gleichungen paarweise zusammen, so erhält man für die Elektronenstromdichte $\vec{S_n}$

$$\vec{S_n} = e \cdot \mu_n \cdot n \cdot \vec{E} + e \cdot D_n \cdot grad\, n \tag{4.18}$$

oder mit $\vec{v} = \mu \cdot \vec{E}$

$$\vec{S_n} = e \cdot \vec{v_n} \cdot n + e \cdot D_n \cdot grad\, n \ , \tag{4.19}$$

und für die Löcherstromdichte $\vec{S_p}$ ergibt sich entsprechend

$$\vec{S_p} = e \cdot \mu_p \cdot p \cdot \vec{E} - e \cdot D_p \cdot grad\, p \qquad oder \tag{4.20}$$

$$\vec{S_p} = e \cdot \vec{v_p} \cdot p - e \cdot D_p \cdot grad\, p \ . \tag{4.21}$$

Hierin sind n : Elektronenanzahl pro cm^3 im Leitungsband,
p : Defektelektronenzahl pro cm^3 im Leitungsband,
$\vec{v_n}, \vec{v_p}$: Geschwindigkeit der Ladungsträger $[cm \cdot s^{-1}]$,
μ_n, μ_p : Beweglichkeit der Ladungsträger $[cm^2 \cdot V^{-1} \cdot s^{-1}]$,
D_n, D_p : Diffusionskonstanten der Ladungsträger $[cm^2 \cdot s^{-1}]$ (s.a. Gleichungen (4.34) und (4.35).

Elektronen- und Löcherstromdichte zusammen bilden die Gesamtstrom- oder *Konvektionsstromdichte*

$$\boxed{\vec{S} = \vec{S_n} + \vec{S_p}} \tag{4.22}$$

oder

$$\boxed{\vec{S} = e \cdot [(\mu_n \cdot n + \mu_p \cdot p) + D_n \cdot grad\, n - D_p \cdot grad\, p]} \ . \tag{4.23}$$

Die Gleichungen (4.14) ... (4.23) gelten allgemein (auch bei Verunreinigung bzw. Dotierung des Halbleiters). Für den *eindimensionalen Fall* vereinfacht sich Gl. (4.23) zu

$$\boxed{S_x = e \cdot \left[\mu_n \cdot n + \mu_p \cdot p + D_n \cdot \frac{dn}{dx} - D_p \cdot \frac{dp}{dx}\right]} \ . \tag{4.24}$$

4.7 Physik der Sperrschicht

4.7.1 Der PN–Übergang

Eine große Anzahl von Halbleiterbauelementen benötigt für ihr Wirkungsprinzip mindestens einen sog. *PN-Übergang*. In einem einkristallinen Halbleiter entsteht er dadurch, daß im Inneren des Materials ein P- und ein N-leitender Bereich aneinanderstoßen. Im einfachsten Fall handelt es sich um einen ebenen, abrupten PN-Übergang, wie er technisch näherungsweise z.B. durch *Legieren, Epitaxie* oder *Ionenimplantation* erreicht wird und bei dem die Ladungsträgerdichten der Akzeptoratome n_A und der Donatoratomen n_D konstant sind. Bild 4.14a zeigt eine stabförmige, einkristalline Halbleiteranordnung, die links und rechts sperrschichtfrei kontaktiert ist. Bild 4.14b verdeutlicht das angenommene Dotierungsprofil. (Die Technologie einer solchen Struktur wird später behandelt). Wir befassen uns zunächst mit dem *stromlosen Fall.* Vorausgesetzt ist *thermisches Gleichgewicht.*

Im P-Gebiet sind die Löcher Majoritätsträger. Die Akzeptoratome nehmen Elektronen aus dem Gitterverband auf und werden zu negativ geladenen Akzeptorionen A^- (s.a. Abschnitt 4.5.1.2). Die ebenfalls vorhandenen Elektronen sind Minoritätsträger (Bild 4.14c).

Im N-Gebiet sind die Elektronen Majoritätsträger. Die Donatoratome geben Elektronen ab und werden zu positiv geladenen Donatorionen D^+. Löcher sind Minoritätsträger (s.a. Abschnitt 4.5.1.1).

Sowohl P- als auch N-Zone sind in sich elektrisch neutral.

Da die Ladungsträger nur eine bestimmte Lebensdauer haben (vgl. a. Abschnitt 4.7.5), bedeutet das, daß sich Rekombination und Generation von Löchern und Elektronen (im thermischen Gleichgewicht) genau die Waage halten müssen. Ist n allgemein die Zahl der negativen Ladungsträger pro Volumeneinheit und p die der positiven, so läßt sich nach Gleichung (4.7) für jedes Gebiet unter der Annahme vollständiger Ionisation der Störstellen eine Bilanz aufstellen (vgl a. Bild 4.14c):

P-Gebiet N-Gebiet

$$\text{Majoritätsträger:}\quad p = p_P \approx n_A = const \qquad n = n_N \approx n_D = const \tag{4.25}$$

$$\text{Minoritätsträger:}\quad n = n_P \approx \frac{n_i^2}{n_A} = const \qquad p = p_N \approx \frac{n_i^2}{n_D} = const, \tag{4.26}$$

n_P: Zahl der Elektronen pro Volumeneinheit im P-Gebiet
n_N: Zahl der Elektronen pro Volumeneinheit im N-Gebiet
p_P: Zahl der Löcher pro Volumeeinheit im P-Gebiet
p_N: Zahl der Löcher pro Volumeeinheit im N-Gebiet.

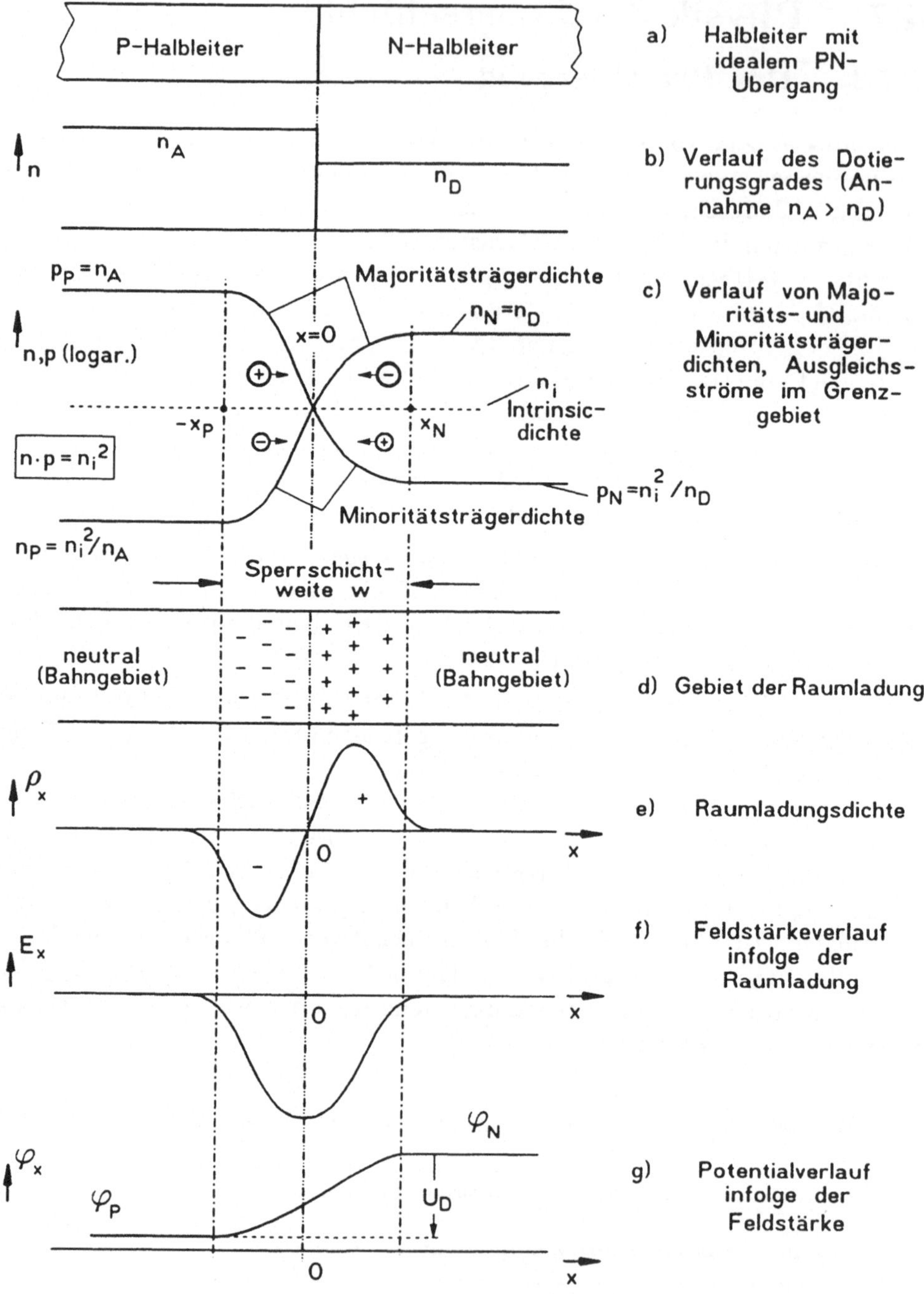

Bild 4.14: Zur Physik der Sperrschicht

Das Grenzgebiet zwischen $-x_P < x < x_N$ ist hierbei ausgenommen. Bild 4.14c zeigt den Konzentrationsverlauf grafisch. Die Ladungsträgerdichten sind logarithmisch aufgetragen; dadurch verlaufen n_P und p_P bzw. n_N und p_N symmemetrisch zu n_i (gemäß Gleichung 4.7).

4.7.2 Diffusion an den Grenzen der Zonen, Raumladung

Die bisher erörterten Verhältnisse gelten, wie oben gesagt, nur weitab vom Grenzbereich. Wir wollen nun die Verteilung der Ladungsträgerdichten zu beiden Seiten des Dotierungssprunges zunächst einmal qualitativ untersuchen (Bild 4.14c).

Aufgrund der Wärmebewegung diffundieren freie Elektronen aus dem N-Gebiet in das P-Gebiet und freie Löcher aus dem P-Gebiet in das N-Gebiet. Dabei findet Rekombination zwischen Löchern und Elektronen statt, die eine *Raumladungsdoppelschicht* im Grenzgebiet verursacht. Wandernde Elektronen bedeuten aber einen elektrischen Strom. Der durch die Majoritätsträger verursachte Strom heißt aufgrund seiner Ursache *Diffusionsstrom*.

Die P-Grenzschicht $0 > x > -x_P$ wird *negativ* geladen

- durch das Einwandern von Elektronen (Majoritätsträger aus der N-Grenzschicht) und
- durch das Abwandern von Löchern (Majoritätsträger aus der P-Schicht).

Die N-Grenzschicht $0 < x < x_N$ wird *positiv geladen*

- durch das Einwandern von Löchern (Majoritätsträger aus der P-Schicht) und
- durch das Abwandern von Elektronen (Majoritätsträger aus der N-Schicht).

In Bild 4.14d ist das Gebiet der Raumladung dargestellt; Bild 4.14e zeigt die Raumladungsdichte $\rho(x)$.

4.7.3 Diffusionsspannung als Folge der Diffusion

Die eben beschriebene Raumladung kann nun nicht beliebig stark anwachsen, da sich an der Grenzschicht als Folge ein elektrisches Feld und daraus wiederum eine *Diffusionsspannung* U_D aufbaut, die dem Diffusionsvorgang entgegenwirkt.

Durch Integration der Raumladungsdichte erhält man mit der eindimensionalen *Poissonschen Gleichung* den Feldstärkeverlauf $E_x(x)$ (Bild 4.14f)

$$\boxed{E_x(x) = \frac{1}{\varepsilon_0 \varepsilon_r} \int \rho_x(x) dx} \quad . \tag{4.27}$$

Durch weitere Integration von $E_x(x)$ ergibt sich schließlich der Potentialverlauf $\varphi(x)$.

$$\boxed{\varphi(x) = - \int E_x(x) dx} \quad . \tag{4.28}$$

Bild 4.14g zeigt den Verlauf des Potentials längs des PN-Übergangs.

> *Als Folge der Diffusion entsteht am PN-Übergang die Diffusionsspannung* U_D*, die je nach Dotierung bei Ge* $0,15\ldots0,35V$*, bei Si* $0,45\ldots0,8V$ *und bei GaAs* $0,8\ldots1,3V$ *beträgt.*

4.7.4 Verhalten der Majoritäts- und Minoritätsträgerströme an der Grenzschicht

Aus Bild 4.14 lassen sich noch zwei Aussagen gewinnen, die für das Verständnis der Vorgänge am PN-Übergang äußerst wichtig sind.

Betrachten wir die Wanderungsrichtung der Majoritätsträger in Bild 4.14c, so sehen wir, daß sich die Löcher $\oplus$ nach rechts zum N-Gebiet und die Elektronen $\ominus$ nach links zum P-Gebiet hin bewegen.

In Bild 4.14g ist der Potentialverlauf in der Sperrschicht dargestellt. Das Potential ist im rechten Teil der Sperrschicht (N-Gebiet) um die Diffusionsspannung positiver als im linken Teil (P-Gebiet). Die „Majoritäts-Löcher" müssen also nach rechts gegen ein positives Potential anlaufen und die „Majoritäts-Elektronen" nach links gegen ein negatives. Die Majoritätsträger bilden, wie gesagt, den Diffusionsstrom. Deshalb läßt sich allgemein sagen:

Am PN-Übergang müssen die Majoritätsträger gegen das Diffusionsfeld anlaufen. Die Potentialschwelle wird nur von denen überwunden, deren Energie größer als die Potentialstufe ist.

Genau umgekehrt sind die Verhältnisse bei den Minoritätsträgern (Bild 4.14c). Die „Minoritätslöcher" wandern von rechts nach links und die „Minoritätselektronen" von links nach rechts. Anschaulich mit Bild 4.14g gesprochen: Die Löcher „rollen" die Potentialschwelle „hinunter", und auch die Elektronen „sehen" ein absaugendes Feld. Die Minoritätsträger bilden den *Feldstrom*. Daraus erhält man die zweite wichtige Aussage:

Am PN-Übergang läuft der Minoritätsträgerstrom in Richtung des Feldes, das durch die Raumladung entstanden ist. Er ist praktisch unabhängig von der Potentialschwelle und wird im wesentlichen nur von der Temperatur bestimmt.

4.7.5 Lebensdauer von Majoritäts- und Minoritätsträgern

Im Halbleiter findet ständig eine Rekombination von Löchern mit Elektronen und die Erzeugung *Generation* neuer Löcher und Elektronen statt. Im äußerlich stromlosen, thermodynamischen Gleichgewichtszustand halten sich Erzeugung und Rekombination die Waage.

Wird die Ladungsträgerkonzentration jedoch durch irgendeinen Einfluß plötzlich gestört, so dauert es eine gewisse Zeit, bis die Störung wieder abgebaut ist. Dabei ist zu unterscheiden, ob die Majoritätsträger oder die Minoritätsträger betroffen sind. Erhöht sich zum Beispiel die *Majoritätsträgerkonzentration* eines Halbleiters vom Gleichgewichtszustand $n_{maj,0}$ aufgrund einer Störung abrupt um den Wert $n_{maj,s}$, so baut sich $n_{maj,s}$ nach einer Exponentialfunktion wieder ab. Es gilt

$$\boxed{n_{maj}(t) = n_{maj,0} + n_{maj,s} \cdot \exp[-\frac{t}{\tau}]} \quad . \tag{4.29}$$

Hierin ist die *Majoritätsträgerlebensdauer* $\tau = \frac{\varepsilon_0 \varepsilon_r}{\kappa}$ eine materialbedingte Zeitkonstante und liegt für Ge, Si und GaAs in der Größenordnung von 10^{-11} $\ldots 10^{-14} s$. Entsprechendes gilt für eine Störung mit umgekehrtem Vorzeichen.

Die Majoritätsträgerkonzentration wird also praktisch nicht gestört, da die Lebensdauer der Majoritätsträger extrem kurz ist.

Wird dagegen die Gleichgewichtskonzentration der *Minoritätsträger gestört*, so beeinflußt das die Rekombinations- und Erzeugungsrate, und es entsteht entweder ein Rekombinations- oder ein Erzeugungsüberschuß, der wieder abgebaut werden muß. Die exakte Theorie ist komplex; wir wollen deshalb ein einfaches Modell zur Beschreibung benutzen.

Der Überschuß der Rekombination (Erzeugung) wird mit einer *Überschußrekombinationsrate R (Erzeugungsüberschußrate)* abgebaut, die proportional zum Überschuß ist. Es gilt

$$R = \frac{n_{min} - n_{min,0}}{\tau_n} = \frac{p_{min} - p_{min,0}}{\tau_p} \quad . \tag{4.30}$$

Hierin bedeuten	:
n_{min}, p_{min}	: Zahl der Minoritätsträger im gestörten Fall
$n_{min,o}, p_{min,o}$	: Zahl der Minoritätsträger im Gleichgewichtszustand
τ_n, τ_p	: Lebensdauer der Minoritäts-Elektronen bzw. -Löcher.

Für τ_n und τ_p gilt bei Ge, Si und GaAs $\tau_n, \tau_p \approx 10^{-3} \ldots 10^{-7} s$.

Die Lebensdauer der Minoritätsträger spielt für die Vorgänge an der Sperrschicht eine fundamentale Rolle.

Wir werden dies bei der Behandlung der Diode und des Transistors noch näher untersuchen.

4.7.6 Quantitative Beschreibung der Diffusion am PN-Übergang

Wir wollen nun den im Abschnitt 4.7.2 behandelten Diffusionsvorgang quantitativ erfassen, wobei wir uns auf den eindimensionalen Fall beschränken. Infolge des Konzentrationsunterschiedes Δn bzw. Δp der Elektronen und Löcher in N- bzw. P-Gebiet diffundieren Majoritätsträger in das jeweils entgegengesetzt dotierte Gebiet.

Man bezeichnet diesen Strom – wie oben erwähnt – als *Diffusionsstrom* I_{diff}. Er ist proportional zum Konzentrationsgefälle dn/dx bzw. dp/dx.
Für den *Diffusionsstrom der Löcher* läßt sich schreiben (s.a. Gleichung (4.15)

$$I_{diff,p}(x) = -e \cdot D_p \cdot A \cdot \frac{dp}{dx} \ . \tag{4.31}$$

Entsprechend gilt für die *Elektronen*

$$I_{diff,n}(x) = +e \cdot D_n \cdot A \cdot \frac{dn}{dx} \ . \tag{4.32}$$

Hierin sind D_p und D_n die *Diffusionskonstanten* des betreffenden Halbleiters und A die Querschnittsfläche des PN–Übergangs. Aus thermodynamischen Betrachtungen, auf die wir hier nicht weiter eingehen wollen, hängen D_p und D_n außer von μ_n und μ_p auch von der absoluten Temperatur T ab, und zwar gilt

$$\boxed{D_p = \mu_p \cdot \frac{k \cdot T}{e} = \mu_p \cdot U_T} \tag{4.33}$$

und

$$\boxed{D_n = \mu_n \cdot \frac{k \cdot T}{e} = \mu_n \cdot U_T} \ . \tag{4.34}$$

$U_T = \frac{k \cdot T}{e}$ ist die *Temperaturspannung*, die bei der Glühemission bereits behandelt wurde (Gleichung (2.16)). Sie gibt die *mittlere kinetische Energie der Elektronen in Volt* an. Nach Tabelle 2.2 gilt bei Raumtemperatur $T_0 = 300K \rightarrow U_T = 26mV$. Tabelle 4.2 enthält die Werte für D_n und D_p sowie für μ_n und μ_p bei $T_0 = 300K$ für Ge, Si und GaAs.

Als Folge der Diffusionsströme wird die Zahl der Majoritätsträger in der Grenzschicht vermindert, das ursprüngliche Gleichgewicht zwischen Majoritätsträgern und ionisierten Akzeptorionen A^- bzw. Donatorionen D^+ gestört, und eine *Raumladungsdoppelschicht* baut sich auf (vgl. Bilder 4.14a bis d). Das durch die Raumladung entstehende Feld $E_x(x)$ wirkt dem Diffusionsstrom entgegen, so daß der Übergang weiterer Majoritätsträger erschwert wird.

Auf die Minoritätsträger wirkt das Feld, wie im Abschnitt 4.7.4 gezeigt, jedoch beschleunigend, so daß ein Minoritätsträger beim Entstehen in der Raumladungszone sofort vom Feld erfaßt und auf die andere Seite der Grenzschicht gezogen wird. Der dadurch entstehende Strom wird als *Feldstrom* I_{feld} bezeichnet. Er hängt ab von der Beweglichkeit μ der Ladungsträger (s. Tabelle 4.2), von ihrer Anzahl und von der elektrischen Feldstärke E_x. Für die Minoritätslöcher gilt

$$I_{feld,p} = \mu_p \cdot e \cdot p \cdot A \cdot E_x \tag{4.35}$$

und für die Minoritätselektronen

$$I_{feld,n} = \mu_n \cdot e \cdot n \cdot A \cdot E_x \ . \tag{4.36}$$

Im Gleichgewichtszustand wird der Majoritätsträger– oder Diffusionssstrom $I_{diff,n}$ der Elektronen kompensiert durch den Feldstrom $I_{feld,n}$ der Elektronen. Für die Löcher gilt entsprechendes. Hierbei sind die Diffusionsströme proportional zum Konzentrationsgradienten und die Feldströme proportional zum Potentialgradienten.

Mit den Gleichungen (4.31) bis (4.36) lassen sich also folgende Gleichgewichtsbedingungen formulieren

$$I_{diff,p} = I_{feld,p} \qquad \longrightarrow \qquad -U_T \cdot \frac{dp}{p} = p \cdot E_x \tag{4.37}$$

und

$$I_{diff,n} = I_{feld,n} \qquad \longrightarrow \qquad U_T \cdot \frac{dn}{n} = -n \cdot E_x \ . \tag{4.38}$$

Aus (4.37) erhält man

$$U_T \cdot \frac{1}{p} \cdot \frac{dp}{dx} = E_x \qquad \longrightarrow \qquad U_T \cdot \frac{dp}{dx} = -E_x dx \ ; \tag{4.39}$$

analog ergibt sich aus (4.38)

$$U_T \cdot \frac{1}{n} \cdot \frac{dn}{dx} = E_x \qquad \longrightarrow \qquad U_T \cdot \frac{dn}{dx} = -E_x dx \ . \tag{4.40}$$

Nun interessiert die Diffusionsspannung (s.a. Bild 4.14g)

$$U_D = -\int_{-x_P}^{x_N} E_x dx = \varphi(x_N) - \varphi(-x_P) \ , \tag{4.41}$$

die man durch Integration der Gleichungen(4.39) oder (4.40) erhält. Die Randbedingungen für die Ladungsträgerkonzentrationen entnimmt man Bild 4.14c.

$$n(-x_P) = n_P = \frac{n_i^2}{n_A} \ , \qquad p(x_N) = p_N = \frac{n_i^2}{n_D} \ , \tag{4.42}$$

$$p(-x_P) = n_A \ , \qquad n(x_N) = n_D \ . \tag{4.43}$$

Folglich ergibt die Integration die *Diffusionsspannung am PN–Übergang*

$$\boxed{U_D = U_T \cdot ln\frac{p_P}{p_N} = U_T \cdot ln\frac{n_N}{n_P} = U_T \cdot ln\frac{n_A \cdot n_D}{n_i^2}} \ . \tag{4.44}$$

Durch die Verarmung an Ladungsträgern wird die Grenzschicht in der Leitfähigkeit stark reduziert. Man bezeichnet sie deshalb auch als *Sperrschicht*.

Die Dicke der Sperrschicht hängt von der Dotierung ab und beträgt einige nm bei schwach dotierten und 100 $nm \ldots 100\ \mu m$ bei stark dotiertem Material. Die *Stromdichten* für den *Feld-* und den *Diffusionsstrom* sind sehr hoch. Nimmt man einmal ein Konzentrationsgefälle für die Elektronen von $n_D = 10^{17} \cdot cm^{-3}$ an der Stelle $x = x_N$ in Bild 4.14c auf $n_P = 10^9 \cdot cm^{-3}$ für $x = -x_P$ an, so ergibt sich für die Elektronendiffusionsstromdichte $i_{diff,n} \approx 1600\ A \cdot cm^{-2}$!

4.7.7 Der PN–Übergang im Bändermodell

Im Abschnitt 4.3 haben wir die Fermi-Energie W_F des reinen Halbleiters kennengelernt und gesehen, daß sich die Löcher unterhalb und die Leitungselektronen oberhalb der Fermikante befinden. Außerdem wurde erwähnt, daß die Fermikante beim N-Halbleiter knapp unterhalb der Unterkante des Leitfähigkeitsbandes W_L in der Nähe des Energieterms W_D der Donatoren (s.a. Bild 4.10) und die des P-Halbleiters knapp oberhalb der Oberkante des Valenzbandes W_V in der Nähe des Energieterms W_A der Akzeptoren (s.a. Bild 4.12) liegt.

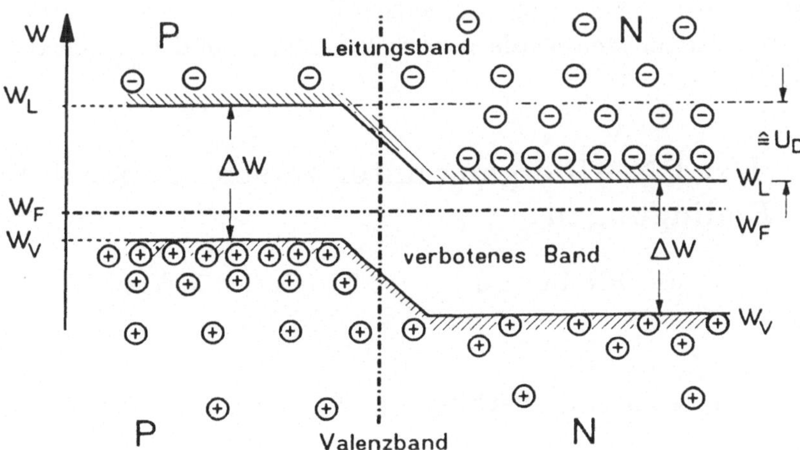

Bild 4.15: Bändermodell des PN–Übergangs (stromlos)

Allgemein gilt:

> *Besteht ein Stoff aus Zonen verschiedenen Leitfähigkeitstyps, so haben alle Zonen im thermodynamischen, stromlosen Gleichgewichtszustand dasselbe Ferminiveau W_F (im Bändermodell waagerecht verlaufend).*

Nach Bild 4.15 tritt deshalb am PN–Übergang eine Bandverbiegung und damit eine Potentialschwelle U_D auf.

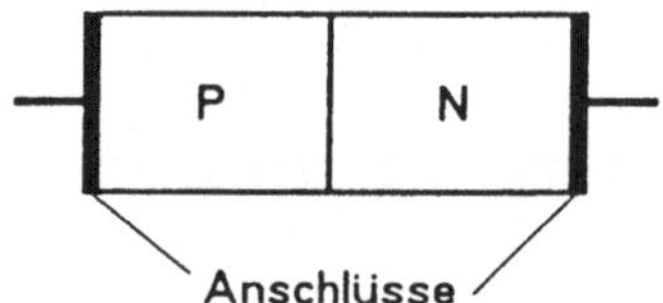

Bild 4.16: PN–Halbleiter mit metallischen Kontakten

Abschließend sei noch die naheliegende Frage erörtert: Warum läßt sich bei einem technischen Halbleiter mit PN–Sperrschicht und metallischen Anschlüssen (vgl. Bild 4.16) die Diffusionsspannung U_D an den Anschlüssen nicht messen? An den äußeren elektrischen Kontakten entsteht je ein Übergang Metall → P bzw. Metall → N. An diesen Übergängen bilden sich aus den eben erläuterten Gründen ebenfalls Diffusionsspannungen, die U_D gerade kompensieren, so daß das Bauelement nach außen hin neutral erscheint. Eine Spannung an den Anschlüssen würde ja auch bedeuten, daß das Bauelement eine Energiequelle darstellt!

4.7.8 Der PN–Übergang unter verschiedenen äußeren Bedingungen

Wir wollen nun den PN–Übergang unter 3 typischen äußeren Bedingungen betrachten.

4.7.8.1 Äußere leitende Verbindung (Kurzschluß)

Dieser Fall ist im vorangehenden Abschnitt praktisch schon behandelt worden. Im Kurzschluß kann im äußeren Fall kein Strom fließen, weil beide Anschlüsse auf gleichem Potential $\varphi_x = U = 0$ liegen. Die zugehörigen Raumladungen ρ_x und den Potentialverlauf φ_x zeigt Bild 4.17a.

4.7.8.2 PN–Übergang in Sperrichtung vorgespannt

Legt man die P–Zone an den Minuspol und die N–Zone an den Pluspol einer Spannung U, so ergeben sich die Verhältnisse von Bild 4.17b. Wegen der durch die Dotierungen hohen Leitfähigkeit sowohl des P– als auch des N–Materials fällt die äußere Gleichspannung praktisch voll über der Raumladungszone des PN–Übergangs ab, und zwar addiert sie sich zu der dort bereits herrschenden Diffusionsspannung U_D. Die *Majoritätsträger*, die im Kurzschlußfall gegen die Potentialschwelle U_D anlaufen müssen, finden nun eine noch größere Schwelle $U_D + |U|$ vor, so daß der Majoritätsträgerstrom schnell abnimmt.

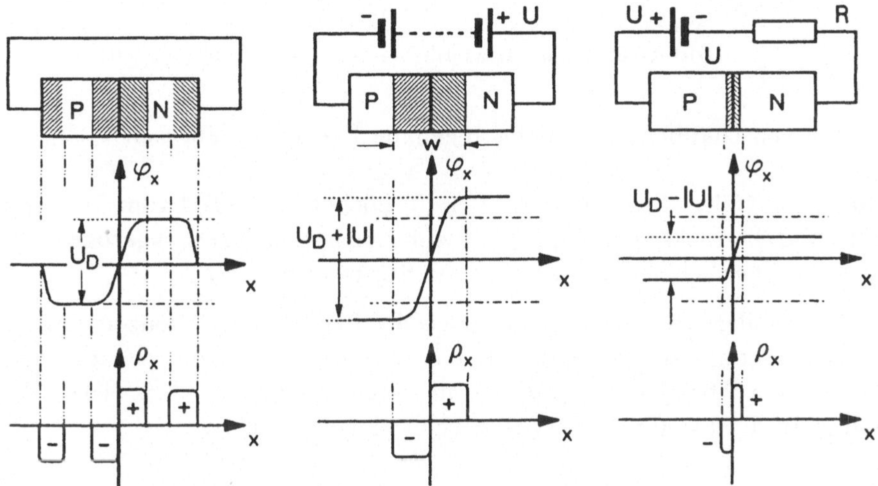

Bild 4.17: PN–Übergang unter verschiedenen äußeren Bedingungen

Der *Minoritätsträgerstrom*, der ja in Feldrichtung fließt, ändert seine Größe praktisch nicht. Die Folge ist eine *Verbreitung der Raumladungsschicht* bzw. der *Sperrschichtweite* w und eine weitere Ladungsträgerverarmung am Dotierungssprung. *Der PN–Halbleiter ist in Sperrichtung gepolt.*

Der Sperrstrom setzt sich bei genauer Betrachtung aus zwei Anteilen zusammen:

- bereits vorhandene Minoritätsträger,
- Minoritätsträger, die durch thermischen Einfluß in der Sperrschicht entstehen und im elektrischen Feld sofort getrennt werden, bevor sie rekombinieren können.

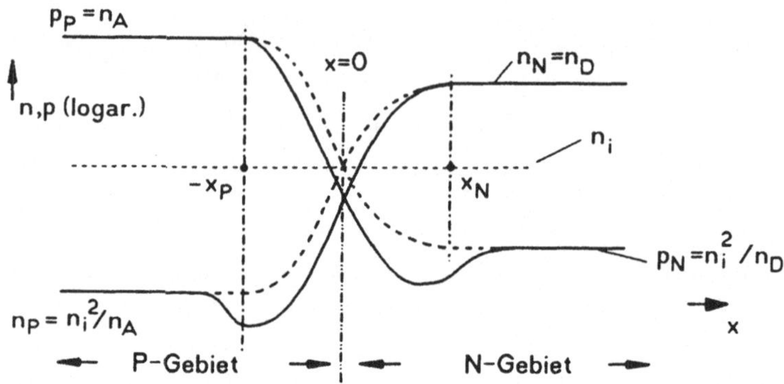

Bild 4.18: Ladungsträgerdichte für $U < 0$ (Sperrbetrieb)

Eine anschauliche und nicht so genaue Erklärung läßt sich auch, wie folgt, geben:
Durch die äußere Spannung werden die Löcher im P-Teil vom Minuspol nach links und die Elektronen im N-Teil vom Pluspol nach rechts gezogen. Dadurch wird die Sperrschicht breiter, und der Strom nimmt ab.

Wir wollen uns abschließend noch die Ladungsträgerkonzentration in der Sperrschicht anhand des Bildes 4.18 betrachten. Die Ladungsträgerverarmung bewirkt ein Absinken der Kurven im Bereich $-x_P < x < x_N$ gegenüber dem Fall in Bild 4.14c für $U = 0$ (gestrichelt eingetragen).

4.7.8.3 PN-Übergang in Flußrichtung vorgespannt

Legt man die P-Zone an den Pluspol und die N-Zone an den Minuspol einer Spannung U, so ergeben sich die Verhältnisse von Bild 4.17c. Die äußere Gleichspannung fällt wegen der hohen Leitfähigkeit des Materials wieder fast gänzlich über der Raumladungszone des PN-Übergangs ab, und zwar ist ihr Vorzeichen so gerichtet, daß sie die Diffusionsspannung abbaut. Die Majoritätsträger, die im Kurzschlußfall ($U = 0$) gegen die Potentialschwelle U_D anlaufen müssen, finden jetzt die kleinere Schwelle $U_D - |U|$ vor, so daß der Majoritätsträgerstrom zunimmt. Der Minoritätsträgerstrom wird nicht wesentlich beeinflußt.

Die Folge davon ist eine Verschmälerung der Raumladungszone (Sperrschichtweite w) am Dotierungssprung. Steigert man U soweit, daß es dem Betrag nach in die Nähe von U_D kommt, so findet ein immer stärkerer Abbau der Potentialschwelle statt. Die Majoritätsträger finden nun ebenfalls

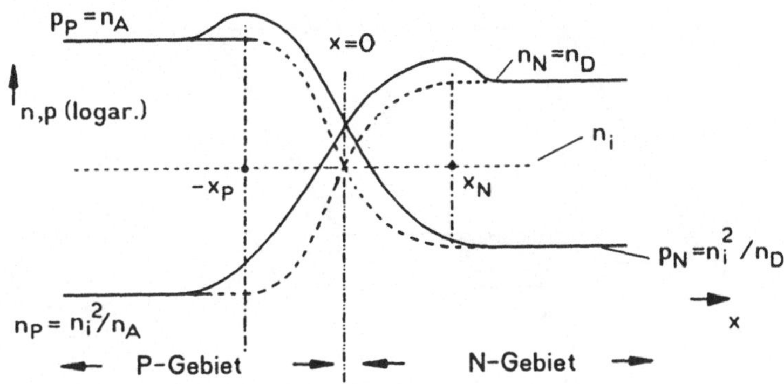

Bild 4.19: Ladungsträgerdichte für $U > 0$ (Flußbetrieb)

ein Feld vor, das sie beschleunigt; der Strom steigt steil (exponentiell) an. *Der PN-Halbleiter ist in Flußrichtung gepolt.* Sorgt man nicht durch äußere Schaltungsmaßnahmen (z.B. Arbeitswiderstand R in Bild 4.17c) dafür, daß der Flußstrom begrenzt wird, so übersteigt er schnell die zulässige Höchstgrenze, ein Kurzschluß tritt ein, der in der Regel zur Zerstörung des PN-Übergangs führt.

Bild 4.19 zeigt die Ladungsträgerverteilung für den Fall der Flußbelastung des PN-Übergangs. Im Grenzgebiet $-x_P < x < x_N$ hat die Konzentration gegenüber dem Fall $U = 0$ (gestrichelt eingetragen) zugenommen.

Wir wollen noch eine anschauliche Erklärung für die Verhältnisse am PN-Übergang im Flußbetrieb geben:
Die Spannungsquelle ist so gepolt, daß sie Elektronen vom Minuspol und Löcher vom Pluspol in die Sperrschicht nachliefert. Dadurch wird die Rekombination in der Sperrschicht erleichtert, die Raumladung abgebaut, und im äußeren Kreis fließt ein kräftiger Strom.

4.8 Der Hall-Effekt im Halbleiter

Im Abschnitt 2.3 hatten wir diskutiert, wie sich Elektronen im Vakuum durch ein Magnetfeld senkrecht zur Flußdichte des Feldes und senkrecht zur Bewegungsrichtung der Ladungsträger ablenken lassen. Derselbe Effekt wurde 1879 von dem amerikanischen Physiker *E.M. Hall* für Festkörper entdeckt und nach ihm *Hall-Effekt* benannt.

Bild 4.20 zeigt das Prinzip des Hallgenerators und das Schaltsymbol. Durch-

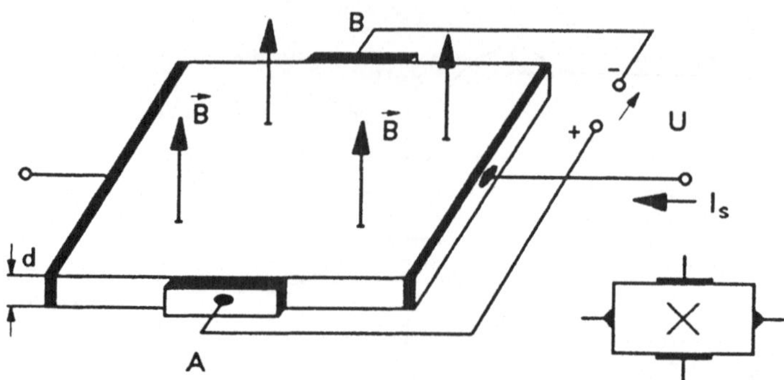

Bild 4.20: Hall–Generator, Prinzip

fließt ein Steuerstrom I_S einen plättchenförmigen Leiter oder Halbleiter der Dicke d, auf dem (senkrecht) ein Magnetfeld mit der *Flußdichte* $\vec{B}$ steht, so bildet sich zwischen den Flankenanschlüssen A und B eine Spannung. Diese *Hallspannung* U_H ist proportional dem *Steuerstrom* I_S, der Flußdichte $\vec{B}$, umgekehrt proportional zur Dicke d und hängt außerdem von der *Hallkonstanten* R_H ab.

Für den skalaren Fall gilt

$$\boxed{U_H = \frac{R_H}{d} \cdot I_S \cdot B} \quad . \tag{4.45}$$

Steht das Magnetfeld nicht senkrecht auf dem Plättchen, so wirkt nur die entsprechende senkrechte Komponente. Hallgeneratoren sind lange bekannt, haben aber erst seit Einführung der Halbleitertechnik wesentlich an Bedeutung gewonnen, als es gelang, mit den Verbindungen *Indiumarsenid InAs* und *Indiumantimonid InSb* Materialien mit großer Hallkonstante R_H und niedrigem spezifischen Widerstand zu entwickeln.

In Bild 4.21 ist der Verlauf der Hallkonstanten R_H in Abhängigkeit von der Temperatur ϑ für die genannten Materialien dargestellt und in Bild 4.22 der Temperaturgang des spezifischen Widerstandes ρ.

Gleichung 4.45 zeigt, daß die Größen B und I_S *multiplikativ* miteinander verknüpft sind. Hallgeneratoren lassen sich deshalb auch als *Analog–Multiplikatoren* einsetzen.

Wir wollen uns nun die Wirkungsweise des Hallgenerators etwas genauer ansehen. In Metallen sind die Elektronen Stromträger. Die sich hier ergebende Hallspannung beruht auf dem normalen oder klassischen Hall–Effekt.

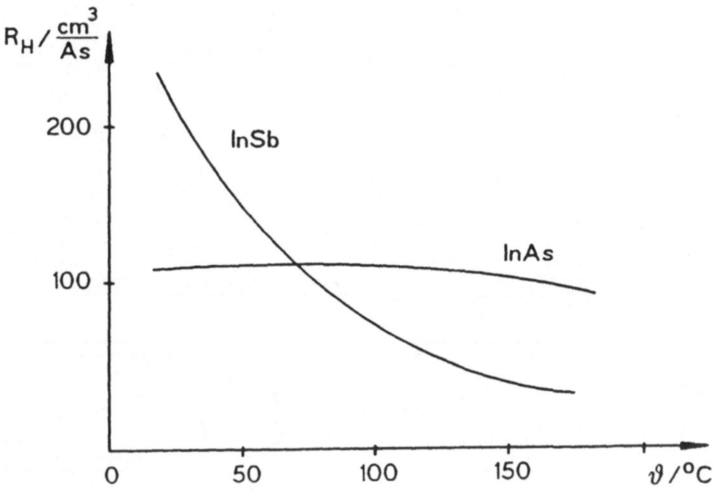

Bild 4.21: R_H als Funktion von ϑ

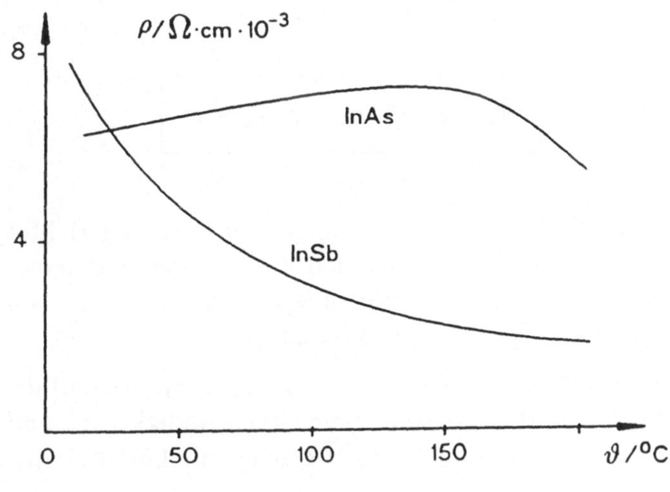

Bild 4.22: ρ als Funktion von ϑ

In Halbleitern ist auch *Defektelektronenleitung* möglich; die hier entstehende Hallspannung hat also genau umgekehrtes Vorzeichen.

Bild 4.23a zeigt die Verhältnisse für den Fall der *P-Leitung*. Infolge der Feldstärke $\vec{E_x}$ werden die Löcher in positiver x-Richtung mit der Geschwindigkeit $\vec{v_p}$ durch das Material getrieben. Unter dem Einfluß des Magnetfeldes

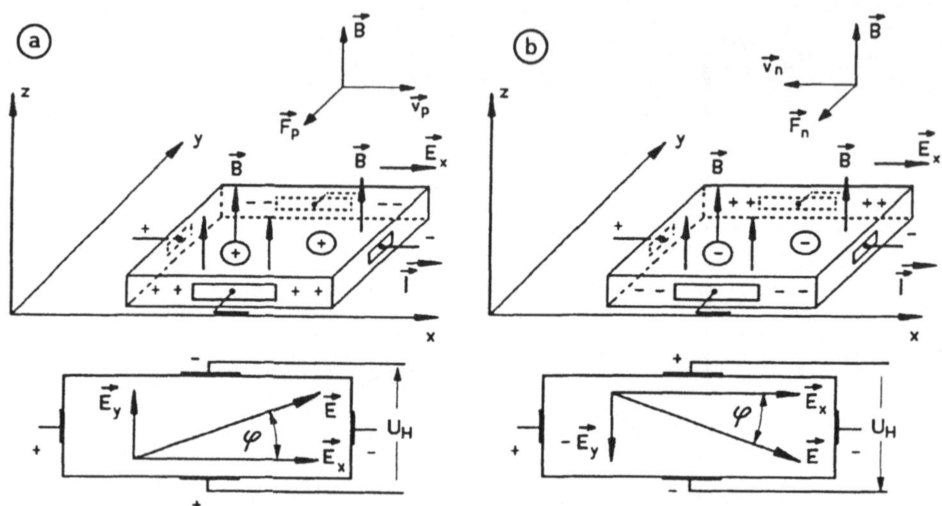

Bild 4.23: Hall-Effekt in Halbleitern

$\vec{B}$ entsteht die Lorentzkraft $\vec{F_p}$, die die Ladungsträger in negativer y-Richtung ablenkt. Sie hat die Größe (s.a. Gleichung 2.9):

$$\boxed{\vec{F_p} = e \cdot [\vec{v_p}, \vec{B}] = e \cdot \vec{v_p} \times \vec{B}} \quad . \tag{4.46}$$

Die Feldstärke $\vec{E}$, die als Folge davon entsteht, ist so gerichtet, daß sie die Lorentzkraft gerade kompensiert. An den Flanken des Hallelementes entsteht die Hallspannung $+U_H$. Die resultierende Feldstärke aus $\vec{E_x}$ und $\vec{E_y}$ ist um den *Hallwinkel* $+\varphi$ gedreht (untere Bildhälfte).

N-Leitung: Bei gleicher Polarität der Steuerspannung und des Magnetfeldes (Bild 4.23b) haben die Elektronen die Geschwindigkeit $\vec{v_n}$ und wandern in negativer x-Richtung. Die Flußdichte $\vec{B}$ erzeugt die Lorentzkraft $\vec{F_n}$

$$\boxed{\vec{F_n} = -e \cdot [\vec{v_n}, \vec{B}] = -e \cdot \vec{v_n} \times \vec{B}} \quad . \tag{4.47}$$

Sie wird kompensiert durch eine Feldstärke $-\vec{E_y}$, die der im eben beschriebenen Fall entgegengesetzt ist. Entsprechend hat dann auch die Hallspannung negatives Vorzeichen, und die resultierende Feldstärke ist um den Winkel $-\varphi$ gedreht.

4.9 Thermoelektrische Effekte

In *thermoelektrischen* Halbleiterbaulementen werden zwei physikalische Effekte ausgenutzt, die schon im letzten Jahrhundert entdeckt wurden, die aber erst im Zuge des Fortschritts in der Halbleitertechnik praktisches Interesse erlangt haben. Wir wollen sie kurz erörtern.

4.9.1 Der Seebeck-Effekt

Seebeck - ein Zeitgenosse und Berater Goethes - berichtete 1822 von dem (später nach ihm benannten) *Seebeck-Effekt*. In einer Leiteranordnung gemäß Bild 4.24a mit zwei verschiedenen metallischen Leitermaterialien m_1 und m_2 wird zwischen den offenen Klemmen a und b eine elektrische Spannung U_{th} erzeugt, wenn die beiden Verbindungsstellen V_1 und V_2 sich auf unterschiedlichen Temperaturen ϑ_1 und ϑ_2 befinden. Diese als *Thermospannung* bezeichnete EMK hat die Größe

$$\boxed{U_{th} = \alpha_{th} \cdot (\vartheta_2 - \vartheta_1)} \quad . \tag{4.48}$$

α_{th} wird *Thermokraft* oder *Seebeck-Koeffizient* genannt. α_{th} ist abhängig von der Materialpaarung, für kleine Temperaturdifferenzen konstant, und das Vorzeichen wird so definiert, daß bei geschlossenem äußeren Kreis der Strom in der kälteren Verbindungsstelle V_1 von m_2 nach m_1 fließt. Eine Anordnung gemäß Bild 4.24a heißt *Thermoelement* oder *Seebeck-Element*.

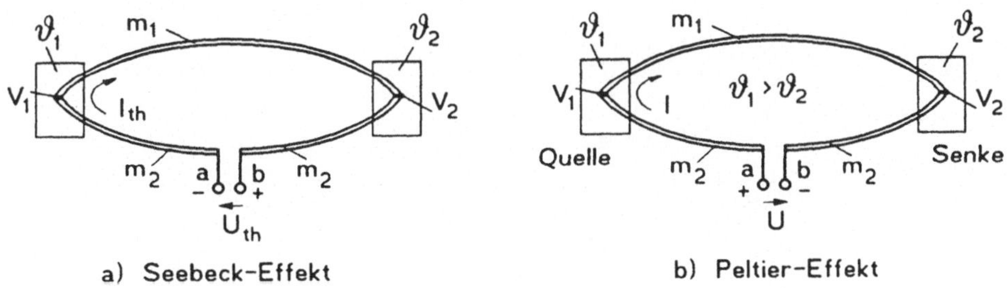

Bild 4.24: Thermoelektrische Effekte: a) Seebeck-Effekt; b) Peltier-Effekt

4.9.2 Der Peltier-Effekt

Der Franzose *Peltier* fand 1834 thermische Anomalien an elektrischen Kontakten, die erst 20 Jahre später von *William Thomson (Lord Kelvin)* theoretisch zufriedenstellend gedeutet werden konnten. Der nach Peltier benannte Effekt ist praktisch eine Umkehrung des Seebeck-Effekts; er läßt sich anhand Bild 4.24b erläutern. Legt man an das im vorigen Abschnitt dargestellte Thermoelement eine Spannung U_{ab}, so fließt ein Strom I, der an den Verbindungsstellen V_1 und V_2 unterschiedliche Temperaturen ϑ_1 und ϑ_2 erzeugt. Die Folge ist ein Wärmestrom P_v zwischen V_1 und V_2. Die Materialpaarung m_1, m_2 sowie die Polarität von U_{ab} bestimmen, ob V_1 eine Wärmequelle oder -senke wird und umgekehrt. Es gilt

$$P_v = \alpha_{pelt} \cdot I \ . \tag{4.49}$$

α_{pelt} ist der *Peltier-Koeffizient*, dessen Vorzeichen so definiert ist, daß ein Stromfluß von a nach b im Peltier-Element V_1 zur Quelle und V_2 zur Senke von P_v macht.

4.9.3 Der Thomson-Effekt

Der *Thomson-Effekt* ähnelt dem Peltier-Effekt, bezieht sich aber auf *einen* Leiter. Liegt ein Leiter aus geeignetem Material in einem Temperaturfeld mit dem Gradienten $\Delta\vartheta$ und wird er von einem Strom I durchflossen, so wirkt er je nach Stromrichtung und Material als Wärmequelle oder -senke, abgesehen von der Jouleschen Verlustwärme, die in jedem Fall erzeugt wird. Der Thomson-Effekt hat technisch bisher keine Anwendung gefunden, weil der Wirkungsgrad noch zu gering ist.

Kapitel 5

Bauelemente auf nichteinkristalliner Basis

Die Masse der heute verwendeten Halbleiterbauelelmente hat einkristallines Material als Basis, das für die auszunutzenden physikalischen Efffekte unabdingbar ist. Es gibt allerdings auch eine Reihe von polykristallinen und amorphen Komponenten, deren Anwendungsspektrum sich ständig erweitert.

Der Vorteil bei der Verwendung nichteinkristalliner Materialien liegt bei den zum Teil vergleichsweise niedrigen Herstellungskosten. Zum anderen treten hier auch Effekte auf, die in einkristallinen so nicht vorkommen.

Es ist uns im Rahmen dieser Einführung nicht möglich, auf halbleiterphysikalische Details nichteinkristalliner Stoffe einzugehen. Wir beschränken uns auf die Diskussion der wichtigsten Vertreter von technischen Baulelementen. Hierzu gehören

- Varistoren (spannungsabhängige Widerstände, VDR)
- Kaltleiter (PTC-Widerstände),
- Heißleiter (NTC-Widerstände),
- Solarzellen (photovoltaische Elemente), sie werden gemeinsam mit den Solarzellen auf einkristalliner Basis abgehandelt,
- Thermoelemente,
- Schalter und Speicher,
- Photowiderstände,

- transparente leitende Verbindungen (leitende Gläser) für Anzeigeeinheiten (Displays) etc.,
- Hallgeneratoren,
- Feldplatten.

Je nach Material beruht das Wirkungsprinzip auf *Volumen*– oder/und *Korngrenzeneffekten*.

Die Liste der Aufzählung zeigt uns, daß viele Komponenten eine Rolle in der *Sensorik* spielen, weil sich mit deren Hilfe *nichtelektrische* physikalische Größen (Licht, Temperatur, Magnetismus, Strahlung, Druck, Zug etc.) in elektrische umwandeln lassen. Die Sensorik ist eine eigenständige Sparte der Elektronik.

5.1 Thermoelektrische Halbleiterbauelemente

In *thermoelektrischen* Halbleiterbaulementen werden zwei physikalische Effekte ausgenutzt, die schon im letzten Jahrhundert entdeckt wurden, die aber erst im Zuge der Fortschritts in der Halbleitertechnik praktisches Interesse erlangt haben (vgl. Abschnitt 5.1.1). Sie finden Anwendung beim Thermo– und beim Peltier–Element.

5.1.1 Das Halbleiter-Thermoelement (Seebeck-Element)

Thermoelemente klassischer Bauart bestehen, wie im Abschnitt 4.9.1 erläutert, aus zwei an ihren Enden miteinander verlöteten oder verschweißten Drähten unterschiedlicher Metalle oder Metallegierungen. Nachteilig ist ihr geringer Wirkungsgrad. Moderne Thermoelemente werden auf Metall-Halbleiterbasis hergestellt; die Thermospannung erreicht hier wesentlich größere Werte.

Bild 5.1 zeigt das Prinzip des *Halbleiter–Thermoelementes* und das Schaltsymbol. Die Enden des Halbleiterstabes, der entweder vom N- oder P-Typ sein kann, sind mit Ohmschen Kontakten versehen, die auf verschiedenen Temperaturen liegen. Da die Zahl der Majoritätsträger bei geeigneter Dotierung in gewünschten Temperaturbereichen durch die Temperatur gesteuert werden kann, ist die Ladungsträgerdichte am wärmeren Ende größer als am kälteren; es entsteht die Thermospannung U_{th}.

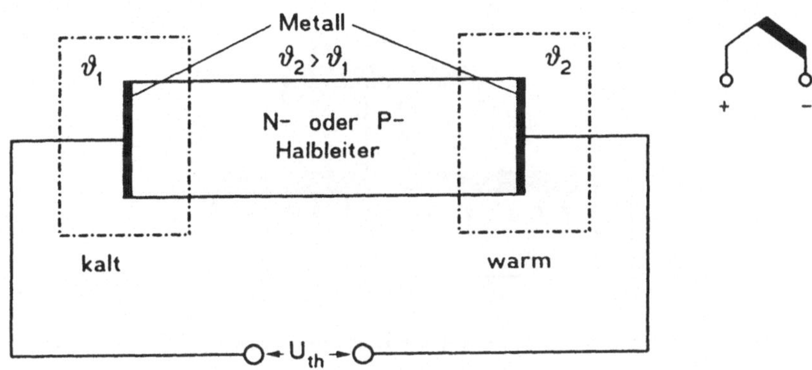

Bild 5.1: Prinzip des Halbleiter-Thermoelements

Tabelle 5.1 enthält die Daten einiger gebräuchlicher Materialien für Halbleiterthermoelemente.

Tabelle 5.1: Eigenschaften von Thermoelement-Materialien

Material	Leitf.-Typ	Thermokraft α_{th} $[\mu V/K]$	Bezugstemperatur $[^\circ C]$
$ZnSb$	P	+220	200
$(Bi, Sb)_2Te_3$	P	+195	25
$BiTe$	N	-250	125
$Bi_2(Te, Se)_3$	N	-210	100
$(FeSi_2)Co$	N	-200	25
$(FeSi_2)Al$	P	+400	25

Das Thermoelement gemäß Bild 5.1 läßt sich für Meßzwecke (Temperaturfühler etc.) verwenden. Als *Seebeck-Element* hat es in abgewandelter Form in Wärmekraftmaschinen für die thermoelektrische Stromerzeugung Eingang in die Praxis gefunden.

Der Aufbau des Seebeck-Elementes als Leistungskomponente (schematisch in Bild 5.2 gezeigt, unterscheidet sich von der Anordnung nach Bild 5.1. Es enthält mindestens je einen Schenkel aus n- und p-leitendem Material, die metallisch über Leiter (hier V_1,V_2,V_3) so miteinander verbunden sind, daß diese Verbindungen aufgrund spezieller, hier nicht dargestellter Form wiederum als Wärmetauscher fungieren können. Je nach Einsatztemperaturbereich müsssen die Halbleitermaterialien entsprechend ausgewählt und miteinander kombiniert werden.

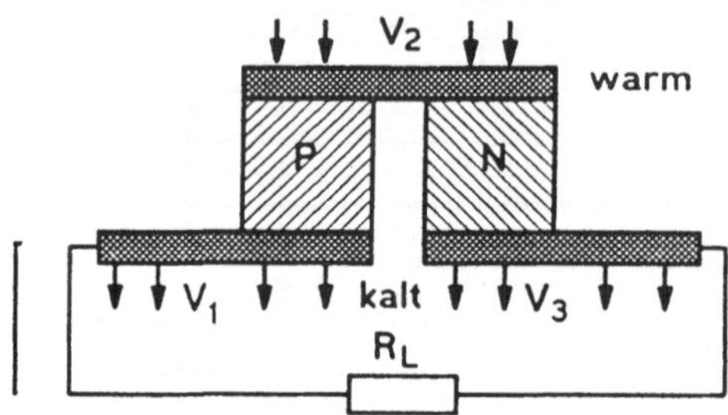

Bild 5.2: Seebeck–Element für die thermoelektrische Stromerzeugung

Der *Wirkungsgrad*, definiert als Verhältnis aus an R_L abgegebener elektrischer Leistung (bei Leistungsanpassung) und der vom Wärmetauscher V_2 aufgenommenen Wärmeleistung steigt unter anderem mit der Temperaturdifferenz zwischen V_2 und V_1 bzw. V_3 und liegt in der Größenordnung von $5\% \cdots 40\%$. Es sind Materialien verfügbar, die maximale Temperaturen von ca. 1000 $°C$ zulassen.

Anwendungen: Ausnutzung von Abgaswärme, Stromversorgung von Geräten und Systemen im Weltraum mittels thermonuklearer Batterien, Energiegewinnung durch Körperwärme bei Armbanduhren und Meßgeräten im Körperinneren etc.

5.1.2 Das Halbleiter–Peltier–Element

Der Peltiereffekt wird in Kühlaggregaten verwendet, bei denen Kompressoren und sonstige bewegliche Teile aus den unterschiedlichsten Gründen nicht erwünscht sind.

Bild 5.3: Halbleiter-Peltiermodul

Bild 5.3 zeigt schematisch den Aufbau eines Peltier-Moduls, bestehend aus einer Reihe von Einzelelementen im Schnitt. Die mit heute verfügbaren Halbleitermaterialien erreichbaren Temperaturdifferenzen betragen bei einfachen Modulen und Raumtemperatur etwa 50 K ($\vartheta_2 = +25°C \longrightarrow \vartheta_1 = -25°C$).

Nachteil der Peltier- Elemente gegenüber Kompressorkühlaggregaten ist der schlechtere Wirkungsgrad (max. 10%). Sie finden deshalb nur in Spezialfällen Verwendung, z.B. im Weltraumeinsatz oder bei der Kühlung kompakter elektronischer Schaltungen.

5.2 Temperaturabhängige Widerstände (Thermistoren)

Jeder Technische Widerstand ist a priori in gewissem Maße temperaturabhängig, wie wir im Kapitel 1 bereits erörtert haben. Ohmsche Widerstände sollen möglichst Temperaturkoeffizienten α_T in der Nähe von Null haben.

Es gibt jedoch auch Widerstände mit extrem ausgeprägter Temperaturabhängigkeit, die sich - weil sie in speziellen elektronischen Schaltungen eingesetzt werden sollen - gezielt züchten lassen. Derartige Widerstände heißen *Thermistoren*, hergeleitet von **Therm**ally Sensitive **Resistor**. Man muß hier zwei Gruppen unterscheiden:

- *Heißleiter* oder NTC-Thermistoren (NTC: **N**egative **T**emperature **C**oefficient),
- *Kaltleiter* oder PTC-Thermistoren (PTC: **P**ositive **T**emperature **C**oefficient).

Heißleiter haben einen anderen Aufbau und auch einen anderen physikalischen Wirkungsmechanismus als Kaltleiter. Wir wollen beide nachfolgend erörtern.

5.2.1 Heißleiter (NTC–Widerstand)

Bei den meisten metallischen Leitern beobachtet man einen leichten positiven Temperaturkoeffizienten α_T (Definition von α_T s. Gl. 5.3). Es sind aber auch schon lange Materialien mit NTC bekannt (1839 entdeckt Faraday den NTC bei Silbersulfid Ag_2S).

Eine stabile und damit technisch nutzbare Grundlage für Heißleiter ergaben aber erst mehr als 100 Jahre später die *oxidischen Keramik-Halbleiter* auf der Basis von Metallen mit den chemischen Ordnungszahlen 25 $\cdots$ 30 (Mn,

Fe, Co, Ni, Cu, Zn). Andere Elemente aus dem Bereich der *Seltenen Erden* sowie *Siliziumkarbid SiC* finden ebenfalls Verwendung, insbesondere bei hohen Temperaturen.

Der starken Zunahme der Leitfähigkeit mit steigender Temperatur liegen mehrere physikalische Ursachen zugrunde, die sich nur mit detaillierten Kenntnissen aus der Quantenphysik und aus der Kristallographie verstehen lassen.

5.2.1.1 Herstellung und Bauformen von NTC–Widerständen

Typisch für die Herstellung von NTC-Widerständen sind *Sinterverfahren*. Die einzelnen pulverisierten Metalloxide werden gemäß dem Anwendungszweck gemischt und in Hochdruckpressen zu Perlen, Tabletten oder Zylindern geformt. Außerdem erfolgt bei Temperaturen um 1000 ⋯ 1200 $°C$ das eigentliche Sintern, bei dem die einzelnen Körnchen thermisch verklebt werden. Die Kontaktierung wird mit Silberpasten erreicht, die man bei ca. 800 $°C$ einbrennt. Die so vorliegenden Rohlinge können zusätzlich noch in Glas, Keramik, Kunststoff oder Lack eingebettet werden.

5.2.1.2 Temperaturabhängigkeit der Kenngrößen

Generell nimmt die Leitfähigkeit des *Heißleiters exponentiell* mit der absoluten Temperatur T zu, bzw. der Widerstand mit 1/T exponentiell ab. Es gilt für den Widerstand $R(T)$

$$\boxed{R(T) = R_0 \cdot \exp\left[B \cdot \left(\frac{1}{T} - \frac{1}{T_0}\right)\right]} \quad ; \tag{5.1}$$

T: Temperatur [K] — T_0: Raumtemperatur 300 K
B: typbezogener Wert [K] — R_0: Nennwiderstand bei 300 K.

B wird beispielsweise meßtechnisch bestimmt aus 2 Meßpunkten (T_1, R_1) und (T_2, R_2); man erhält mit Gleichung (5.1)

$$\boxed{B = \frac{T_1 \cdot T_2}{T_1 - T_2} \cdot ln \frac{R_1}{R_2}} \quad . \tag{5.2}$$

Gleichung (5.2) gilt nur für kleine Temperaturintervalle; allgemein ist B zusätzlich temperaturabhängig. Für den Temperaturkoeffizienten α_T gilt

$$\boxed{\alpha_T = \frac{1}{R(T_o)} \cdot \left.\frac{\partial R(T)}{\partial T}\right|_{T=T_o}} \tag{5.3}$$

oder, mit Gleichung (5.2)

$$\boxed{\alpha_T(T) = -\frac{B}{T^2}} \; . \tag{5.4}$$

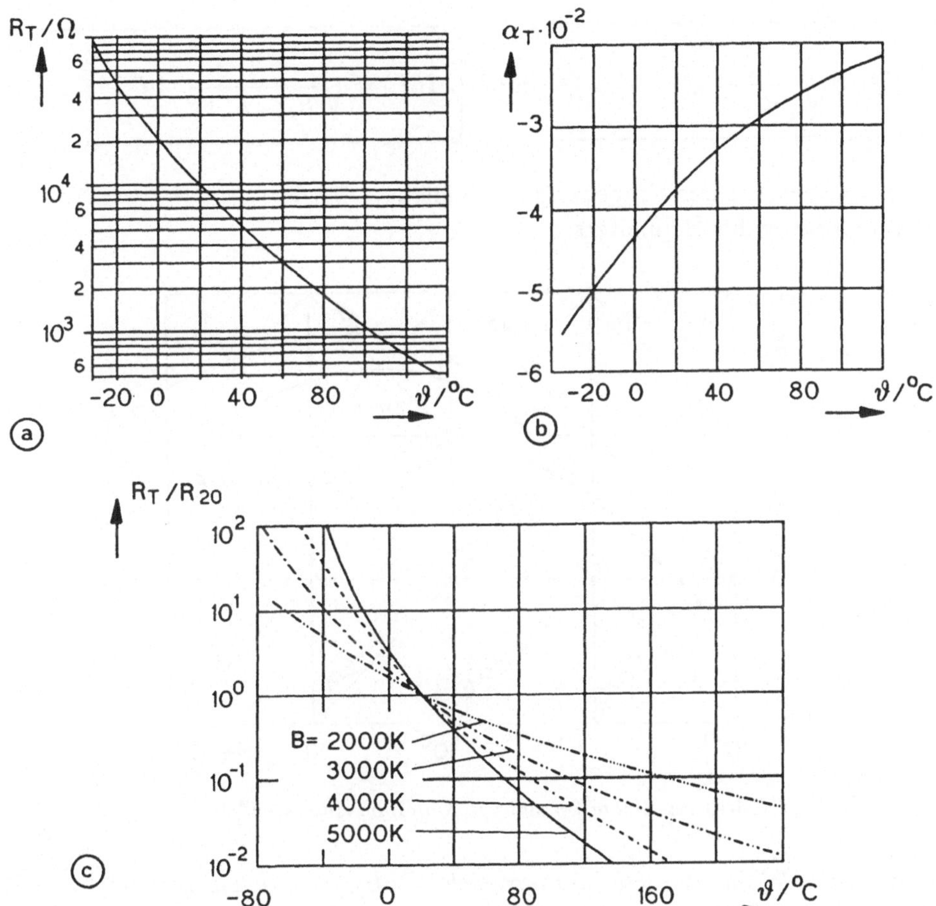

Bild 5.4: Temperaturverlauf von Heißleiter-Kenngrößen

α_T ist damit ebenfalls temperaturabhängig. Bild 5.4a zeigt den Zusammenhang nach Gl. (5.1), Bild 5.4b nach Gl. (5.4) und Bild 5.4c nach Gl. (5.3) grafisch. Gängige Größenordnungen sind $-0,02 \leq \alpha_T$.

Die *Strom-Spannungskennlinie* des NTC-Widerstands ist gemäß Bild 5.5 nichtlinear, wie sich schnell aus folgender Überlegung ergibt: Die Joulesche

Verlustwärme erniedrigt bei zunehmendem Stromfluß den Widerstand, und zwar umso mehr, je weniger die Wärme abgeführt werden kann. Kennzeichnend für die Fähigkeit, Wärme abzuführen, ist der *Wärmeableitwiderstand* oder *thermische Widerstand* $R_{th}[\frac{K}{W}]$ (vgl. a. Band II, Kap. 8). Es ist zweckmäßig, die Strom–Spannungskennlinie in Parameterform anzugeben. Für thermisches Gleichgewicht lautet sie:

$$\boxed{U(T) = \sqrt{\frac{R(T)}{R_{th}} \cdot (T - T_{amb})}} \quad und \quad \boxed{I(T) = \sqrt{\frac{1}{R_{th} \cdot R(T)} \cdot (T - T_{amb})}} \,, \tag{5.5}$$

T_{amb}: Temperatur der Umgebung (ambient),
T: Temperatur der Heißleiters.

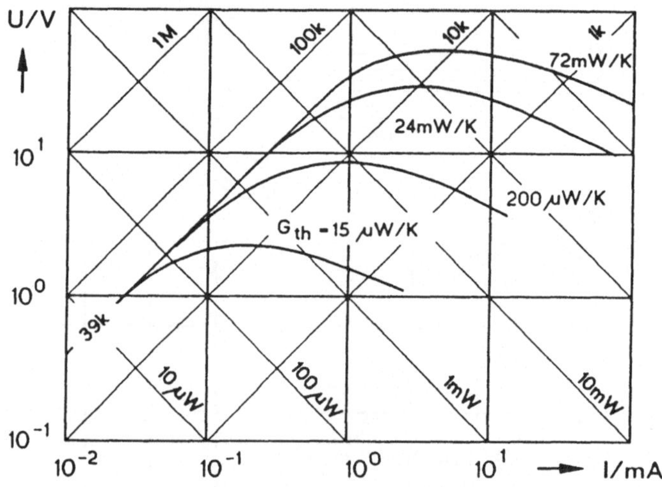

Bild 5.5: Strom-Spannungs-Kennlinie eines Heißleiters

In vielen Fällen ist auch die *thermische Zeitkonstante* T_{th} von Wichtigkeit, die eine Aussage darüber zuläßt, wie sich der Widerstand bei abrupten Lastwechsel auf den neuen Gleichgewichtszustand einstellt. Sie hängt außer von R_{th} auch noch von der *Wärmekapazität* $C_{th}[WsK^{-1}]$ des Widerstands ab, und es gilt

$$\boxed{T_{th} = \frac{C_{th}}{G_{th}} = C_{th} \cdot R_{th} \qquad [s]} \,. \tag{5.6}$$

Je nach Bauart liegt T_{th} zwischen 0,3 s $\cdots$ 40 s.

5.2.1.3 Linearisierung und Anpassung von Widerstandskennlinien

In manchen Anwendungsfällen ist es erwünscht, eine gegebene Widerstandskennlinie R(T) in bestimmten Bereichen zu linearisieren oder einer anderen Funktion anzunähern. Das erreicht man beispielsweise durch Parallel- und/-oder Reihenschaltung zusätzlicher Ohmscher Widerstände gemäß Bild 5.6.

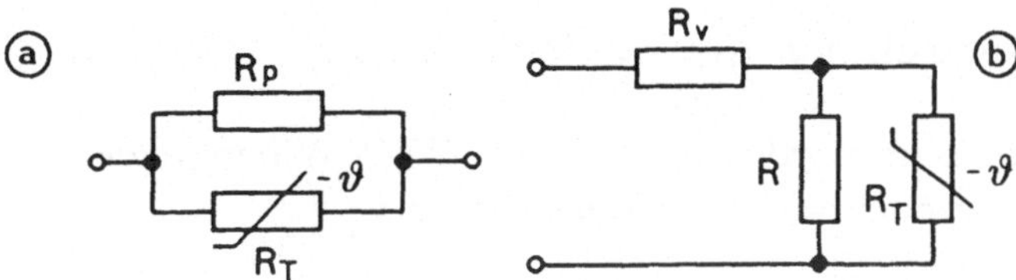

Bild 5.6: Linearisierung von PTC-Widerstandskennlinien

Für Schaltung a ergibt sich als *resultierender Temperaturkoeffizient*

$$\boxed{\alpha_{ges} = \alpha_T \cdot \frac{R_p}{R_p + R_T}} \quad . \tag{5.7}$$

Dem Studierenden sei es selbst überlassen, den resultierenden Temperaturkoeffizienten der Schaltung b zu berechnen.

Heißleiter finden z. B. Anwendung als Temperatursensoren (Widerstandsthermometer), als Anlaßverzögerung in Stromkreisen (Relais, Motoren etc.) und in der Regelungstechnik (Spannungsstabilisierung, Temperaturregelung etc.).

5.2.2 Kaltleiter (PTC–Widerstand)

Wie im Abschnitt 5.2.1 bereits erwähnt, haben fast alle metallischen Leiter einen - wenn auch nur schach ausgeprägten - positiven Temperaturkoeffizienten α_{th}. Keramische Halbleiter auf der Basis der *Barium-Titanate* $Ba_xTi_yO_z$ weisen in einem relativ schmalen Temperaturbereich ein besonders starkes α_T bis zu $+0,3K^{-1}$ auf. Hier sind insbesondere $BaTiO_3$ und $Ba_{16}Ti_{17}O_{40}$ zu nennen.

Bariumtitanat wurde wegen seiner hohen relativen Dielektizitätskonstanten ursprünglich als Kondensator-Dieelektrikum eingesetzt. Es verfügt außerdem noch über piezoelektrische und ferroelektrische Eigenschaften.

Der Kaltleitereffekt hat seine Ursache darin, daß sich sich bei bestimmten Feldstärken an den Korngrenzen des Sintermaterials Sperrschichten ausbilden, die den Gesamtwiderstand erhöhen. Übersteigt die Feldstärke dann einen bestimmten kritischen Wert, so geraten die Sperrschichten in den Durchbruch. Dies hat eine fallende U/I-Charakteristik mit negativem differentiellen Widerstand zur Folge (s.u.).

5.2.2.1 Herstellung und Bauformen von PTC–Widerständen

PTC-Widerstände werden ähnlich wie NTC–Widerstände mittels Sinterung hergestellt und auch wie diese konfektioniert.

5.2.2.2 Temperaturabhängigkeit des Widerstands

Bild 5.7 zeigt den typischen Verlauf des Kaltleiter–Widerstands R_{KL} bei kleinen Spannungen über der Temperatur für eine PTC–Familie der Fa. Siemens. Wir erkennen, daß sich der Bereich des positiven α_{th} auf einen relativ schmalen Temperaturbereich von $50 \cdots 100$ K – den eigentlichen Arbeitsbereich – erstreckt. Die Lage des Arbeitsbereichs wird bei der Herstellung durch die Materialzusammensetzung festgelegt.

Weit unterhalb des Arbeitsbereichs ist α_{th} negativ und oberhalb des Maximalwiderstands R_{max} ebenfalls (hier nur für eine Kennlinie exemplarisch dargestellt). Die Bezugstemperatur ϑ_B ist derjenige Wert von ϑ, bei dem $R_B = 2 \cdot R_{min}$ ist. Im Arbeitsbereich ist α_T maximal (größte Steilheit der Kennlinie).

5.2.2.3 Spannungsabhängigkeit des Widerstands

Wie wir Bild 5.8 entnehmen, hat der PTC–Widerstand auch eine starke Spannungsabhängigkeit. Die stationäre Strom/Spannungs–Charakteristik hat nur für kleine Spannungen einen positiven differentiellen Leitwert $\frac{\partial I}{\partial U}$. Oberhalb einer kritischen Feldstärke verhält sich der PTC–Widerstand wie ein VDR (s. a. Abschnitt VDR) mit negativem differentiellen Leitwert $\frac{\partial I}{\partial U}$.

5.2.2.4 Frequenzabhängigkeit des Widerstands

Unter Berücksichtigung der oben beschriebenen Sperrschichteffekte können wir das Frequenzverhalten anhand der Ersatzschaltung nach Bild 5.9 beschreiben.

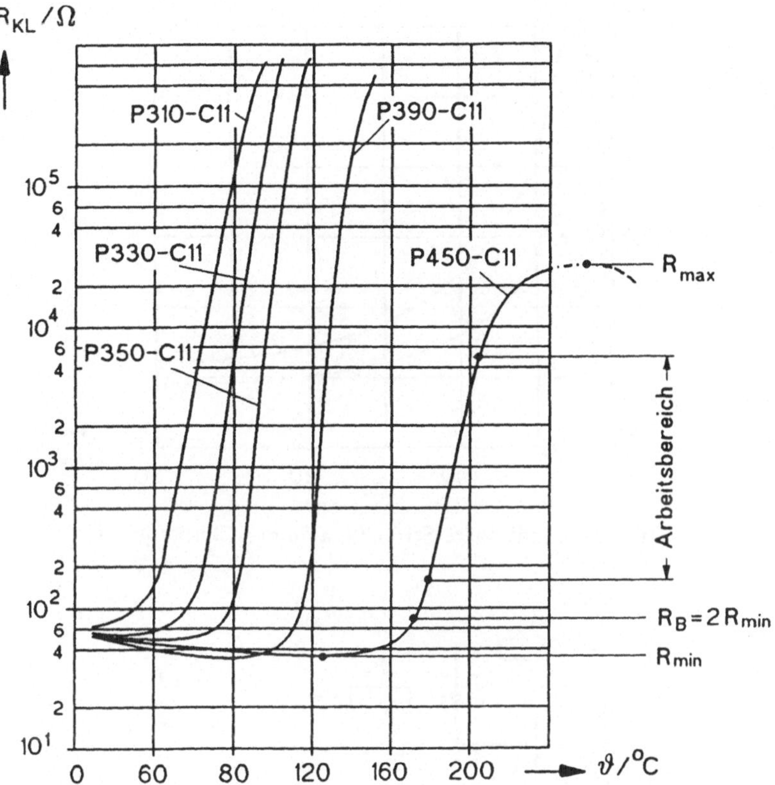

Bild 5.7: Kaltleiterwiderstand als Funktion der Temperatur bei kleinen Spannungen

Für den Scheinwiderstand gilt

$$Z = R_v + \frac{R_s}{1 + j\omega C_s R_s} \tag{5.8}$$

mit R_v: Volumenwiderstand des PTC-Widerstands,
C_s, R_s : Kapazität und Widerstand der Sperrschichten, global.

Mit zunehmender Frequenz reduziert sich demnach der Widerstand (dies entspricht z.B. einer Abnahme von R_{max} in Bild 5.7) und damit die Steilheit der U/I-Kennlinie.

5.2.2.5 Anwendungen für PTC-Widerstände

Der PTC-Widerstand findet eine Reihe von Anwendungen:

- Temperatursensoren z.B. zur Überwachung von vorgebenen Temperaturen (Schutzeinrichtungen für Elektromotoren, Transformatoren etc.),

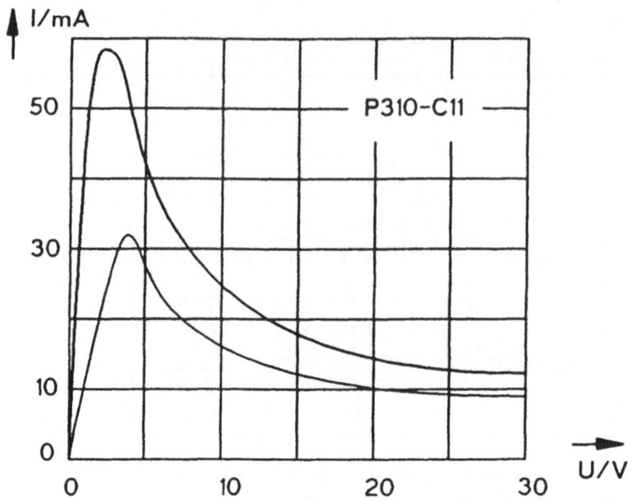

Bild 5.8: Stationäre Strom/Spannungs-Charakteristik

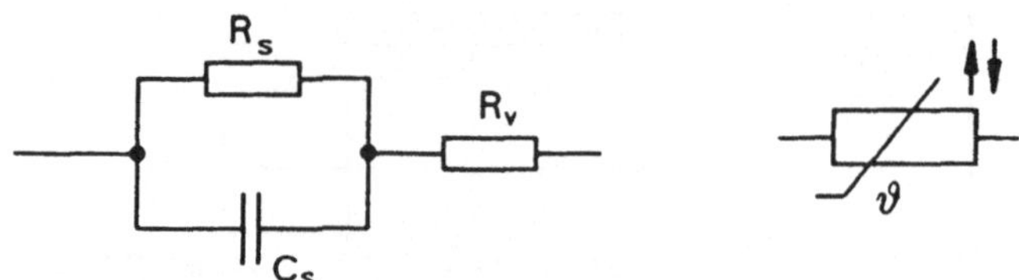

Bild 5.9: Ersatzschaltung des PTC-Widerstandes

- Sensoren zur Überwachung von Flüssigkeitspegeln, Strömungen etc,
- Entmagnetisierungsschaltungen für Fernsehbildröhren (Hoher Anfangs-Wechselstrom von ca. 5 A wird innerhalb einiger 100 ms reduziert auf wenige mA),
- Verzögerungsglieder zum Anlassen von Einphasen-Wechselstrommotoren,
- selbstregelnde Heizelemente (Kaltleiter ist Sensor und Heizelement (Aktor) zugleich).

5.2.3 Spannungsabhängiger Widerstand (SAW), Varistor (VDR)

Varistoren sind *spannungsabhängige Widerstände*, deren Widerstand umso kleiner wird, je höher die anliegende Spannung steigt. Handelsnamen sind VDR = **V**oltage **D**ependent **R**esistor oder SAW = **S**pannungs-**A**bhängiger **W**iderstand. Im vorigen Abschnitt über PTC-Widerstände wurde schon darauf hingewiesen, daß der Varistor-Effekt auch beim PTC-Widerstand auftritt, dort aber unerwünscht ist.

5.2.3.1 Herstellung und Bauformen

Varistoren bestehen entweder aus *Silizium–Karbid SiC* oder aus *Zinkoxid ZnO*. SiC gewinnt man durch Reduktion von Quarzsand (SiO_2) mit Kohlenstoff. Es wird feinkörnig gemahlen, mit keramischem Bindemittel gepreßt und bei ca. 2000 $°C$ gesintert. ZnO ist eine oxidische Metallkeramik, es hat niedrigere Sintertemperaturen (ca. 1200 $°C$).

Varistoren gibt es in vielfältigen Ausführungsformen; sie dienen im wesentlichen dem Überspannungsschutz und gelegentlich auch der Spannungsstabilisierung. Man findet sie sowohl in der signalverarbeitenden Elektronik als auch in der elektrischen Energietechnik, hier beispielsweise in Form von zylindrischen Überspannungsableitern (Durchmesser 120mm und mehr, Höhe mehrere Meter).

5.2.3.2 Strom/Spannungsabhängigkeit des Widerstands

Die elektrischen Eigenschaften beruhen auf den spannungsabhängigen Kontaktwiderständen an den einzelnen Korngrenzen. Hier bilden sich, wie im vorigen Abschnitt schon erwähnt, Sperrschichten aus, die bei hohen Feldstärken in den Durchbruch geraten. Es existieren 3 unterschiedliche Theorien zum Wirkungsprinzip des Varistors, die auch zu unterschiedlichen Strom/Spannungs-Gleichungen führen. Wir beschränken uns auf einen Ansatz, der für kleinere Stromdichten Gültigkeit hat.

Bild 5.10a zeigt hierfür schematisch die Strom/Spannungskennlinie; sie gehorcht der Beziehung

$$\boxed{U = C \cdot I^{\beta}} \quad . \tag{5.9}$$

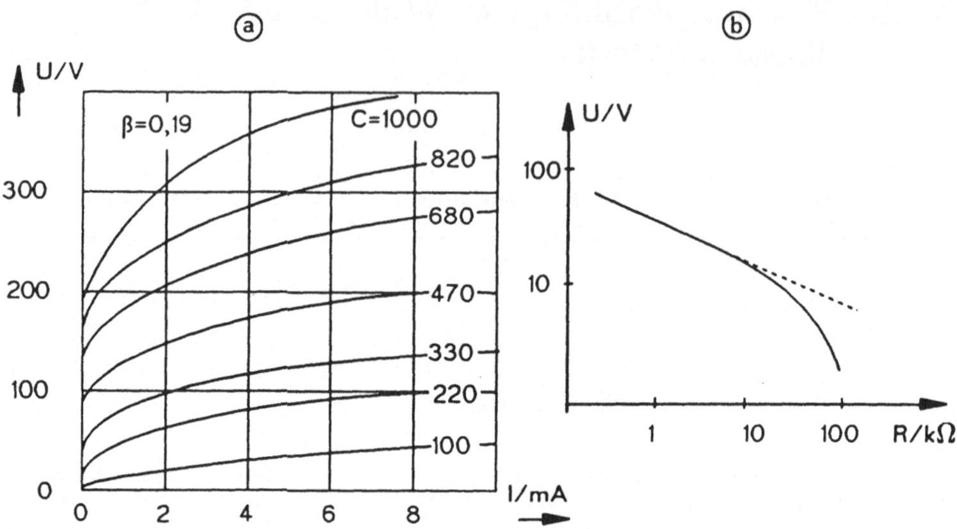

Bild 5.10: Strom/Spannungs- und Widerstands/Spannungs-Charakteristik des Varistors, schematisch

Hierbei ist $\beta = 0,17 \cdots 0,25$ ein Nichtlinearitätskoefizient und C ein Proportionaltätsfaktor mit Werten von $C = 100 \cdots 1000[V]$ bei einem Strom von $(1A)^{\beta}$. In Bild 5.10b ist der Verlauf des Widerstandes als Funktion der Spannung aufgetragen. Löst man Gleichung (5.9) nach R auf, so ergibt sich

$$\boxed{R = \frac{U}{I} = C \cdot {}^{\frac{1}{\beta}} \cdot U^{\frac{\beta-1}{\beta}}} \; . \tag{5.10}$$

Varistoren haben einen negativen Temperaturkoeffizienten α_T $(1,2 \cdots 1,8 \cdot 10^{-3} K^{-1})$.

5.3 Photoelektrische Bauelemente

Photoelektische Bauelemente basieren, sofern es sich nicht um einkristalline Komponenten (z.B. Photodiode, Photowiderstand) handelt, vorwiegend auf amorphen Halbleitern. Die wichtigsten Vertreter dieser Gruppe sind Se, mittels spezieller Aufdampftechniken aus der Gasphase abgeschiedene Si– oder Ge–Schichten und die sog. *Chalkogenid–Halbleiter*, die Elemente aus der 6. Gruppe des Periodensystems (Selen, Tellur, Schwefel) enthalten.

Die Erforschung und die Technologie der Photohalbleiter entwickeln sich derzeit sehr dynamisch, auf Details können wir in diesem Rahmen nicht eingehen. Uns interessiert die Anwendung bei den photoelektrischen Bauelementen, und wir beschränken uns auf einige grundsätzliche Betrachtungen.

5.3.1 Bauelemente für die Elektrophotographie

Chalkogenid-Halbleiter haben weite Verbreitung in der elektrophotographischen Kopiertechnik gefunden. Die hier verwendenten photoelektrischen Halbleiter bestehen aus dünnen (ca. $50\mu m$ starken) Schichten - je nach verarbeitbarem Spektralbereich der Kopiergeräte Se, As_2Se_3 oder *Selen–Tellur–* Verbindungen auf einem elektrisch leitenden Träger (vorwiegend Trommel, seltener auch Platte). Das Material ist im Dunkelzustand sehr hochohmig (bis $10^{16}\Omega \cdot cm$). Durch die Belichtung wird es niederohmig. Wie man diesen Effekt in monochromen Photokopierern ausnutzt, zeigt Bild 5.11 schematisch.

Die Photoschicht wird im unbelichteten Zustand mittels eines sog. *Corotrons* (Spannung ca 700 V) durch gleichförmiges Vorbeibewegen homogen positiv aufgeladen (Bild 5.11a). Die positiv geladene Schicht konzentriert sich vorwiegend unmittelbar an der Oberfläche und ist wegen der Hochohmigkeit praktisch stationär.

Beim Belichtungsvorgang wird der *innere Photoeffekt* ausgenutzt. Die Eigenleitfähigkeit eines Halbleiters läßt sich allgemein durch die Zuführung von Energiequanten $\Delta W = h \cdot \nu$ in Form von Licht erhöhen. Bei geeignetem Halbleitermaterial und der richtigen Lichtwellenlänge λ (entsprechend der Frequenz $\nu = \frac{c}{\lambda}$ mit c als Lichtgeschwindigkeit) ist die vom Lichtquant gelieferte Energie ΔW gerade groß genug, um ein Ladungsträgerpaar $(\ominus, \oplus)$ zu erzeugen, anders gesagt, um ein Elektron vom Valenzband in das Leitungsband (Bild 5.11b) zu heben. Die Energiebilanz lautet dann:

$$\boxed{h \cdot \nu = \Delta W} \quad . \tag{5.11}$$

Ist der Bandabstand ΔW bekannt, so kann man aus Gl.(5.11) auch die Wellenlänge λ bestimmen, bei der der innere Photoeffekt eintritt:

$$\boxed{\lambda = \frac{h \cdot c}{\Delta W}} \quad . \tag{5.12}$$

Je nach lokaler Beleuchtungsstärke werden also im Halbleiter Ladungsträgerpaare erzeugt, die die Oberflächenladung zum Teil abfließen lassen (Bild

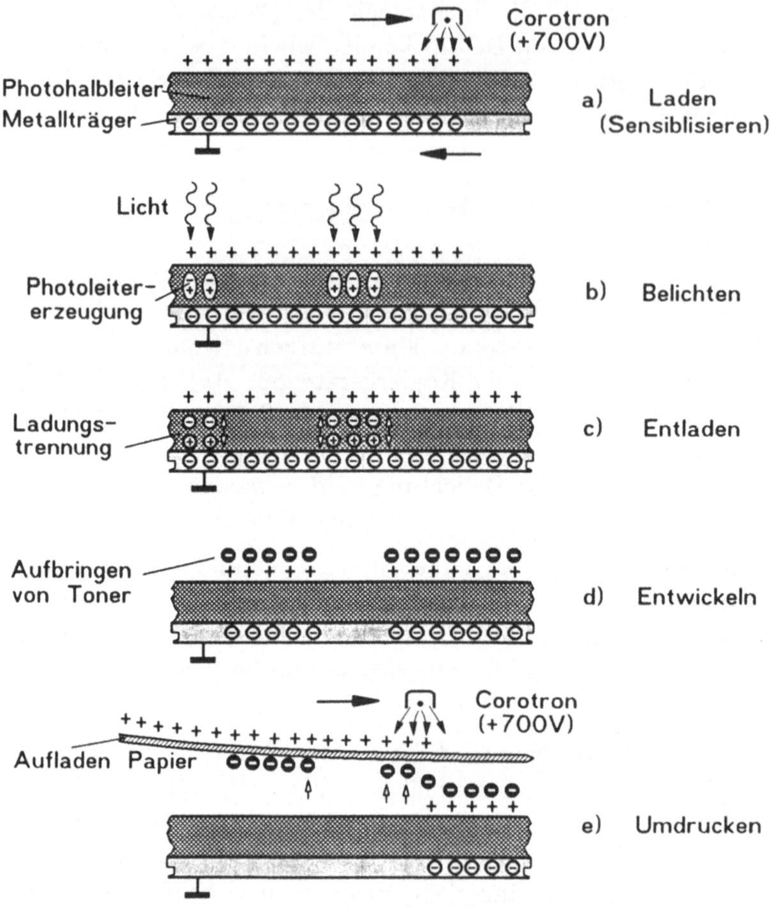

Bild 5.11: Prinzip des photoelektrischen Kopiervorgangs

5.11c), und zwar umso mehr, je heller die betreffenden Bildpartien sind. Die Folge ist ein *elektrisches Ladungsbild* der optischen Vorlage.

Das Ladungsbild zieht Farbpartikelchen (Toner) an, die auf der Oberfläche der Trommel oder Platte haften bleiben und negativ geladen sind (Bild 5.11d). Das Umdrucken auf das Papier geschieht, indem man das Papier zunächst über ein zweites Corotron positiv auflädt. Anschließend kommt es in Kontakt mit dem Photohalbleiter, und dabei geht der Toner auf das Papier über (Bild 5.11e). Eine anschließende thermische Fixierung — hier nicht dargestellt — schließt den Prozeß ab. Farbkopierer arbeiten im Prinzip genau so; es werden lediglich, ähnlich wie beim Farbdruck, mehrere (in der Regel 3) Farbauszüge erstellt.

5.3.2 Photowiderstand

Im Prinzip zeigt jeder Halbleiter den inneren Photoeffekt; er wird also auch beim Photowiderstand ausgenutzt. Der Photowiderstand ist ein Zweipol, dessen Ohmscher Widerstand von der Beleuchtungsstärke abhängt. Als Materialien für Photowiderstände im sichtbaren Spektralbereich eignen sich besonders Cadmium–Verbindungen, für den Infrarotbereich Bleiverbindungen. Bild 5.12 zeigt den schematischen Aufbau und das Schaltsymbol für den Photowiderstand.

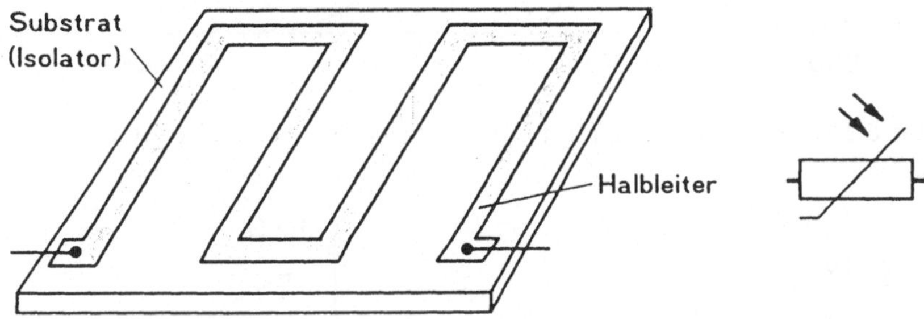

Bild 5.12: Photowiderstand, Aufbau schematisch und Schaltsymbol

In Bild 5.13 ist die spektrale Empfindlichkeit einiger Photowiderstandsmaterialien aufgetragen. Normalerweise ist die Widerstandskennlinie als Funktion der Beleuchtungsstärke nichtlinear (Kurve 1 in Bild 5.14a). Durch geeignete Dotierung und Mischung verschiedener Halbleiter lassen sich aber auch lineare Kennlinien erzielen (Kurve 2 in Bild 5.14a), wie sie für automatische Belichtungsmesser, Blendenregelungen usw. benötigt werden.

Eine charakteristische Größe ist die obere Grenzfrequenz bzw. Anstiegs– und Abfallzeit bei Wechsellichtbetrieb. Fällt Licht auf einen vorher dunklen Photowiderstand, so erhöht sich der Strom nicht sofort auf den Endwert, sondern er folgt Kurven, wie sie in Bild 5.14b dargestellt sind. Bei großer Beleuchtungsstärke ist die Anstiegszeit kürzer als bei kleiner Beleuchtungsstärke. Eine ähnliche Verzögerung tritt auch beim Fortfall des Lichts ein, wobei die Zeiten hier allgemein andere Werten haben als beim Einschalten.

Tabelle 5.2 gibt eine Übersicht über wichtige Kennwerte von Photowiderstandsmaterialien.

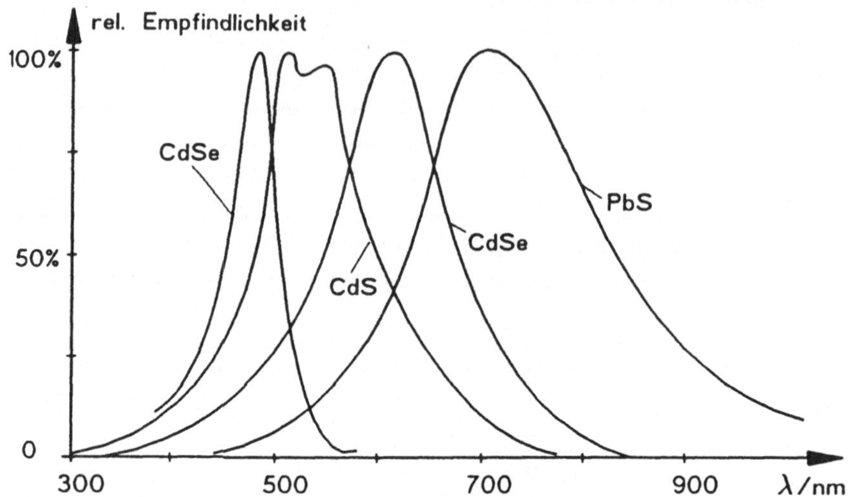

Bild 5.13: Spektrale Empfindlichkeit verschiedener Photowiderstandsmaterialien

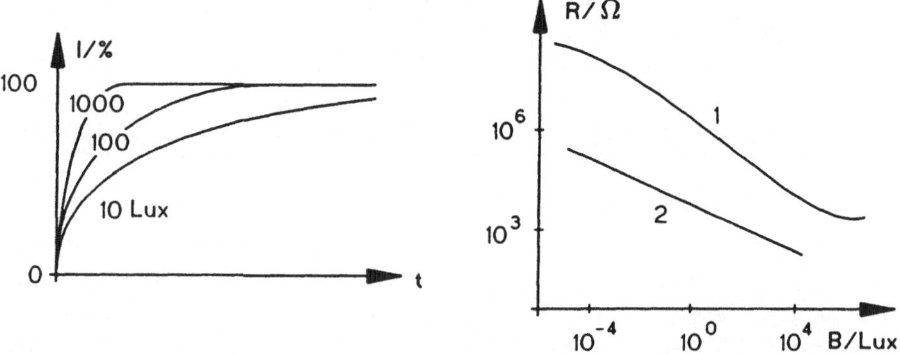

Bild 5.14: Widerstandskennlinie (a) und dynamisches Verhalten (b) von Photowiderständen

5.3.3 Schalt– und Speicherelemente

Schalt–und Speicherelemente sind den Photowiderständen insofern ähnlich, als sich die Leitfähigkeit durch Licht stark beeinflussen läßt. Der Unterschied besteht im wesentlichen darin, daß die Leitfähigkeit erst ab einer bestimmten Schaltschwelle U_S, dann aber abrupt und innerhalb sehr kurzer Zeiten (Größenordnung 1 ns) ansteigt. Dabei werden, ähnlich wie bei einer bidirektionalen Thyristordiode (vgl. a. dort), in der Strom/Spannungs–Charakteristik Bereiche *negativen differentiellen Widerstands* durchlaufen. Die Kennlinien sind

Tabelle 5.2: **Kennwerte von Photowiderstandsmaterialien**

Zusammensetzung	Spektralbereich (Temperatur)	Fläche	Empfindlichkeit (Dunkelstrom /mm^2)	↑Anstiegszeit ↓Abfallzeit
CdS	rot	0,2 mm^2 ⋯ 5 cm^2	10 ⋯ 600 μA/lux	↑ 50 ⋯ 500 ms ↓ 50 ⋯ 150 ms
CdSe	rot od. blau	0,3 ⋯ 1 cm^2	200 μA/lux	↑ 0,5 ⋯ 1,5 ms ↓ 5 ⋯ 50 ms
PbS	sichtbar bis 4 μm	0,3 ⋯ 40 mm^2	0,3 μV/μW ⋯ 10 mV/μW	↑↓ 75 ⋯ 200 μs
InSb	sichtbar bis 8 μm			↑↓ 0,1 ⋯ 10s
P-Ge (dotiert mit Au, Cd, Hg, Cu)	2 ⋯ 25 μm			↑↓ 1 μs

nur qualitativ vergleichbar, denn die Wirkungsmechanismen sind völlig unterschiedlich.

5.3.4 Halbleiter–Bildsensoren

Amorphes Silizium findet unter anderem auch Anwendung bei der Realisierung von *Halbleiter–Bildwandlern*, hier vor alllem in integrierter Technik gemeinsam mit Feldeffekt–Transistoren. Wir werden dieses Thema deswegen an anderer Stelle wieder aufgreifen.

5.3.5 Galvanomagnetische Bauelemente

Galvanomagnetische Bauelemente verwenden entweder den Hall–Effekt (beim Hallgenerator) oder die Widerstandsänderung eines Materials im Magnetfeld (bei der Feldplatte).

5.3.5.1 Hallgenerator

Hallgeneratoren finden entsprechend ihrem Prinzip in drei großen Bereichen Anwendung.

- **Bei konstantem Erregerstrom I_S erfolgt die Steuerung durch das Magnetfeld:**

Messung von Magnetfeldern und großen Gleichströmen, statische Magnetbandabtastung, kontaktlose Signalgabe.

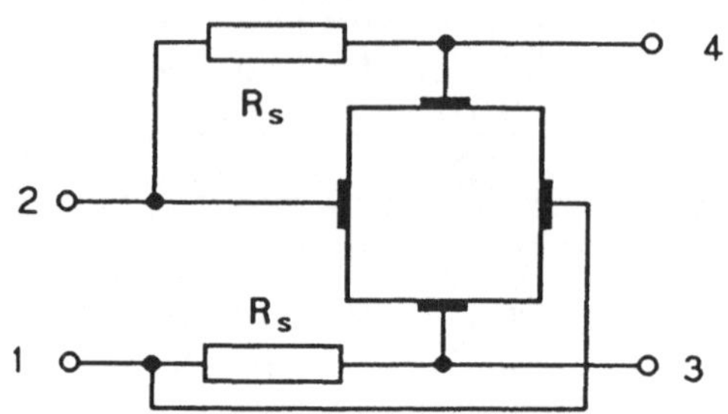

Bild 5.15: Prinzip des Halbleitergyrators

- **Bei konstantem Magnetfeld erfolgt die Steuerung durch den Strom I_S:**

Man bezeichnet eine solche Anordnung als *Halbleiter-Gyrator*. Der Gyrator ist ein *nicht-reziprokes* Bauelement. Während die Übertragung eines Signals auf den beiden möglichen Wegen in der einen Richtung (von der Steuerstromseite auf die Hallseite) mit derselben Phasenlage geschieht, kehrt sich die Phase bei der Übertragung in der anderen Richtung (von der Hallseite zur Steuerstromseite) auf dem einen Weg um.

Bild 5.15 zeigt das Prinzip des Gyrators. Durch richtige Bemessung der Widerstände R_S erreicht man eine Signalübertragung von den Klemmen 1 - 2 nach 3 - 4. Die Übertragung erfolgt phasenrichtig sowohl über das Hallelement als auch parallel dazu über die Widerstände R_S. In rückwärtiger Richtung wird das Signal von 3 - 4 über das Hallelement um 180° phasengedreht und von dem über R_S ohne Phasendrehung übertragenen Signal kompensiert.

Eine weitere Variante des Gyrators ist der *Halbleiter-Zirkulator* (Bild 5.16a). Diese Hall-Anordnung hat 6 Elektroden. Bei fehlendem Magnetfeld wird ein Signal zu gleichen Teilen von den Klemmen 1 - 2 nach 3 - 4 und 5 - 6 übertragen. Je nach Stärke des Magnet-Steuerfeldes kann es aber auch entweder nur nach 3 - 4 oder 5 - 6 weitergegeben werden. Zirkulatoren lassen sich gemäß Bild 5.16b auch als *Gabelweichen* verwenden. Erfolgt eine Übertragung von den Klemmen 1 - 2 nach 3 -

4, so gelangt gleichzeitig ein Signal von 3 - 4 nach 5 - 6 und von 5 - 6 nach 1 - 2.

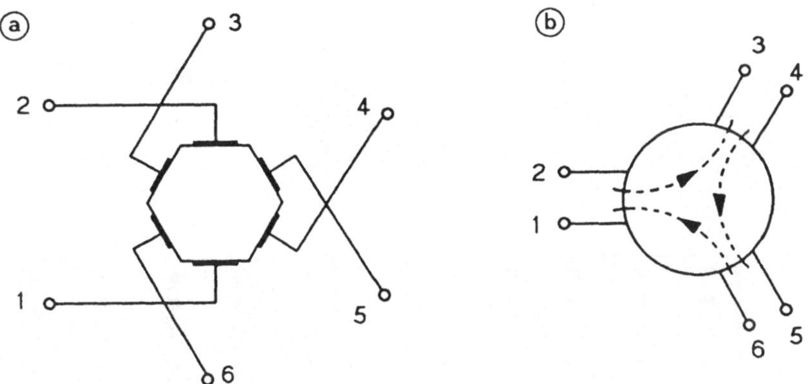

Bild 5.16: Halbleiter-Zirkulator(a) und Gabelweiche (b)

Es gibt auch Zirkulatoren mit 4 Armen (8 Klemmen). Sie werden allerdings vorwiegend auf Ferrit-Basis hergestellt und finden Verwendung in der Mikrowellentechnik.

Gyratoren sind darüberhinaus auch als elektronische Schaltungen realisierbar und haben in dieser Ausführungsform große Bedeutung in der Filtertechnik (s. a. Elektronik Bd. II).

- Bisweilen wird der Hallgenerator als *Multiplikator* benutzt. Darauf wurde im Kapitel 4 bereits hingewiesen. Er eignet sich für Leistungsmessungen, Modulation, Oberwellenmessung usw. Er ist allerdings auch hier immer mehr durch integrierte Halbleiterschaltungen verdrängt worden.

5.3.5.2 Feldplatte

Die *Feldplatte* ist ein magnetisch steuerbarer Widerstand aus Indium-Antimonid $InSb$. Der Widerstand nimmt mit der magnetichen Induktion zu. Das Prinzip und das Schaltsymbol zeigt Bild 5.17.

In einer dünnen Halbleiterschicht sind mikroskopisch kleine Metalleinschlüsse vorhanden. Die Widerstandsänderung beruht darauf, daß sich die Strompfade bei Einschalten eines Magnetfeldes durch Drehung verlängern und damit den Widerstand erhöhen. Dabei ist die Polarität des Magnetfeldes unwichtig.

Bild 5.17a zeigt schematisch den Aufbau der Feldplatte. Auf einem Isolator ist eine etwa 20 μm starke Halbleiterschicht mäanderförmig aufgebracht, in

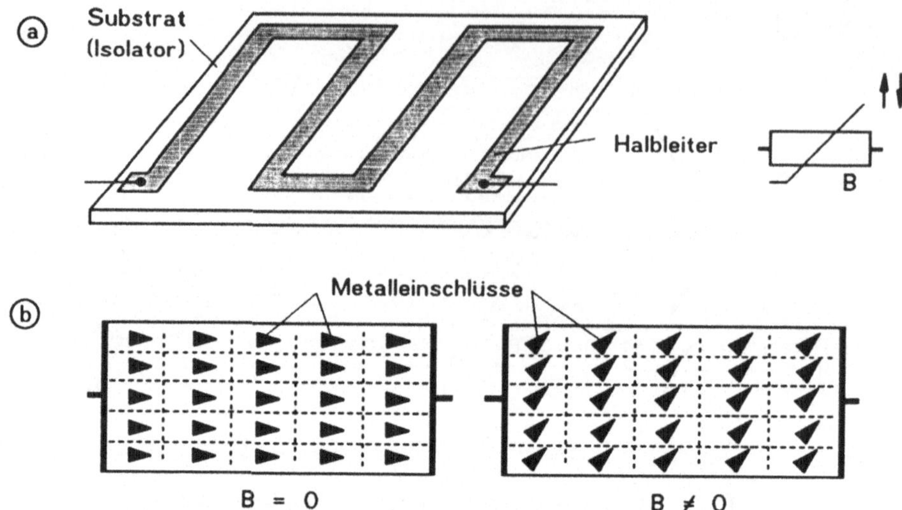

Bild 5.17: Aufbau (a) und Prinzip (b) von Feldplatten (schematisch)

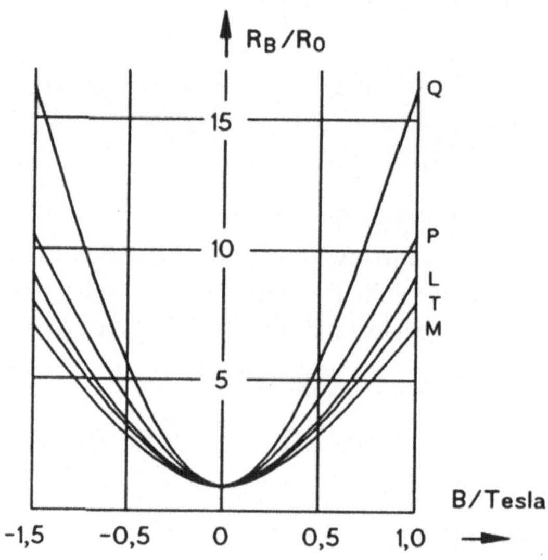

Bild 5.18: Typische Kennlinien von Feldplatten (Siemens

der sich die Metalleinschlüsse befinden. Länge und Breite der Halbleiterbahn bestimmen den *Nennwiderstand* R (Bereich einige $\Omega \cdots k\Omega$). Der Widerstand ist im Ohmschen Sinne linear, das heißt, es herrscht Proportionalität zwischen U und I.

In Bild 5.18 ist der normierte Widerstandsverlauf einiger Siemens-Feldplatten als Funktion der Flußdichte B dargestellt. Feldplatten finden Verwendung als kontaktlos steuerbare Widerstände oder bei der Messung von Magnetfeldern.

Kapitel 6

Die Halbleiterdiode (Bauelement mit einem PN-Übergang)

Wie in den vorangehenden Kapiteln bereits mehrfach erwähnt, benötigt der weitaus größere Teil des breiten Spektrums von aktuellen Halbleiterbauelementen *einkristallines* Ausgangsmaterial. Wir können derartige Komponenten nach zwei Gesichtspunkten unterscheiden:

- Bauelemente mit Sperrschichteffekten,
- Bauelemente mit Feldeffekten.

Bei den erstgenannten spielt die *Anzahl* der wirksamem Sperrschichten eine entscheidende Rolle. So unterscheiden wir:

- *Dioden* (Baulemente mit *einer* wirksamen Sperrschicht)
- *Bipolar-* oder *Injektionstransistoren* (Baulemente mit *zwei* wirksamen Sperrschichten),
- *Thyristoren* (Baulemente mit *mehr als zwei* – meistens drei – wirksamen Sperrschichten).

In der Gruppe der Feldeffekt-Bauelemente finden wir hauptsächlich die

- *Feldeffekt-* oder *Unipolartransistoren* und die
- *Feldeffektthyristoren*.

In diesem Kapitel wenden wir uns den Dioden zu; die folgenden sind den Transistoren und den Thyristoren gewidmet.

6.1 Kennlinie der Halbleiterdiode

Die *Halbleiterdiode* — auch *Kristallgleichrichter*, *Sperrschichtdiode* oder einfach *Diode* genannt — besteht aus einem Halbleiter-Einkristall mit einem PN-Übergang. Er ist mit Kontakten versehen und in ein Gehäuse (Glas, Keramik, Metall) eingeschmolzen. Wie im Kapitel 4 gezeigt, hat eine solche Anordnung eine Ventilwirkung.

Bild 6.1 zeigt den typischen Verlauf der Kennlinie Diodenstrom I_d als Funktion der angelegten Spannung U_d. Für $U_d > 0$ zeigt der Strom oberhalb der *Schleusen-* oder *Schwellspannung* U_s einen rasch ansteigenden Verlauf, während er im *Sperrbereich* $-U_z < U_d < 0$ sehr klein und praktisch unabhängig von der *Sperrspannung* $U_r = -U_d$ ist. U_s entspricht der Diffusionsspannung U_D am PN-Übergang aus Kapitel 4, also $U_s = U_D$.

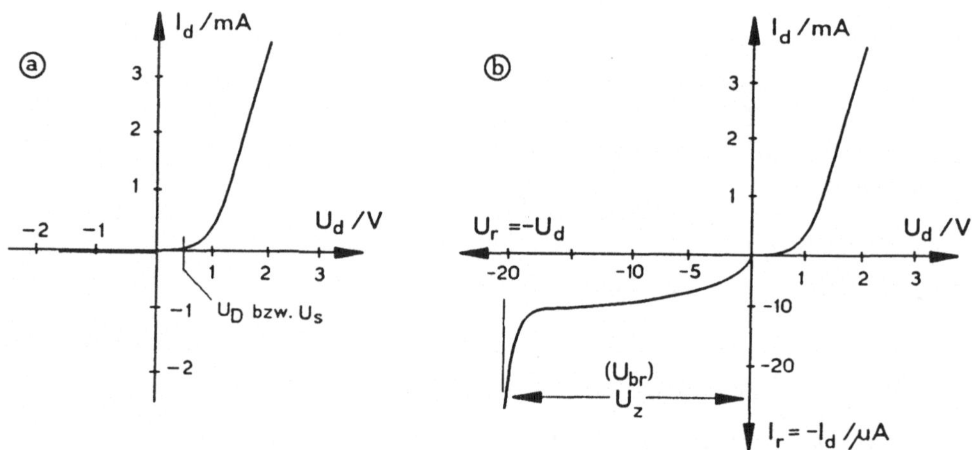

Bild 6.1: Spannungs/Strom-Kennlinie der Diode, (a) gleiche, (b) ungleiche Mäßstäbe im Durchlaß- und im Sperrbereich

Zur besseren Darstellung des Sperrstroms sind in Bild 6.1b im Durchlaß- und im Sperrbereich unterschiedliche Maßstäbe gewählt. Im Abschnitt 4.9.8 haben wir die verschiedenen Arten von Strömen in der Sperrschicht diskutiert und gesehen, daß dort beträchtliche Stromdichten für den Diffusions- und den Feldstrom herrschen. Beim Anlegen einer äußeren Spannung fließt der Diodenstrom I_d als Differenz aus Diffusions- und Feldstrom und wird sowohl von Elektronen als auch von Löchern gebildet. Allgemein gilt

$$I_d = I_{p,P} + I_{n,P} = I_{p,N} + I_{n,N} \tag{6.1}$$

mit $I_{p,P}$: Löcherstrom in der P-Zone,

$I_{n,P}$: Elektronenstrom in der P–Zone,
$I_{p,N}$: Löcherstrom in der N-Zone,
$I_{n,N}$: Elektronenstrom in der N–Zone.

Bild 6.2 zeigt den Elektronen- und Löcheranteil am Gesamtstrom im PN-Übergang schematisch. Da jeder Ladungsträger, der die P–Zone verläßt, in die N–Zone einwandert und umgekehrt, sind die einzelnen Stromkomponenten in der Raumladungsdoppelschicht $-x_P < x < x_N$ stetig und näherungsweise konstant (hier übertrieben breit dargestellt).

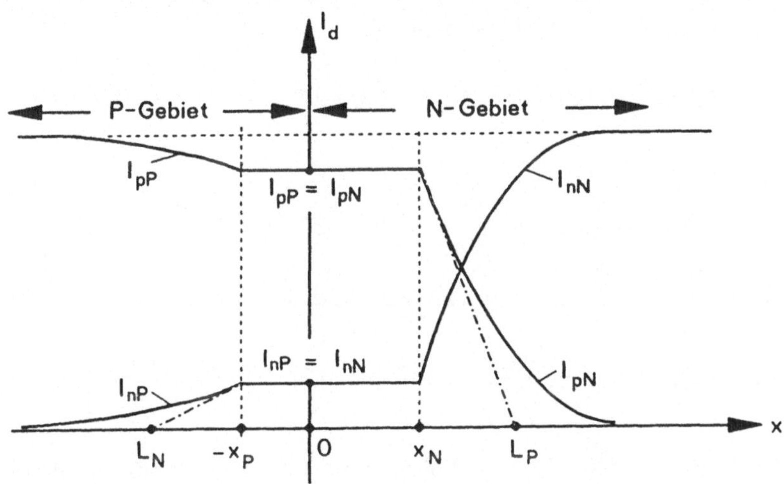

Bild 6.2: Zur Entstehung des Diodenstroms (vgl. Text)

Die Verteilung des Stromes auf Löcher und Elektronen ist ortsabhängig. Ganz links ist Löcherleitung vorwiegend (Löcherfeldstrom). Auf der Strecke $L_N < x < -x_P$ rekombiniert ein Teil der Löcher mit Elektronen aus dem N-Gebiet. Entsprechend sieht es mit den Elektronen aus, die die Hauptträger des Stromtransports im rechten Teil sind (Elektronenstrom). Auf der Strecke $L_P > x > x_N$ rekombiniert ein Teil der Elektronen mit Löchern aus dem P-Gebiet. L_P und L_N bestimmen die Länge der sog. Subtangenten, die sich daraus ergeben, daß man die Tangenten an die Kurven $I_{n,P}$ und $I_{p,N}$ in den Punkten $x = -x_P$ bzw. $x = x_N$ anlegt und mit der Ordinate $I_d = 0$ zum Schnitt bringt. Die Subtangenten heißen auch *Debye–Längen* ; sie bestimmen die Rekombinationsweglängen nur näherungsweise, denn die sog. *Diffusionsschwänze* erstrecken sich theoretisch bis ins Unendliche.

An der Stelle $x = 0$ *besteht der Strom praktisch nur aus einem reinen Diffusionsstrom.*

Wegen der Stetigkeit der Ströme bei $x = 0$ gilt in Gleichung 6.1

$$I_{p,P} = I_{p,N} \qquad und \qquad I_{n,P} = I_{n,N} \ . \tag{6.2}$$

An der Stelle x = 0 erhalten wir deshalb für den Diodenstrom

$$I_d(x=0) = I_{p,N}(x=0) + I_{n,P}(x=0) \ . \tag{6.3}$$

Die Wahl dieses Punktes für den weiteren Berechnungsgang der Diodenkennlinie hat den Vorzug, daß man nur die Diffusionsströme zu kennen braucht. Diese liegen aber in den Gleichungen (4.31) und (4.32) bereits vor. Aus (6.3) erhält man deshalb mit (4.31) und (4.32)

$$I_d(x=0) = I_{diff}(x=0) = -I_{diff,p}(x=0) + I_{diff,n}(x=0) \tag{6.4}$$

oder

$$I_d(x=0) = -e \cdot D_n \cdot A \cdot \frac{dn}{dx}(x=0) + e \cdot D_p \cdot A \cdot \frac{dp}{dx}(x=0) \ . \tag{6.5}$$

Für die Konzentration der Ladungsträger gilt vereinfacht

$$p(x) = p_N \cdot \exp\left[\frac{-U(x)}{U_T}\right] \quad und \quad n(x) = n_N \cdot \exp\left[\frac{U(x)}{U_T}\right] \ . \tag{6.6}$$

Mit den letzten 3 Gleichungen läßt sich nun die Diodenkennlinie berechnen, indem man die Differentiation durchführt und die Randbedingungen beachtet. Man erhält dann

$$\boxed{I_d = I_s \cdot \left[\exp\left(\frac{U_d}{U_T}\right) - 1\right]} \ . \tag{6.7}$$

Hierbei ist I_s der *Sperrstrom*, auch *Sättigungsstrom* genannt. Ohne die Ableitung durchzuführen, wollen wir den Wert des Sättigungsstromes angegeben, wobei A die Querschnittsfläche des PN–Übergangs ist und angenommen wird, daß in der Raumladungszone keine Ladungsträgergeneration stattfindet.

$$\boxed{I_s = e \cdot A \cdot \left(\frac{D_n \cdot n_P}{L_N} + \frac{D_p \cdot p_N}{L_P}\right)} \ . \tag{6.8}$$

I_s ist unabhängig von U_d, wird dagegen aber stark von der Temperatur beeinflußt. Das erkennt man noch besser, wenn man (6.8) umformt und dabei die Gleichungen (4.33), (4.34) und (4.7) einbaut.

$$I_s = e \cdot A \cdot U_T \cdot n_i^2 \cdot \left(\frac{\mu_p}{L_P \cdot n_D} + \frac{\mu_n}{L_N \cdot n_A} \right) \quad . \tag{6.9}$$

Hier sieht man die Temperaturabhängigkeit über n_i, μ_p und μ_n sehr deutlich. Bei Silizium ist der Sättigungsstrom wegen des höheren es kleiner als bei Germanium (s. a. Tab. 4.2). Si-Bauelemente können deshalb auch bei höheren Temperaturen ($\vartheta_j \leq 200°C$) als Ge-Elemente ($\vartheta_j \leq 90°C$) verwendet werden.

Ein Zahlenbeispiel: Für die Kleinsignal-Ge-Diode AAY27 ist bei $U_d = -10V$ der Sperrstrom $-I_d \approx I_s < 5\mu A$ und bei der Si-Diode BAY44 für $U_d = -10V$ ist $-I_d \approx I_s < 5nA$, jeweils bei $\vartheta_u = 25°C$. Bei $\vartheta_u = 60°C$ erhöhen sich die Werte auf etwa $19\mu A$ bzw. $30nA$.

An der Kennlinie der Diode lassen sich 4 typische Bereiche unterscheiden (Bild 6.3), die wir nachfolgend diskutieren werden.

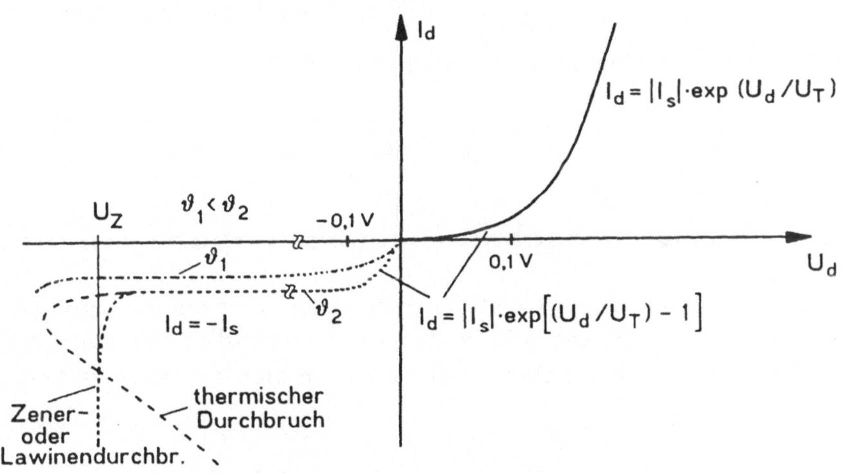

Bild 6.3: Typische Bereiche der Diodenkennlinie

6.1.1 U$_d$ liegt in der Nähe von 0

Betrachtet man Gleichung (6.7) bei Raumtemperatur, so läßt sich mit $U_T = 26mV$ schreiben

$$I_d = I_s \cdot \left[\exp \frac{U_d}{0,026} - 1 \right] \quad . \tag{6.10}$$

In dem Klammerausdruck liegt der Term $\exp\left[\frac{U_d}{0,026}\right]$ in derselben Größenordnung wie 1, beide haben daher einen Einfluß auf den Kennlinienverlauf.

6.1.2 U$_d$ > 0,1 V

Für $U_d = 0,1V$ wird $\exp\left[\frac{0,1}{0,026}\right] \approx e^4 \gg 1$. I_d zeigt oberhalb dieser Spannung deshalb praktisch einen rein exponentiellen Verlauf

$$I_d = I_s \cdot \exp\frac{U_d}{U_T} \quad . \tag{6.11}$$

6.1.3 U$_d$ < -0,1 V (Sättigungsgebiet)

Für $U_d = -0,1V$ gilt $\exp\left[\frac{-0,1}{0,026}\right] \approx e^{-4} \ll 1$. Somit hat der Exponentialausdruck in (6.10) kein Gewicht mehr, und es wird

$$I_d = -I_s \quad . \tag{6.12}$$

6.1.4 Durchbruchgebiet (bei hohen Sperrspannungen)

Bei hohen Sperrspannungen steigt der Sperrstrom über den Sättigungswert I_s stark an. Wie Bild 6.3 zeigt, gibt es dabei unterschiedliche Verläufe, die auch unterschiedliche Ursachen haben. Wir wollen sie hier im einzelnen kennenlernen.

- **Zener–Durchbruch:** Übersteigt die Feldstärke E in der Raumladungszone Werte von etwa $10^6\frac{V}{cm}$, so werden Valenzelektronen aus ihren Bindungen gerissen und in das Leitungsband gebracht. Dieser Vorgang ist reversibel und heißt *Zenereffekt.* Er findet vor allen Dingen in *hoch dotierten* Materialien statt. (Hohe Dotierung bewirkt einen schmalen PN–Übergang). Der Zenereffekt, auch *innere Feldemission* oder *Tunneleffekt* (s.a. Abschnitt 6.8.11) genannt, beschränkt sich auf kleine Durchbruchspannungen $U_z < 6V$.

  Darüber hinaus wird er vom Lawinendurchbruch (s.u.) überlagert. Man nutzt den Zenereffekt und auch den Lawinendurchbruch (s.u.) technisch. Durch den konstruktiven Aufbau (Dotierungsgrad etc.) erreicht man unterschiedliche Werte für U_Z. Entsprechend sind *Zenerdioden* lieferbar, deren Zenerspannungen z.B. nach E–Reihen gestaffelt sind. Eine wichtige Größe ist der *Temperaturkoeffizient* α_{uZ} der *Zenerspannung* U_Z. Er ist definiert zu

$$\boxed{\alpha_{UZ} = \frac{1}{U_Z} \cdot \frac{\partial U_Z}{\partial \vartheta}} \quad . \tag{6.13}$$

α_{uZ} ist beim Zenereffekt *negativ*, das heißt, mit zunehmender Temperatur sinkt die Zenerspannung. Die Ursache hierfür liegt in dem mit der Temperatur kleiner werdenden Bandabstand. α_{uZ} ist ferner von U_Z selbst abhängig. Bild 6.4 zeigt den Temperaturkoeffizienten der Durchbruchspannung U_Z als Funktion von U_Z für Si.

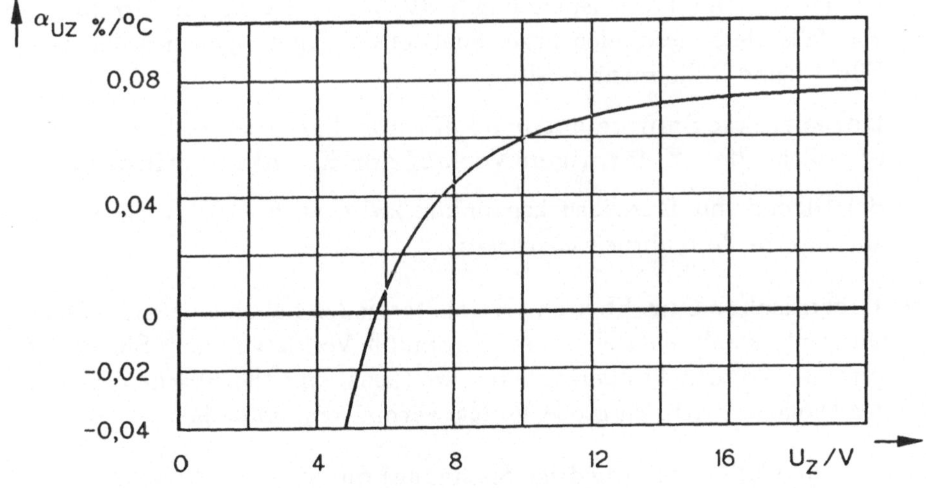

Bild 6.4: Temperaturkoeffizient der Durchbruchspannung für Si

- **Lawinendurchbruch (Stoßionisation):** Hat ein Ladungsträger auf dem Weg durch die Sperrschicht die Möglichkeit, aufgrund einer genügend starken Beschleunigung und einer ausreichenden freien Weglänge durch Stoß andere Bindungen aufzutrennen, so entstehen dadurch Elektronen-Loch-Paare. Die Zahl der Ladungsträger wird um einen Multiplikationsfaktor M vervielfacht, der Sperrstrom steigt *lawinenartig* an. Es gilt

$$\boxed{M = \frac{1}{1 - \left(\frac{U_d}{U_{br}}\right)^n}} \quad . \tag{6.14}$$

Gleichung (6.14) heißt auch *Miller–Gleichung;* sie hat eine Polstelle bei U_{br}, das heißt, hier findet der Lawinendurchbruch statt. U_{br} ist die für diesen Mechanismus typische Spannung. Der Index rührt aus der englischen Bezeichnung avalanche-**br**eak–down her. Je nach Material und Dotierung sind $n = 1,5 \cdots 7$ und $U_{br} \geq 8V$.

Der Lawinendurchbruch bildet sich in *weniger stark dotierten* und deshalb breiteren Sperrschichten aus. Wie der Zenerdurchbruch ist auch er reversibel. Der Temperaturkoeffizient α_{uZ} der Durchbruchspannung U_{br} ist positiv (Bild 6.4), weil die Beweglichkeit μ der Ladungsträger mit zunehmender Temperatur abnimmt.

Dioden mit Durchbruchspannung $> 8V$ werden häufig (und irreführend) ebenfalls als Zenerdioden bezeichnet, obwohl hier eigentlich der Zener–Effekt keine Rolle mehr spielt.

Der korrekte Sammelausdruck für alle Typen ist daher Z–Diode; er soll an den Z–förmigen Verlauf der Kennlinie erinnern.

Bei Dioden mit Durchbruchspannung zwischen $6 \cdots 8V$ wirken Zener– und Lawinendurchbruch *gleichzeitig*.

- **Thermischer Durchbruch:** Halbleiterdioden haben eine endliche Leitfähigkeit; somit entsteht beim Stromfluß Verlustwärme. Sie darf bestimmte Werte nicht überschreiten, weil sonst eine thermische Zerstörung der Diode eintritt. Zu große Verlustwärme kann entstehen

  - im *Fluß*betrieb (niedrige Spannung) durch große *Ströme*,
  - im *Sperr*betrieb (kleine Ströme) durch große Sperr*spannung*.

Uns interessiere hier der zweite Fall. Durch zu hohe Sperrspannung steigt der Sättigungs- oder Sperrstrom I_s an und erzeugt Verlustwärme. Die Verlustwärme läßt wiederum den Sättigungsstrom anwachsen, wodurch die Verlustwärme weiter steigt. Wird die Wärme nicht ausreichend abgeführt, steigt wieder I_s usw. Die Leitfähigkeit des Materials wächst, wodurch der Strom bei gleichzeitig fallender Spannung stark ansteigt (negativer differentieller Widerstand) und das Bauelement schließlich zerstört wird.

6.2 Sperrschichtweite w und Sperrschichtkapazität

In Abschnitt 4.7.8 haben wir qualitativ gezeigt, daß sich die *Sperrschichtweite w* mit zunehmender Sperrspannung $U_r = -U_d$ verbreitert. Quantitative Untersuchungen ergeben beim abrupten PN–Übergang für die gesamte Sperrschichtbreite w_{tot} die Beziehung

$$w_{tot} = w_n + w_p = \sqrt{U_D + U_r} \cdot \sqrt{\frac{2 \cdot \varepsilon}{e} \cdot \left(\frac{1}{n_D} + \frac{1}{n_A}\right)} \quad . \tag{6.15}$$

Dabei sind

$$w_n = \sqrt{U_D + U_r} \cdot \sqrt{\frac{2 \cdot \varepsilon}{n_D \cdot e \cdot \left(1 + \frac{n_D}{n_A}\right)}} \tag{6.16}$$

und

$$w_p = \sqrt{U_D + U_r} \cdot \sqrt{\frac{2 \cdot \varepsilon}{n_A \cdot e \cdot \left(1 + \frac{n_A}{n_D}\right)}} \tag{6.17}$$

die Sperrschichtweiten im n– bzw. p–Gebiet ($\varepsilon = \varepsilon_o \cdot \varepsilon_r$; ε_r s. u.).

Wir benötigen diese Zusammenhänge später noch, wenn wir den *Early–Effekt* beim Bipolartransistor besprechen.

Bei einem in Sperrichtung vorgespannten PN–Übergang fließt nur der (sehr geringe) Sättigungsstrom, der bei Si, wie wir gesehen haben, im Bereich von nA liegt. Außerdem ist eine Raumladung vorhanden.

Das bedeutet: *Eine in Sperrichtung gepolte Diode wirkt wie ein verlustbehafteter Kondensator C.*

Mit zunehmender Sperrspannung verbreitert sich gemäß Gl.(6.15) die Sperrschicht; die Ladungsträgerverarmung am PN–Übergang nimmt zu.

Daraus folgt: *Mit zunehmender Sperrspannung U_r nimmt die Sperrschichtkapazität C_s ab.* Ihren größten Wert hat sie bei $U_r = 0$; es gilt dann

$$C_{smax} = C_s(U_r = 0) = C_{so} = A \cdot \sqrt{\frac{\varepsilon_o \cdot \varepsilon_r \cdot e}{2|U_D| \cdot \left[\frac{1}{n_A} + \frac{1}{n_D}\right]}} \quad . \tag{6.18}$$

A ist die Querschnittsfläche der Sperrschicht und ε_r die relative Dielektrizitätskonstante. Sie beträgt für Ge $\varepsilon_{r,Ge} \approx 16$ und für Si $\varepsilon_{r,Si} \approx 12$.

Die Abhängigkeit von C_s als Funktion der Sperrspannung U_r ist durch die folgende Beziehung näherungsweise gegeben

$$C_s = \frac{C_{so}}{\sqrt{1 + \frac{U_r}{U_D}}} \quad . \tag{6.19}$$

6.3 Diffusionskapazität

Jeder PN-Halbleiter hat eine *innere Trägheit*, die vor allen Dingen durch die Trägheit der Minoritätsladungsträger in den Bahngebieten verursacht wird, wodurch eine gewisse Speichereigenschaft entsteht (vgl. Abschnitt 4.7.5).

Wird die Diode im Durchlaß betrieben, so fließen in den Bahngebieten sowohl Majoritäts- als auch Minoritätsträgerströme (s. Bild 6.2). Die Zonen sind zwar in sich elektrisch neutral, aber das Zu- und Abführen der Elektronen- bzw. Löcherladungen erfolgt mit getrennten Strömen (Feld- bzw. Diffusionsstrom).

Bei kleinen, raschen Veränderungen der Durchlaßspannung wirkt dieser Mechanismus aufgrund seiner Trägheit wie eine Kapazität. Sie wird als *Diffusionskapazität* C_d bezeichnet. C_d ist dem *Durchlaßstrom* I_d *proportional* und beträgt

$$C_d = \frac{e \cdot A}{2 \cdot U_T \cdot |I_s|} \cdot (L_P + L_N) \cdot \frac{n_A \cdot n_D}{n_A + n_D} \cdot I_d \quad . \tag{6.20}$$

Die Diffusionskapazität spielt bei *schnellen Schaltvorgängen* (step-recovery-Effekt, s.u.) eine Rolle, wenn eine leitende Diode abrupt in den Sperrzustand gebracht wird. Die gespeicherten Ladungen in den Bahngebieten können dann nur durch Rekombination verschwinden, und die Spannung an der Diode nimmt etwa exponentiell ab.

6.4 Bahnwiderstände

Sowohl P- als auch N-Gebiet einer Diode haben einen endlichen und in vielen Anwendungsfällen nicht zu vernachlässigenden Ohmschen Widerstand, den man als *Bahnwiderstand* R_b bezeichnet. Er ergibt sich als Summe aus den Bahnwiderständen der P-Zone R_{bP} und der N-Zone R_{bN}

$$R_b = R_{bP} + R_{bN} \ . \tag{6.21}$$

Von der an den Klemmen des Halbleiters anliegenden Spannung U_d wird nur noch ein Teil U_d' am PN-Übergang wirksam, weil sich der Anteil $I_d \cdot R_b$ subtrahiert. Somit muß die Gleichung (6.7) der Diodenkennlinie für den realen Fall korrigiert werden:

$$\boxed{I_d = I_s \cdot \left[\exp\frac{U_d'}{U_T} - 1\right] = I_s \cdot \left[\exp\frac{U_d - R_b \cdot I_d}{U_T} - 1\right]} \ . \tag{6.22}$$

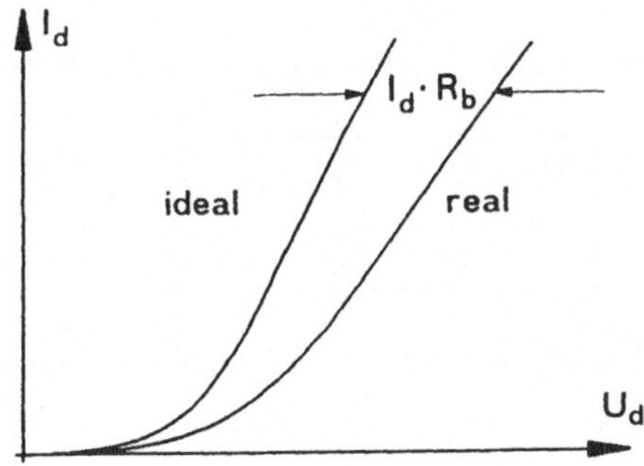

Bild 6.5: Scherung der Diodenkennlinie durch Bahnwiderstände

Durch den Bahnwiderstand R_b wird die Kennlinie *geschert*, das heißt, ihr Verlauf wird flacher (Bild 6.5). Die Theorie zeigt, daß R_b nicht konstant, sondern *stromabhängig* ist, und zwar nimmt R_b mit wachsendem Strom zu.

6.5 Differentieller Leitwert, differentieller Widerstand

Ein häufig auftretender Betriebsfall ist der, daß die Diode mit einer Gleichspannung U_0 ausgesteuert wird, der eine im Vergleich dazu kleine Wechselspannung $u(t)$ überlagert ist, also

$$u_d(t) = U_o + u(t) \ . \tag{6.23}$$

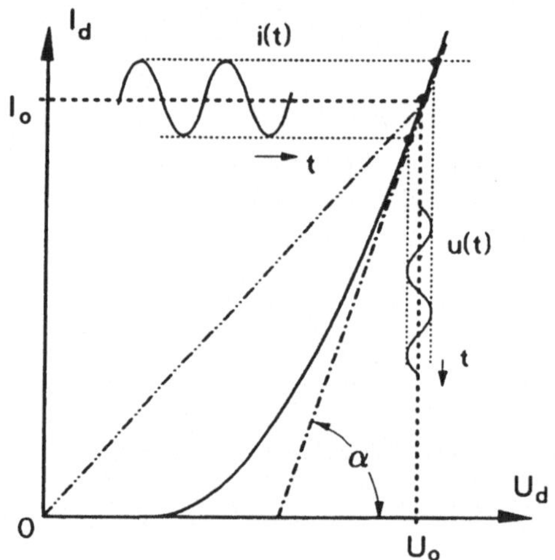

Bild 6.6: Zur Definition des differentiellen Leitwerts

Hierbei ist der *differentielle Leitwert* g_d von Interesse (Bild 6.6). Es ist

$$\boxed{g_d = \frac{1}{r_d} = \frac{\partial I_d}{\partial U_d} = tan\alpha} \ . \tag{6.24}$$

Er ist nicht zu verwechseln mit dem betragsmäßig kleineren *Gleichstromleitwert* G_d

$$\boxed{G_d = \frac{I_{do}}{U_{do}} < g_d} \ . \tag{6.25}$$

Häufig verwendet man auch den Kehrwert von g_d, den *differentiellen Widerstand* r_d.

6.6 Ersatzschaltbild der Diode

Mit Hilfe der in den letzten Abschnitten gewonnenen Erkenntnisse läßt sich nunmehr das Ersatzschaltbild einer Halbleiterdiode aufstellen (Bild 6.7). Außer den Größen: Bahnwiderstand R_b, Sperrschichtkapazität C_s, Diffusionskapazität C_d und differentiellem Leitwert g_d sind noch die Induktivität L_s der Zuleitungen und die Gehäusekapazität C_g zu berücksichtigen. Zumindest die 4 zuerst genannten Größen sind vom *Arbeitspunkt* U_{do}, I_{do} abhängig.

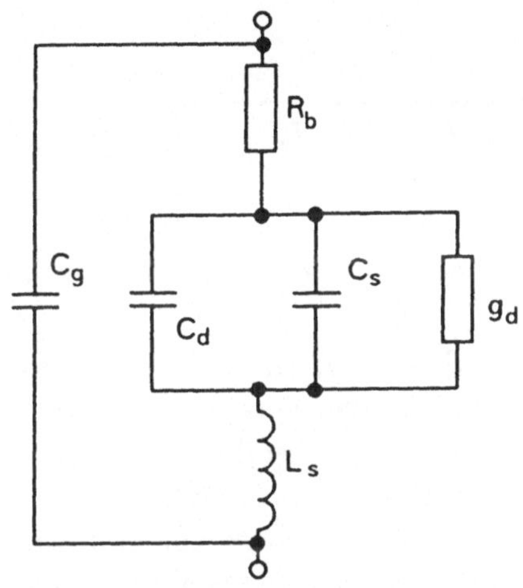

Bild 6.7: Ersatzschaltbild der Diode

6.7 Dynamisches Verhalten der Diode

In vielen Fällen, in denen die Diode als *Schalter* eingesetzt wird, interessiert das *zeitliche Übergangsverhalten* vom Sperr- in den Durchlaßbetrieb und umgekehrt.

- **Ein- $\longrightarrow$ Ausschalten:** Wird eine Diode vom Flußzustand plötzlich durch Umpolen der Betriebsspannung in den Sperrzustand gebracht, so ist die Ladungsdoppelschicht zunächst noch mit Ladungsträgern überschwemmt, und die Diode wirkt in erster Näherung als Kurzschluß. Es fließt der Strom $I_r = \frac{U_r}{R}$, der allmählich auf den statischen Wert I_s abklingt (Bild 6.8).

  Die Zeit t_r, die der Strom benötigt, um von $0,9 \cdot I_r$ auf $0,1 \cdot I_r$ abzuklingen, nennt man *Erholzeit (recovery-time)* oder *Übergangszeit* t_r.

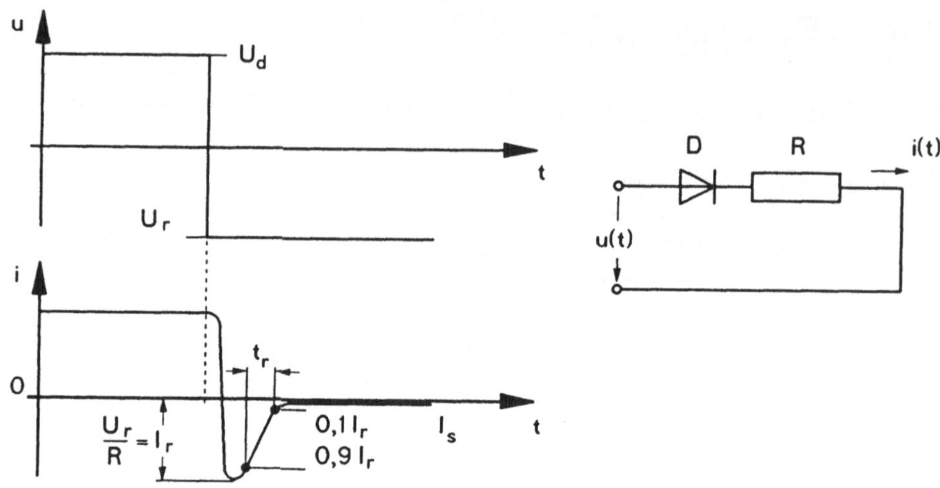

Bild 6.8: Umschalten vom Fluß- in den Sperrzustand (step-recovery-Effekt)

- **Aus- ⟶ Einschalten:** Wird eine Diode vom gesperrten Zustand durch Umpolen von U_r in den leitenden Zustand gebracht, so steigt der Durchlaßstrom innerhalb einer endlichen Einschaltzeit t_e auf den statischen Wert, weil zunächst einmal die Sperrschichtkapazität umgeladen werden muß, indem die Raumladungszone mit Majoritätsladungsträgern überschwemmt wird (Bild 6.9). Die Definition der Einschaltzeit t_e erfolgt analog zu t_r.

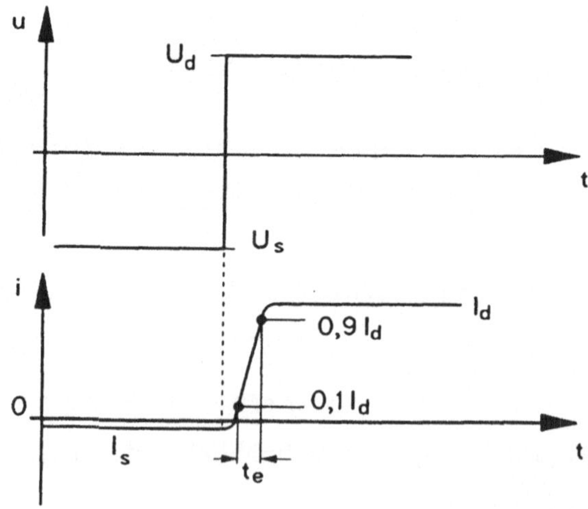

Bild 6.9: Umschalten vom Sperr- in den Flußzustand

6.8 Ausführungsformen von Dioden

Wegen des breiten Anwendungsspektrums der Diode in allen Bereichen der analogen und der digitalen Signalverarbeitung, in der Energielektronik etc. existiert eine Vielzahl von Ausführungsformen. Wir können hier nur einen groben Querschnitt erörtern.

6.8.1 Spitzendiode (Punktkontakt-Diode)

Die *Spitzendiode* ist der älteste Typ Halbleiterdiode *(Kristalldetektor, Braun 1874)*. Ihren heutigen Aufbau zeigt Bild 6.10 am Beispiel einer Glasausführung mit axialen Anschlüssen schematisch. In einem Glasgehäuse ist ein N-leitendes Halbleiterplättchen auf einem Drahtende aufgelötet. Auf die Oberfläche des N-Halbleiters setzt man ein S-förmig gebogenes Drähtchen aus Molybdän, Wolfram oder anderem Metall, das bei der Herstellung durch einen kurzen, genau definierten Formierungsstromstoß auf das Kristallgefüge auflegiert wird. Dabei entsteht im Bereich der Spitze (Durchmesser einige μm) ein PN-Übergang, der so ausgebildet ist, daß sich die Anode auf der Seite der Feder und die Katode am Halbleiterplättchen befinden.

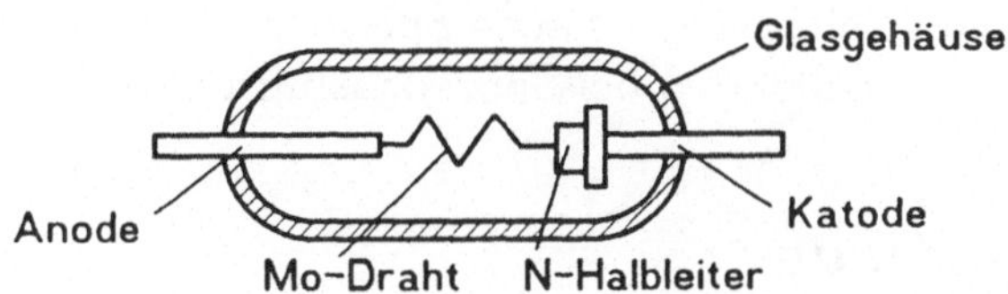

Bild 6.10: Spitzendiode

Spitzendioden sind wegen ihrer kleinen Kapazität besonders für Hochfrequenz- und schnelle Schalteranwendungen geeignet, z. B. in Demodulator- und Modulatorschaltungen bis in den Bereich von ca. 1 GHz. Spezielle *Mikrowellendioden* erschließen den Bereich bis etwa 40 GHz. Hier werden meistens Silizium-Spitzendioden verwendet, bei denen die Spitze ohne Formierungsprozeß aufgesetzt ist und die sich durch besonders niedriges Rauschen auszeichnen. Spitzendioden sind auch auf der Basis von GaAs verfügbar.

Spitzendioden haben in den Sperrkennlinien keinen ausgeprägten Sättigungsstromverlauf. Ein Beispiel für eine Germanium-Spitzendiode bei verschiedenen Temperaturen zeigt Bild 6.11.

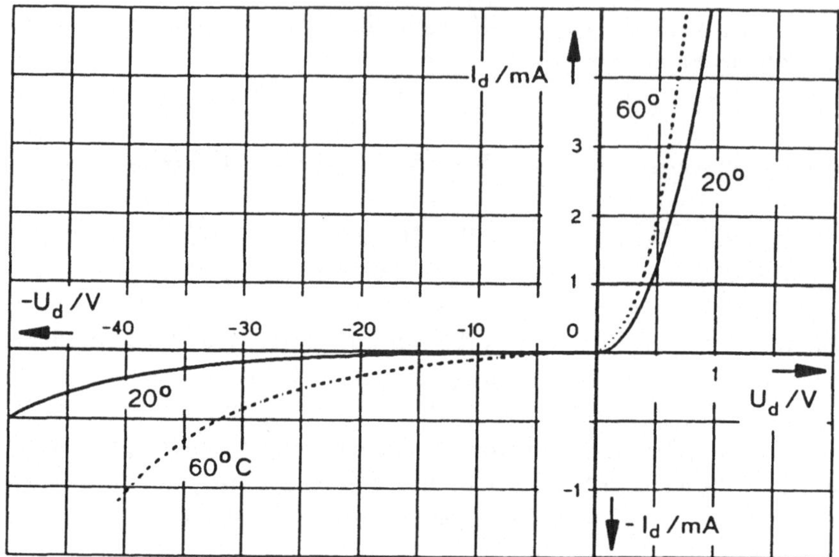

Bild 6.11: Kennlinie einer Ge–Spitzendiode

Spitzendioden sind nicht für hohe Ströme geeignet. Eine spezielle Ausführungsform der Spitzendiode ist die *Golddrahtdiode*. Hier besteht die Kontaktfeder aus einem mit Gallium versetzten Golddrähtchen. Die Golddrahtdiode zeigt sowohl günstigeres Durchlaß- als auch Sperrverhalten und bessere dynamische Eigenschaften (Schaltzeiten bei Spezialausführungen einge ps).

6.8.2 Flächendiode

Die Spitzendiode ist, wie erwähnt, nur für kleine Stromstärken geeignet. Für größere Ströme muß der Querschnitt des PN- Überganges vergrößert werden, man kommt vom Punktkontakt zum Flächenkontakt und damit zur *Flächendiode*. Flächendioden werden hauptsächlich als *Leistungsgleichrichter* verwendet. Zur Erzielung hoher Stromstärken wird die Fläche des PN-Übergangs möglichst groß gemacht. Wegen der für diese Zwecke günstigeren Eigenschaften wird fast durchweg Silizium als Ausgangsmaterial verwendet.

Bild 6.12 zeigt als Beispiel den konstruktiven Aufbau einer Diode mittlerer Leistung. Sie besteht im wesentlichen aus einem Cu-Block, der zur Montage mit Gewinde versehen ist und gleichzeitig als Wärmesenke dient, einer Gold-Antimon-Folie, die mit einem N-Si-Plättchen zu einem ohmschen Kontakt legiert und auf den Block aufgelötet ist, sowie einem auflegierten Al-Draht, der mit dem Oberteil des Gehäuses leitend verbunden ist. Der PN-Übergang entsteht zwischen Al-Draht und N-Si-Plättchen. Bei Dioden dieser Art ist das Gehäuse gleichzeitig eine Elektrode, in diesem Fall Katode, manchmal aber auch Anode (Vorsicht bei Montage auf Metallchassis, evtl. Isolation vorsehen!).

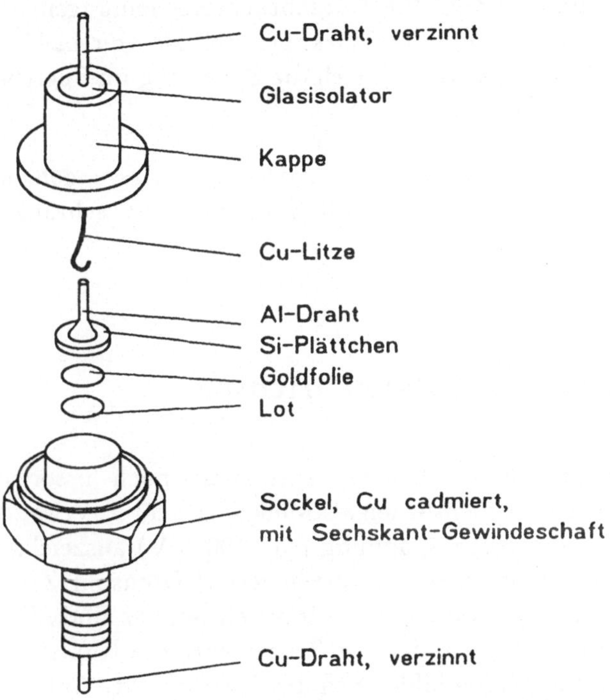

Bild 6.12: Legierte Flächendiode

In Leistungs- und Hochspannungsgleichrichtern werden häufig dreischichtige Halbleiteranordnungen (PSN-Strukturen) gewählt (Bild 6.13).

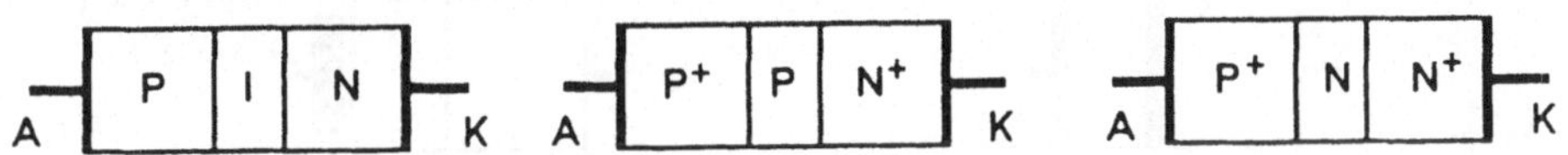

Bild 6.13: PSN Strukturen, schematisch

Bei der PIN-Diode liegt zwischen der P- und N-Zone eine nichtdotierte (i-leitende) Zone. Bei der P^+PN^+- Diode folgt auf eine hochdotierte P-Zone

(P^+) eine niedrig dotierte P-Zone und schließlich eine hochdotierte N-Zone (N^+). Ähnlich ist es bei der P^+NN^+- Diode. Man nennt solche Anordnungen auch *PSN-Übergänge* (S = soft concentration). Auch andere Anordnungen sind denkbar.

Die hohe Dotierung (durch das „+"-Zeichen ausgedrückt) benötigt man, um eine gute Leitfähigkeit und damit bei großen Strömen geringe Verlustwärme zu erzielen. Andererseits bedeutet ein großer Dotierungssprung hohe Feldstärken und damit Gefahr für Durchbruchserscheinungen. Die S-Zone ist im Durchlaßbetrieb ohne große Wirkung, weil sie von Ladungsträgern überschwemmt wird, dagegen verteilt sich die Spannung im Sperrbetrieb praktisch auf zwei Übergänge P $\longrightarrow$ S und S $\longrightarrow$ N.

Flächendioden haben wegen ihrer größeren Abmessungen auch entprechend größere Kapazitäten und sind deshalb nur für einen beschränkten Frequenzbereich anwendbar.

6.8.3 Kupferoxidulgleichrichter

Kupferoxidulgleichrichter haben heute allenfalls noch historische Bedeutung. Sie wurden früher im wesentlichen als Meßgleichrichter verwendet, weil sie sich durch eine kleine Schleusenspannung (ca. 100 mV) auszeichnen und deshalb z. B. in (heute nur noch selten verwendeten) Drehspul-Zeigerinstrumenten für Wechselspannungsanwendungen direkt einsetzbar sind. Den Aufbau zeigt Bild 6.14a schematisch. Auf den Cu-Träger wird die Kupferoxidulschicht aufgebracht. Zwischen beiden bildet sich die Sperrschicht. Auf die Cu_2O-Schicht folgt eine Silberelektrode ohne PN-Übergang, die den Anodenanschluß darstellt.

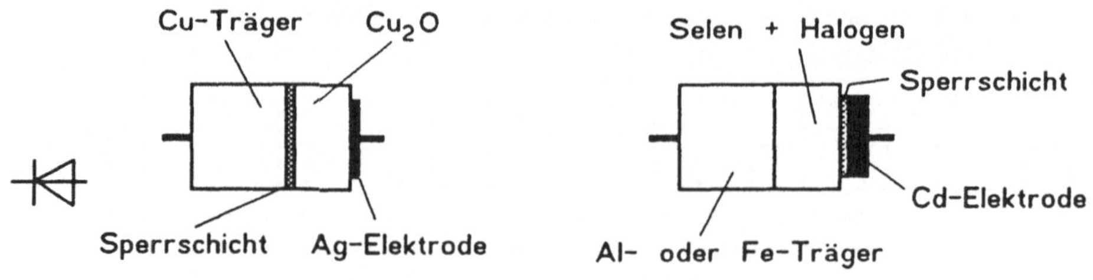

Bild 6.14: Kupferoxidul-Gleichrichter (a) und Selengleichrichter (b)

6.8.4 Selengleichrichter

Selengleichrichter sind in den letzten 3 Jahrzehnten ebenfalls stark in ihrer Bedeutung zurückgegangen. Sie stellten in den 50er und 60er Jahren ein weit verbreitetes Gleichrichterelement dar. Heute findet man sie — abgesehen von der Anwendung als Photohalbleiter (s.a. Kapitel 5) - vorwiegend in großen Galvanisieranlagen. Den Aufbau einer Se-Zelle zeigt Bild 6.14b. Auf dem Trägermaterial (Al oder Fe) wird Selen sperrschichtfrei aufgebracht. Es folgt eine Cadmium-Elektrode. Zwischen ihr und dem Selen bildet sich die Sperrschicht aus.

Tabelle 6.1 zeigt eine Gegenüberstellung der Eigenschaften technisch verwendeter Gleichrichtermaterialien. Die Vorteile von Si bei der Anwendung als Gleichrichter kommen hier klar zum Ausdruck. Für höhere Sperrspannungen bzw. -ströme sind bei den anderen Materialien Reihen- bzw. Parallelschaltungen nötig, wo Si-Gleichrichter noch mit einer einzigen Zelle auskommen.

Tabelle 6.1: Eigenschaften technischer Gleichrichtermaterialien

	Si	Ge	Se	Cu_2O
maximale Stromdichte [A/cm^2]	180	50	0,05	0,05
max. Sperrspannung [V]	1000	200	30	5
Sperrwiderst./Durchlaßwiderst.	10^9	10^6	10^3	10^3

6.8.5 Z-Diode (ältere Bezeichnung Zenerdiode)

Bei der Behandlung der Diodenkennlinie hatten wir im Abschnitt 6.1.4 bereits die Durchbruchserscheinungen im Sperrbetrieb besprochen und dabei 2 Mechanismen kennengelernt, die technisch ausgenutzt werden, nämlich den *Zenereffekt* und den *Lawinendurchbruch*. Bei entsprechender Schaltungsdimensionierung sind beide Vorgänge reversibel und führen nicht zur Zerstörung der Bauelemente.

Der früher (und auch heute in der anglo-amerikanischen Literatur noch) verwendete Ausdruck „Zenerdiode“ bezog sich sowohl auf Dioden, die mit dem *Zenereffekt*, als auch auf solche, die mit dem *Lawinendurchbruch* arbeiten. Nach neuen internationalen Vereinbarungen hat man den Ausdruck *Z-Diode* gewählt, der auf den Z-förmigen Verlauf der Kennlinie hinweist.

Tabelle 6.2: Daten der ITT-Z-Dioden-Serie ZPD1 ···ZPD33 (500 mW, 5 %)

Typ	Arbeitsspg. bei I_Z = 5 mA U_Z/V)[1]	inhärent. different. Widerst. r_Z/Ω bei f = 1 kHz und I_Z = $5mA$	$1mA$	TK der Arbeitsspg. bei I_Z = 5 mA $\alpha_{uZ} 10^{-4}/K$	Sperrsp. bei I_R = 100 nA U_Z/V	zul. Arbeitsstrom I_Z /mA)[2] bei ϑ_U = $25°C$	$45°C$
ZPD1)[3]	0,7···0,8	6,5(< 8)	< 50	−26···−23	-	340	280
ZPD2,7	2,5···2,9	75(< 83)	< 500	−9···−4	-	160	135
ZPD3	2,8···3,2	80(< 90)	< 500	−9···−3	-	140	117
ZPD3,3	3,1···3,5	80(< 90)	< 500	−8···−3	-	130	109
ZPD3,6	3,4···3,8	80(< 90)	< 500	−8···−3	-	120	101
ZPD3,9	3,7···4,1	80(< 90)	< 500	−7···−3	-	110	92
ZPD4,3	4,0···4,6	80(< 90)	< 500	−6···−1	-	100	85
ZPD4,7	4,4···5,0	70(< 78)	< 500	−5···+2	-	90	76
ZPD5,1	4,8···5,4	30(< 60)	< 480	−3···+4	> 0,8	80	67
ZPD5,6	5,2···6,0	10(< 40)	< 400	−2···+6	> 1	70	59
ZPD6,2	5,8···6,8	4,8(< 10)	< 200	−1···+7	> 2	64	54
ZPD6,8,	6,4···7,2	4,5(< 8)	< 150	+2···+7	> 3	58	49
ZPD7,5	7,0···7,9	4,0(< 7)	< 50	+3···+7	> 5	53	44
ZPD8,2	7,7···8,7	4,5(< 7)	< 50	+4···+7	> 6	47	40
ZPD9,1	8,5···9,6	4,8(< 10)	< 50	+5···+8	> 7	43	36
ZPD10	9,4···10,6	5,2(< 15)	< 70	+5···+8	> 7,5	40	33
ZPD11	10,4···11,6	6,0(< 20)	< 70	+5···+9	> 8,5	36	30
ZPD12	11,4···12,7	7,0(< 20)	< 90	+6···+9	> 9	32	28
ZPD13	12,4···14,1	9,0(< 25)	< 110	+7···+9	> 10	29	25
ZPD15	13,8···15,6	11(< 30)	< 110	+7···+9	> 11	27	23
ZPD16	15,3···17,1	13(< 40)	< 170	+8···+9,5	> 12	24	20
ZPD18	16,8···19,1	18(< 50)	< 170	+8···+9,5	> 14	21	18
ZPD20	18,8···21,2	20(< 50)	< 220	+8···+10	> 15	20	17
ZPD22	20,8···23,3	25(< 55)	< 220	+8···+10	> 17	18	16
ZPD24	22,8···25,6	28(< 80)	< 220	+8···+10	> 18	16	13
ZPD27	25,1···28,9	30(< 80)	< 250	+8···+10	> 20	14	12
ZPD30	28,0···32,0	35(< 80)	< 250	+8···+10	> 23	13	10
ZPD33	31,0···35,0	40(< 80)	< 250	+8···+10	> 25	12	9

)[1] gemessen mit Impulsen

)[2] Werte gelten, wenn Anschlußdrähte in 8 mm Abstand vom Gehäuse Umgebungstemperatur ϑ_U haben

)[3] Die ZPD 1 ist eine in Durchlaß betriebene Si-Diode. Daher bei allen Kenn- und Grenzwerten der Index „F“ anstatt „Z“. Der durch den Ring markierte Pol kommt an Minus.

Z–Dioden stellen das Halbleiteranalogon zum Glimmröhrenstabilisator, einer speziellen Elektronenröhre dar, der vor 30 Jahren ein wichtiges Bauelement war. Z–Dioden sind *Si–Dioden, die im Sperrbereich betrieben werden* und aufgrund bestimmter Konstruktion und Dotierung eine genau definierte Durchbruchspannung U_Z besitzen.

Häufig ist U_Z für eine Z-Diodenfamilie nach der Reihe E 24 (5 % Toleranz, s.a. Abschnitt 1.1.2.1) gestuft. Tabelle 6.2 gibt am Beispiel der Reihe $ZPD\cdots$ von ITT Intermetall eine Übersicht über die Kenndaten von Kleinleistungs-Z–Dioden. Die einzelnen Spalten dieser Aufstellung und die Kennlinien sollen nun näher erläutert werden. Die Durchbruchskennlinien dieser Typenreihe sind im Bild 6.15a und 6.15b dargestellt. Hierbei ist es üblich, U_Z und I_Z in positiver Richtung aufzutragen. Die Durchbruchskennlinien lassen sich mit der Ersatzschaltung nach Bild 6.16 auch durch den differentiellen Widerstand r_z beschreiben (s. a. Abschnitt 6.5). Es ist

$$\boxed{r_z = \frac{dU_Z}{dI_Z}} \quad . \tag{6.26}$$

Der Wert für r_z setzt sich aus dem elektrischen oder *dynamischen (inhärenten) differentiellen Widerstand* r_{zj} und dem *thermischen differentiellen Widerstand* r_{zth} zusammen.

$$\boxed{r_z = r_{zj} + r_{zth}} \quad . \tag{6.27}$$

In vielen Anwendungsfällen genügt es, den inhärenten differentiellen Widerstand zu berücksichtigen, nämlich dann, wenn der Arbeitsstrom in der Z–Diode so schnell schwankt, daß sich die Sperrschichttemperatur wegen der thermischen Trägheit nicht ändert und die Umgebungstemperatur konstant ist. Bild 6.17 zeigt r_{zj} in Abhängigkeit vom Arbeitsstrom. Man erkennt die allgemeine Tendenz, daß bei einer bestimmten Type r_{zj} mit zunehmenden Strom abnimmt (Kennlinie in Bild 6.15 wird steiler) und daß bei einer Typenreihe mit zunehmender Durchbruchsspannung r_{zj} zunächst abnimmt (Kennlinien steiler) und oberhalb etwa 7 V wieder zunimmt (Kennlinien flacher). Die Erklärung hierfür findet man in der Ablösung des Zenereffekts durch den Lawinendurchbruch.

Der Temperaturkoeffizient α_{uZ} der Arbeitsspannung U_Z ist bereits in Abschnitt 6.1.4 anhand des Bildes 6.4 erklärt worden. Es gibt Z–Dioden mit besonders kleinem α_{uZ} (Größenordnung $2 \cdot 10^{-5}/K$), bei denen intern durch Gegeneinanderschalten von Dioden mit entgegengesetztem Temperaturkoeffizienten eine Kompensation über einen großen Temperaturbereich erzielt wird.

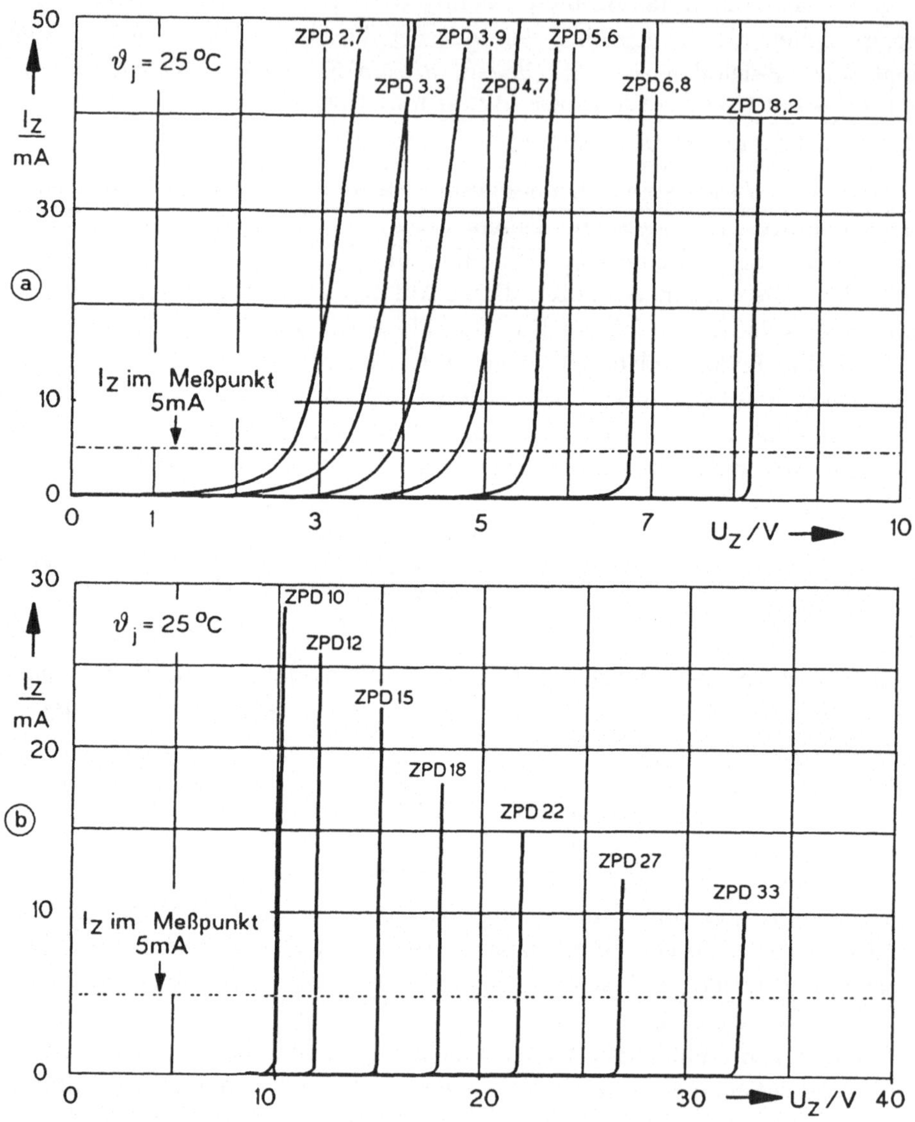

Bild 6.15: Durchbruchkennlinien bei ϑ_j = const, mit Impulsen gemessen

Der *maximal zulässige Arbeitsstrom* I_{Zmax} richtet sich nach der Arbeitsspannung U_Z und nach der Umgebungstemperatur ϑ_u bei vorgegebener Verlustleistung P_{tot}. Das Produkt $U_Z \cdot I_{Zmax}$ ist allgemein kleiner als P_{tot} (= 500 mW im Beispiel von Tabelle 6.2), weil hier die Toleranzen mit berücksichtigt sind.

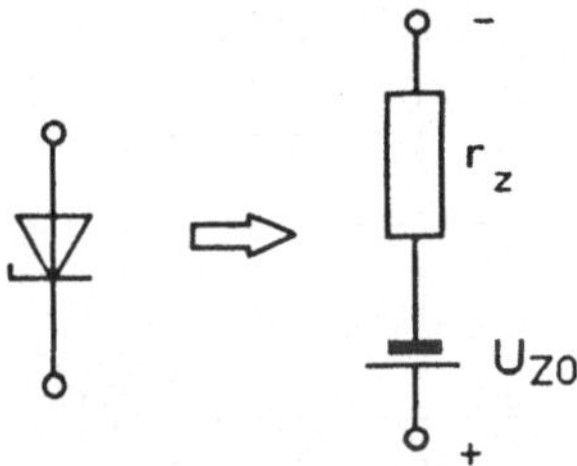

Bild 6.16: Ersatzschaltung der Z-Diode

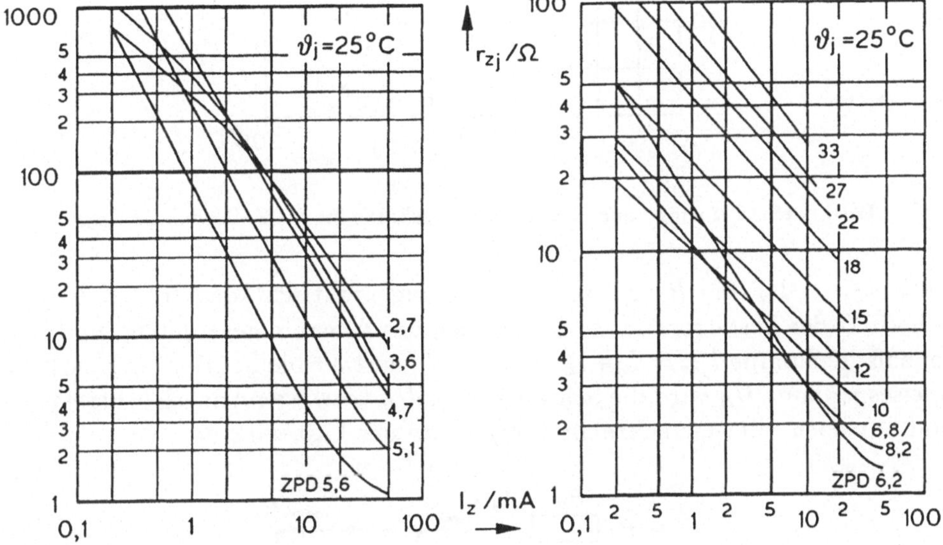

Bild 6.17: Inhärenter diff. Widerstand in Abhängigkeit vom Arbeitsstrom

Bild 6.18 zeigt die *maximal zulässige Verlustleistung* in Abhängigkeit von der Umgebungstemperatur (Derating), wobei bei diesem Z-Diodentyp die Nebenbedingung gilt, daß die Anschlußdrähte, die wesentlich zur Wärmeabfuhr beitragen, in 8 mm Abstand vom Gehäuse auf Umgebungstemperatur gehalten werden.

Z-Dioden werden sehr vielseitig eingesetzt. Band II (Schaltungen der Elektronik) befaßt sich unter anderem auch mit der Dimensionierung spezieller Z-Dioden-Schaltungen. Hier sollen lediglich einige Prinzipien knapp skizziert werden. Bild 6.19 zeigt eine einfache Parallel-Z-Diodenschaltung zur Stabilisierung einer Betriebsspannung. Die Z-Diode Z liegt in Reihe mit dem Vorwiderstand R_V an der Versorgungsspannung $+U_B$. Parallel zu Z wirkt die

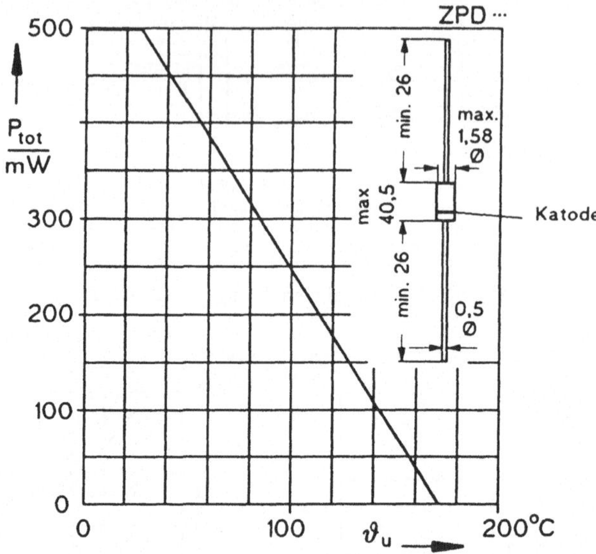

Bild 6.18: Derating- oder Lastminderungskurve für die Z-Dioden ZPD···

Last R_L, so daß die R_L speisende Spannung praktisch konstant ($= U_Z$) ist. Schwankt der Laststrom I_L, so ändert sich der Z-Strom gegenläufig, und zwar so, daß die Summe $I_{ges} = I_Z + I_L$ annähernd konstant bleibt. Bei veränderlicher Speisespannung U_B wird die Schwankung ΔU_B vorwiegend an R_V aufgefangen und nur noch mit einem Bruchteil r_z/R_V an der Last wirksam.

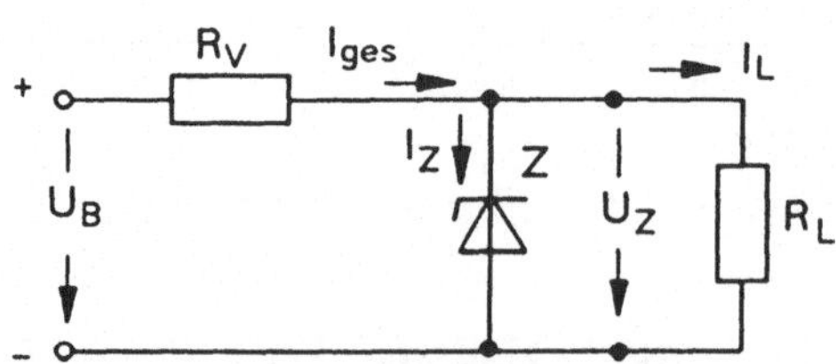

Bild 6.19: Z-Dioden-Parallelstabilisierung

Bild 6.20 zeigt eine Schaltung zur *Amplitudenbegrenzung*. Für jede Polarität der Wechselspannung $u(t)$ ist je eine Z-Diode in Durchlaßrichtung und die andere in Sperrichtung gepolt. Sind U_{Zo} die Arbeitsspannung der Z- Diode und U_D die Schleusenspannung im Durchlaßbetrieb, so findet die Begrenzung auf den Betrag $|U_{Zo}| + |U_D|$ pro Halbwelle statt.

Eine Variante der Schaltung nach Bild 6.19 ist die nach Bild 6.21b zum *Schutz eines Meßinstrumentes* gegen Überlastung. In Bild 6.21a ist die Prin-

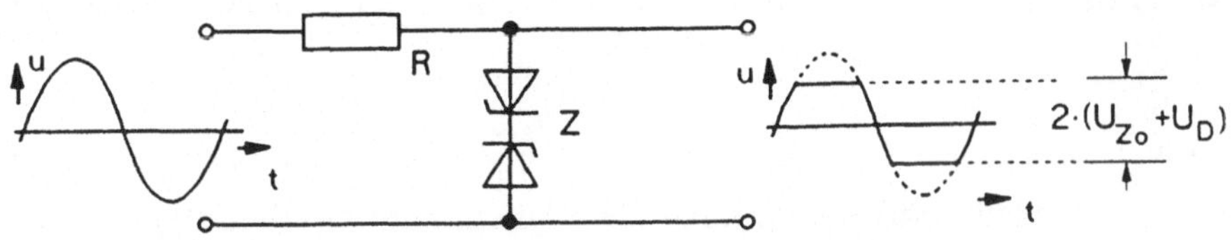

Bild 6.20: Amplitudenbegrenzer

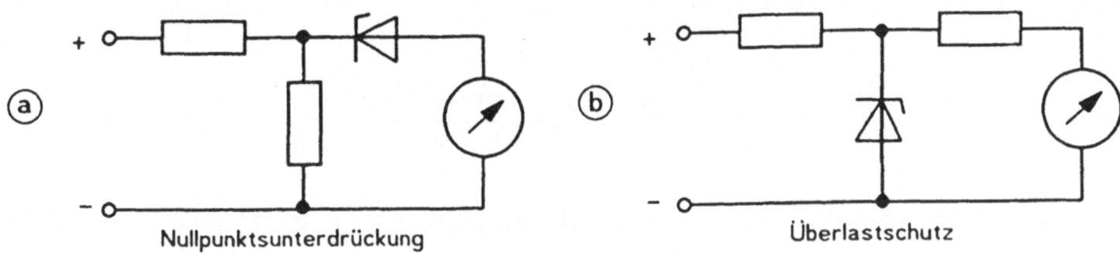

Bild 6.21: Nullpunktsunterdrückung (a) und Überlastschutz (b) bei einem Meßinstrument

zipschaltung für die *Nullpunktsunterdrückung* bei einem Meßinstrument dargestellt. Z-Dioden werden beispielsweise auch verwendet, um Gleichspannungs-Pegeldifferenzen bei der direkten Kopplung zweier Verstärkerstufen auszugleichen.

6.8.6 Kapazitätsdiode (Varicapdiode, Varactordiode)

Die in Abschnitt 6.2 behandelte Sperrschichtkapazität und die Diffusionskapazität (6.3) werden technisch hauptsächlich genutzt

- als spannungsabhängige Kapazität (Varicap- oder Kapazitätsdiode) und
- als kurzzeitiger Ladungsträgerspeicher für Mikrowellenanwendungen (step-recovery- Dioden, snap-off-Dioden).

Als Kapazitätsdioden werden allgemein Si-Dioden verwendet, da sie gegenüber Ge-Dioden eine Reihe von Vorteilen bieten. Sie finden z. B. Anwendung

- bei der elektronischen Abstimmung von Schwingkreisen,
- bei automatischen Nachstimmschaltungen (AFC = Automatic Frequency Control),
- in Modulations- und Demodulationsschaltungen,

- in Mischstufen und parametrischen Verstärkern (Mikrowellenverstärkern).

Der Arbeitspunkt der Kapazitätsdiode liegt im Sperrgebiet zwischen dem Nullpunkt und der Durchbruchspannung U_Z . Die Spannungsabhängigkeit der Kapazität hatten wir in den Gleichungen (6.18) und (6.19) bereits kennengelernt. Da der Dotierungsverlauf selten abrupt ist, werden für den praktischen Fall auch andere Beziehungen verwendet, z. B.

$$C_s = C_s(3V) \cdot \left[\frac{3V + U_D}{U_s + U_D}\right]^n . \tag{6.28}$$

Die Diffusionsspannung U_D ist durch Gleichung (4.44) gegeben (ca. $0,7V$ für Si), n richtet sich nach dem Herstellungsverfahren der Diode und liegt zwischen $0,33 \cdots 0,75$.

Bei Dioden mit großem Kapazitätshub ist n nicht konstant, und die Kapazitätskennlinien zeigen Exemplarstreuungen (bis zu $\pm 20\%$). Beim Einsatz in Tunern - das sind Eingangsstufen von Signalempfängern - werden deshalb speziell ausgesuchte Paare, Terzette oder Quartette verwendet, damit gute Gleichlaufeigenschaften erreicht werden. Bild 6.22 zeigt den Verlauf der Kapazität über der Sperrspannung U_r am Beispiel der VHF-Tuner-Diode BB 139 (ITT).

Eine wichtige Größe ist außer der Kapazität auch die *Güte* Q. Wie in Abschnitt 6.6 gezeigt, enthält die reale Diode Ohmsche und induktive Komponenten. Für die Kapazitätsdiode sind eine Reihe von Ersatzschaltbildern gebräuchlich, von denen das Bild 6.23 am ehesten den physikalischen Gegebenheiten entspricht. Es entspricht auch im wesentlichen dem Bild 6.7. C_{tot} enthält die Sperrschicht- und Gehäusekapazität, r_r stellt den Sperrwiderstand dar, $r_s \approx R_b$ und L_s sind Serien-(Bahn-)Widerstand bzw. -Induktivität.

Mit den Elementen dieser Ersatzschaltung ist die *Güte* Q bei hohen Frequenzen (r_r fällt nicht ins Gewicht) gegeben durch

$$\boxed{Q = \frac{1}{2 \cdot \pi \cdot f \cdot C_{tot} \cdot r_s}} . \tag{6.29}$$

Bild 6.24 zeigt die *Frequenzabhängigkeit der Güte*. Außerdem wird die Güte, wie man aus Gleichung (6.29) sieht, über C_{tot} auch von der Spannung beeinflußt.

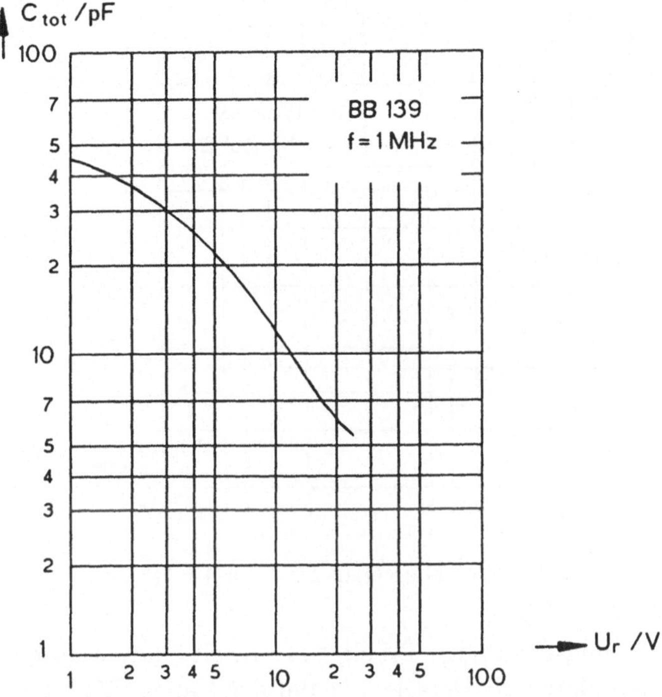

Bild 6.22: Kapazitätskennlinie einer Varicap-Diode (BB139)

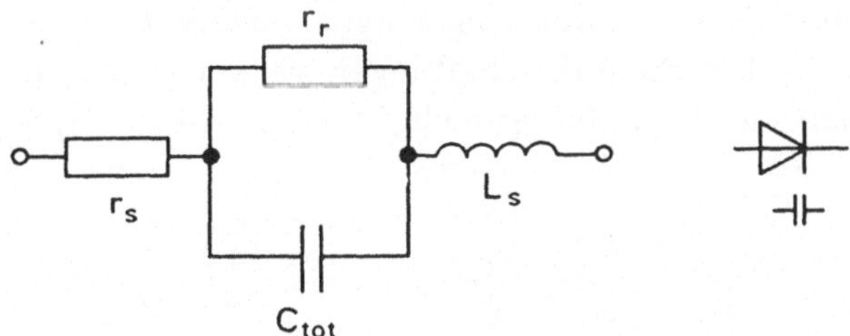

Bild 6.23: Ersatzschaltung und Schaltsymbol der Varicap-Diode

Als *Grenzfrequenz* wird die Frequenz f_{Q1} bezeichnet, bei der die Güte auf den Wert $Q = 1$ abgesunken ist. Bei vielen Anwendungen ist die Reiheninduktivität L_s von Wichtigkeit, weil sie mit der Kapazität C_{tot} einen Serienresonanzkreis bildet. Für die *Serienresonanzfrequenz* f_o gilt

$$f_o = \frac{1}{2 \cdot \pi \cdot \sqrt{L_s \cdot C_{tot}}} \quad . \tag{6.30}$$

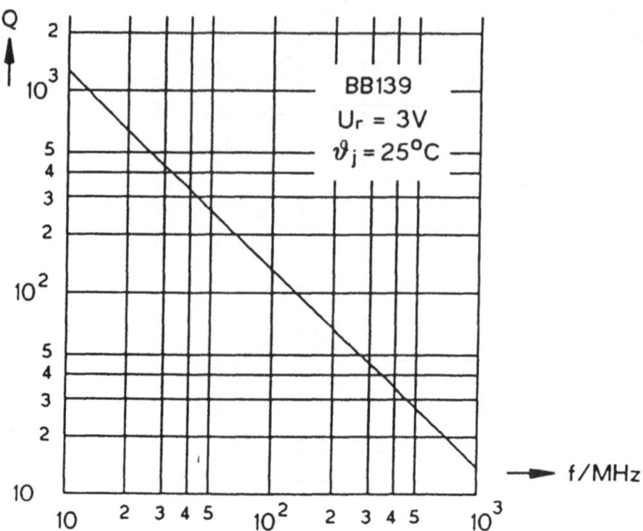

Bild 6.24: Güte Q als Funktion der Frequenz

Sie ist spannungsabhängig. Tabelle 6.3 enthält eine Zusammenstellung der wichtigsten Kenndaten als Beispiel anhand der Kapazitätsdiode BB 139.

Bei der Anwendung für *Abstimmzwecke* ist es wegen der gekrümmten C_{tot}-Charakteristik wichtig, daß die Signalwechselspannung klein gegen die Abstimmvorspannung U_{FC} ist, weil sonst Signalverzerrungen auftreten. Häufig werden deshalb auch Gegentaktschaltungen verwendet (Bild 6.25). Hierbei liegen die Dioden gleichspannungsmäßig parallel, wechselspannungsmäßig in Serie.

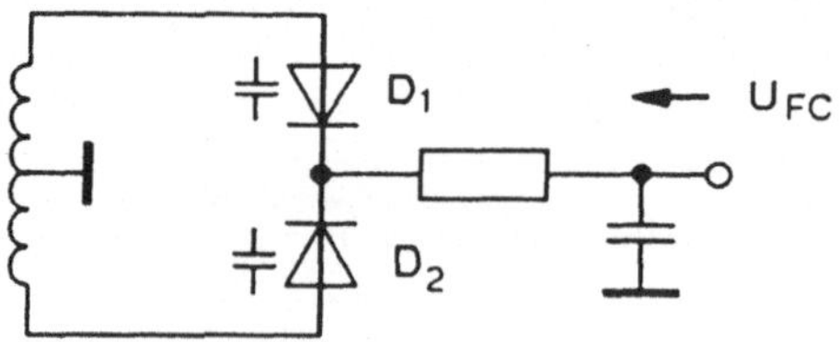

Bild 6.25: Gegentaktschaltung zur Linearisierung der Kapazität

Wir wollen noch einmal auf den oben erwähnten step-recovery-Effekt zurückkommen, weil sich die Diode im Sperrbetrieb als kurzzeitiger Ladungsspeicher für sehr schnelle Schalt- und Mikrowellenvorgänge verwenden läßt. Wir hatten das dynamische Verhalten der Diode besprochen und dabei gesehen (Bild 6.8), daß der Sperrstrom beim plötzlichen Wechsel der Spannung vom

Tabelle 6.3: Kenn- und Grenzwerte der Varicapdiode BB 139

	Größe	Wert	Einheit
Grenzwerte			
Sperrspannung	U_r	30	V
Sperrschichttemperatur	ϑ_j	150	^oC
Kennwerte bei $\vartheta_u = 25^oC$			
Kapazität			
bei $U_r = 3V, f = 1MHz$	C_{tot}	29	pF
bei $U_r = 25V, f = 1MHz$	C_{tot}	$4,4 \cdots 6$	pF
ausnutzbares Kapazitätsverhältnis bei $U_r = 3 \cdots 25V$	$\frac{C_{tot}(3V)}{C(25V)}$	$5 \cdots 6,5$	
Serienwiderstand bei $f = 470MHz, C_{tot} = 9pF$	r_s	$0,5$	Ω
Güte bei $f = 50MHz$ und $U_r = 3V$	Q	280	
Grenzfrequenz für $Q = 1$ bei $U_r = 3V$	f_{Q1}	14	GHz
Serienresonanzfrequenz bei $U_r = 25V$	f_o	$1,4$	GHz
Serieninduktivität, gemessen in $1,5mm$ Abstand vom Gehäuse	L_s	$2,5$	nH
Sperrstrom bei $U_r = 28V$	I_r	< 100	nA
Durchbruchspannung bei $I_r = 100\mu A$	$U_{(br)r}$	> 30	V

Fluß- in den Sperrzustand eine gewisse Zeit t_r benötigt, um seinen Endwert I_s zu erreichen (recovery-time). Die in den Bahngebieten gespeicherte Ladung muß erst ausgeräumt werden. Es gibt speziell entwickelte *step-recovery-Dioden*, bei denen sich t_r in der Größenordnung von $< 0,5ns$ bewegt. Es handelt sich hierbei um Dioden vom P^+NN^+-Typ (s.a. Abschnitt 6.8.2, allerdings mit wesentlich kleineren Geometrien als dort beschrieben). Da die Diode im wesentlichen für Anwendungen in der Mikrowellentechnik und in der schnellen Impulstechnik verwendet wird (Impulsteilung, Impulserzeugung, Frequenzvervielfachung usw.), sei hier auf die Spezialliteratur verwiesen.

6.8.7 Photodiode

Wie beim Photowiderstand (s.a. Kapitel 5) wird auch bei der *Photodiode* der *innere photoelektrische Effekt* ausgenutzt, bei dem durch Photonenab-

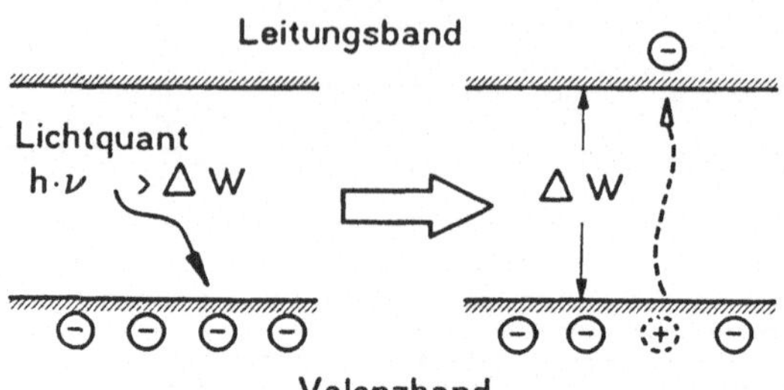

Bild 6.26: Innerer Photoeffekt im Halbleiter

sorption die Eigenleitfähigkeit infolge von Ladungsträgerpaarbildung erhöht wird (Bild 6.26). Bei der Photodiode wirken die Photonen jedoch nicht auf das gesamte, homogene Halbleitermaterial (Volumeneffekt), sondern auf eine PN-Sperrschicht. Die Elektronen-Lochpaare stellen Minoritätsträger dar und erhöhen den Sperrstrom der Diode, während der Flußstrom praktisch erhalten bleibt. Die Kennlinie der Photodiode läßt sich auf der Grundlage von Gleichung (6.7) angeben

$$\boxed{I = I_s \cdot \left[\exp\frac{U_d}{U_T} - 1\right] - e \cdot A \cdot g_o \cdot (L_N + L_P)} \quad . \qquad (6.31)$$

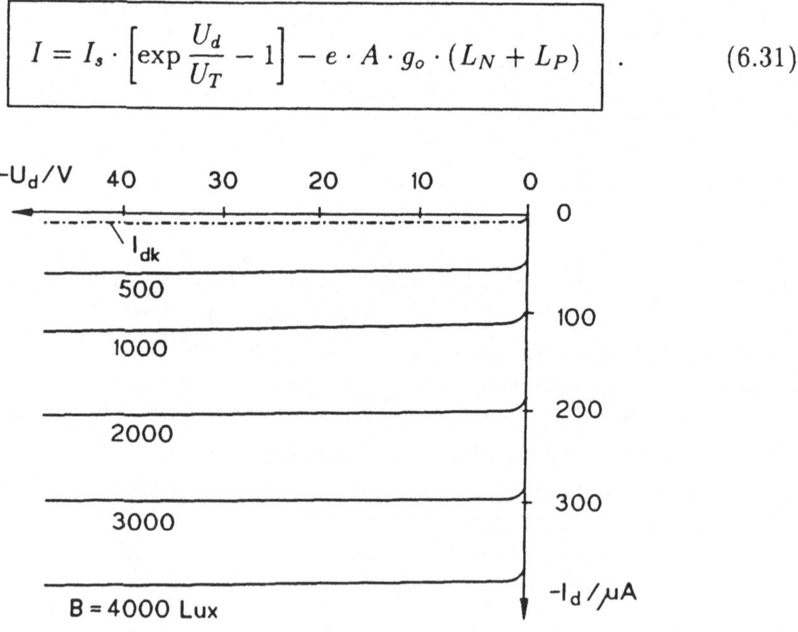

Bild 6.27: Kennlinienfeld der Photodiode APY 12

Der erste Term in Gleichnung 6.31 gibt den normalen Diodenstrom, hier *Dunkelstrom* genannt und der zweite Term den *Photostrom wieder*. Zum

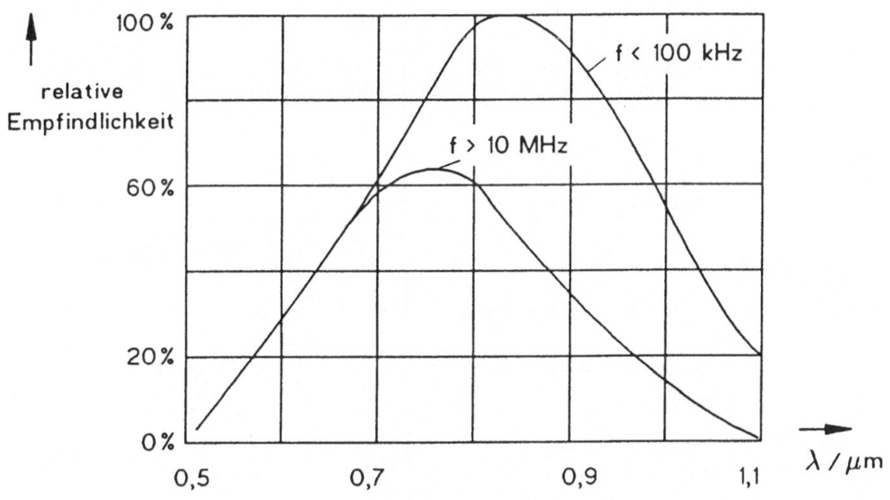

Bild 6.28: Avalanche-Photodiode TIXL 55/56: Relative spektrale Empfindlichkeit in Abhängigkeit von der Wellenlänge bei gepulstem Betrieb

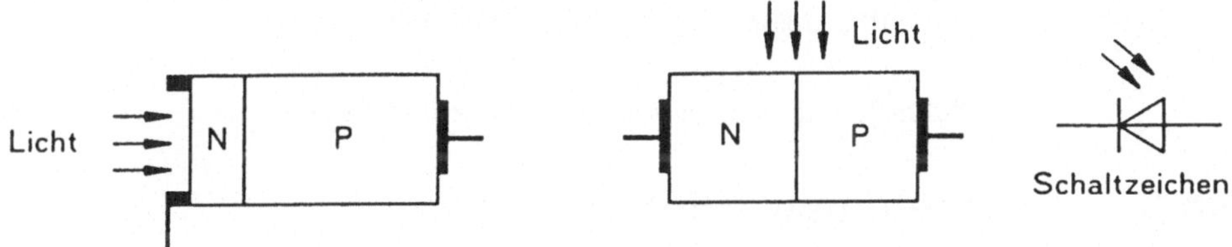

Bild 6.29: Anordnung der photoaktiven Sperrschicht in Photodioden (schematisch)

Photostrom tragen alle durch Photonen erzeugten Minoritätsträgerpaare bei, die im Diffussionsraum $L_N < x < L_P$ (vgl Bild 6.2) entstanden sind.

g_o ist hierbei die *opto-elektronische Erzeugungsrate*. Photodioden werden im III. Quadranten, d.h. in *Sperrichtung* betrieben. Bild 6.27 zeigt als Beispiel das Kennlinienfeld der *APY*12 (Siemens). I_{dk} ist hierin der Dunkelstrom. Gegenüber dem Photowiderstand hat die Diode den Nachteil der geringeren Empfindlichkeit (typisch im Mittel $0,1 A/lumen$ bzw. $0,1 \mu A/lux$ pro $1 mm^2$ Fläche). Dem steht jedoch der Vorteil der breiteren Spektralempfindlichkeit gegenüber. Das zeigt Bild 6.28 am Beispiel des Typs TIXL 55/56. Photodioden eignen sich gut zum Abtasten schneller optischer Vorgänge, z.B. in Codelinealen oder Lochstreifenlesern. Sie können konstruktiv so ausgeführt sein, daß das Licht entweder senkrecht oder parallel zum PN-Übergang eingestrahlt wird (Bild 6.29). Durch entsprechende Gestaltung des Glasgehäuses (Linsenform) kann es auch gebündelt werden.

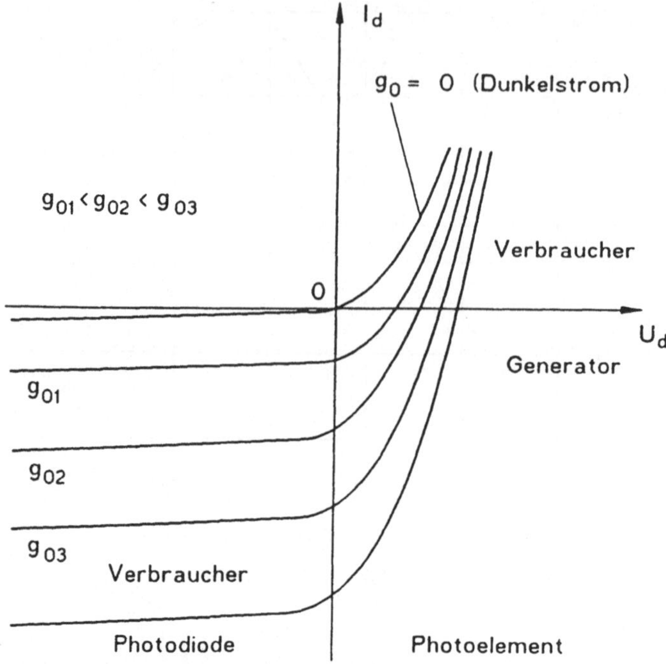

Bild 6.30: Kennlinienfeld von Photodiode und Photoelement

6.8.8 Photoelement (Solarzelle)

Das *Photoelement* – auch *Solarzelle* oder *photovoltaisches Element* genannt – dient zur Umwandlung von Strahlungsenergie aus dem optischen Bereich in elektrische Energie. Es ist im Gegensatz zur Photodiode ein *aktives Element*. Das Photoelement arbeitet wie die Photodiode mit dem inneren photoelektrischen Effekt. Im Gegensatz zu dieser wird es jedoch nicht im III., sondern im IV. Quadranten betrieben.

In Bild 6.30 ist dieser Unterschied dargestellt. Da Strom und Spannung im IV. Quadranten entgegengesetztes Vorzeichen haben, wirkt das Bauelement hier als *Generator*.

Bild 6.31 zeigt den Aufbau einer klassischen Standard-Si-Solarzelle von Telefunken, wie sie in der Raumfahrttechnik Verwendung findet. Sie besteht aus einer $2\ x\ 2\ x\ 0,03\ cm^3$ großen Scheibe aus P- (oder N-) leitendem Si.

Auf der dem Licht ausgesetzten Seite wird durch Eindiffundieren von N^+- (bzw. P^+-) leitendem Material ein $0,3\ \mu m$ starker PN - Übergang erzeugt, über dem fingerförmig der Vorderseitenkontakt liegt. Die Rückseite ist ganzflächig kontaktiert. Ein blau aussehender SiO_2-Überzug schützt das ganze

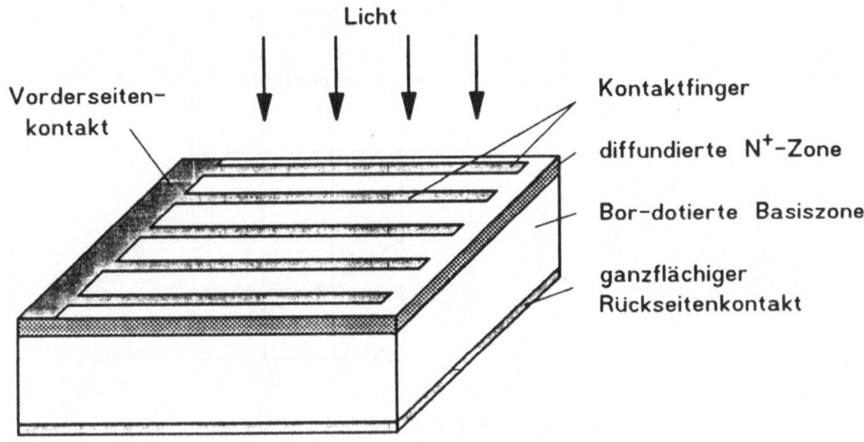

Bild 6.31: Schematische Darstellung einer Standard-Silizium-Solarzelle

Bauelement mechanisch und vor UV-Strahlung und mindert die Reflexion des Lichtes.

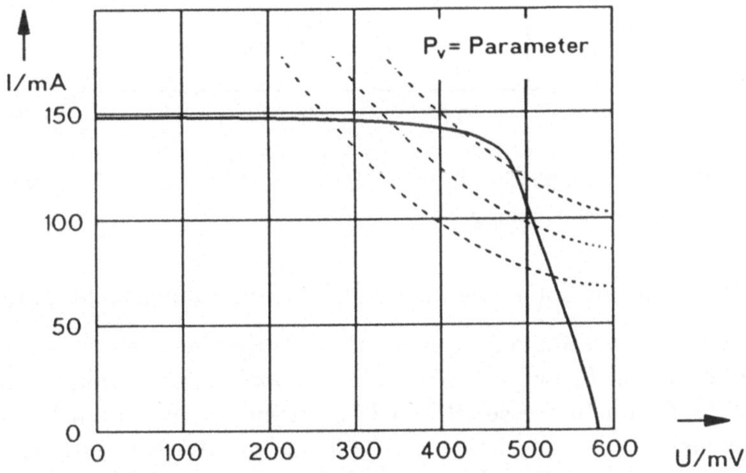

Bild 6.32: Strom-Spannungskennlinie einer Standard-Solarzelle

In Bild 6.32 ist die Strom-Spannungskennlinie der beschriebenen Solarzelle bei Normbeleuchtung und 25°C Umgebungstemperatur dargestellt. Der Kurzschlußstrom beträgt hier ca. 150 mA, die Leerlaufspannung 580 mV und die maximal erzielbare Leistung 59 mW bei einem Wirkungsgrad von $\eta = 10$ %. Die Leistung hängt von der Kühlung ab. Bild 6.33 zeigt die spektrale

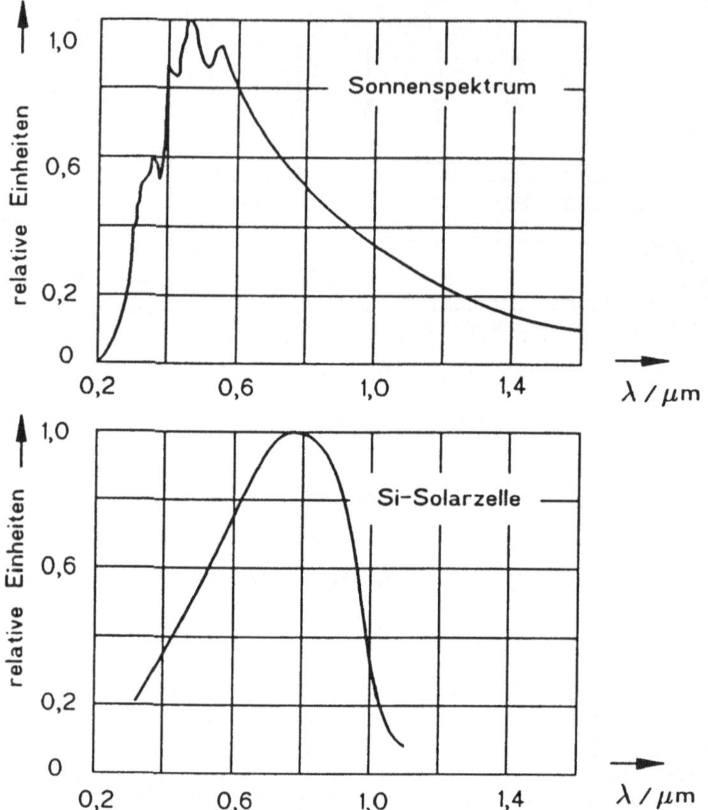

Bild 6.33: Spektrale Empfindlichkeit einer Si-Solarzelle im Vergleich zur spektralen Energieverteilung der Sonnenstrahlung

Empfindlichkeit der Solarzelle im Vergleich zum Sonnenspektrum.

Für viele Anwendungen (z.B. in Belichtungsmessern) ist der Verlauf der *Leerlaufspannung* U_l und des *Kurzschlußstromes* I_k als Funktion der *Beleuchtungsstärke* B von Interesse. Bild 6.34 zeigt diese Kurven am Beispiel der TP 60 (Siemens). U_l ist oberhalb ca. 2000 *lux* praktisch konstant, während I_k linear mit B ansteigt. Zur Erzielung des maximalen Wirkungsgrades ist eine entsprechende Anpassung der Schaltung an das Photoelement erforderlich.

6.8.9 Lumineszenz- Dioden

Lumineszenz-Dioden, auch *LEDs* (**L**ight **E**mitting **D**iodes) genannt, wandeln elektrische Energie (Gleich- oder Wechselstrom) in Lichtenergie um. Beim Be-

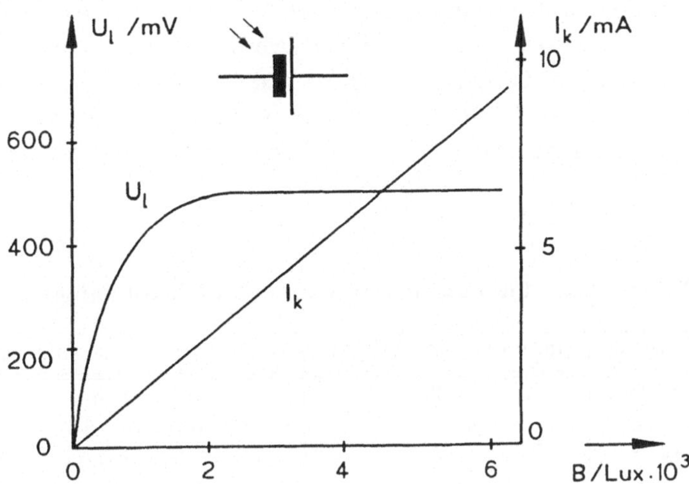

Bild 6.34: Leerlaufspannung und Kurzschlußstrom eines Photoelements

trieb eines PN-Übergangs in Flußrichtung gelangen Majoritäts-Ladungsträger in das jeweils entgegengesetzt dotierte Gebiet und rekombinieren dort. Die dabei freiwerdende Rekombinationsenergie kann in verschiedener Form emittiert werden, nämlich als

- Wärme,
- sichtbares Licht und
- UV-Licht.

Hierbei ist der Bandabstand ΔW zwischen Valenz- und Leitungsband maßgebend dafür, um welche Art von Energie es sich handelt. Sichtbares Licht ($360 \cdots 740nm$) wird von Halbleitern mit Bandabständen zwischen $1,7 \cdots 3,4eV$ emittiert. Man nennt diesen Vorgang *Elektro-Lumineszenz*. Er ist zum inneren Photoeffekt reziprok, das heißt die für das Lichtquant $h \cdot \nu$ benötigte Energie ist gleich dem Bandabstand ΔW. Die Rekombinationsenergie kann jedoch auch aufgeteilt werden in zwei Anteile, nämlich in *Wärme* und in ein *Photon* mit bestimmter Wellenlänge. Das geschieht in Materialien mit eingebauten Störstellen.

Als *Quantenwirkungsgrad* Q bezeichnet man das Verhältnis

$$\boxed{Q = \frac{\textit{Zahl der emittierten Photonen}}{\textit{Zahl der den Strom bildenden Elektronen}}} \quad . \tag{6.32}$$

Er liegt in der Größenordnung zwischen $1 \cdots 10\%$. Die Emission von Photonen folgt *statistischen Gesetzen*; LEDs werden deshalb auch als *spontane Emitter* bezeichnet im Gegensatz zu den *Laser-Dioden* (s. Abschnitt 6.8.10). Tabelle 6.4 gibt eine Aufstellung über eine Reihe von Halbleiterverbindungen mit Elektrolumineszenz, wobei Gallium-Verbindungen die technisch wichtigsten sind.

Tabelle 6.4: Halbleitermaterialien mit Elektrolumineszenz

Material	Bandabstand $\Delta W/eV$	emittierte Wellenlänge μm
In As	0,36	infrarot 3,4
Ga As:Si	1,1	infrarot 1,13
In P	1,3	infrarot 0,95
Ga As	1,4	infrarot 0,9
Ga P	2,2	rot 0,73 oder grün 0,56)*
Zn Se	2,6	blau 0,48
Si C	3,1	blau 0,40
Zn S	3,7	ultraviolett 0,34
		)* je nach Dotierung

In Bild 6.35 ist der Aufbau einer LED schematisch dargestellt. Der kugelförmige Harztropfen auf dem eigentlichen PN-Übergang dient als Schutz und gleichzeitig als Linse. Das emittierte Licht wird durch einen aufgedampften Goldbelag von der Rückseite des Halbleiterscheibchens reflektiert.

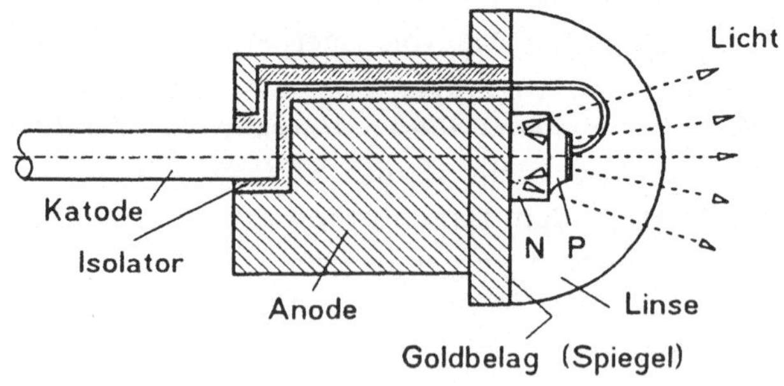

Bild 6.35: Aufbau einer LED

Bild 6.36 zeigt die Durchlaß-(Vorwärts-)Charakteristik einer LED vom Typ SL 1047 (ITT). Die Schwellspannung liegt bei etwa $1,4V$. Hier beginnt auch die Lichtemission, die dem Durchlaßstrom etwa proportional ist (Bild 6.37a). Der maximal zulässige Dauerstrom beträgt bei diesem Typ etwa $50 mA$. Darüberhinaus ist Impulsbetrieb erforderlich.

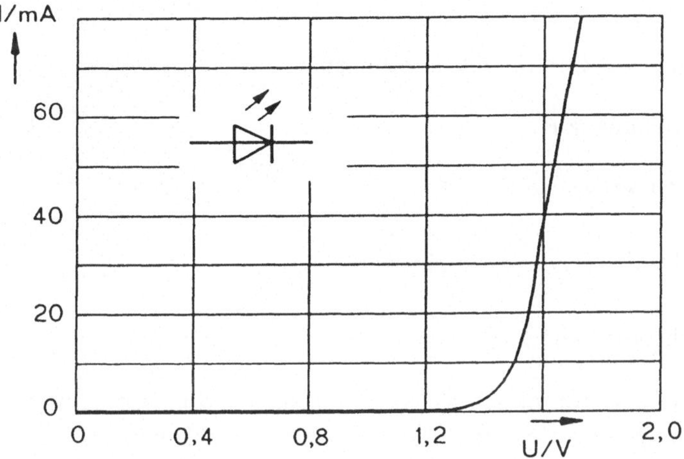

Bild 6.36: Strom-Spannungs-Kennlinie einer LED

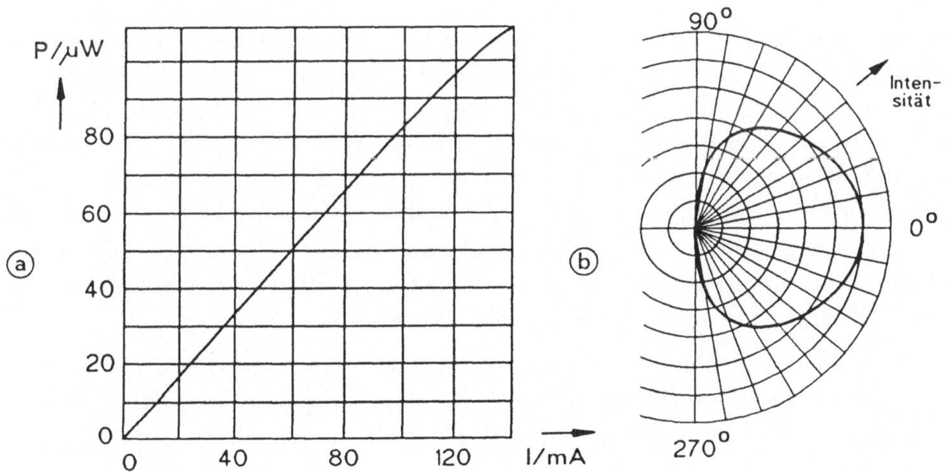

Bild 6.37: Lichtleistung und Strahlungsdiagramm einer LED

In Bild 6.37b ist das Strahlungsdiagramm dargestellt. LEDs werden sehr vielseitig eingesetzt, z.B. in optischen Anzeigen (Taschenrechner), optoelektronischen (potentialfreien) Kopplungen, Lochstreifen- und Lochkartenlesern. Als wesentliche Vorteile gegenüber Miniatur-Wolframdraht-Glühlampen sind zu nennen

- kein Einschaltstromstoß,
- niedrige Betriebsspannung,
- praktisch trägheitslos (Anstiegs- und Abfallzeiten im ns-Bereich),
- modulierbar (Helligkeit ist steuerbar),
- hohe Lebensdauer,
- hohe Zuverlässigkeit.

Als Nachteile stehen dem gegenüber

- schlechterer Wirkungsgrad,
- quasimonochromatisches Licht (sofern dies bei bestimmten Anwendungen überhaupt als Nachteil gewertet werden kann).

6.8.10 Laser–Diode

Auch bei der *Laser–Diode* wird wie bei der Lumineszenzdiode elektrische Energie an einem PN-Übergang in Lichtenergie umgesetzt. Der Mechanismus ist jedoch ein anderer, und zwar spricht man hier von *induzierter* oder *stimulierter Emission*. Ein Elektron, das sich im Energiezustand W_2 im Leitungsband befindet, wird durch *Lichteinfall* zur Abgabe eines Photons $h \cdot \nu$ angeregt und fällt dadurch in den Energiezustand $W_1 = W_2 - h \cdot \nu$ zurück. Das so erzeugte Photon erzeugt wiederum neue Photonen und so fort. Die ausgesandte Lichtstrahlung ist *kohärent*, das heißt, die emittierten Photonen besitzen alle die gleiche Energie und sind miteinander in Phase.

Wir erinnern uns: Bei der *spontanen Emission* (Lumineszenz) ist das Lichtfeld für die Emission nicht erforderlich. Die Strahlung ist inkohärent, das heißt die einzelnen Strahlungsanteile sind phasenmäßig unkorreliert.

Das Prinzip der stimulierten Emission geht auf *Einstein (1917)* zurück. Es hat in den letzten 30 Jahren stark an Bedeutung gewonnen. Je nach Frequenzbereich (Mikrowellentechnik oder Optik) werden die nach diesem Prinzip arbeitenden Anordnungen entweder als *MASER* oder als *LASER* bezeichnet:

MASER = **M**icrowave **A**mplification by **S**timulated **E**mission of **R**adiation,
LASER = **L**ight **A**mplification by **S**timulated **E**mission of **R**adiation.

Bezüglich weiterer Einzelheiten wird auf die Spezialliteratur verwiesen.

6.8.11 Tunneldiode (Esaki–Diode), Backwarddiode

Dotiert man die P- und N-Zone einer Halbleiterdiode sehr stark (z. B. > $10^{19} cm^{-3}$ für Ge), so entartet die *Durchlaß*kennlinie in einen Verlauf nach Bild 6.38.

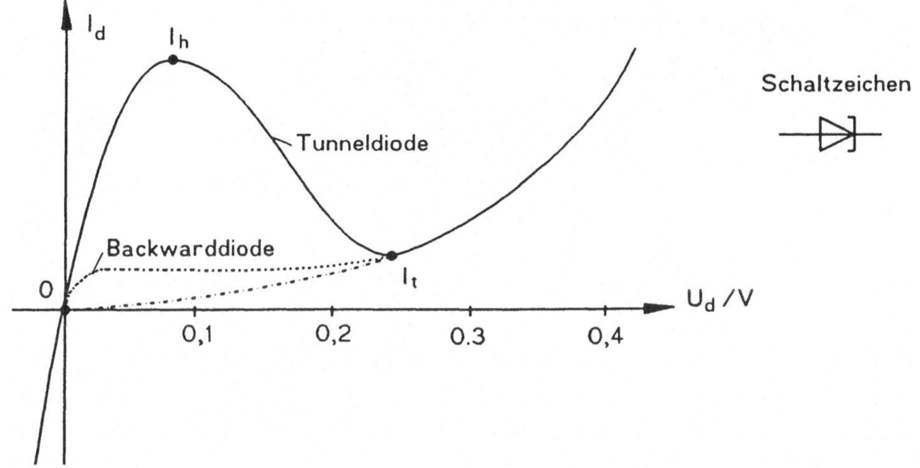

Bild 6.38: Kennlinie der Tunneldiode

Der Diodenstrom steigt zunächst steil an und erreicht bei $U_d \approx 50mV$ den *Höckerstrom* I_h. Danach fällt die Kennlinie wieder und durchläuft einen Bereich *negativen differentiellen Widerstandes* bis zum Wert des *Talstromes* I_t bei $U_d \approx 300 \cdots 500mV$. Anschließend verläuft die Kennlinie exponentiell ansteigend wie bei der normalen Halbleiterdiode. In *Sperrichtung* steigt der Strom steil an, die Tunneldiode zeigt also kein Sperrverhalten. Verantwortlich für den 1957 von *Esaki* entdeckten Kennlinienverlauf zwischen 0 und I_t ist der *Tunneleffekt*, der mit dem Zener–Effekt identisch ist und den wir hier nur kurz erörtern wollen. Die Tunneldiode ist ein Bauelement, dessen Anwendungsschwerpunkt in der Mikrowellentechnik liegt. Es sei deshalb auf die Spezialliteratur verwiesen.

In Abschnitt 4.7.3 haben wir das Zustandekommen der Diffusionsspannung U_D aufgrund des Dotierungssprunges behandelt. Bei den für normale Anwendungen üblichen Trägerdichten (n, p $\approx 10^{15} cm^{-3}$) ergeben sich Werte für $U_D \approx 0,3 \cdots 0,7V$. Sie sind *kleiner als die Bandabstände* ΔW für Ge und Si ($0,75V$ bzw. $1,1V$, s. Tabelle 4.2). Damit liegt nach Bild 4.15 das Energieniveau W_L der Unterkante des Leitungsbandes im N-Gebiet höher als die Oberkante W_V des Valenzbandes im P-Gebiet.

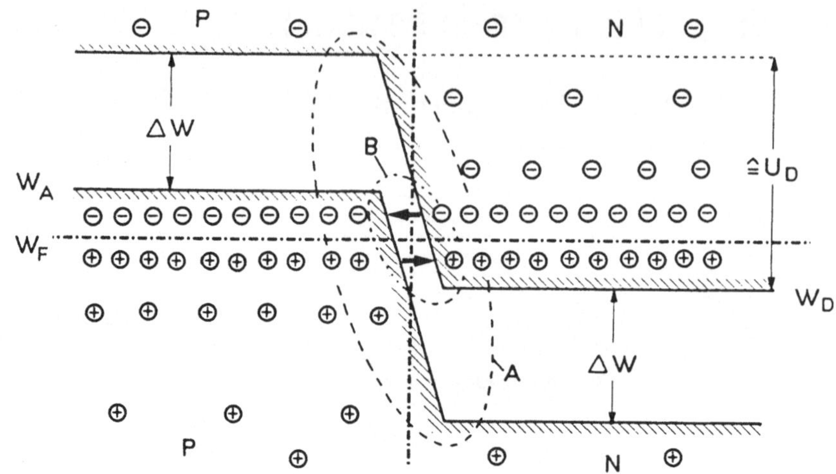

Bild 6.39: Bändermodell des Tunneleffektes in der Zone der Bandüberlappung (B)

Bei sehr hoher Dotierung wird U_D schließlich größer als der Bandabstand. Damit liegt das *Fermi-Niveau* W_F (s.a. Abschn. 4.3) im P- Gebiet im oberen Teil des Valenzbandes und im N-Bereich im unteren Teil des Leitungsbandes. Wegen der hohen Dotierungsrate ist die Sperrschicht sehr schmal (Bereich A in Bild 6.39), und in der Zone B der *Bandüberlappung* können Ladungsträger vom P- ins N- Gebiet „tunneln" und umgekehrt. Der Tunnelstrom vom P- ins N-Gebiet ist der in Abschn. 6.1.4 bereits behandelte *Zenerstrom*, während der vom N- ins P-Gebiet fließende Strom die hier besprochenden Tunnel-Diodenkennlinie bestimmt.

Das Verhältnis $\frac{I_h}{I_t}$ ist ein Maß für die Güte der Tunneldiode. Es beträgt bei Si etwa 6, bei Ge $\approx$ 10 und bei GaAs $\approx$ 60. Eine Abart der Tunneldiode ist die *Backward-Diode*, bei der der Kennlinienast mit fallender Charakteristik zwischen I_h und I_t in Bild 6.38 zu einer Waagerechten entartet ist. Sie eignet sich besonders zur Gleichrichtung sehr kleiner Wechselspannungen und wird hierbei in Rückwärtsrichtung betrieben, woher auch die Bezeichnung stammt.

6.8.12 Schottky-Diode (Metall-Halbleiterkontakt, hot carrier diode)

Metall-Halbleiterkontakte sind schon länger bekannt als PN-Übergänge in Halbleitern. Das Verhalten eines Metall-Halbleiterüberganges ist 1938 erstmals von *Schottky* mit Hilfe der Randschichttheorie gedeutet worden. In jüngerer Zeit haben *Schottky-Dioden*, die mit solchen Übergängen arbeiten, sowohl in der Mikrowellentechnik als auch für schnelle Digital-Rechneranwendungen immer größere Bedeutung erlangt, seitdem man die technologischen Schwierigkeiten bei der Herstellung dieser Bauelemente überwunden hat. Sie haben entsprechend Bild 6.40 meistens eine Zonenfolge Metall-N-N^+.

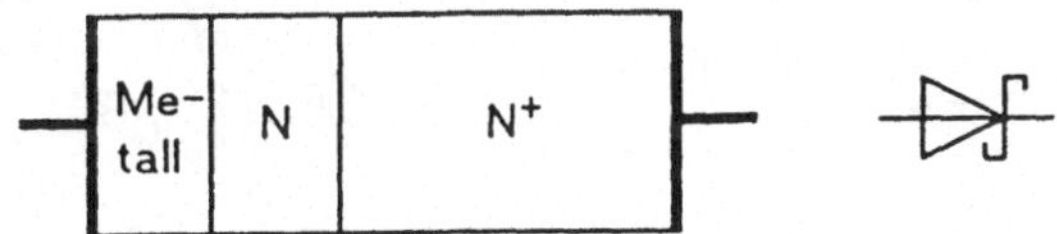

Bild 6.40: Zonenfolge in der Schottky-Diode, Schaltsymbol

Verglichen mit normalen Dioden haben sie den Vorteil einer kleineren Diffusionskapazität. *Die Zahl der Majoritätsträger ist gegenüber der der Minoritätsträger so groß, daß die letztgenannten keine Rolle spielen.* Da die Majoritätsträger leichter beweglich sind, ergeben sich kürzere Speicher- bzw. Schaltzeiten. Sie liegen bei einigen 100 ps. Auch als Varaktordioden sind Schottkydioden gut geeignet, da ihr Ladungsträgergefälle einem abrupten PN-Übergang sehr nahe kommt,

Bild 6.41 zeigt schematisch die Überlegenheit der Schottkydiode gegenüber einer PN-Diode bei schnellen Schaltvorgängen am Beispiel der Gleichrichtung einer Wechselspannung von 30 MHz.

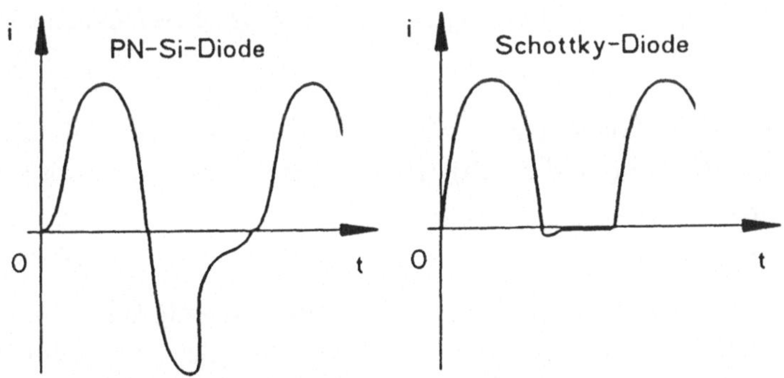

Bild 6.41: Gleichrichtung einer Wechselspannung von 30 MHz mit einer PN-Diode (links) und einer Schottkydiode (rechts)

Wir wollen die Randschichttheorie hier nicht in allen Einzelheiten behandeln; es ist aber für das grundsätzliche Verständnis der Vorgänge an Schichtfolgen sehr nützlich, wenn wir einige relativ oberflächliche Betrachtungen anstellen.

Bei einer Schichtfolge Metall-Halbleiter möge der Halbleiter mit einer Donatordichte n_{D+} versehen sein ($n_D^+ = 10^{15} cm^{-3}$ in Bild 6.42a und b). Wie wir

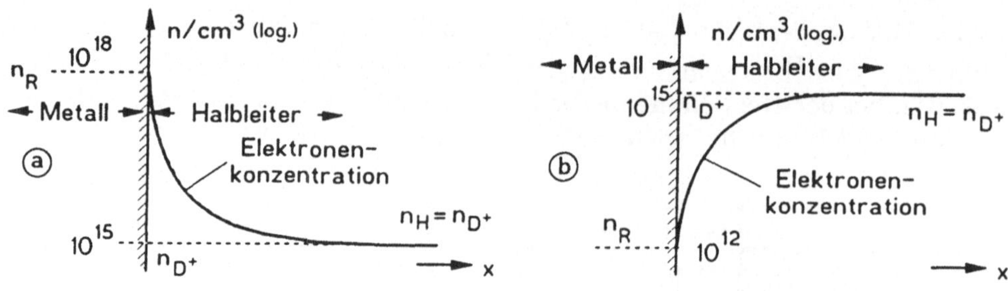

Bild 6.42: Ladungsträgerdichteverlauf am Metall–Halbleiterübergang

aus Kapitel 4 bereits wissen, sind bei Raumtemperatur praktisch alle Donatoratome ionisiert, das heißt, tief im Innern des Halbleiters stehen n_{D+} Donatorionen aus Neutralitätsgründen n_H Elektronen gegenüber (Bild 6.42a und b jeweils rechte Hälfte). An der Randschicht wird die Neutralitätsbedingung entscheidend vom verwendeten Metall bestimmt, denn die Zahl der vom Halbleiter ins Metall eintretenden Elektronen muß im stromlosen Zustand auch gleich der Zahl der vom Metall in den Halbleiter zurückfließenden Elektronen sein. Je nach verwendetem Metall sind nun zwei Fälle unterscheidbar:

1. Die Elektronenkonzentration n_R in der Randschicht steigt an (z.B. auf $n_R = 10^{18} cm^{-3}$ in Bild 6.42a): Hier liegt eine *Anreicherungsrandschicht* vor.

2. Die Elektronenkonzentration n_R in der Randschicht fällt ab (z.B. auf $n_R = 10^{12} cm^{-3}$ in Bild 6.42b): Hier ist eine *Verarmungsrandschicht* entstanden.

Während die Anreicherungsrandschicht physikalisch keine besonders beobachtbaren Effekte zeigt, entsteht in der Verarmungsrandschicht die bereits bekannte und technisch so wichtige Sperrschicht. Anreicherungsrandschichten spielen eine Rolle bei der sperrschichtfreien Verbindung von Halbleitern mit Metallen.

6.8.13 PIN–Dioden

PIN–Strukturen haben wir in Abschnitt 6.8.2 im Zusammenhang mit den (Niederfrequenz–)Hochspannungsgleichrichterdioden bereits kennengelernt (s.a. Bild 6.13). Mit geänderten Geometrien werden sie in Form von PIN–Dioden auch in der Hochfrequenztechnik als *veränderbare Ohmsche Widerstände* verwendet. Die Wirkungsweise läßt sich qualitativ anhand der Lebensdauer τ der Ladungsträger in der I-Zone erklären.

Die I-Zone selbst ist an Ladungsträgern arm. Bei Durchlaßbetrieb wird sie von Löchern aus dem P-Gebiet und Elektronen aus dem N-Gebiet überschwemmt, die in der I-Zone nach einer gewissen Lebensdauer τ miteinander rekombinieren. Hierbei liegt τ je nach Dotierung im N- und im P-Gebiet im ns- bis μs-Bereich. Damit wirkt die I-Zone als *Kurzzeitspeicher*. Mit zunehmendem Flußstrom I_d wächst die gespeicherte Ladung $Q = I_d \cdot \tau$. Überlagert man dem Flußstrom eine kleine Wechselspannung, so ändert sich der Flußstrom bei niedrigen Frequenzen im Takt der Wechselspannung. Kommt die Frequenz der Wechselspannung in die Größenordnung von $\frac{1}{\tau}$, so kann sich die gespeicherte Ladung und damit der Flußstrom nicht mehr schnell genug ändern; *die Wechselanteile des Stromes werden gedämpft. Oberhalb einer bestimmten Grenzfrequenz ist der Durchlaßwiderstand der Diode praktisch frequenzunabhängig und wird nur noch vom Gleichstrom I_d bestimmt.*

PIN-Dioden lassen sich daher sehr vorteilhaft z.B. als stellbare Hochfrequenzabschwächer, in regelbaren Hochfrequenzverstärkern oder als sog. Duplex-Schalter (Nulloden) in Radargeräten zur Entkopplung des Empfängereingangs vom Senderausgang verwenden.

6.8.14 Lawinenlaufzeit-Diode (Impatt-Diode)

Die *Lawinenlaufzeitdiode* ist ein Zweipol mit PSN-Folge (s.a. Bild 6.13), der wie die Tunneldiode und das Gunn-Element im Mikrowellengebiet zur Erzeugung von Leistung eingesetzt werden kann. Sie hat einen schmalen Frequenzbereich, in dem der differentielle Realteil der Widerstands negativ ist. Durch eine Kombination von Lawineneffekten (s.a. Z-Dioden) und Laufzeiteffekten wird erreicht, daß Strom und Spannung eine Phasenlage zwischen 90° und 270° zueinander haben. Hieraus erklärt sich auch der Name *Lawinenlaufzeit-* oder *IMPATT-Diode*, (**IMP**actionization by **A**valanche and **T**ransit **T**ime Diode). Sie ist auch unter dem Namen *READ-Diode* (Read, 1958) bekannt. Mit Impatt-Dioden lassen sich z.B. Mikrowellenleistungen von $500mW$ bei $100GHz$ erzeugen.

6.8.15 Doppelbasis-Diode (Unijunction-Transistor)

Die *Doppelbasis-Diode*, auch *Unijunction-Transistor* genannt, besitzt in bestimmten Strombereichen einen *negativen differentiellen Widerstand*. Ihren

Aufbau zeigt Bild 6.43 schematisch am Beispiel des PN-Typs. (Beim NP-Typ sind Strom- und Spannungsrichtungen mit entgegengesetzten Vorzeichen versehen.)

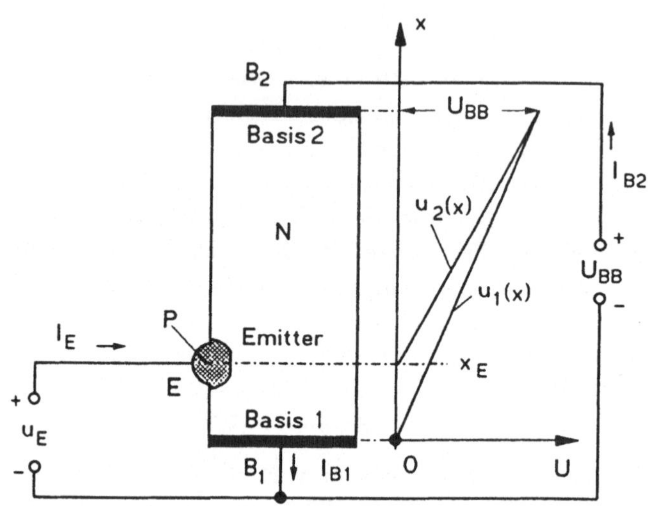

Bild 6.43: Unijunction-Transistor, schematisch

Ein homogener N-Halbleiterstab ist mit zwei metallischen *Basisanschlüssen* B_1 und B_2 versehen. Der Strom I_{B2} von B_2 nach B_1 erzeugt in diesem Stab einen etwa linearen Spannungsabfall $u_1(x)$ (Bild 6.43), wenn die Steuerspannung u_E zunächst einmal nicht vorhanden sein möge. Gibt man auf den *Emitter* nun eine ansteigende Spannung u_E, so bleibt der PN-Übergang zunächst für kleine Werte von u_E gesperrt. In der Diode E–B$_1$ fließt der praktisch vernachlässigbare Sperrstrom. Wächst U_E nun soweit an, daß das Potential im Stab an der Stelle x_E um den Schwellwert überstiegen wird, so gelangt die Diode E–B$_1$ in den Durchlaß und injiziert Löcher in den Teil unterhalb x_E. Somit wird die Strecke E–B$_1$ niederohmig, und als Folge davon werden weitere Gebiete in Richtung wachsender x-Werte positiv geladen und injizieren Löcher.

Der Strom I_E nimmt zu bei gleichzeitigem Abfall von U_E: *Der differentielle Widerstand ist negativ.* Die Stromzunahme hört dann auf, wenn das Potential in der Umgebung des Emitters etwa auf das Potential der Basis B_1 abgesunken ist. Der Potentialverlauf am Halbleiterkristall entspricht dann $u_2(x)$ in Bild 6.43. Für größere Spannungen U_E hat I_E dann den Verlauf einer konventionell in Flußrichtung gepolten Diode.

Bild 6.44 zeigt den eben geschilderten Ablauf in Form eines Kennlinienfeldes mit der Betriebsspannung U_{BB} als Parameter. Für $U_{BB} = 0$ liegt die

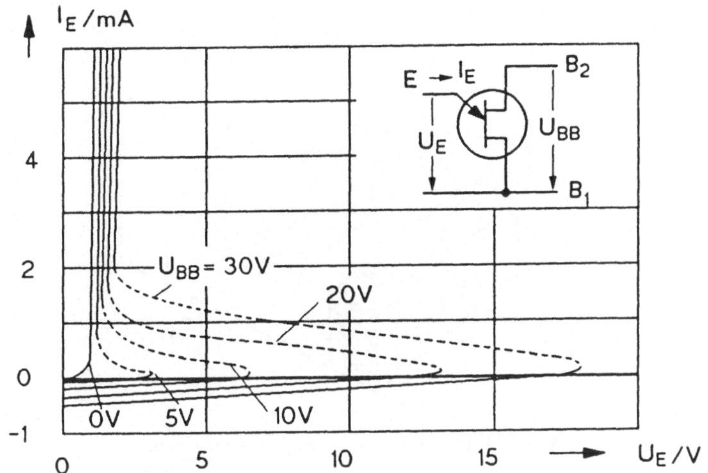

Bild 6.44: Kennlinienfeld des Unijunctiontransistors

Flußkennlinie einer normalen Diode vor. Mit zunehmender Spannung $U_{BB} > 0$ wird die Diode E–B_1 immer mehr in Sperrichtung vorgespannt, und der Sperrstrom steigt. U_E muß immer größere Werte annehmen, damit der Strom $I_E = 0$ erreicht wird (z.B. $U_E \approx 12V$ für $U_{BB} = 20V$). Darüberhinaus sind Teile des PN–Überganges bereits durchgeschaltet, andere nicht, der Übergang ins Flußgebiet setzt mit steigendem U_E ein.

Der Unijunction–Transistor eignet sich als *Schwellwertschalter mit einstellbarer Zündspannung*. Er hat ähnliche Eigenschaften wie die Vierschichttriode, die später noch zu behandeln ist. Beide Bauelemente werden sehr vielseitig in der Impulstechnik zur Erzeugung von Kippvorgängen eingesetzt.

6.8.16 Magnetdiode

Die *Magnetdiode* ist ein magnetempfindliches Halbleiterelement, das seinen Innenwiderstand in Abhängigkeit von einem externen Magnetfeld ändert. Bild 6.45 zeigt schematisch den Aufbau der Magnetdiode AHY 10 (Telefunken). Sie besteht aus einem Ge–Quader mit der Zonenfolge P^+IN^+, wobei die Deckfläche R eine höhere Rekombinationsrate aufweist als die Intrinsiczone I.

Werden die Elektronen auf dem Weg durch den Quader von einem Magnetfeld in die Randzone R abgedrängt, so können sie dort schneller rekombinieren, das heißt, es tritt eine Ladungsträgerverarmung ein; das Material

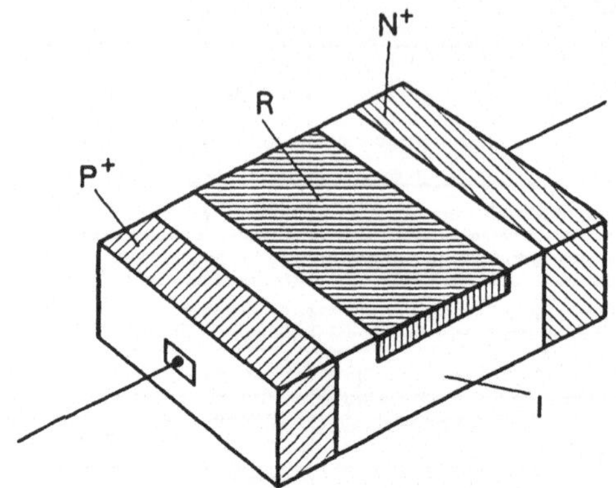

Bild 6.45: Magnetdiode, schematisch

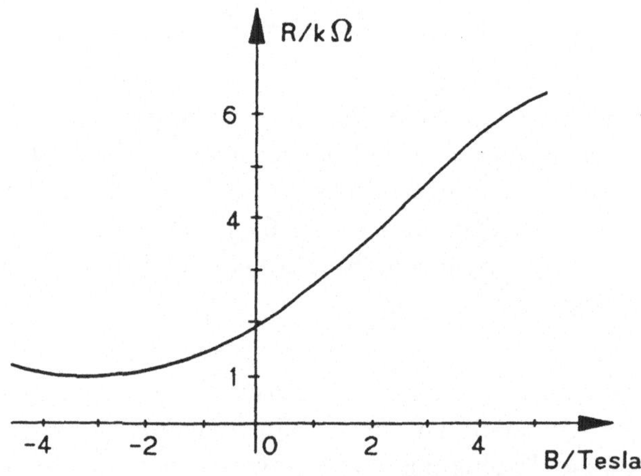

Bild 6.46: Kennlinie der Magnetdiode AHY 10

wird hochohmig. Bild 6.46 zeigt den Verlauf des Innenwiderstandes der AHY 10 in Abhängigkeit von der Flußdichte B bei einem eingestellten Ruhestrom (mit B = 0 T) von 2 mA. Zur Erzielung besserer Linearitätseigenschaften werden Magnetdioden häufig in Gegeneinanderschaltung in einem gemeinsamen Gehäuse geliefert. Magnetdioden lassen sich beispielsweise bei der Umformung von nichtelektrischen Größen in elektrische einsetzen (Weg, Druck, Winkel → Widerstand) oder bei der Kommutierung von Gleichstrommotoren (z.B. in Batterietonbandgeräten) sowie bei der Drehzahlmessung.

Kapitel 7

Transistoren

Im Abschnitt 6.2 haben wir gelernt, daß ein geeignet dotiertes homogenes Halbleitermaterial als veränderlicher Widerstand arbeiten kann, wobei die Steuergröße sowohl elektrischer als auch nichtelektrischer Art sein darf. In Kapitel 6.4 wurden die vielfältigen Anwendungsmöglichkeiten von Dioden behandelt.

In diesem Abschnitt sollen nun die in der Gruppe der Halbleiterbauelemente wichtigsten Vertreter, nämlich die *Transistoren*, behandelt werden. Allen Typen von Transistoren ist gemeinsam, daß sie *aktive* Komponenten darstellen, also *Verstärkerwirkung* besitzen. Dabei müssen wir unterscheiden zwischen (vgl. a. Kapitel 6.4)

- *Unipolar- oder Feldeffekt-Transistoren* und
- *Bipolar- , Injektions- oder Sperrschicht-Transistoren.*

7.1 Der Bipolar-Transistor (Bauteil mit 2 PN-Übergängen)

Charakteristisch für den *Bipolartransistor* ist vor allen Dingen, daß er *2 PN-Übergänge* besitzt, die für das Wirkungsprinzip unabdingbar sind. Ohne Zweifel ist die Halbleiter-Spitzendiode die Mutter des Transistors. 1948 wurde von den beiden amerikanischen Ingenieuren *Bardeen* und *Brattain* bei Arbeiten an Germaniumdetektoren für Mikrowellen der *Transistoreffekt* an einer Anordnung nach Bild 7.1, dem sogenannten *Spitzentransistor*, entdeckt. Die Bezeichnung Transistor ist entstanden aus einer Zusammenziehung der Worte *transduction* (hier: Leistungsumsatz) und *resistor*.

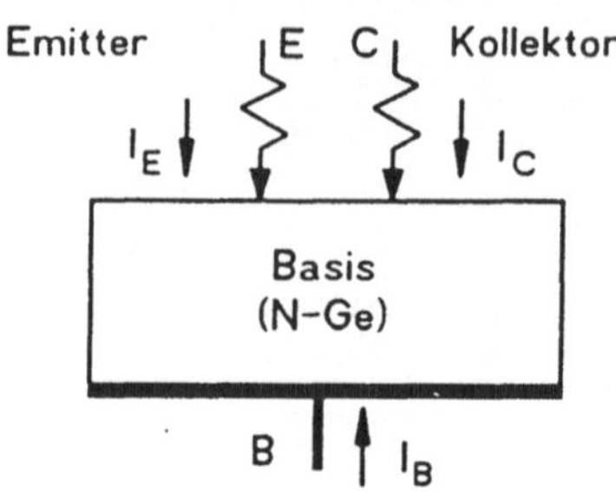

Bild 7.1: Spitzentransistor

Der Spitzentransistor ist zwar nur noch von historischer Bedeutung, hat aber mit den heute verwendeten *Flächentransistoren* zumindest noch die Bezeichnung der 3 Elektroden *Emitter E, Basis B* und *Collector C* (im deutschsprachigen Raum *Kollektor*) gemeinsam. Die ersten Flächentransistoren wurden 1950 von *Sparks* und *Teal* gebaut. Die damals verwendete *Zieh–Technik* ist allerdings inzwischen von anderen Technologien abgelöst worden, über die später noch zu sprechen sein wird.

7.1.1 PNP– und NPN–Transistoren, Bezeichnung der Spannungs– und Stromrichtungen

Je nach Schichtenfolge unterscheidet man *PNP– und NPN–Transistoren.*
Bild 7.2 zeigt die für normalen Betrieb des Transistors erforderliche *Polung der Betriebsspannungen*, nämlich *Basis–Emitterspannung* U_{BE} und *Kollektor–Basisspannung* U_{CB}.

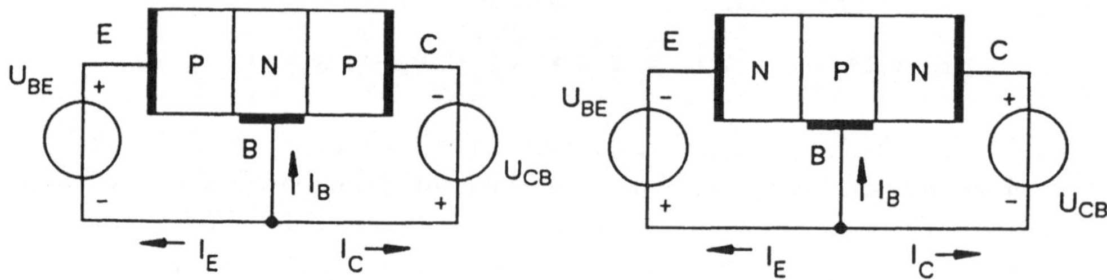

Bild 7.2: Polung der Betriebsspannungen beim Bipolartransistor

Grundsätzlich gilt, wenn man die Emitter-Basis- und die Kollektor-Basisstrecke als je eine Diode auffaßt:

Im Normalbetrieb ist die Emitter-Basisdiode in Vorwärtsrichtung (Durchlaß) und die Kollektor-Basisdiode in Rückwärtsrichtung (Sperrung) gepolt.

Bild 7.3 zeigt das schematisch anhand einer Dioden-Ersatzschaltung (vereinfachtes Ebers-Moll-Modell).
Achtung: *Die Hintereinanderschaltung zweier konventioneller Dioden in der dargestellten Weise ergibt keinen Bipolartransistor!*
Auch das physikalische Prinzip des Bipolartransistors läßt sich an diesem primitiven Bild nicht erläutern. Es ist jedoch gut geeignet für einen einfachen Funktionstest, indem man das Durchlaß- und Sperrverhalten der Diodenstrecken mit Hilfe einer Ohmschen Messung prüft.

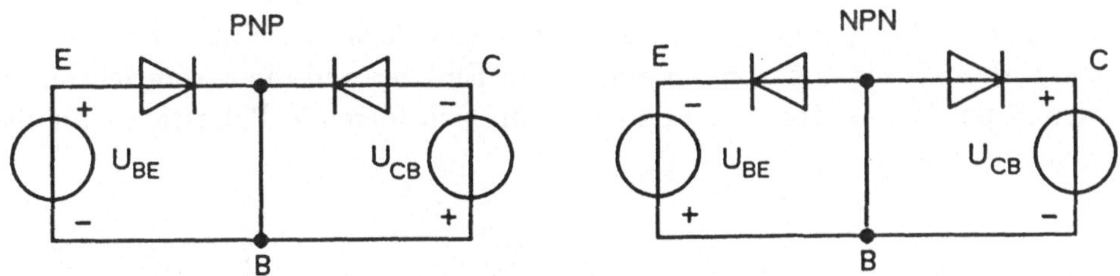

Bild 7.3: Diodenersatzschaltung des Bipolartransistors (Vereinfachtes Ebers-Moll-Modell)

Bild 7.4 gibt das Schaltsymbol sowie die Teilpannungen und -ströme für die beiden Bipolartransistortypen an. Der Emitter wird durch eine Pfeilspitze gekennzeichnet. Die Richtung der Pfeilspitze gibt dabei die konventionelle Stromrichtung an, das heißt sie zeigt von Plus nach Minus. Der Kreis stellt das Gehäuse dar; er fehlt bei monolithisch integrierten Transistoren.

Da der Transistor 3 Anschlüsse besitzt, sind auch je 3 Teilspannungen und Teilströme vorhanden:

1.	*Kollektor-Emitterspannung*	U_{CE},
2.	*Kollektor-Basisspannung*	U_{CB},
3.	*Basis-Emitterspannung*	U_{BE};
sowie		
1.	*Kollektorstrom*	I_C,
2.	*Basisstrom*	I_B,
3.	*Emitterstrom*	I_E.

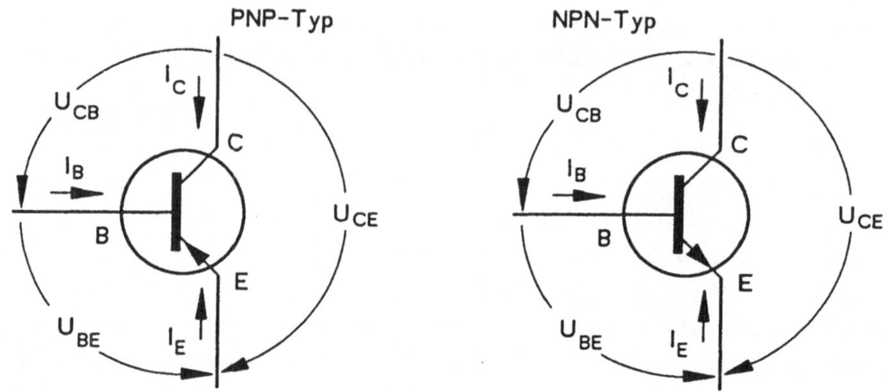

Bild 7.4: Schaltsymbol und Betriebsgrößen des Bipolartransistors

Definiert man die Spannungsrichtungen vom Kollektor zum Emitter sowie vom Kollektor zur Basis und von der Basis zum Emitter und die Stromrichtungen in den Bipolartransistor hinein, so ergeben sich folgende Polaritäten für die einzelnen Größen:

PNP-Transistor			
U_{CE}, U_{BE}, U_{CB}, I_C	und	I_B	*negativ*
		I_E	*positiv*,
NPN-Transistor			
U_{CE}, U_{BE}, U_{CB}, I_C	und	I_B	*positiv*
		I_E	*negativ*.

7.1.2 Wirkungsweise des Bipolartransistors

Wir wollen uns nun die Wirkungsweise des Bipolartransistors klarmachen und dabei den NPN-Transistor zugrundelegen. Das Prinzip des PNP-Transistors erklärt sich dann analog, indem man die Funktion der Elektronen und Löcher miteinander vertauscht und die Betriebsspannungsquellen umpolt.

Eine wesentliche Voraussetzung für die Verstärkerwirkung des Bipolartransistors ist eine möglichst *schmale Basiszone* (Breite w_B in Bild 7.5). Ferner ist im allgemeinen das Emittergebiet stark dotiert (Elektronendichte z.B. $n_{DE} = 10^{17} \cdot cm^{-3}$), was einer hohen Leitfähigkeit entspricht ($0,1\Omega \cdot cm$ bei Si). Die Basis wird schwächer dotiert (Löcherdichte z.B. $n_{AB} = 10^{15} \cdot cm^{-3}$, das entspricht einer Leitfähigkeit von ca. $1\Omega \cdot cm$). Die Kollektordotierung

n_{DC} liegt meistens niedriger als die des Emitters, so daß Leitfähigkeiten um $10 \cdots 1\Omega \cdot cm$ zustandekommen.

In Analogie zum Bild 4.14 zeigt Bild 7.5 den Verlauf der Ladungsträgerkonzentration von E nach C im spannungslosen Fall für das Beispiel des eben dargestellten NPN-Transistors .

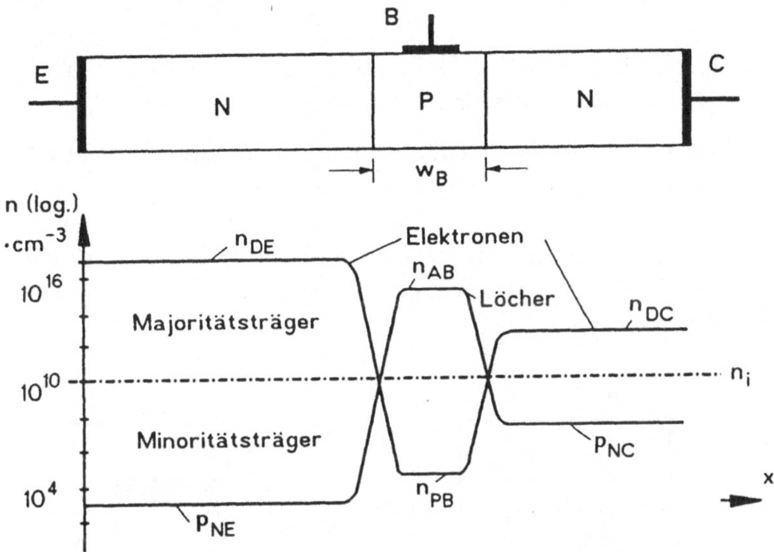

Bild 7.5: Ladungsträgerkonzentration im NPN-Transistor, schematisch

Für das Verständnis der Vorgänge im Bipolartransistor ist es nützlich, die Kenntnisse über das Verhalten der Minoritätsladungsträger im Halbleitermaterial noch ein wenig zu vertiefen. Die Zahl der Störatome ist, wie wir wissen, sehr klein gegen die Zahl der Atome im Wirtsmaterial. Die Minoritätsträger benötigen eine gewisse Zeit, bis sie einen Ladungsträger gefunden haben, mit dem sie rekombinieren können. Bezeichnet man die durchschnittliche Zeitdauer, die ein Minoritätsträger selbst existiert, als *Minoritätsträger-Lebenszeit* τ, so läßt sich für die *Lebenszeit von Elektronen im P-Leiter* schreiben

$$\tau_n = \frac{1}{R \cdot p} \quad . \tag{7.1}$$

Für die Löcher gilt entsprechend im N-Material

$$\tau_p = \frac{1}{R \cdot n} \quad . \tag{7.2}$$

Hierbei ist die Rekombinationsrate R $[s^{-1}]$ (s.a. Abschn. 4.7.5) stark von der Fehlerlosigkeit des Kristallgitters abhängig. Bei schlechten Kristallen liegt τ in der Größenordnung von 10^{-7} s, und bei sehr homogenen erreicht man Lebensdauern von 10^{-3} s. In unmittelbarem Zusammenhang mit der Lebensdauer stehen die aus Abschnitt 6.1 bereits bekannten *Rekombinationsweglängen (Debye-Länge)* L_N und L_P (vgl. a. Bild 6.2. Hierfür gilt

$$L_N = \sqrt{D_n \cdot \tau_n} \qquad und \qquad L_P = \sqrt{D_p \cdot \tau_p} \; . \tag{7.3}$$

L_N und L_P liegen in realen Halbleitern in der Größenordnung zwischen 10 $\mu m \cdots 1$ mm, in Ausnahmen auch bei einigen cm.

Wir wollen nun in einem Gedankenexperiment die Transistoranordnung aus Bild 7.5 schrittweise in Betrieb nehmen, und zwar zunächst einmal die *Kollektor-Basisdiode* (Bild 7.6a). Da sie in Sperrichtung gepolt ist, überschreiten nur Minoritätsträger die Sperrschicht, und der in den Elektroden fließende Strom ist sehr klein. Man bezeichnet ihn als *Kollektor-Basisreststrom* I_{CB0} bei offenem Emitter.

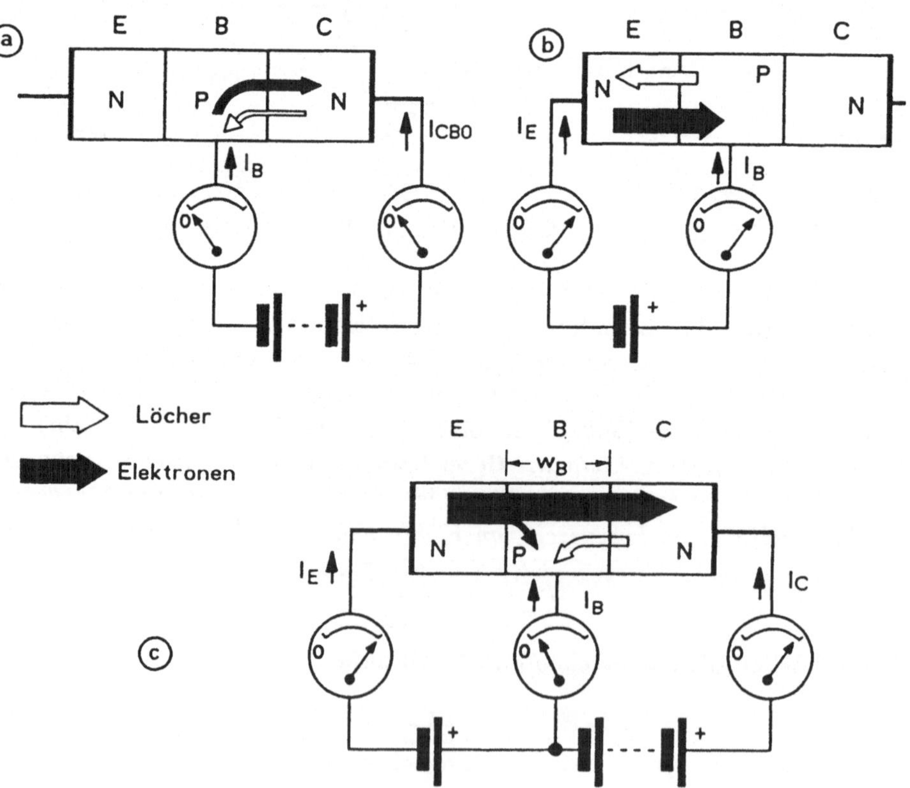

Bild 7.6: Zum Bipolartransistoreffekt, Erläuterung im Text

In Bild 7.6b ist die *Basis-Emitterdiode* in Durchlaßrichtung bei offenem Kollektor in Betrieb. Wegen der starken Dotierung des Emitters besteht der Majoriätsträgerstrom überwiegend aus Elektronen. Sie werden aus dem Emitter in die Basis injiziert und fließen über den Basisanschluß ab.

Bild 7.6c zeigt schließlich den Bipolartransistor im normalen Betrieb. Die *Basis-Emitterdiode* arbeitet in *Vorwärtsrichtung* und die *Basis-Kollektordiode* in *Rückwärtsrichtung*, das heißt, der Emitter *injiziert* Majoritätsträger (Elektronen) in die Basiszone. Aus diesem Grund nennt man den Bipolartransistor auch *Injektionstransistor*. In der Basiszone sind die aus dem Emitter kommenden Majoritätsträger wegen der entgegengesetzten Dotierung dieses Gebiets jedoch jetzt plötzlich zu Minoritätsträgern geworden.

Diese die Basis überschwemmenden Minoritätsträger (Elektronen) können nun auf 2 Arten verschwinden:

1. Sie rekombinieren in der Basiszone mit den dortigen Majoritätsträgern (Löcher). Das sind aber nur sehr wenige, denn die Basis ist schwach dotiert. Außerdem ist die Basisweite w_B sehr schmal gegen die Rekombinationsweglänge L_N der Elektronen ($w_B \ll L_N$).

2. Sie werden als Minoritätsträgerstrom vom Kollektorpotential „abgesaugt". Das ist der weitaus größere Anteil.

Der Emitterstrom I_E teilt sich auf in den sehr kleinen Basisstrom I_B und den mit I_E fast gleichgroßen Kollektorstrom $I_C = I_E - I_B$. Das Bipolartransistorprinzip läßt sich also in einen Satz kleiden:

> *Die von der in Vorwärtsrichtung betriebenen Emitter-Basisdiode aus dem Emitter als Majoritätsträgerstrom (Durchlaßstrom) in die Basis injizierten Ladungsträger werden in der Basis zu Minoritätsträgern und bei genügend schmaler Basisweite von der in Rückwärtsrichtung gepolten Basis-Kollektordiode fast vollständig als Minoritätsträgerstrom (Sperrstrom) abgeführt.*

Wieso arbeitet der Bipolartransistor nun aber als verstärkendes Element, wenn von dem Emitterstrom ein Teil als Basisstrom abgezweigt wird ($I_C \approx 0,9 \cdots 0,998 \cdot I_E$)? Wir werden auf diese Frage später noch genauer eingehen. Hier sei nur soviel gesagt: Die Spannung U_{BE} liegt in der Größenordnung der Schwellspannung einer normalen Diode (*approx* 0,6 V für Si), während U_{CE} mindestens um eine Größenordnung höher liegt. Man erkennt unmittelbar den

Verstärkungseffekt, wenn man die im Emitter–Basiskreis und die im Emitter-Kollektorkreis umgesetzten Leistungen betrachtet und dabei den Basiskreis als Steuerkreis annimmt. Es ergeben sich dann beträchtliche Leistungsverstärkungen (z.B. 10^4).

7.1.3 Bipolar–Transistormodell nach Ebers/Moll und Gummel/Poon für Großsignalbetrieb

Wir wollen die Betrachtungen aus dem letzten Abschnitt noch etwas verfeinern und dadurch zum Ersatzbild nach *Ebers* und *Moll* kommen, das später von *Gummel* und *Poon* modifiziert wurde und das das *Großsignalverhalten* des Bipolartransistors, also das Verhalten bei großer Aussteuerung, sehr gut beschreibt. Wir gehen vom NPN–Transistor aus, können aber die Ergebnisse sinngemäß auf den PNP–Transistor übertragen, wenn wir die Funktion von Elektronen und Löchern vertauschen. Wir nehmen an, daß die Basisweite w_B so klein sei, daß man Rekombinationsvorgänge in der Basiszone vernachlässigen kann (vgl. Bild 7.7).

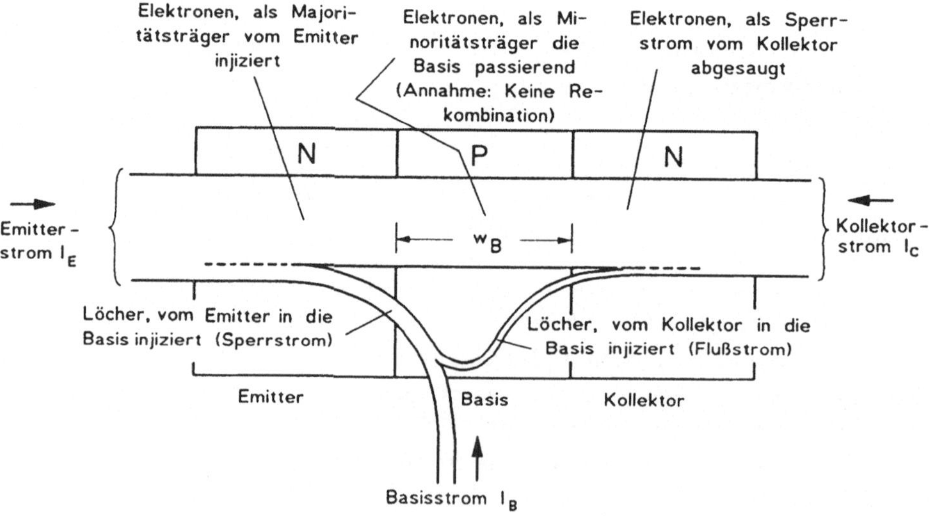

Bild 7.7: Zur Herleitung der Großsignal-Ersatzschaltung nach Ebers–Moll (s.Text)

Es liegen zwei Transistoren mit je einem Transistoreffekt vor:

1. Transistor mit Basis–Emitterdiode (in Durchlaß) als Steuerstrecke und Kollektor als Ausgang (B–C–Strecke in Sperrichtung) *(normaler oder Vorwärts–Betrieb)* und

2. Transistor mit Basis-Kollektordiode (in Durchlaß) als Steuerstrecke und dem Emitter als Ausgang (B-E-Strecke in Sperrichtung) *(inverser oder Rückwärts-Betrieb)*.

Im Vorwärtsbetrieb erzeugt ein Basistrom I_B einen um den Faktor B_V größeren Kollektorstrom I_C, also

$$I_C = B_V \cdot I_B \qquad (mit\ U_{CB} = 0)\ . \tag{7.4}$$

Im inversen Betrieb (Rückwärts-Betrieb) gilt entsprechend für den Emitterstrom

$$I_E = B_R \cdot I_B \qquad (mit\ U_{BE} = 0)\ . \tag{7.5}$$

Außerdem ist gemäß Bild 7.4

$$-I_B = I_C + I_E\ . \tag{7.6}$$

Somit fließt im Emitter insgesamt ein Strom

$$\boxed{I_E = -I_s \cdot \frac{B_V + 1}{B_V} \cdot \left[exp\left(\frac{U_{BE}}{U_T}\right) - 1\right] + I_s \cdot \left[exp\left(\frac{-U_{CB}}{U_T}\right) - 1\right]}\ . \tag{7.7}$$

Der erste Term ist der von U_{BE} gesteuerte Kollektorstrom und der zweite Term der ungesteuerte *Kollektorreststrom* I_{CB0} aus Abschnitt 7.1.9.1, Punkt 3, (s.u.).

Der Kollektorstrom I_C beträgt

$$\boxed{I_C = I_s \cdot \left[exp\left(\frac{U_{BE}}{U_T}\right) - 1\right] - I_s \cdot \frac{B_R + 1}{B_R} \cdot \left[exp\left(\frac{-U_{CB}}{U_T}\right) - 1\right]}\ . \tag{7.8}$$

Er besteht aus dem von U_{CB} gesteuerten Emitterstrom (zweiter Term) und dem ungesteuerten *Emitterreststrom* I_{CES} (erster Term) aus Abschnitt 7.1.9.1, Punkt 3. Ferner gilt noch mit Gleichung (7.6)

$$\boxed{I_B = \frac{I_s}{B_V} \cdot \left[exp\left(\frac{U_{BE}}{U_T}\right) - 1\right] + \frac{I_s}{B_R} \cdot \left[exp\left(\frac{-U_{CB}}{U_T}\right) - 1\right]}\ . \tag{7.9}$$

U_T und I_s kennen wir von der Diode her als Temperaturspannung und Sättigungssperrstrom.

Anhand der Gleichungen (7.7) $\cdots$ (7.9) und des Bildes 7.7 können wir nun das *Großsignal-Ersatzschaltbild nach Ebers und Moll (modifiziert nach Gummel und Poon)* zeichnen (Bild 7.8).

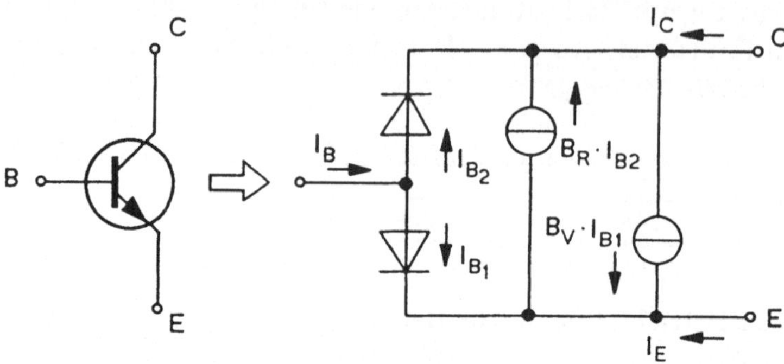

Bild 7.8: Modifizierte Ebers-Moll-Großsignal-Ersatzschaltung des NPN-Bipolar-Transistors

Der Basistrom I_B verzweigt sich in den Anteil zur Basis-Emitterdiode

$$\boxed{I_{B1} = \frac{I_s}{B_V} \cdot \left[exp\left(\frac{U_{BE}}{U_T}\right) - 1\right]} \tag{7.10}$$

und in den Anteil zur Basis-Kollektordiode:

$$\boxed{I_{B2} = \frac{I_s}{B_R} \cdot \left[exp\left(\frac{-U_{CB}}{U_T}\right) - 1\right]} \quad . \tag{7.11}$$

Die Steuerwirkung jeder Diode auf die jeweils andere wird durch zwei antiparallele Stromquellen über Emitter und Kollektor symbolisiert mit den Kurzschlußströmen

$$\boxed{I_{k1} = B_V \cdot I_{B1}} \qquad und \qquad \boxed{I_{k2} = B_R \cdot I_{B2}} \quad . \tag{7.12}$$

Mit Hilfe dieses Modells läßt sich, wie oben gesagt, das Verhalten des Bipolartransistors in weiten Bereichen der Aussteuerung gut beschreiben. Für den konventionellen Vorwärtsbetrieb mit *Kleinsignalaussteuerung* werden wir es allerdings etwas modifizieren (s. Abschnitte 7.1.8.3, 7.1.10 und 7.1.11). Bei Kleinsignalbetrieb werden die Kennlinien nur mit (differentiell) kleinen Signalen ausgesteuert, so daß man lineare Verhältnisse annehmen kann.

7.1.4 Bipolartransistorgrundschaltungen

Der Bipolartransistor hat 3 Elektroden E, B und C. Bei der Verwendung in einer elektronischen Schaltung wird ein Eingangssignal allgemein über zwei

Eingangsklemmen (Klemmenpaar) E_1 und E_2 zugeführt und verarbeitet. Das Resultat ist ein Ausgangssignal an den Ausgangsklemmen A_1 und A_2 (Vierpol- oder Zweitorschaltung).

Das ist unter Verwendung des Transistors nur möglich, wenn Eingang und Ausgang eine Elektrode gemeinsam haben. Daraus resultieren *3 Grundschaltungen* für den Bipolartransistor nämlich:

- **Emitterschaltung,**
- **Basisschaltung** und
- **Kollektorschaltung**, (Bild 7.9).

Im Namen der Schaltung taucht stets die Elektrode auf, die *Ein- und Ausgang gemeinsam ist* und die signalmäßig meistens Massepotential führt. Die Emitterschaltung ist die am weitesten verbreitetete. Wir wollen hier auf die Unterschiede der 3 Varianten nicht eingehen. Sie werden später noch ausführlich abgehandelt. Sie sollen hier nur erwähnt werden, weil sie für die Kennlinien von Wichtigkeit sind (s. nächsten Abschnitt).

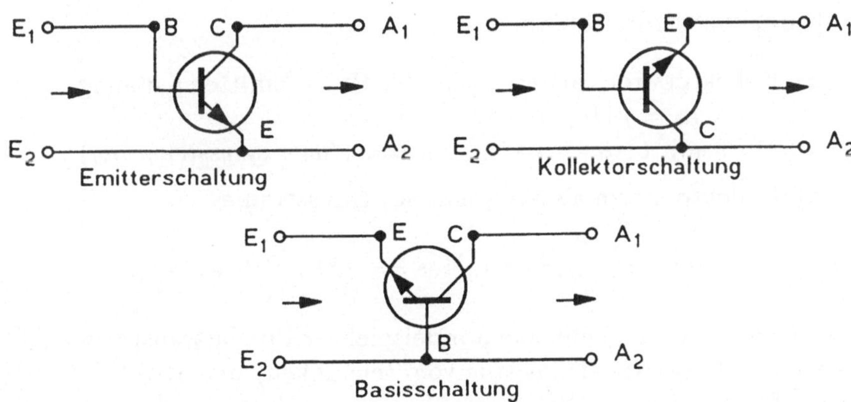

Bild 7.9: Bipolartransistor-Grundschaltungen in Vierpol-(Zweitor)-Darstellung

7.1.5 Bipolartransistor–Kennlinienfelder

Entsprechend den 3 Bipolartransistoranschlüssen sind je 3 Spannungen und Ströme als Betriebsgrößen für den Transistor gegeben. Die Vielfalt, die Abhängigkeit der einzelnen Ströme und Spannungen voneinander in Form von Kennlinienfeldern für den statischen Fall (Gleichstrom bzw. niedrige Frequenzen) darzustellen, ist groß. Normalerweise wird von den Herstellern die *Emitterschaltung* zugrundegelegt. Die folgenden Typen von Kennlinienfeldern sind üblich:

1. **Eingangskennlinienfelder**
   Basisstrom als Funktion der Basis–Emitterspannung
   $I_B = f\,(U_{BE})$ hierbei ist U_{CE} Parameter.

2. **Ausgangskennlinienfelder**
   Kollektorstrom als Funktion der Kollektor–Emitterspannung
   $I_C = f(U_{CE})$ in 2 möglichen Varianten

   (a) mit der Steuerspannung U_{BE} als Parameter

   (b) mit dem Steuerstrom I_B als Parameter

3. **Steuerkennlinienfelder**

   (a) Kollektorstrom als Funktion der Basis–Emitterspannung
   $I_C = f\,(U_{BE})$
   mit U_{CE} als Parameter $\Longrightarrow$ (*Spannungssteuerung*)

   (b) Kollektorstrom als Funktion des Basisstromes
   $I_C = f\,(I_B)$
   mit U_{CE} als Parameter $\Longrightarrow$ (*Stromsteuerung*).

Wir wollen einige Kennlinienfelder am Beispiel der Bipolartransistoren ACY 24 (PNP–Kleinleistungs–Ge–Transistor von Telefunken) und BC 413 (NPN–Si–Transistor für hochwertige NF–Anwendungen von Intermetall) etwas genauer studieren. (Die Tatsache, daß es sich hier um ältere Typen handelt, spielt für das Prinzip keine Rolle).

Die *Eingangskennlinie* des ACY 24 (Bild 7.10) hat, wie wir eigentlich auch nicht anders erwarten, etwa den Verlauf einer in Vorwärtsrichtung betriebenen Ge–Diode.

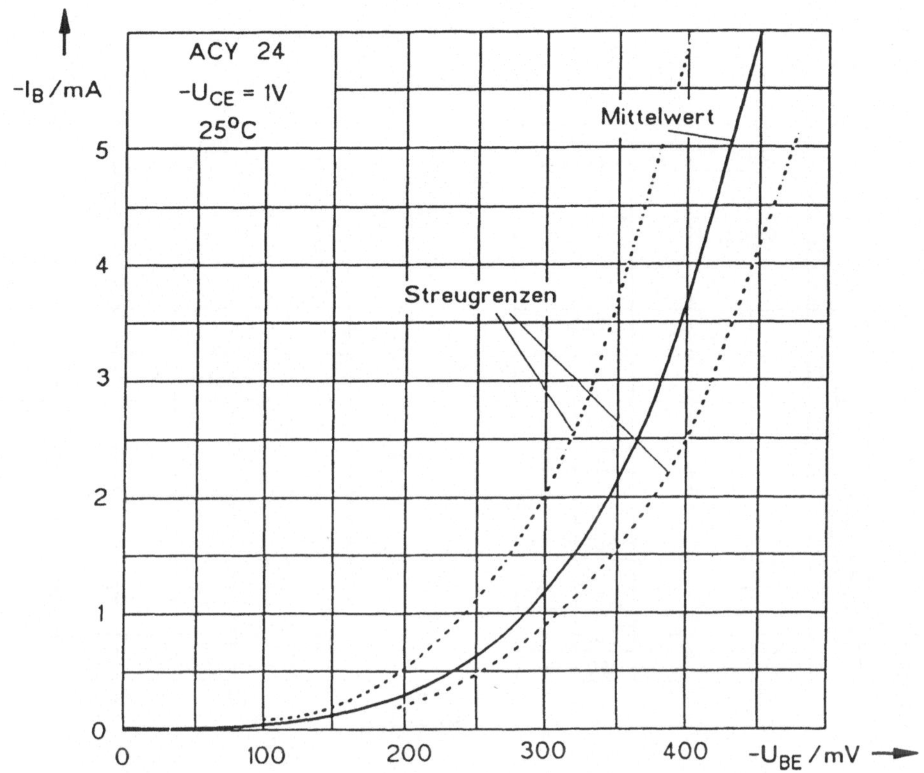

Bild 7.10: Eingangskennlinie ACY 24

Die Ausgangskennlinien von Bipolartransistoren haben allgemein große Ähnlichkeit mit den aus der Röhrentechnik bekannten *Pentodenkennlinien*. Oberhalb der *Kollektor-Sättigungs-* oder *-Restspannung* U_{CEsat} ($\approx 0,1 \cdots 0,5\,V$) ist I_C von U_{CE} praktisch unabhängig. Wie wir weiter unten noch erörtern werden, bedeutet dieser Verlauf, daß der Transistor in diesem Betriebsbereich als *spannungs-* oder *stromgesteuerte Stromquelle* interpretiert werden kann.

Bild 7.11 zeigt das *Ausgangskennlinienfeld* des ACY 24 für *Spannungssteuerung* ($-U_{BE}$ = Parameter). Die Abstände der Kennlinien werden mit äquidistant zunehmendem $-U_{BE}$ immer größer. Das resultiert aus dem gekrümmten Verlauf der Eingangskennlinie (exponentieller Zusammenhang zwischen $-I_B$ und $-U_{BE}$). Im linken Teil des Bildes ist der Bereich in der Nähe des Nullpunktes in kleinerem Maßstab dargestellt. Im rechten Bild wird der maximal zulässige Strom für jede Kennlinie durch die *Verlusthyperbel* begrenzt, die Kollektor- und Emitterverlustleistung beinhaltet (s.a. Abschn. 7.1.9.5).

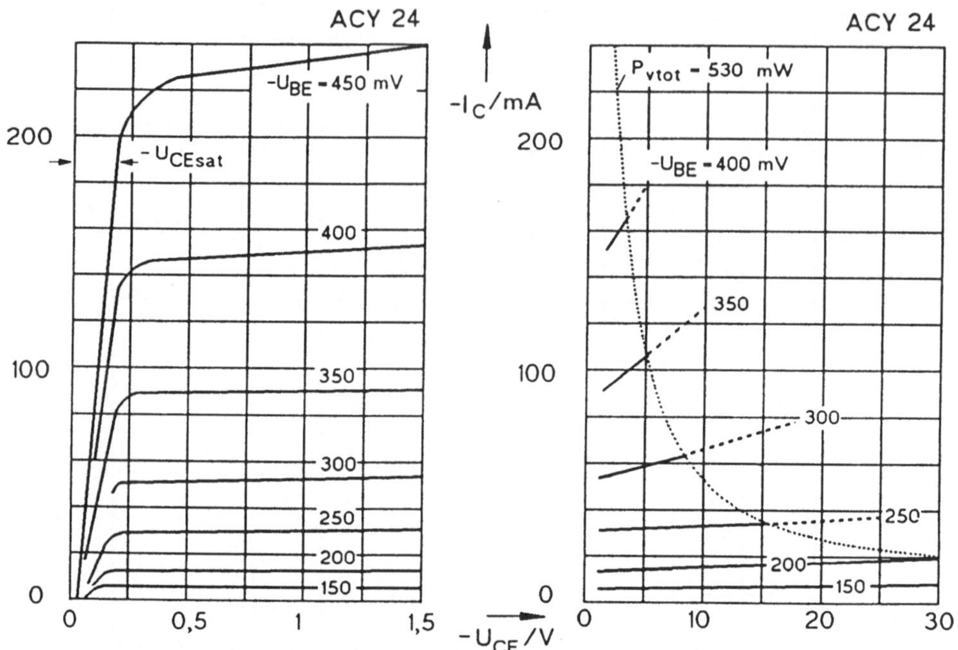

Bild 7.11: Ausgangskennlinienfeld ACY 24 für Spannungssteuerung

In Bild 7.12 ist das *Ausgangskennlinienfeld für Stromsteuerung* ($-I_B$ = Parameter) dargestellt. Es hat einen ähnlichen Verlauf. Allerdings besteht ein wesentlicher Unterschied zu Bild 7.11: Der Abstand der einzelnen Kennlinien ist bei äquidistanter Zunahme von $-I_B$ auch annähernd gleichbleibend. Kollektorstrom und Basisstrom sind praktisch linear miteinander verknüpft. Für verzerrungsarme Verstärkungen wird man daher vorwiegend die Stromsteuerung bevorzugen.

Die *Steuerkennlinien für Spannungssteuerung* $-I_C = \text{f}\,(-U_{BE})$ und für *Stromsteuerung* $-I_C = f\,(-I_B)$ spiegeln den eben erläuterten Tatbestand noch einmal wider. Auch hier sieht man den geringen Einfluß der Kollektor–Emitterspannung (Bilder 7.13a und 7.13b).

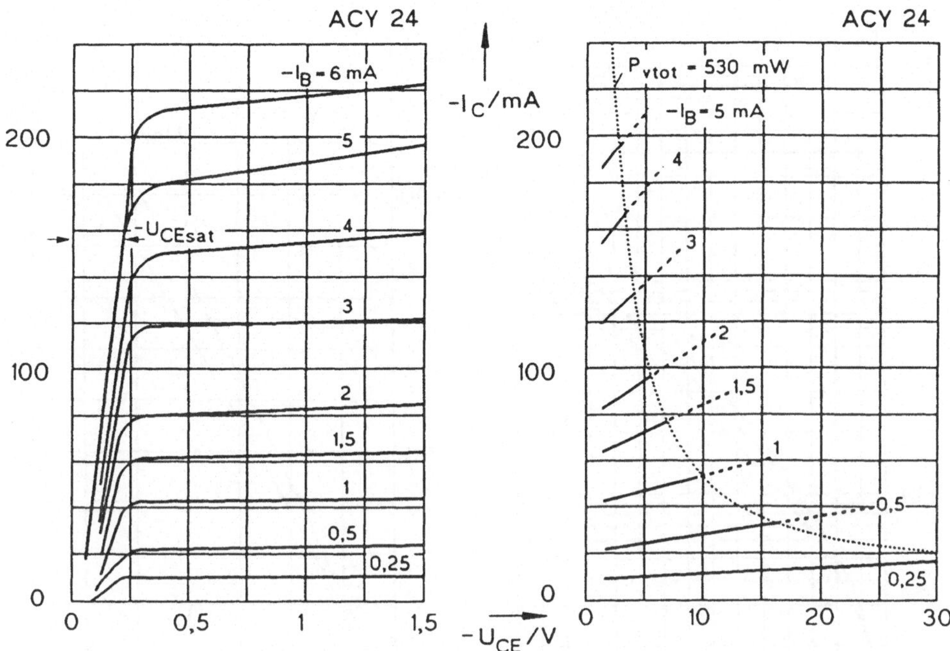

Bild 7.12: Ausgangskennlinienfeld ACY 24 für Stromsteuerung

Die Eingangskennlinie des BC 413 ist in *halblogarithmischer Darstellung* in Bild 7.14 gezeigt. Der gerade Verlauf der Kennlinie weist hier sehr deutlich den exponentiellen Zusammenhang zwischen I_B und U_{BE} nach. Die Schwellspannung liegt höher als in Bild 7.10, weil hier ein Si–Transistor vorliegt.

Die Ausgangskennlinien für Spannungssteuerung (Bild 7.15) haben im Prinzip denselben Verlauf wie beim ACY 24. Aufgrund der höheren Schwellspannung liegen die Werte für den Parameter U_{BE} höher. Auch die Ausgangskennlinienfelder für Stromsteuerung (Bild 7.16) ähneln den bereits oben für den ACY 24 diskutierten.

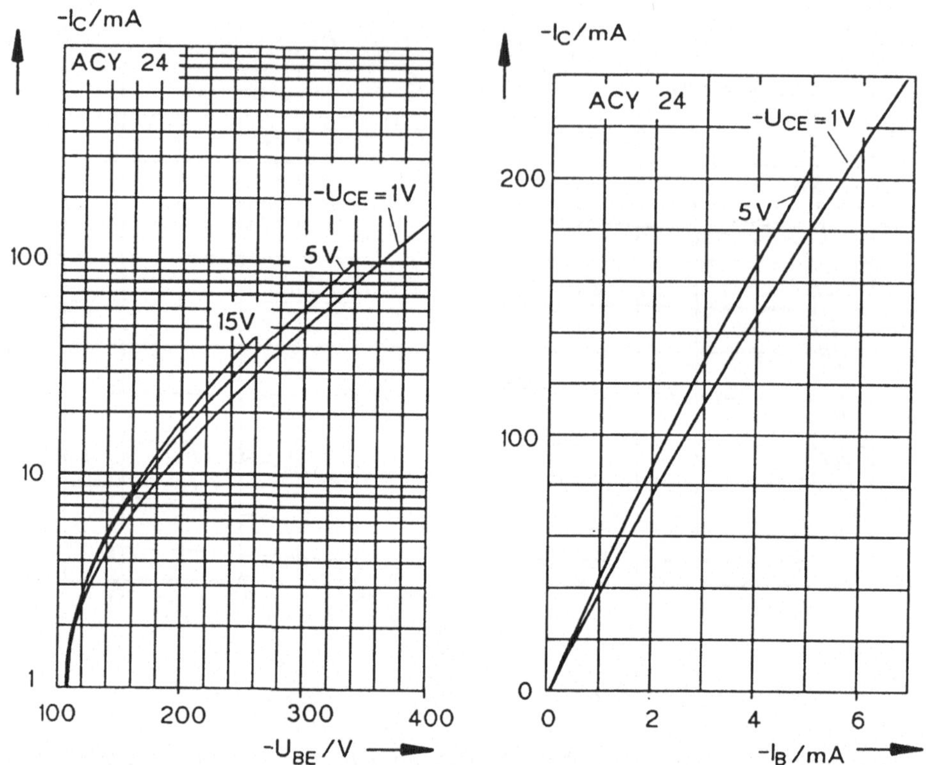

Bild 7.13: Steuerkennlinie ACY 24 für Spannungssteuerung (a) bzw. Stromsteuerung (b)

Bild 7.17a zeigt die Steuerkennlinie für Spannungssteuerung $I_C = f(U_{BE})$ in halblogarithmischer Darstellung. Eine von Bild 7.13b abweichende Art der Darstellung für den Zusammenhang zwischen Basisstrom und Kollektorstrom zeigt Bild 7.17b. Sie beruht auf der Definition der *Gleichstromverstärkung* oder des *statischen Stromverstärkungsfaktors* in Emitterschaltung (vgl. a. Abschn. 7.8).

$$B = \left.\frac{I_C}{I_B}\right|_{U_{CE}=const} \tag{7.13}$$

Sie entspricht B_V in Gleichung (7.4). Implizit ist Gl. (7.13) in Bild 7.13 in der Kennlinie $I_C = f(I_B)$ enthalten, und zwar als Steigung der jeweiligen Verbindungsgeraden eines Kurvenpunktes mit dem Ursprung.

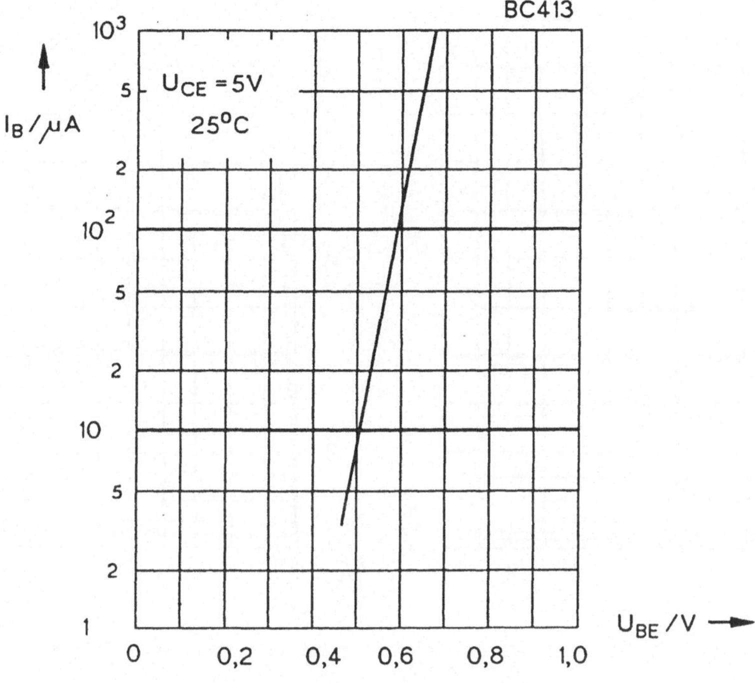

Bild 7.14: Eingangskennlinie BC 413

Eine für viele Anwendungen wichtige Größe ist der *Kollektorreststrom* I_{CBO} *bei offenem Emitter*. Wir haben ihn eingangs (Bild 7.6) und im Abschnitt 7.8 schon kennengelernt. Die Bilder 7.18a und 7.18b zeigen I_{CBO} für die Typen ACY 24 und BC 413 als Funktion der Umgebungstemperatur. Obwohl die Transistoren von ihren sonstigen Daten bedingt miteinander vergleichbar sind, zeigt sich hier doch der prinzipielle Unterschied beim Sperrstrom zwischen Ge und Si in etwa 2 Zehnerpotenzen, den wir von den Dioden her bereits kennen.

Generell ist zu allen Kennliniendarstellungen noch eine Feststellung zu machen: Entsprechend der in Abschnitt 7.1.1 getroffenen Vereinbarung haben vergleichbare Spannungen und Ströme bei PNP- und NPN-Transistoren entgegengesetzte Vorzeichen.

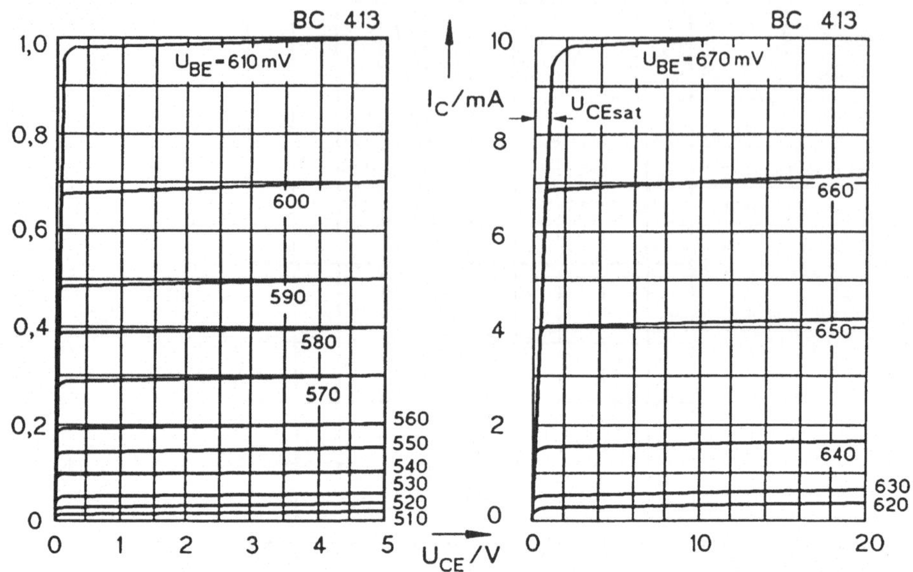

Bild 7.15: Ausgangskennlinien für Spannungssteuerung BC 413

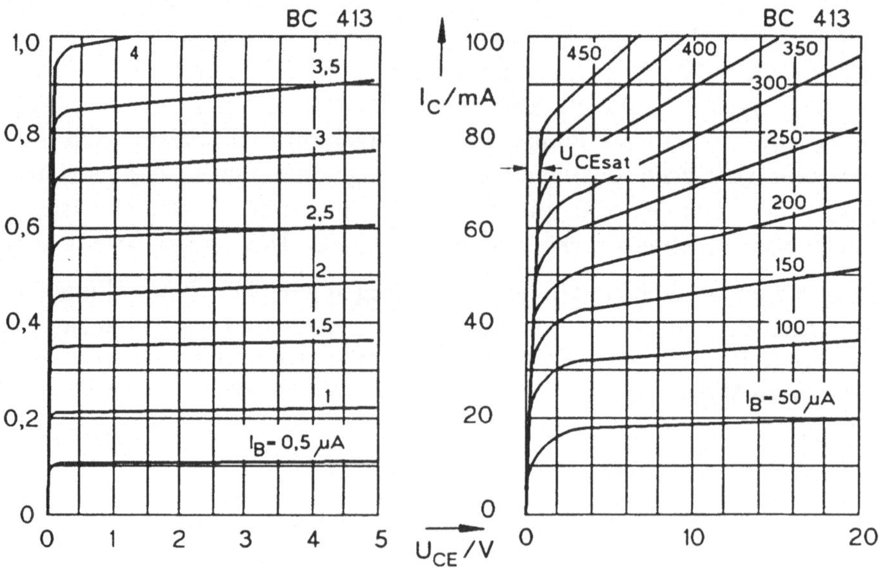

Bild 7.16: Ausgangskennlinienfelder für Stromsteuerung BC 413

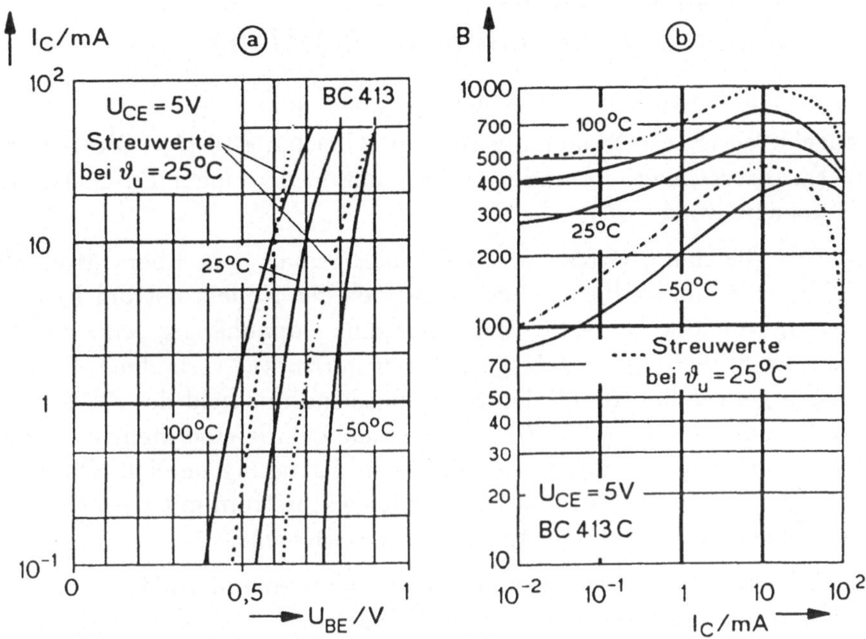

Bild 7.17: Steuerkennlinie für Spannungsverstärkung (a) und Gleichstromverstärkung B = f(i_C) (b) für den BC143

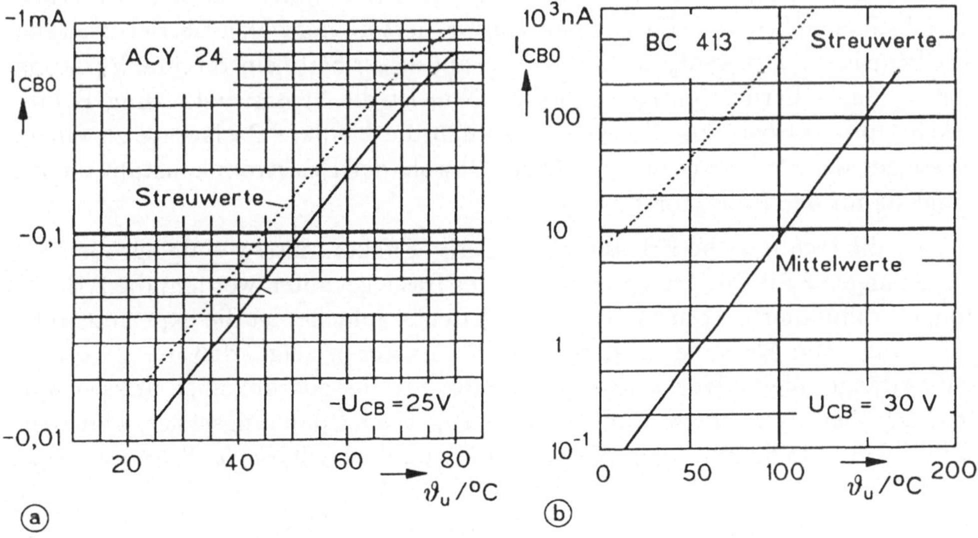

Bild 7.18: Reststrom I_{CBO} für ACY24 (a) und I_{CBO} für BC413 (b) als Funktion der Temperatur

7.1.6 Der Early-Effekt (Sperrschichtweiten-Modulation)

Bei der Diode haben wir gelernt, daß die Sperrschichtweite w_{tot} eine Funktion der angelegten (Sperr-)Spannung ist (vgl. Gleichung (6.15). Dies verursacht beim Transistor einen störenden Effekt, der nach seinem Entdecker *Early-Effekt* genannt wird.

Gemäß Gleichung (7.36 s.u.) und auch gemäß dem Ebers-Moll-Modell (Bild 7.3) sollte im aktiven Verstärkerbetrieb der Kollektorstrom I_C bei konstantem I_B von der Kollektor-Basis-Spannung unabhängig sein, d. h. die Ausgangskennlinien $I_C = f(U_{CE})$ müßten horizontal verlaufen. Betrachten wir jedoch gemessene Kennlinien (Ausgangskennlinienfeld des ACY 24 (Bild 7.11) oder des BC 413 (Bild 7.16)), so erkennen wir eine mehr oder minder stark ausgeprägte Neigung der Kennlinien im Sättigungsbereich. Daraus wird deutlich, daß bei realen Transistoren der Kollektorstrom mit U_{CB} steigt. Dieses Phänomen wird durch den Early-Effekt verursacht.

Nach Early ist das Ansteigen des Stromes auf eine Modulation der Basisweite w_B zurückzuführen, und zwar, wie folgt:
Die Basis-Kollektordiode ist, wie schon erörtert, im Normalbetrieb in Rückwärtsrichtung gepolt. Mit ansteigendem U_{CE} steigt U_{CB}, damit verbreitert sich in Anlehnung an Gl. (6.15) die Kollektor-Basis-Sperrschicht, und daher wird die Breite w_B der Basis kleiner. Die die Basis-Emitterdiode in Flußrichtung treibende Emitter-Basis-Spannung variiert im normalen Betriebszustand des Transistors nur wenig, so daß wir die auf dieser Seite eintretende Variation von w_B nicht berücksichtigen müssen. Nun ist die Stromverstärkung B umgekehrt proportional zur Basisweite, so daß die kleinere Basisweite zu einem Ansteigen der Stromverstärkung führt. Obwohl der Basistrom konstant bleibt, steigt damit der Kollektorstrom an.

Für die rechnerische Erfassung des Early-Effekts müssen einige grobe Vereinfachungen zum Dotierungsverlauf in der Basis getroffen werden, die z.B. für doppelt diffundierte Transistoren nicht gelten. Einfacher ist die experimentelle Erfassung. Die Messung an derartigen Transistoren zeigt, daß die geradlinigen Verlängerungen der Ausgangskurven für Stromsteuerung nach links sich in grober Näherung in einem Punkt auf der negativen Spannungsachse schneiden (Bild 7.19). Die Spannung in diesem Schnittpunkt heißt *Early-Spannung* U_{ea}.

Sie ist ein Maß für die Neigung der Kollektorstromkurven und damit für die Stärke, mit der sich der Early-Effekt auswirkt. Da sich die Raumladungszone in einem schwach dotierten Gebiet stärker ausdehnt als in einem stark dotierten, und da der Early-Effekt sich umso stärker auswirkt, je schmaler die

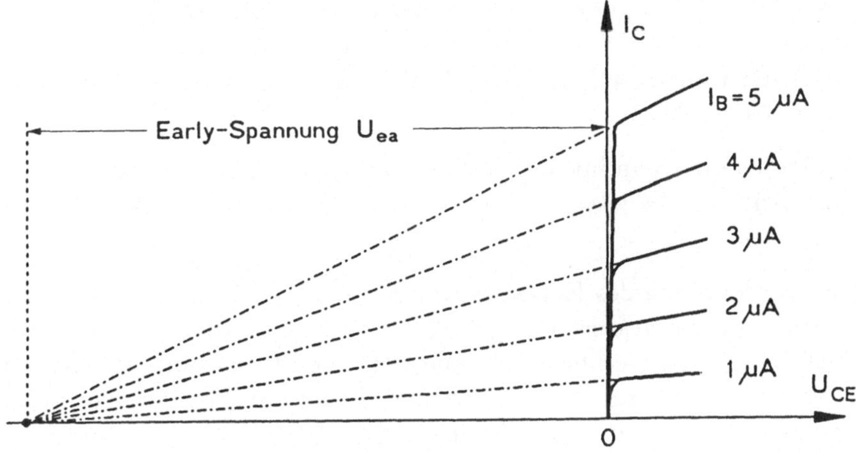

Bild 7.19: Der Early-Effekt im Ausgangskennlinienfeld für Stromsteuerung

Basisweite ist, folgt, daß Transistoren mit hoher Stromverstärkung einen ausgeprägteren Early-Effekt zeigen als solche mit kleiner Stromverstärkung. Für den ACY 24 ist $U_{eaACY24} \approx 27$ V.

Die *Spannungsabhängigkeit der Stromverstärkung* läßt sich näherungsweise ausdrücken durch

$$\boxed{B(U_{CE}) \approx B_o \cdot \left(1 + \frac{U_{CE}}{U_{ea}}\right)} \quad . \tag{7.14}$$

Der Early-Effekt wirkt sich sowohl im Verlauf der statischen Kennlinienfelder als auch im später zu behandelnden Kleinsignal-Ersatzschaltbild aus (vgl. Bilder 7.42 und 7.46).

7.1.7 Temperaturabhängigkeit der Transistorparameter

Beim Transistor liegt die Betriebstemperatur im allgemeinen in der Nähe der Umgebungstemperatur. Mit der Umgebungstemperatur steigt aber, wie wir aus den vorangegangenen Kapiteln über die Kristallphysik wissen, die Leitfähigkeit des Halbleiters. Das wirkt sich sowohl auf die *Flußströme* als auch auf die *Sperrströme* — hier allgemein als *Restströme* bezeichnet — aus. Der Anstieg der Restströme macht sich (insbesondere bei Si-Transistoren) erst bei höheren Temperaturen bemerkbar. Hingegen ist das Ansteigen der Flußströme bereits bei niedrigen Temperaturen störend, weil es den *Arbeitspunkt* (Ruhestromeinstellung bei fehlender Signalaussteuerung) der betreffenden Stufe beeinflußt.

Wir haben die Kennlinie der Halbleiterdiode mit den Gleichungen (6.7) bis (6.9) beschrieben. Sie lassen sich grundsätzlich auch auf die Basis-Emitterdiode anwenden.

Eine Verdopplung des Eingangsstromes in Emitterschaltung stellt sich bei Ge bei einer Temperaturerhöhung um 9 °C und bei Si um 12 °C ein. Wir werden noch sehen, daß die übrigen Kenndaten eines Transistors vom Strom und damit von der Temperatur abhängen und diskutieren, welche Konsequenzen das auf die Schaltungsdimensionierung hat.

7.1.8 Der Gleichstromarbeitspunkt im Kennlinienfeld, die Arbeitsgerade

7.1.8.1 Beachtung der Grenzdaten

Bei der Wahl des Arbeitspunktes sind eine Reihe von *Grenzdaten* zu berücksichtigen, die den zulässigen Arbeitsbereich bestimmen. Die wichtigsten sind

1. maximale Kollektor- und Emitter-Verlustleistung P_{vtot},

2. maximaler Kollektorstrom I_{Cmax},

3. maximale Betriebsspannungen, und zwar

   (a) U_{CEO} (Kollektor-Emitterspannung bei offener Basis),

   (b) U_{CBO} (Kollektor-Basisspannung bei offenem Emitter),

   (c) U_{EBO} (Emitter-Basisspannung bei offenem Kollektor).

In Bild 7.20 sind die Grenzen 1.) bis 3.(a) ins I_C/U_{CE}-Kennlinienfeld eingetragen, und der zulässige Arbeitsbereich ist schraffiert. Man bezeichnet ihn auch als SOAR-Bereich (**S**afe **O**perating **AR**ea). Im Abschnitt 7.1.9.6 werden wir die Grenzdaten noch etwas genauer behandeln.

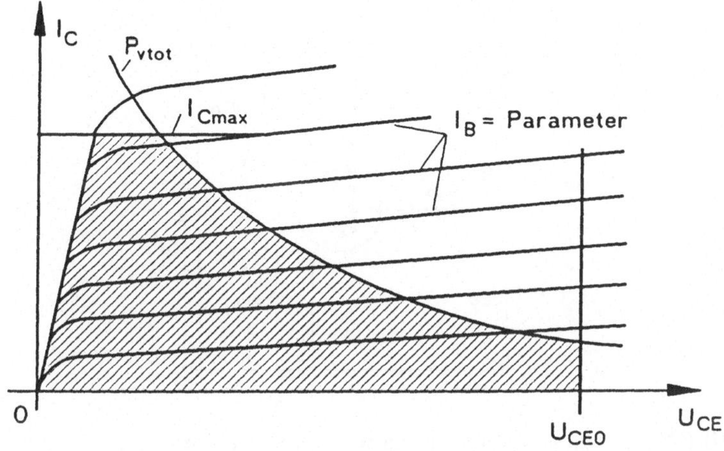

Bild 7.20: Grenzdaten im Kennlinienfeld

7.1.8.2 Die Gleichstromarbeitsgerade (Widerstandsgerade)

Bild 7.21 zeigt eine Transistorstufe in *Emitterschaltung*. Durch richtige Wahl von U_{BEo} und I_{Bo} erzielt man bei einer vorgegebenen Betriebsspannung U_B einen Kollektorruhestrom I_{Co} , der zusammen mit der am Transistor abfallenden Spannung U_{CEo} den *Gleichstromarbeitspunkt* A festlegt. Aus Bild 7.21 liest man unmittelbar ab

$$U_B = U_{CEo} + I_{Co} \cdot R_C \ . \tag{7.15}$$

Infolge einer Änderung von U_{BEo} ändern sich auch I_{Co} und U_{CEo}, und zwar sind 2 Grenzfälle gegeben (Gleichung 7.15):

$$1. \quad I_{Co} = 0 \quad \rightarrow \quad U_{CEo} = U_B \tag{7.16}$$

$$2. \quad I_{Co} = I_{Cmax} \quad \rightarrow \quad U_{CEo} = U_{CEsat}. \tag{7.17}$$

U_{CEsat} ist die *Kollektorsättigungsspannung*. Alle zwischen diesen Extremfällen möglichen Betriebszustände liegen auf einer *geraden Verbindungslinie der beiden Grenzpunkte* (Bild 7.22). Man bezeichnet sie als *Gleichstromarbeitsgerade* oder *Widerstandsgerade* des Kollektorwiderstandes R_C.

Der Arbeitspunkt ist für symmetrische Aussteuerung und kleine Amplituden unbeschadet der in Abschnitt 7.1.8.1 aufgestellten Grenzbedingungen so zu legen, daß man etwa in der Mitte des linearen Bereichs des Kennlinienfeldes

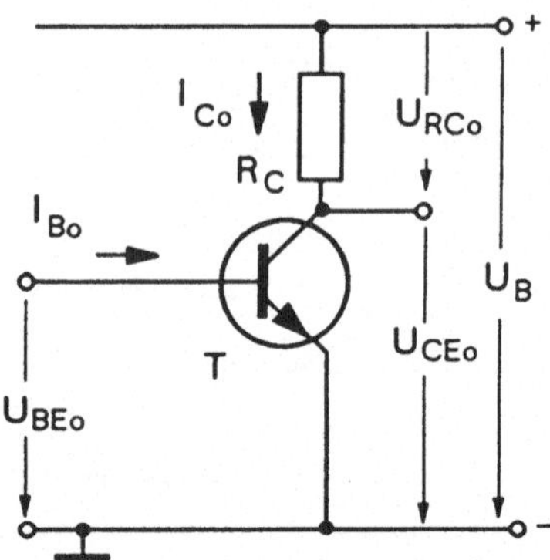

Bild 7.21: Einfache Emitterschaltung ohne Stabilisierungsmaßnahmen

arbeitet. Er muß darüber hinaus in einem festen Punkt im Kennlinienfeld bleiben und darf sich nicht etwa infolge thermischer Drift zum Punkt A' (mit I_{Co}' und U_{CEo}') hin verlagern, weil sonst, wie in Bild 7.22 anhand einer sinusförmigen Aussteuerung skizziert, Verzerrungen auftreten. Bei der Dimensionierung des Gleichstromarbeitspunktes ist demnach ein wichtiges *Stabilitätskriterium* zu beachten.

Stabilität des Arbeitspunktes heißt:

$$\boxed{\frac{\partial I_{Co}}{\partial \vartheta} = 0} \quad . \tag{7.18}$$

Im praktischen Fall ermittelt man die Lage des gewünschten Arbeitspunktes vorteilhaft im Ausgangskennlinienfeld nach Bild 7.22. Bei gegebener Betriebsspannung U_B liegt der Punkt C auf der U_{CE} -Achse fest. Die maximale Steigung der Geraden und damit der Minimalwert für R_C ergibt sich als Tangente an die Verlusthyperbel P_{Cmax}. Die Lage von A auf der Geraden wählt man, wie oben gesagt, möglichst im linearen Teil des Kennlinienfeldes.

7.1.8.3 Emitterschaltung mit instabilem Arbeitspunkt

In vielen Fällen ist es üblich, die Basisvorspannung U_{BEo} zur Einstellung des Arbeitspunktes mit einem *Spannungsteiler aus der Betriebsspannung* zu erzeugen. Wir wollen nun zeigen, warum die einfache Schaltung nach Bild 7.23a das Stabilitätskriterium nicht erfüllt. Zunächst wird die Schaltung zu einem Ersatzschema umgeformt (Bild 7.23b).

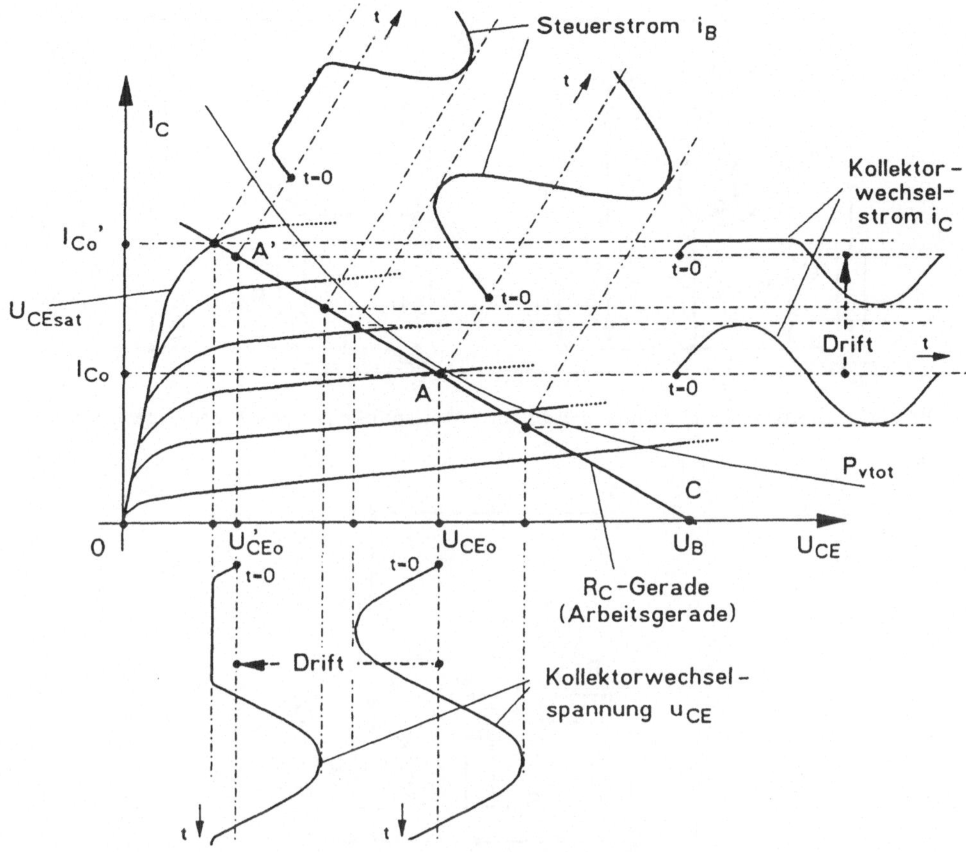

Bild 7.22: Arbeitsgerade im Kennlinienfeld

Der Basis-Emitterkreis wird hier durch den Durchlaßwiderstand R_{BE} und die daran abfallende Spannung U_{BEo} infolge des Stromes I_{Bo} nachgebildet. Im Kollektorkreis liegt die gesteuerte Stromquelle $B \cdot I_{Bo} \approx I_{Co}$ in Reihe mit dem Arbeitswiderstand R_C. Der in die Basis fließende Strom I_{Bo} läßt sich nach Bild 7.24 aus einer *Ersatzspannungsquelle* mit der Leerlaufspannung U_o und dem Innenwiderstand R_o erzielen. Dieses Ersatzschema ist für die folgenden Betrachtungen sehr bequem. Nach den Sätzen von *Thèvenin* (Ersatzspannungsquelle) und *Norton* (Ersatzstromquelle) ergibt sich für U_o und R_o:

$$\boxed{U_o = U_B \cdot \frac{R_{B2}}{R_{B1} + R_{B2}}} \qquad \textit{und} \qquad (7.19)$$

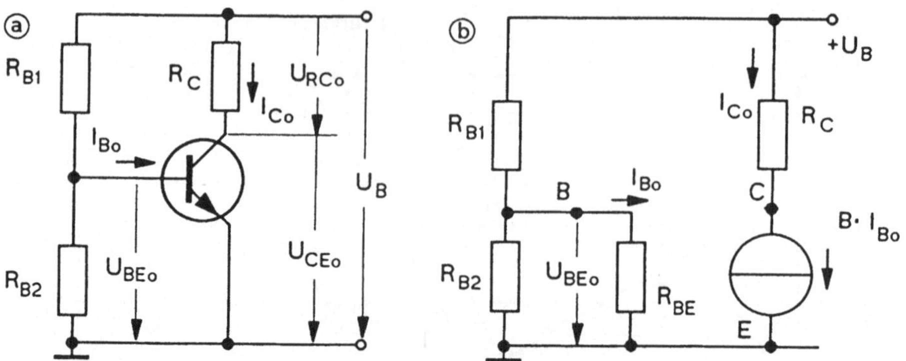

Bild 7.23: Emitterschaltung mit instabilem Arbeitspunkt (a) und zugehörige Ersatzschaltung

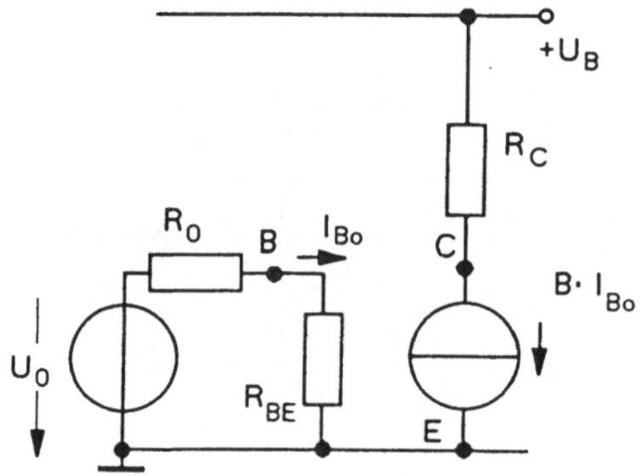

Bild 7.24: Vereinfachte Ersatzschaltung zum Bild vorher

$$\boxed{R_o = \frac{R_{B1} \cdot R_{B2}}{R_{B1} + R_{B2}}} \quad . \tag{7.20}$$

Nun ist außerdem leicht einzusehen, daß eine an der Basis angeschlossene Steuerspannungsquelle wechselspannungsmäßig von der Parallelschaltung aus R_{B1} und R_{B2}, also von R_o belastet wird, weil der Wechselspannungsinnenwiderstand von U_B etwa Null ist (vgl. auch Bild 7.29).

Hinsichtlich der Größe von R_o in bezug auf R_{BE} lassen sich nun 3 Fälle unterscheiden:

1. **$R_o \ll R_{BE}$ (Spannungssteuerung)**
   In diesem Fall ist $U_{BE} = const = U_o$. Für I_{Co} gilt:

$$I_{Co} = B \cdot I_{Bo} = B \cdot \frac{U_o}{R_o + R_{BE}} \approx B \cdot \frac{U_o}{R_{BE}} \quad . \tag{7.21}$$

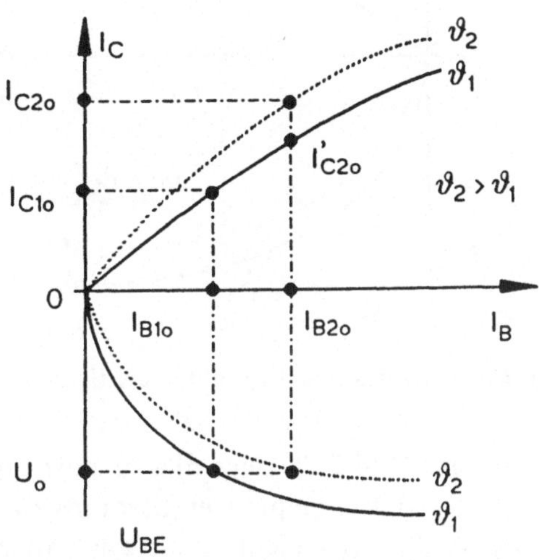

Bild 7.25: Drift des Arbeitspunktes bei Spannungssteuerung

Wie wirkt sich eine Temperaturerhöhung um $\Delta\vartheta = \vartheta_2 - \vartheta_1$ auf den Strom I_{Co} aus?

Mit zunehmender Temperatur steigt B (s.a. Bild 7.17), fällt R_{BE} (Sättigungsstrom I_s steigt). Nimmt man den letzten Term aus Gleichung (7.21), so sieht man, daß beide Einflüsse I_{Co} vergrößern. *Die Schaltung ist instabil.*

Bild 7.25 zeigt diesen Zusammenhang grafisch. Aufgrund der Zunahme der Temperatur um $\Delta\vartheta$ steigt I_{B1o} auf den Wert I_{B2o}. Wegen der Zunahme der Steigung der Kennlinie $I_C = f(I_B)$ hat der größere Wert I_{B2o} nicht nur den Strom I'_{C2o}, sondern den Wert I_{C2o} zur Folge.

2. **$R_o \gg R_{BE}$ (Stromsteuerung)**
   In diesem Fall wird I_{Bo} nur von R_o bestimmt; es gilt

$$I_{Bo} \approx \frac{U_o}{R_o} = \frac{U_B}{R_{B1}} \quad . \tag{7.22}$$

Untersucht man die Auswirkung der Temperatur auf die Gleichung $I_{Co} = B \cdot I_{Bo}$, so folgt daraus bei steigender Temperatur:

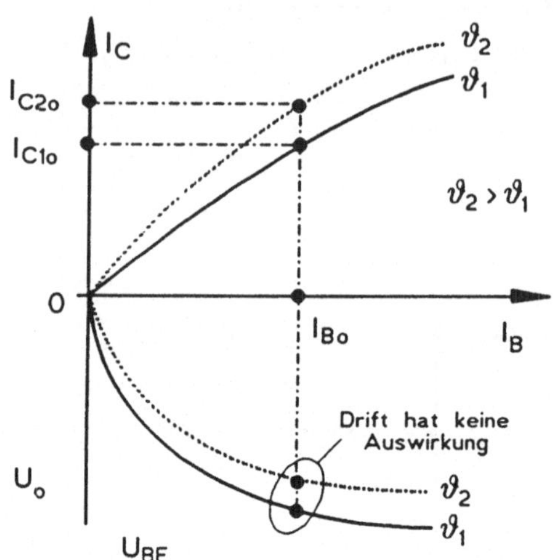

Bild 7.26: Drift des Arbeitspunktes bei Stromsteuerung

B steigt $\rightarrow$ I_{Co} steigt. Bild 7.26 zeigt diesen Vorgang an den Kennlinien. Zwar wirkt sich wegen des eingeprägten Stromes I_{Bo} die Temperaturdrift der Kennlinie $I_B = f(U_{BE})$ nicht mehr aus, aber über die Temperaturabhängigkeit von B ergibt sich doch eine (wenn auch im Vergleich zu Bild 7.25 kleinere) Zunahme von I_{C1o} auf I_{C2o}. *Die Schaltung ist immer noch instabil.*

3. $\mathbf{R}_o \approx \mathbf{R}_{BE}$
   Liegt R_o in der Größenordnung von R_{BE}, so ergeben sich Verhältnisse, die zwischen Spannungs- und Stromsteuerung liegen. Das heißt, auch hier ist der Arbeitspunkt nicht stabil.

Fazit: *Ohne zusätzliche Maßnahmen ist Arbeitspunktdrift unvermeidlich.*

7.1.8.4 Emitterschaltung mit stabilem Arbeitspunkt

Die Stabilitätseigenschaften der Verstärkerstufe nach Bild 7.23 lassen sich wesentlich verbessern, wenn man entsprechend Bild 7.27a in den Emitterzweig einen Widerstand R_E einfügt. Es entsteht dann eine *Stromgegenkopplung* (vgl. Band II und Bemerkung am Ende dieses Abschnitts). Möchte man die Gegenkopplung auf den *Gleichstrom* I_{Co} beschränken, so ist die Parallelschaltung einer genügend großen *Emitterkapazität* C_E erforderlich, die einen Nebenschluß für den Signalwechselstrom darstellt. Dieses Problem wird später ausführlich diskutiert (s. Band II). Führen wir wieder die einfache Ersatzschaltung (ohne C_E) nach Bild 7.23b ein, so erhalten wir diesmal eine Schaltung nach Bild 7.27b. Die Maschengleichung für den Basis-Emitterkreis liefert

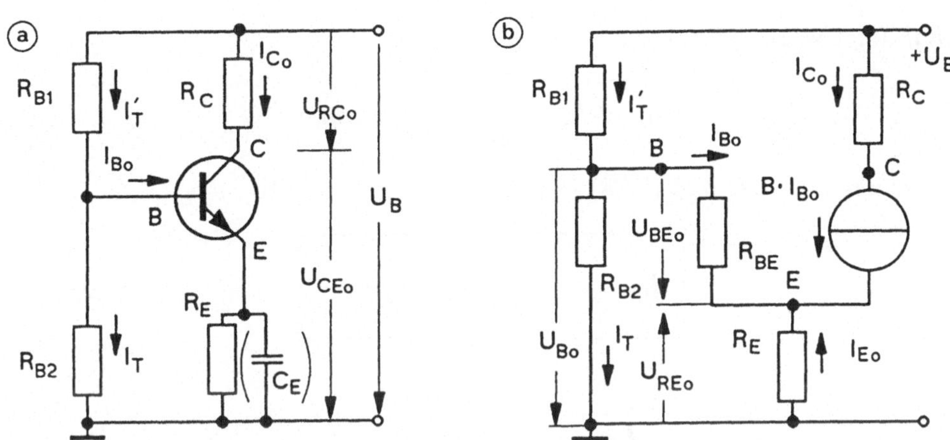

Bild 7.27: Arbeitspunktstabilisierung durch Stromgegenkopplung (a) und zugehörige Ersatzschaltung (b)

$$U_{Bo} = U_{BEo} - U_{REo} = I_{Bo} \cdot R_{BE} - I_{Eo} \cdot R_E \ . \tag{7.23}$$

Mit den Beziehungen $I_{Eo} = -(I_{Co} + I_{Bo})$ und $I_{Co} = B \cdot I_{Bo}$ erhält man

$$U_{Bo} = I_{Bo}[R_{BE} + (B+1) \cdot R_E] \qquad \textit{oder} \tag{7.24}$$

$$U_{Bo} \approx I_{Bo}[R_{BE} + B \cdot R_E] \qquad \textit{für} B \gg 1 \ . \tag{7.25}$$

Führt man Gleichung (7.25) in die Beziehung $I_{Co} = B \cdot I_{Bo}$ ein, so ergibt sich für I_{Co}

$$\boxed{I_{Co} = B \cdot \frac{U_{Bo}}{R_{BE} + B \cdot R_E}} \ . \tag{7.26}$$

Wir wollen nun den Einfluß einer Temperaturerhöhung $\Delta\vartheta = \vartheta_2 - \vartheta_1$ auf Gleichung (7.26) untersuchen. Hierbei ist der durch den *Basisspannungsteiler fließende Teilerstrom* I_T von großer Wichtigkeit (s.a. nächsten Abschnitt).

Wir machen zunächst einmal folgende Voraussetzung:

$$I_T \gg I_{Bo} \qquad (\textit{praktisch}: \quad I_T = 5 \cdots 10 \cdot I_{Bo}) \ . \tag{7.27}$$

R_E ist in gewissen Grenzen frei wählbar. Dimensioniert man ihn so, daß

$$B \cdot R_E \gg R_{BE} = \frac{U_{BEo}}{I_{Bo}}, \tag{7.28}$$

dann folgt wegen (7.27)

$$U_{Bo} \approx U_B \cdot \frac{R_{B2}}{R_{B1} + R_{B2}} = const\ . \tag{7.29}$$

Gleichungen (7.29) und (7.28) in (7.26) eingesetzt, ergibt

$$\boxed{I_{Co} \approx U_B \cdot \frac{1}{R_E} \cdot \frac{R_{B2}}{R_{B1} + R_{B2}}}\ . \tag{7.30}$$

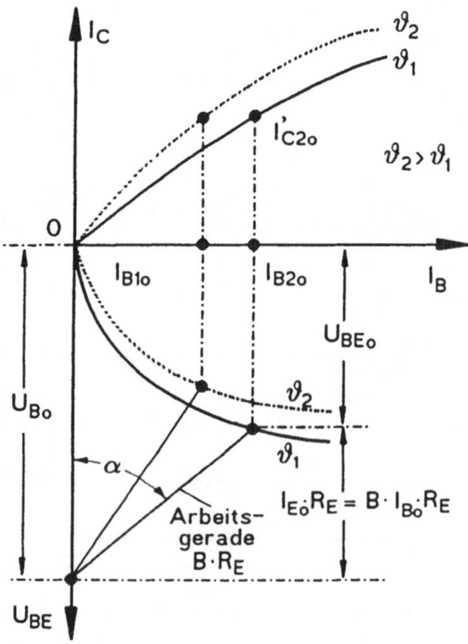

Bild 7.28: Stabilisierungswirkung von R_E (graphisch)

Dieser Ausdruck enthält keine temperaturabhängigen Größen mehr. Das Verhalten der Schaltung wird nicht mehr von den Eigenschaften des Transistors, sondern von dessen äußerer Beschaltung bestimmt!

Da Gleichung (7.28) nur bedingt zu erfüllen ist, hat auch (7.30) nur begrenzte Gültigkeit, und im praktischen Fall verbleibt in der Regel eine kleine Restdrift. Gleichung (7.30) gilt umso besser, je besser $U_{REo} \gg U_{BEo}$ erfüllt ist. Aus Gründen einer möglichst großen Signal-Ausgangsspannung gilt aber auch $U_{CEo} \gg U_{REo}$. Normalerweise gilt als Kompromiß $U_{REo} \approx 0,1 \cdots 0,2\ U_B$.

Bild 7.28 zeigt das Prinzip der Gegenkopplung anhand der Kennlinien. Die an der Basis-Emitterstrecke wirksame Steuerspannung U_{stBo} hat gemäß Bild 7.27b den Wert

$$U_{stB} = U_{BE} = U_{Bo} + I_E \cdot R_E = U_{Bo} - (B+1) \cdot R_E \cdot I_B \ . \tag{7.31}$$

Mit zunehmender Temperatur wird wegen der Zunahme von B der zweite Term in Gl.(7.31) größer, das heißt die Widerstandsgerade $B \cdot R_E$ erhält einen flacheren Verlauf (α wird kleiner). Trotz der steileren Kurve $I_C = f\,(I_B)$ bleibt der Ruhestrom bei richtiger Größe von R_E annähernd konstant, der Arbeitspunkt ist stabil. Da die gegenkoppelnde Größe aus einem Strom hergeleitet wird, spricht man von *Stromgegenkopplung* (vgl. Band II).

7.1.8.5 Dimensionierung des Basisspannungsteilers

In den Schaltungen nach Bild 7.23 und Bild 7.27 wird der Arbeitspunkt der Verstärkerstufe mit einem *Basisspannungsteiler* R_{B1},R_{B2} eingestellt. Im letzten Kapitel hatten wir bereits ein Kriterium für die Dimensionierung dieses Teilers kennengelernt. Der *Teilerquerstrom* soll groß sein gegen den Basisstrom I_{Bo}, damit temperaturbedingte Basisstromänderungen das Potential an der Basis nicht beeinflussen (Bild 7.29):

$$\boxed{I'_T \approx I_T \gg I_{Bo}} \ . \tag{7.32}$$

Eine Forderung lautet daher aus Gründen der thermischen Stabilität: *Der Teiler soll niederohmig sein.* Dem steht jedoch eine andere Forderung gegenüber, die wir nun erörtern.

Bild 7.29b zeigt die Wechselspannungsersatzschaltung der Verstärkerstufe. Da die Betriebsspannungsquelle U_B wechselstrommäßig in erster Näherung einen Kurzschluß darstellt, liegen R_{B1} und R_{B2} parallel zum Wechselspannungseingangswiderstand r_{BE} des Transistors und belasten gemeinsam die Signalquelle u. Bei Batteriegeräten spielt zusätzlich für die Lebensdauer der Batterie der größere Stromverbrauch eine Rolle. Daraus folgt: *Der Basisspannungsteiler soll möglichst hochohmig sein.* Für die Praxis geht man deshalb von der Kompromißformel aus

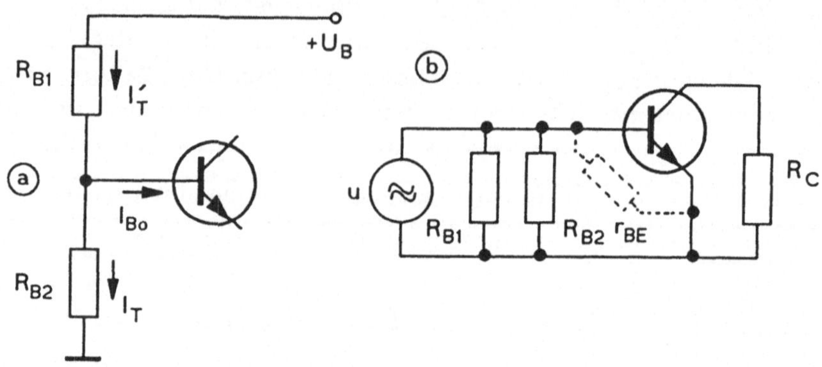

Bild 7.29: Einstellung von I_{Bo} mittels Spannungsteilers (a) und Wechselspannungsersatzschaltung (b)

$$\boxed{I_T = 5 \cdots 10 \cdot I_{Bo}} \quad . \tag{7.33}$$

7.1.9 Kenngrößen des Transistors

Wir haben in Abschnitt 7.1.5 gesehen, wie sich das Verhalten eines Transistors prinzipiell in einer Vielfalt von *Kennlinienfeldern* beschreiben läßt. Oft genügt es jedoch auch, wenn man sich anhand bestimmter *Kenngrößen* (z.B. bestimmte Meßwerte aus den Kennlinienscharen) einen Überblick über die Daten des betreffenden Typs und seine Anwendungsmöglichkeiten verschafft. Hierbei unterscheidet man üblicherweise folgende Kategorien von Kenngrößen:

- *Gleichstromkenngrößen* (statische Kenngrößen),
- *Signalkenngrößen* (dynamische Kennqrößen),
- *Frequenzkenngrößen*,
- *Rauschkenngrößen*,
- *Erwärmungskenngrößen*.

7.1.9.1 Gleichstromkenngrößen

1. **Gleichstromverteilungsfaktor A** (bzw. α_o):

Der Kollektorstrom ist etwas kleiner als der Emitterstrom. Bei konstanter Spannung U_{CE} gilt:

$$I_C = -A \cdot I_E = -\alpha_o \cdot I_E \qquad oder \tag{7.34}$$

$$\boxed{A = \alpha_o = -\frac{I_C}{I_E}\bigg|_{U_{CE}=const}} \ . \tag{7.35}$$

Hierin ist A der *Stromverteilungsfaktor*, häufig auch *Stromverstärkungsfaktor α_o in Basisschaltung* oder *α_o-Stromverstärkung* genannt. A liegt normalerweise zwischen 0,95 und 0,999.

2. **Gleichstromverstärkungsfaktor B (bzw. β_o):**

Diese Größe haben wir bereits kennengelernt (Gleichung 7.13). Es ist

$$I_C = B \cdot I_B = \beta_o \cdot I_B \qquad oder \tag{7.36}$$

$$\boxed{B = \frac{I_C}{I_B}\bigg|_{U_{CE}=const}} \ . \tag{7.37}$$

Der *Gleichstromverstärkungsfaktor* B wird in vielen Fällen auch β_o genannt. Im Ebers-Moll-Modell entspricht er B_V. Mit der Beziehung

$$\boxed{-I_E = I_B + I_C} \tag{7.38}$$

läßt sich ein Zusammenhang zwischen A und B herstellen. Es ist

$$I_B = -(1 - A) \cdot I_E \qquad oder \qquad I_C = \frac{A}{1 - A} \cdot I_B, \qquad also \tag{7.39}$$

$$\boxed{B = \frac{A}{1 - A}} \qquad oder \qquad \boxed{A = \frac{B}{1 + B}} \ . \tag{7.40}$$

3. **Restströme**

Von der Diode her wissen wir, daß sich der Strom durch einen PN-Übergang zusammmensetzt aus dem *Flußstrom* I_F und dem *Sättigungs-* oder *Reststrom* I_s (Gleichung 6.7). Der Reststrom ist unabhängig von der anliegenden Spannung und verdoppelt sich etwa bei einer Temperaturzunahme um 9 $°C$ bei Ge und 12 °C bei Si.

Das gilt allgemein, also auch für den Transistor. Die hier auftretenden Restströme spielen in vielen Fällen eine Rolle, und man muß sie bei der Dimensionierung von Schaltungen berücksichtigen. Für den Basisstrom gilt

$$\boxed{I_B = I_s \cdot \left[exp\left(\frac{U_{BE}}{U_T}\right) - 1\right] = I_s \cdot exp\left(\frac{U_{BE}}{U_T}\right) - I_s = I_{BF} - I_{BS}} \; . \tag{7.41}$$

Es gibt eine Reihe von Restströmen, von denen die 3 wichtigsten hier aufgeführt werden sollen.

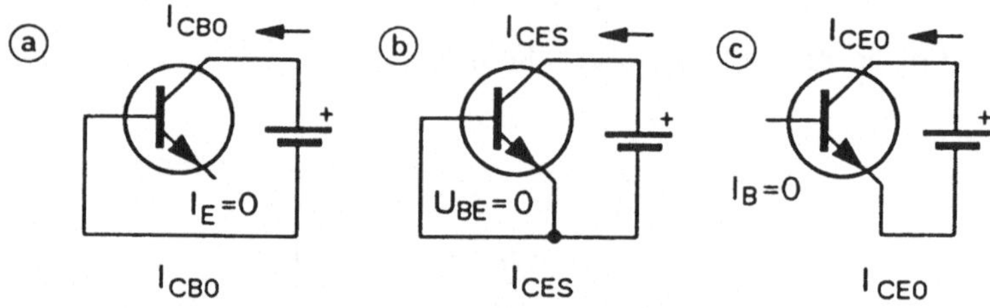

Bild 7.30: Transistor-Restströme I_{CBO} (a), I_{CES} (b) undI_{CEO} (c)

- **I_{CBO} Kollektor–Basisreststrom bei offenem Emitter (I_E=0):** Bild 7.30a zeigt die Definition für diesen Strom anhand der Schaltung. Die Betriebsspannung hat normal übliche Polarität.
- **I_{CES} Kollektor–Basisstrom bei kurzgeschlossenem Emitter (U_{BE}=0):**
  Bild 7.30b zeigt diesen Betriebsfall. Es ist $I_{CES} > I_{CBO}$, weil der Basis-Kollektordiode jetzt zusätzliche Ladungsträger zugeführt werden.
- **I_{CEO} Kollektor–Emitterreststrom bei offener Basis (I_B=0):** Dieser Strom ist größer als I_{CBO} und I_{CES}. Bild 7.30c zeigt die zugehörige Schaltung.

Wir machen hier noch einmal auf die Querverbindung zum Ebers–Moll–Modell aufmerksam!

4. **Zusammenfassende Betrachtung der Restströme**

Wie in Gleichung (7.41) dargestellt, besteht jeder Strom durch einen PN–Übergang aus einem Flußstrom I_F und einem Sperrstrom I_s. Bild 7.31

zeigt die im Transistor fließenden Sperr– und Flußströme (vgl. a. Bild 7.8). Unabhängig davon, in welchem Betriebszustand der Transistor sich befindet, gilt immer Gleichung (7.38): $-I_E = I_C + I_B$.

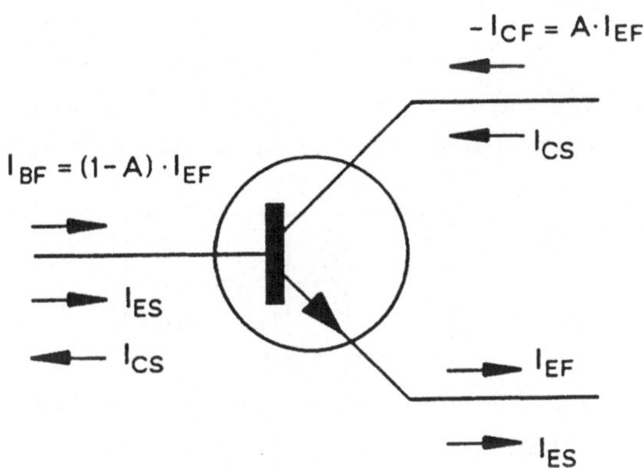

Bild 7.31: Fluß– und Sperrströme im Transistor

Trägt man die Ströme I_E, I_C und I_B in ein einziges Schaubild ein, so ergeben sich in der Umgebung des Nullpunktes von U_{BE} die Verhältnisse nach Bild 7.32. Wir finden hier noch einmal die 3 typischen Restströme $I_{CBO} < I_{CES} < I_{CEO}$ wieder.

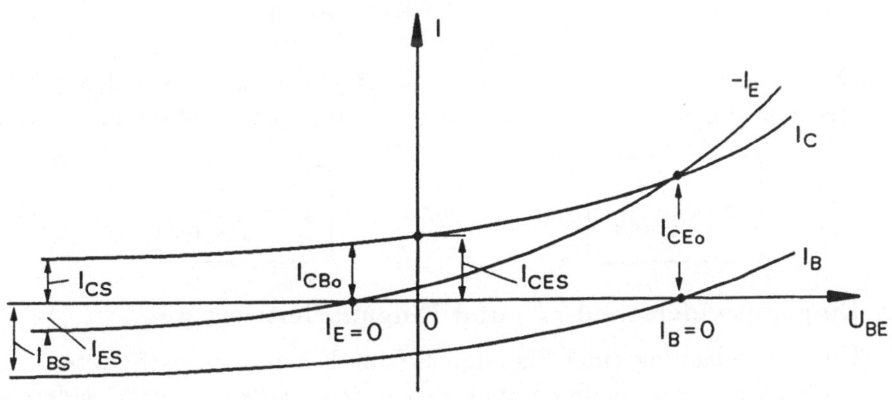

Bild 7.32: Transistorströme in der Nähe des Nullpunkts von U_{BE}, I_B

7.1.9.2 Kleinsignalkenngrößen

Wir wollen nun eine Reihe von Daten behandeln, die für die *Aussteuerung des Transistors mit kleinen Wechselgrößen niedriger Frequenz* charakteristisch sind. Man bezeichnet sie daher als *Kleinsignal-Kenngrößen.* Wir kennzeichnen diese Kleinsignalaussteuerungssignale mit kleinen Buchstaben.

1. **Stromverstärkungsfaktor** β

   Ändert sich der Eingangswechselstrom einer Emitterschaltung um den Betrag $i_B = \Delta I_B$, so resultiert daraus ein Kollektorwechselstrom $i_C = \Delta I_C$. Die *Kleinsignalstromverstärkung* β ist definiert

$$\boxed{\beta = \left.\frac{\partial I_C}{\partial I_B}\right|_{U_{CE}=const}} \quad . \tag{7.42}$$

   β und B weichen im allgemeinen bei nicht zu hohen Frequenzen nur geringfügig voneinander ab.

2. **Stromverteilungsfaktor** α

   Analog zu Gleichung (7.35) wird der *Kleinsignalstromverteilungsfaktor* α oder die *Stromverstärkung in Basischaltung* definiert

$$\boxed{\alpha = -\left.\frac{\partial I_C}{\partial I_E}\right|_{U_{CE}=const}} \quad . \tag{7.43}$$

   Der Zusammenhang zwischen α und β ergibt sich nach den gleichen Betrachtungen, die auch zum den Gleichungspaar (7.40) geführt haben:

$$\boxed{\alpha = \frac{\beta}{1+\beta}} \quad \textit{und} \quad \boxed{\beta = \frac{\alpha}{1-\alpha}} \quad . \tag{7.44}$$

3. **Eingangswiderstand r_{BE} und Eingangsleitwert g_{BE}**

   Um die Belastung einer Signalquelle durch den nachgeschalteten Transistor zu erfassen, definiert man den *differentiellen Eingangswiderstand* r_{BE}. Der differentielle Widerstand ist uns von der Diode her bereits als Kehrwert der Steigung der Diodenkennlinie bekannt (s.a. Abschn. 6.5). Entsprechend gilt hier nach Bild 7.33

$$\boxed{r_{BE} = \left.\frac{\partial U_{BE}}{\partial I_B}\right|_{U_{CE}=const}} \quad . \tag{7.45}$$

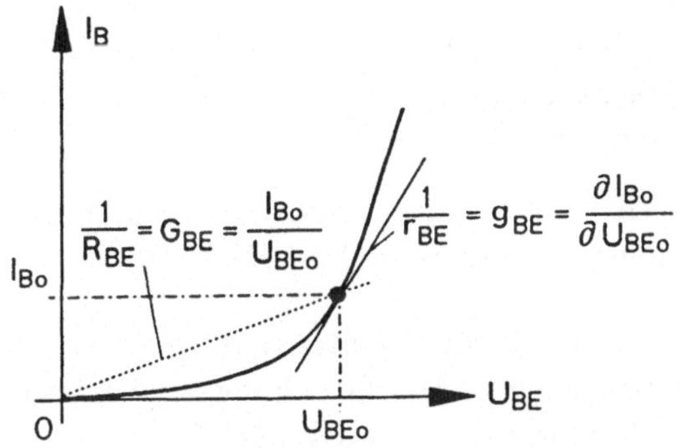

Bild 7.33: Eingangswiderstand r_{BE}

Zur Berechnung von r_{BE} differenzieren wir Gl. (7.41) und erhalten

$$\frac{1}{r_{BE}} = \frac{\partial I_B}{\partial U_{BE}} = I_s \cdot \frac{1}{U_T} \cdot exp\left(\frac{U_{BE}}{U_T}\right) \approx \frac{I_B}{U_T} \ ; \qquad (7.46)$$

$$\boxed{r_{BE} = \frac{U_T}{I_B}} \quad \textit{oder} \quad \boxed{g_{BE} = \frac{I_B}{U_T}} \ . \qquad (7.47)$$

Bei Raumtemperatur ist $U_T = 26mV$; somit wird

$$\boxed{g_{BE}\,[mS] = 39 \cdot I_B\,[mA]} \ . \qquad (7.48)$$

Diese Gleichung gilt allgemein für jeden Transistor!

In vielen Fällen interessiert der Zusammenhang zwischen Eingangswiderstand (bzw. -Leitwert) und Kollektorstrom. Wegen $I_C = \beta \cdot I_B$ wird aus den Gleichungen (7.46) bis (7.48)

$$\boxed{r_{BE} = \frac{\beta \cdot U_T}{I_C}} \quad \textit{bzw.} \quad \boxed{g_{BE} = \frac{I_C}{\beta \cdot U_T}} \ . \qquad (7.49)$$

$$\textit{oder} \quad \boxed{g_{BE}\,[mS] = \frac{39}{\beta} \cdot I_C\,[mA]} \ . \qquad (7.50)$$

Wir halten zwei wichtige Erkenntnisse fest

- Der Gleichstromeingangswiderstand $R_{BE} = \frac{U_{BE}}{I_B}$ und der Wechselstromeingangswiderstand r_{BE} nehmen mit zunehmendem Kollektorstrom I_C ab.
- Der Gleichstromeingangswiderstand ist stets größer als der Wechselstromeingangswiderstand (s. Bild 7.33).

Bei Kleinsignaltransistoren arbeitet man im Regelfall mit Basisströmen von 100 nA bis 100 μA. Mit Gleichung (7.46) resultieren daraus Eingangswiderstände zwischen 260 kΩ und 260 Ω.

4. **Ausgangswiderstand oder Innenwiderstand $\mathbf{r}_{CE}$, Ausgangsleitwert $\mathbf{g}_{CE}$**

Die Ausgangskennlinie $I_C = f(U_{CE})$ gibt mit U_{BE} oder I_B als Parameter den Zusammenhang zwischen Kollektorgleichstrom und -spannung. Für kleine Änderungen $\Delta I_{CE} = i_c$ und der damit verknüpften Änderung $\Delta U_{CE} = u_{CE}$ ist der *Innenwiderstand* oder *Ausgangswiderstand* r_{CE} bzw. dessen Kehrwert, der *Ausgangsleitwert* g_{CE} charakteristisch. Er ist für den Leerlauffall

$$\boxed{r_{CEl} = \frac{1}{g_{CEl}} = \left.\frac{\partial U_{CE}}{\partial I_C}\right|_{I_B=const\ (bzw.\ i_B=0)}} \quad . \tag{7.51}$$

Gleichung (7.51) liefert den *Leerlaufinnenwiderstand*, weil die Nebenbedingung $i_B = 0$ bedeutet, daß sich der Transistor signalmäßig im Leerlauf befindet. Für den Kurzschluß gilt

$$\boxed{r_{CEk} = \frac{1}{g_{CEk}} = \left.\frac{\partial U_{CE}}{\partial I_C}\right|_{U_{BE}=const\ (bzw.\ u_{BE}=0)}} \quad . \tag{7.52}$$

In (7.52) sagt die Nebenbedingung $u_{BE} = 0$ aus, daß der Transistoreingang für das Signal kurzgeschlossen ist. Deshalb nennt man r_{CEk} auch *Kurzschlußinnenwiderstand*.

r_{CE} ist identisch mit dem Kehrwert der Steigung der Ausgangskennlinien. Der Ausgangsleitwert $g_{CE} = 1/r_{CE}$ ist direkt proportional dem Kollektorstrom I_C. Hier sei noch auf die Zusammenhänge zwischen r_{CE} und dem Early-Effekt hingewiesen (vgl. Abschnitt 7.1.6).

$$g_{CE} = 1/r_{CE} \sim I_C \; . \tag{7.53}$$

Typisch sind Ausgangswiderstände r_{CE} für Kleinsignaltransistoren zwischen 10 kΩ und 1 MΩ.

5. **Spannungsrückwirkung $\mathbf{v_r}$**

   In den Bildern 7.10 und 7.14 haben wir die Eingangskennlinien $I_B = f(U_{BE})$ mit U_{CE} als Parameter erörtert. Sie haben, ähnlich wie die Steuerkennlinien, eine Abhängigkeit von U_{CE} (vgl. z.B. Bild 7.13). Die *Spannungsrückwirkung* v_r gibt den Einfluß der Ausgangsspannung auf die Eingangskennlinie an, anders gesagt, um welchen Betrag ΔU_{BE} man die Basis-Emitterspannung ändern muß, damit bei einer Änderung von ΔU_{CE} eine Basisstromänderung $\Delta I_B = 0$ resultiert, also

$$\boxed{v_r = \left.\frac{\partial U_{BE}}{\partial U_{CE}}\right|_{I_B=const\ (bzw.\ i_B=0)}} \; . \tag{7.54}$$

   Ursache ist letztlich der Early-Effekt.

6. **Transistorkapazitäten**

   Entsprechend den 3 Elektroden E, B und C sind auch rein formal 3 Kapazitäten vorhanden. Wir werden noch ausführlicher bei der Behandlung des Transistor-Ersatzschaltbildes darauf zurückkommen, deshalb folgen hier nur einige kurze Ausführungen.

   Eingangs- oder Diffusionskapazität C_{BEO}

   Von der Diode her kennen wir bereits die Diffusionskapazität C_d (s.a. Abschn. 6.3). Beim Transistor wirkt die Diffusionskapazität der Basis-Emitterstrecke bei offenem Kollektor als Eingangskapazität C_{BEO} (Bild 7.34). Sie liegt parallel zum Eingangswiderstand r_{BE} und bewirkt dadurch einen Abfall der Stromverstärkungen α und β bei höheren Frequenzen (s. dazu auch α- und β- Grenzfrequenz).

   C_{BEO} ist stromabhängig und liegt bei Kleinsignal-Niederfrequenztransistoren in der Größenordnung von 100 pF bis 1 nF. Dieser Wert erscheint sehr hoch; es ist jedoch zu bedenken, daß der Eingangswiderstand r_{BE} ebenfalls niederohmig ist, so daß die resultierende *Eingangszeitkonstante* T_{BE} im μs- bis ns-Bereich liegt. C_{BEO} ist dem Strom direkt proportional (vgl. Gleichung (6.20), r_{BE} aber umgekehrt proportional, und weil gilt

$$\boxed{T_{BE} = r_{BE} \cdot C_{BEO}} \; , \tag{7.55}$$

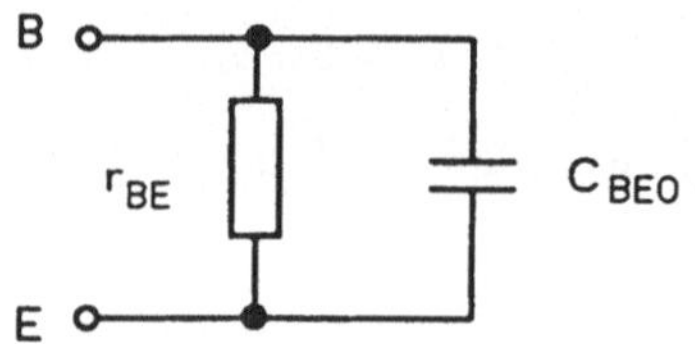

Bild 7.34: Eingangskapazität beim Bipolartransistor

ist T_{BE} demnach nahezu konstant bezüglich des Arbeitspunktes.

Ausgangskapazität C_{CE}

Die zwischen Kollektor und Emitter liegende *Ausgangskapazität C_{CE}* ist allgemein klein und beträgt nur einige pF. Sie hat im Gegensatz zu C_{BEO} und C_{CBO} (s.u.) nur geringe Bedeutung.

Rückwirkungskapazität C_{CBO} bei offenem Emitter

Die *Rückwirkungskapazität C_{CBO}* liegt zwischen Kollektor und Basis, und zwar parallel zum Rückwirkungsleitwert g_{CB} (s.a. Ersatzschaltbild). Sie ist insbesondere bei Hochfrequenzanwendungen schädlich und muß dann durch spezielle Schaltungsmaßnahmen (Neutralisation) kompensiert werden. Da es sich um eine *Sperrschichtkapazität* handelt, ist sie *spannungs*abhängig:

$$\boxed{C_{CBO} \approx \frac{const}{\sqrt{U_{CB}}}} \ . \qquad (7.56)$$

Man kann deshalb in gewissen Grenzen die Eigenschaften einer HF-Verstärkerstufe verbessern, indem man höhere Betriebsspannungen wählt. C_{CBO} liegt bei Kleinsignaltransistoren in der Größenordnung um $1 \cdots 20$ pF bei $U_{CB} = 5\ V$.

7.1.9.3 Frequenzkenngrößen

Bei höheren Frequenzen verschlechtern sich allgemein die Transistoreigenschaften. Insbesondere sinken die Stromverstärkungen. Die Frequenz, bei der sie um 3 dB abgefallen sind, heißt *Grenzfrequenz*. Von praktischem Interesse sind die 4 folgenden Grenzfrequenzen:

1. **α –Grenzfrequenz (Grenzfrequenz f_α)**

   Die Grenzfrequenz f_α ist diejenige Frequenz, bei der die Stromverstärkung α in Basisschaltung um 3 dB gegenüber dem Wert A abgefallen ist

(Bild 7.35). Bei dieser Frequenz sind Eingangsspannung und -Strom um 45° gegeneinander phasenverschoben.

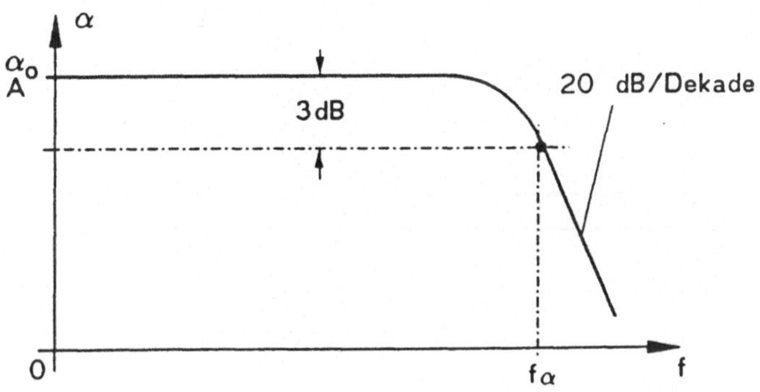

Bild 7.35: Grenzfrequenz f_α

2. β – Grenzfrequenz (Grenzfrequenz f_β)

Die Grenzfrequenz f_β ist diejenige Frequenz, bei der die Stromverstärkung β in Emitterschaltung um 3 dB gegenüber dem Wert B abgefallen ist (Bild 7.36). Grenzfrequenz und Eingangskapazität C_{BEO} hängen miteinander zusammen. Betrachten wir noch einmal das Bild 7.34, so setzt sich der Basisstrom i_B aus *Real-* und *Imaginärteil* zusammen. Bei der Grenzfrequenz f_β sind Real- und Imaginärteil betragsmäßig gleich groß, also gilt

$$r_{BE} = \frac{1}{\omega_\beta \cdot C_{BE}} \qquad \text{oder} \qquad C_{BE} = \frac{1}{2 \cdot \pi \cdot f_\beta \cdot r_{BE}} \,. \tag{7.57}$$

Da r_{BE} nach Gleichung (7.49) von I_C abhängt, läßt sich für C_{BE} auch schreiben

$$\boxed{C_{BE} = \frac{I_C}{2 \cdot \pi \cdot f_\beta \cdot U_T \cdot \beta}} \,. \tag{7.58}$$

Der Zusammenhang zwischen f_α und f_β wird aus den Ersatzbildern der Emitter- und der Basisschaltung noch genauer hergeleitet; hier sei nur das Ergebnis angegeben:

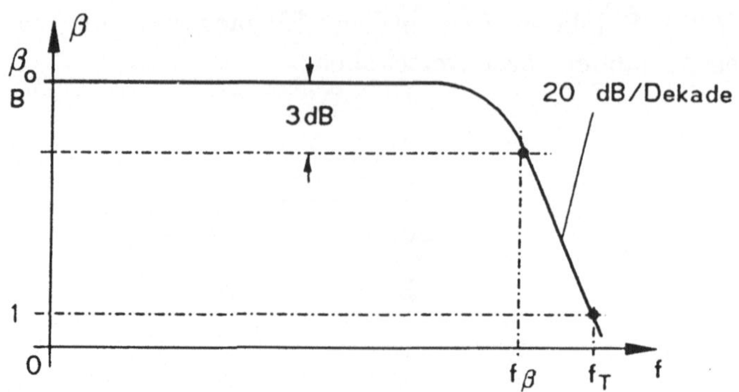

Bild 7.36: Grenzfrequenz f_β

Die Grenzfrequenz in Basisschaltung liegt etwa um den Faktor der Gleichstromverstärkung B höher als die der Emitterschaltung.

$$\boxed{f_\alpha \approx B \cdot f_\beta} \quad . \tag{7.59}$$

Das ist ein Grund dafür, weswegen man in Hochfrequenzstufen vorwiegend mit der Basisschaltung arbeitet.

3. **Transitfrequenz** f_T (*β_1-Grenzfrequenz*)

Oberhalb der Grenzfrequenz f_β fällt die Stromverstärkung β mit etwa 20 dB pro Dekade bzw. 6 dB pro Oktave ab. Die Frequenz f_T, bei der die Stromverstärkung den Wert $\beta_T = 1$ erreicht hat, heißt *Transitfrequenz*. Sie wird allgemein in den Datenblättern der Hersteller angegeben.

Die Tatsache, daß f_T strom- und spannungsabhängig ist, erklärt sich bei genauerer Betrachtung, wie folgt:
Die Laufzeit der Ladungsträger vom Kollektor zum Emitter setzt sich aus mehreren Anteilen zusammen, deren Gewicht vom Transistoraufbau und von der Arbeitspunkteinstellung abhängt.

$$\boxed{t_{ges} = t_{Em} + t_{Bas} + t_{Col} + t_{Clad}} \tag{7.60}$$

mit t_{Em}: Emitterladezeit
t_{Bas}: Basislaufzeit
t_{Col}: Kollektorlaufzeit
t_{Clad}: Kollektorladezeit.

t_{Em} überwiegt vor allem bei kleinen Strömen; daher ist dort auch f_T klein. Sie ist außerdem umso größer, je ausgedehnter die Emitterfläche ist.
Die Basisweite w_B bestimmt t_{Bas}. Bei größeren Strömem kommt der Early-Effekt zum Tragen; dadurch nimmt f_T ab.
t_{Col} ist umso größer, je breiter das Kollektorgebiet ist. Also sollte man durch technologische Maßnahmen für möglichst schmale Kollektorzonen sorgen, wenn dieser Effekt im Vordergrund steht.
t_{Clad} ist die Zeit, innerhalb derer die Kollektorsperrschicht umgeladen wird. Durch niedrige Kollektordotierung erreicht man hier günstige Werte.

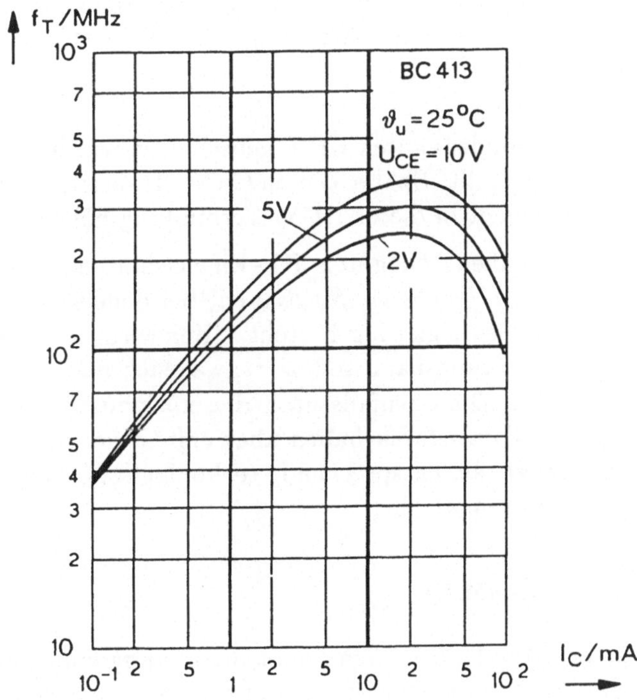

Bild 7.37: Transitfrequenz in Abhängigkeit vom Kollektorstrom

Am Beispiel des NPN-Transistors BC 413 (s.a. Kennlinienfelder 7.14 bis 7.17) zeigt Bild 7.37 den Verlauf der Transitfrequenz in Abhängigkeit vom Kollektorstrom mit U_{CE} als Parameter. Aus f_T läßt sich f_β berechnen, es gilt nämlich

$$\boxed{f_T = B \cdot f_\beta \approx f_\alpha} \; . \tag{7.61}$$

Mit der Ersatzschaltung nach Abschnitt 7.1.10.2 wird

$$\boxed{f_T = \frac{\beta \cdot g_{BE}}{2 \cdot \pi \cdot (C_{CB} + C_{BE})}} \qquad \textit{für} \quad g_{CB} = 0 \; . \tag{7.62}$$

4. **Schwinggrenzfrequenz**

   In Schaltungen zur hochfrequenten Schwingungserzeugung ist nicht die Stromverstärkung, sondern die *Leistungsverstärkung* wichtig. Die Frequenz, bei der die Leistungsverstärkung auf den Wert 1 abgesunken ist, heißt *Schwinggrenzfrequenz.*

Transistoren mit besonders guten HF-Eigenschaften wurden früher vorwiegend auf Ge–Basis hergestellt. Später kamen GaAs–Transistoren hinzu, da die Ladungsträgerbeweglichkeit in dieser III–V–Verbindung höher ist als bei Ge.

Eine weitere Möglichkeit, zu guten HF–Eigenschaften zu kommen, sah *Shockley* schon 1948 in *Si–Ge/Se–Si–Strukturen*, bei denen die Basiszone aus einer einkristallinen Si–Ge–Legierung besteht. Hier wird der Energieabstand zwischen Valenz- und Leitungsband reduziert, was sich günstig für die obere Grenzfrequenz auswirkt. Die ebenfalls nach diesem Prinzip aufgebauten *Si-Si/Ge-Hetero-Bipolar-Transistoren* haben aber erst in der letzten Zeit praktische Bedeutung erlangt, als entsprechende technologische Möglichkeiten für ihre Herstellung erschlossen wurden.

7.1.9.4 Rauschkenngrößen

In den Datenblättern von Transistoren findet man häufig eine von zwei unterschiedlichen Angaben über die Rauscheigenschaften des betreffenden Typs

- *Rauschzahl* F als dimensionslose Zahl oder
- *Rauschmaß* $F^* = 10 \cdot lgF \; [dB]$.

Es sind aber auch andere (zum Teil unpraktischere) Daten und Diagramme mit Größenangaben in nV/$\sqrt{Hz}$ und pA/$\sqrt{Hz}$ im Gebrauch. Ohne an dieser Stelle allzu tief in die Probleme des Rauschens einsteigen zu wollen, müssen wir doch die für das Verständnis der Kenndaten notwendigen Grundlagen kurz abhandeln. Im übrigen haben wir uns im Abschnitt 1.1.2.7 schon mit dem Widerstandsrauschen befaßt; die wichtigsten Zusammenhänge wollen wir hier noch einmal darstellen.

1. **Thermisches Rauschen**
   Infolge der statistischen Wärmebewegung und der Korpuskularnatur der Elektronen entsteht in jedem Leiter (Ohmscher Widerstand) eine Rauschspannung, deren Frequenzanteile von den technisch tiefsten bis zu den höchsten Frequenzen reicht und dessen spektrale Verteilung im Idealfall frequenzunabhängig ist. Man bezeichnet diese Art Rauschen in Anlehnung an die Optik — weißes Licht erstreckt sich auch gleichmäßig über den sichtbaren Bereich — als *weißes Rauschen* im Gegensatz zum farbigen Rauschen, bei dem nur bestimmte Frequenzbereiche vorhanden sind.

   Ein wichtiges Kennzeichen des Rauschens ist ferner, daß die einzelnen Spektralanteile *nicht miteinander korreliert* sind. Die in einem Ohmschen Widerstand der Größe R im Frequenzband Δf entstehende Rauschleistungsdichte Δp_r hat die Größe

$$\boxed{\frac{\Delta p_r}{\Delta f} = 4 \cdot k \cdot T \cdot R} \quad . \tag{7.63}$$

   k ist die *Boltzmannkonstante* (Gleichung (2.15)) und T die absolute Temperatur in K. Bei *Raumtemperatur* T_o gilt

$$\boxed{4 \cdot k \cdot T_o = 1,6 \cdot 10^{-20}} \quad [Ws] \quad . \tag{7.64}$$

   Beim weißen Rauschen ist die *Rauschleistungsdichte frequenzunabhängig*, und für eine Bandbreite $b = f_2 - f_1$ gilt für die Rauschleistung

$$\boxed{p_r = 4 \cdot k \cdot T \cdot b} \quad . \tag{7.65}$$

   Je breitbandiger das Übertragungssystem ist, desto größer ist die Rauschleistung. Ein *Widerstand* der Größe R liefert eine *Leerlauf-Effektiv-Rauschspannung*

$$\boxed{u_{reff} = \sqrt{p_r \cdot R} = \sqrt{4 \cdot k \cdot T \cdot b \cdot R}} \quad . \tag{7.66}$$

Entscheidend dafür, wieviel von der in einem Rauscherzeuger entstehenden Leistung an den nachfolgenden Verbraucher abgegeben wird, ist die *Anpassung*. Im Falle der *Leistungsanpassung* ist das ein Viertel dieser Leistung.

Diese gerade erörterten Beziehungen gelten allgemein. Deshalb beziehen sich die Transistor-Rauschdaten nicht darauf, sondern beim Bipolartransistor müssen wir weitere Komponenten berücksichtigen, die wir nachfolgend diskutieren werden.

2. **Strom– oder Schrotrauschen (Schottky– oder shot noise)**
   Das *Schottky–Rauschen* entsteht im Halbleiter durch statistische Schwankungen der Rekombinations– und Generationsrate R nach Gleichung (4.30). Es ist im Prinzip ein weißes Rauschen. Auch in Elektronenröhren tritt es infolge der statistischen Schwankung des Elektronenstroms auf.

3. **Funkelrauschen (flicker noise)**
   Das *Funkelrauschen (flicker noise)* ist farbig und wird durch Minoritätsträgerdichteschwankungen, insbesondere an der Oberfläche der Basiszone, erzeugt. Das Funkelrauschen hat Spektralanteile unterhalb 1 kHz und nimmt nach tiefen Frequenzen hin etwa mit 1/f zu. Dieses Rauschen hängt sehr stark vom Herstellungsprozeß ab; dementsprechend gibt es große Unterschiede zwischen den Transistortypen. Funkelrauschen ist theoretisch nicht mit anderen Transistorgrößen in Beziehung zu bringen; man muss sich auf Meßwerte beschränken. Funkelrauschen ist nicht ausschließlich typisch für Bipolartransistoren, sondern die meisten elektronischen Komponenten haben eine Rauschleistungsdichte, die mit abnehmender Frequenz zunimmt. Eine charakteristische Frequenz ist diejenige, bei der die Rauschleistungsdichte des 1/f–Rauschens mit derjenigen des weissen Rauschens (thermisches Rauschen und Schrot–Rauschen zusammen) übereinstimmt.

4. **Popcorn– oder bistabiles Rauschen (pocorn noise)**
   Das *Popcorn–Rauschen* ist gekennzeichnet durch das zufällige Auftreten von einzelnen Impulsen in Form von Pegelschwankungen zwischen zwei oder auch mehr diskreten Werten. Der Name rührt daher, daß das hörbar gemachte Signal weniger an Wasserrauschen als mehr an das Geräusch bei der Herstellung von Popcorn erinnert: Einzelne kurze Knalle in unregelmäßigen Zeitabständen (Dauer im μs $\cdots$ ms–Bereich, Stromamplituden $< 1\ \mu$A). Die Mechanismen des Popcorn–Rauschens sind zum Teil noch ungeklärt. Sie sind technologisch beeinflußbar.

5. **Rauschzahl F (Rauschmaß F* [dB])**
Dieser Parameter ist für praktische Anwendungen bequem, und man findet ihn, wie erwähnt, häufig in Hersteller-Datenblättern. Zur Berechnung der *Rauschzahl* und des *Rauschmaßes* wollen wir zunächst einige Definitionen vereinbaren. Vom Transistor werden aufgenommen:

p_{n1} = Nutzeingangsleistung
p_{r1} = Rauscheingangsleistung

Daraus resultiert der *Eingangsrauschabstand* $\frac{p_{n1}}{p_{r1}}$.
Im Transistor wird erzeugt:
p_z = zusätzliche Rauschleistung.
Der Transistor gibt ab:
p_{n2} = Nutzausgangsleistung
p_{r2} = Rauschausgangsleistung.

Daraus resultiert der *Ausgangsrauschabstand* $\frac{p_{n2}}{p_{r2}}$.

Der Transistor hat die Leistungsverstärkung v_P. Dann gilt folgende Definition für die *Rauschzahl F*

$$\boxed{F = \frac{Eingangsrauschabstand}{Ausgangsrauschabstand} = \frac{\frac{p_{n1}}{p_{r1}}}{\frac{p_{n2}}{p_{r2}}}} \quad oder \tag{7.67}$$

$$\boxed{F = \frac{\frac{p_{n1}}{p_{r1}}}{p_{n1} \cdot v_P / (p_{r1} \cdot v_P + p_z)}} \quad oder \tag{7.68}$$

$$\boxed{F = 1 + \frac{p_z}{p_{r1} \cdot v_P}} \; . \tag{7.69}$$

Die theoretisch kleinstmögliche Rauschzahl ist F = 1, weil dann im Transistor keine zusätzliche Rauschleistung erzeugt wird ($p_z = 0$). F = 1 entspricht also im Bild 7.38 dem thermischen Rauschen des Innenwiderstands R_g der steuernden Signalquelle.

Das *Rauschmaß* F^* wird definiert

$$\boxed{F^* = 10 \cdot lgF} \ . \tag{7.70}$$

6. **Rausch–Ersatzschaltung einer Bipolartransistorstufe**
Wesentlich mitentscheidend für die Rauscheigenschaften einer Transistorstufe ist der *Innenwiderstand* R_g *der steuernden Signalquelle* (Leerlaufspannung u_1). Für die Berechnung denkt man sich den Transistor gemäß Bild 7.38 rauschfrei und stellt sich das Rauschen als zusätzlich in R_g entstanden vor. Die von R_g abgegebene Rauschleistung ist deshalb größer als das reine Widerstandsrauschen.

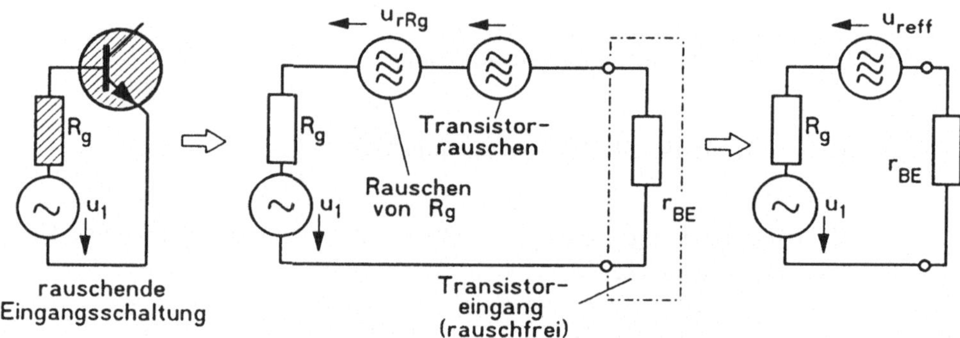

Bild 7.38: Rauschbehafteter Transistoreingang, Ersatzschaltung

> *Die Rauschzahl F gibt an, mit welchem Faktor man die Rauschleistung von R_g multiplizieren muß, um am Ausgang des rauschfrei gedachten Transistors die tatsächlich auftretende Rauschleistung zu erhalten.*

In R_g entsteht also die Gesamt-Rauschleistung

$$\boxed{\frac{u_{reff}^2}{R_g} = 4 \cdot k \cdot T \cdot b \cdot F} \ . \tag{7.71}$$

Ihr entspricht eine Leerlaufrauschspannung

$$\boxed{u_{reff} = \sqrt{4 \cdot k \cdot T \cdot b \cdot F \cdot R_g}} \tag{7.72}$$

In Bild 7.38 ist die Ersatzschaltung des Eingangs einer einfachen Emitter-Grundschaltung unter Berücksichtigung des Rauschens dargestellt. Die den Transistor steuernde Spannung u_{BEeff} setzt sich aus Signal und Rauschen zusammen:

$$u_{BEeff} = \sqrt{u_1^2 + u_{reff}^2} \cdot \frac{r_{BE}}{R_g + r_{BE}} \quad . \qquad (7.73)$$

Durch günstige Wahl von R_g läßt sich eine Rauschoptimierung vornehmen.

Die Bilder 7.39a···c zeigen das Rauschmaß F^* als Funktion des Kollektorstromes für 3 verschiedene Meßfrequenzen (120 Hz, 1 kHz, 10 kHz) mit R_g als Parameter für den BC 413. Für jeden Wert von R_g ergibt sich ein bestimmter Wert für I_C, bei dem das Rauschmaß ein Optimum hat. Man spricht hier von *Rauschanpassung*. Leider ist der Arbeitspunkt für Rauschanpassung meistens nicht identisch mit dem für Leistungsanpassung der Signalquelle, und es ist im Einzelfall zu entscheiden, welche Anpassung man wählt.

Bild 7.39d zeigt F^* als Funktion der Frequenz. Bei sehr niedrigen Frequenzen tritt das Funkelrauschen stark hervor. Auch bei hohen Frequenzen nimmt F^* wieder stark zu, und zwar oberhalb f_β mit etwa 20 dB/Dekade.

7.1.9.5 Erwärmungskenngrößen

Nachfolgend wollen wir die beiden wichtigsten Erwärmungskenngrößen diskutieren.

1. **Der Temperaturdurchgriff**

   Die Transistorströme erhöhen sich mit der Temperatur bei gegebenen Betriebspannungen. Es liegt also nahe, die Wirkung z.B. einer Temperaturerhöhung um $\Delta\vartheta = 1K$ auf den Kollektorstrom zu vergleichen mit der entsprechenden Erhöhung ΔU_{BE} der Basis-Emitterspannung, die zu derselben Stromerhöhung führt. Es gilt also für U_{CE} = const

$$\boxed{D_\vartheta = \frac{\Delta U_{BE}}{\Delta\vartheta}} \ , \qquad genauer, \qquad \boxed{D_\vartheta = \frac{\partial U_{BE}}{\partial\vartheta}} \ . \qquad (7.74)$$

   Man bezeichnet D_ϑ als *Temperaturdurchgriff*. Er ist stromabhängig und liegt bei Kleinsignaltransistoren in der Größenordnung

$$\boxed{D_\vartheta = 1,8 \cdots 2,5 \qquad \left[mV \cdot K^{-1}\right]} \ . \qquad (7.75)$$

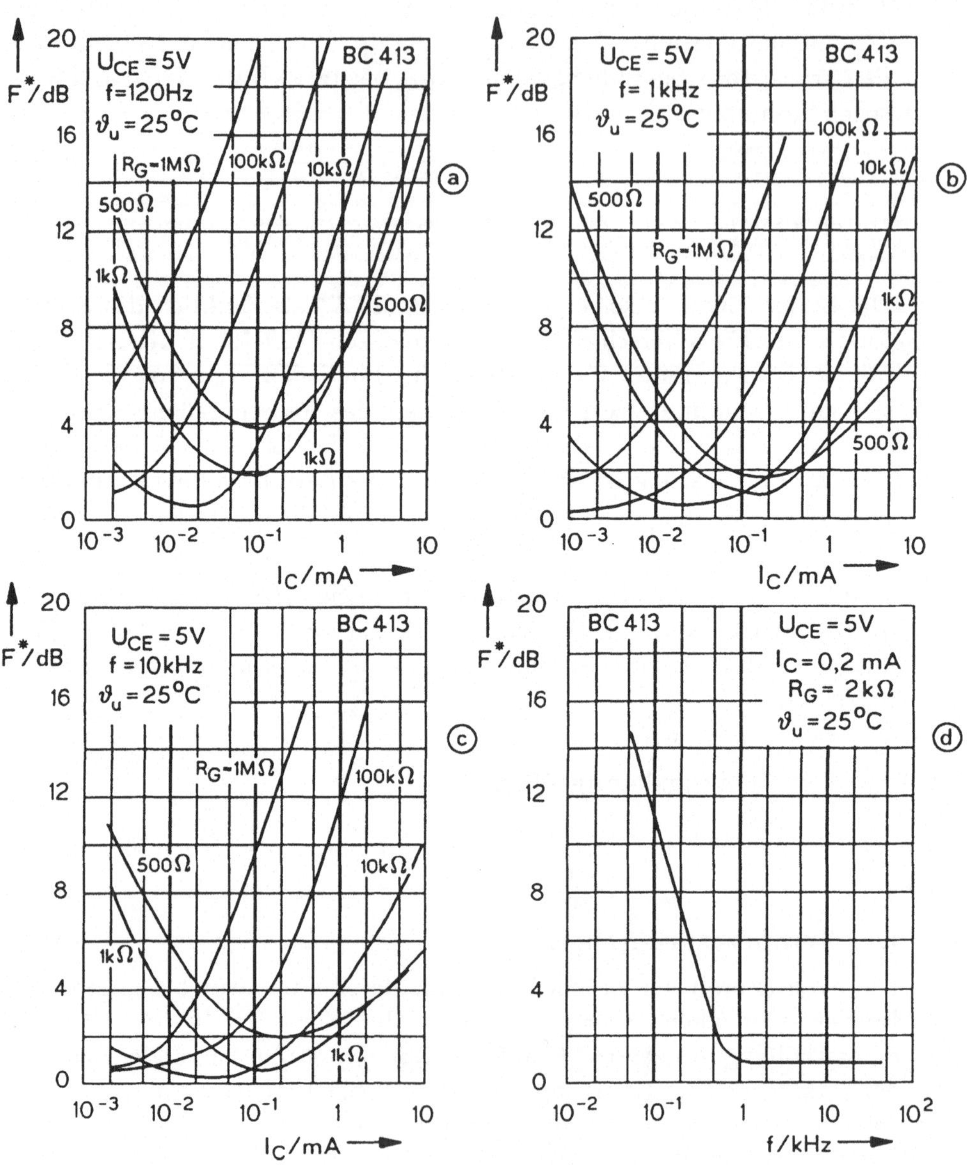

Bild 7.39: Rauschmaß F^* als Funktion des Kollektorstromes I_C (a) ⋯ (c) und über der Frequenz für einen Arbeitspunkt (d)

Dieser Wert ist sehr groß, wenn man bedenkt, daß wegen des exponentiellen Zusammenhangs zwischen U_{BE} und I_B eine Erhöhung von U_{BE} um 26 mV ($\equiv U_T$ bei Raumtemperatur) bereits eine Erhöhung von I_B um den Faktor e = 2,72 eintritt (s.a. Gleichung (7.41)).

2. **Die Wärmewiderstände**

Die Sperrschichttemperatur ϑ_j darf bei Transistoren (wie bei den Dioden) bestimmte Werte nicht überschreiten (Ge $\Longrightarrow$ 85°C, Si $\Longrightarrow$ 220°C). Für die im Betrieb erreichte Temperatur sind folgende Einflüsse maßgebend

   (a) die *Umgebungstemperatur* ϑ_u,

   (b) die im Transistor erzeugte *Verlustleistung* P_V, bestehend aus der *Kollektorverlustleistung* $P_C = U_{CE} \cdot I_C$ und der *Emitterverlustleistung* $P_E = U_{BE} \cdot I_E$, wobei der zweite Term wegen $U_{CE} \gg U_{BE}$ meistens vernachlässigbar ist,

   (c) die *Wärmewiderstände* zwischen dem Entstehungsort der Wärme (Kollektorsperrschicht) und der Umgebungsluft.

Es entsteht ein Wärmestrom von der Sperrschicht (Quelle) zur Umgebung (Senke) und damit ein Temperaturgefälle $\Delta\vartheta$ zwischen diesen beiden. Die Temperatur ϑ_j der Quelle steigt solange an, bis sich ein Gleichgewicht zwischen erzeugter und abgeführter Wärme eingestellt hat. Diese Verhältnisse lassen sich bequem mit einem *elektrischen Ersatzbild* darstellen, wenn man folgende Analogien einführt:

Wärmetransport	$\longrightarrow$	elektrisches Modell
Verlustleistung P		Strom I
Temperatur		Spannung U
Wärmewiderstand R_{th}		Widerstand R
Wärmekapazität C_w (Masse)		Kapazität C

Bild 7.40 zeigt das *Wärmeersatzschaltbild* für den stationären Fall. Unter der Annahme, daß die Umgebung nicht wesentlich von der Wärmequelle beeinflußt wird, ist deren Wärmekapazität C_u unendlich groß. Die Wärmekapazität C_w des Transistors spielt nur für Impulsvorgänge eine Rolle. Es läßt sich also folgende Gleichgewichtsbedingung aufstellen

$$P_V = \underbrace{U_{CE} \cdot I_C}_{zugeführte Wärme} = \underbrace{\frac{\vartheta_j - \vartheta_u}{R_{th}}}_{abgeführte Wärme} \quad . \tag{7.76}$$

Der *thermische Widerstand* R_{th} hat demnach die Größe

$$\boxed{R_{th} = \frac{\vartheta_j - \vartheta_u}{P_V} \quad \left[\frac{^\circ C}{W}\right] \quad oder \quad \left[\frac{K}{W}\right]} \quad . \tag{7.77}$$

Wird bei gegebener Sperrschichttemperatur ϑ_j eine bestimmte Verlust-

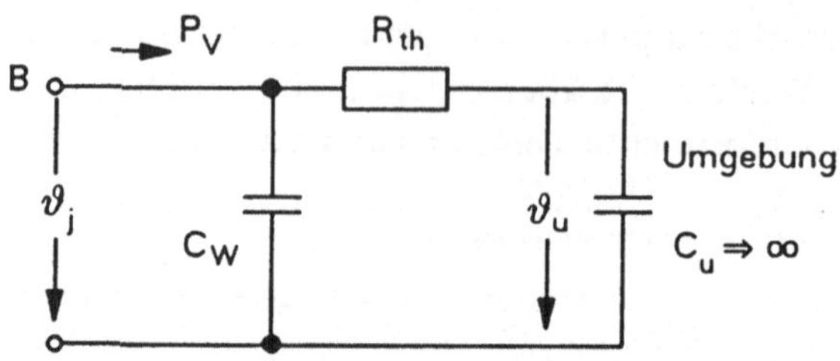

Bild 7.40: Wärmeersatzschaltbild des Transistors

leistung P_V erzeugt, so darf die Umgebungstemperatur den Wert ϑ_{umax} nicht überschreiten

$$\boxed{\vartheta_{umax} \leq \vartheta_j - R_{th} \cdot P_V} \quad . \tag{7.78}$$

Ist eine maximale Umgebungstemperatur ϑ_{umax} gegeben, so darf die Verlustleistung einen maximalen Wert nicht überschreiten

$$\boxed{P_{Vmax} \leq \frac{\vartheta_j - \vartheta_{umax}}{R_{th}}} \quad . \tag{7.79}$$

Übliche Werte für R_{th} liegen bei Kleinsignaltransistoren in der Größenordnung um 100 ⋯ 500 K/W und bei Leistungstransistoren um 2 ⋯ 100 K/W, wobei zusätzliche Kühlmaßnahmen notwendig werden.

7.1.9.6 Transistor–Grenzdaten

In Abschnitt 7.1.8 hatten wir im Zusammenhang mit der Wahl des Gleichstromarbeitspunktes bereits auf die verschiedenen Grenzwerte hingewiesen, die zur Sicherstellung eines zerstörungsfreien Betriebes nicht überschritten werden dürfen. Man unterscheidet

- *Spannungs-Grenzwerte,*
- *Strom-Grenzwerte und*
- *Temperatur-Grenzwerte.*

1. **Spannungs-Grenzwerte, 1. Durchbruch**

   Mit der Dioden-Ersatzschaltung des Transistors nach Bild 7.3 lassen sich 3 maximale Sperrspannungen definieren. Sie beruhen auf dem *Zener-* und dem *Lawineneffekt* und werden als *1. Durchbruch* bezeichnet.

   (a) *Emitter-Basis-Sperrspannung bei offenem Kollektor* U_{EBO}

   Betreibt man die Emitter-Basis-Diode bei offenem Kollektor in Sperrichtung, so gerät sie wegen der hohen Dotierung der Emitterzone (s.a. Bild 7.5) bei relativ niedrigen Sperrspannungen in den Zener-Durchbruch. (vgl. Abschn. 6.1.4). Deshalb liegt U_{EBO} üblicherweise in der Größenordnung von $5 \cdots 8$ Volt.

   (b) *Kollektor-Basis-Spannung bei offenem Emitter* U_{CBO}

   Auch die Kollektor-Basis-Diode gerät bei hohen Sperrspannungen in den Durchbruch. Wegen der niedrigen Dotierung des Kollektorgebiets (Bild 7.5) findet er jedoch bei wesentlich höheren Werten statt und ist vom Mechanismus her ein Lawinen-Durchbruch (s.a. Abschn. 6.1.4). Bei speziellen Transistoren für Schalteranwendungen in Netzgeräten (s.a. Band II) und Zeilenendstufen in Fernsehgeräten liegt U_{CBO} in der Größenordnung von 1 kV.

   (c) *Kollektor-Emitter-Spannung bei offener Basis* U_{CEO}

   Die wichtige Grenzspannung für die am meisten angewandte Emitterschaltung ist U_{CEO}, die Kollektor-Emitterspannung bei offener Basis. Sie ist häufig kleiner als U_{CBO}.

2. **Grenzwerte für den 2. Durchbruch**

   Die im vorhergehenden Abschnitt beschriebenen Spannungsgrenzwerte gelten bei *Strömen in der Nähe von Null.* Bei Leistungstransistoren ergibt sich zusätzlich ein Durchbruch, der seinen Ursprung in räumlich begrenzten Überhitzungen infolge von Stromfokussierungen im Emitter hat. Der damit verbundene *2. Durchbruch (second break down)* tritt bei hohen Kollektorspannungen *und großen Strömen* ein, wobei die zulässige Grenzverlustleistung P_{tot} (s.a. Bild 7.20) noch nicht erreicht ist.

   Er kann zum anderen auch im Schalterbetrieb durch den *step-recovery-Effekt* (s.a. Abschn. 6.7) verursacht werden. Beim Sperren der Basis-Emitter-Diode und dem kurzzeitig großen inversen Basisstrom können im Emitter nämlich ebenfalls große lokale Stromdichten auftreten.

   Im praktischen Betrieb stellt sich der 2. Durchbruch beispielsweise dann ein, wenn beim Erreichen von U_{CEO} (1. Durchbruch) nicht für eine entsprechende Strombegrenzung gesorgt wird. In den Datenblättern findet der Anwender Hinweise zur Vermeidung des 2. Durchbruchs.

3. **Strom–Grenzwerte**

   Zwei Strom-Grenzwerte sind wichtig:

   (a) *Maximaler Kollektorstrom* I_{Cmax}

   Zur Vermeidung unzulässig hoher Stromdichten im Kristall wird ein maximaler Kollektorstrom I_{Cmax} (bei kleinen Werten von U_{CE}) vom Hersteller angegeben (s.a. Bild 7.20).

   (b) *Maximaler Basisstrom* I_{Bmax}

   Auch der Basisstrom darf einen bestimmten Wert I_{Bmax} nicht überschreiten, der beispielsweise bei Übersteuerung des Transistors im Schalterbetrieb zum Tragen kommt.

4. **Temperatur–Grenzwerte**

   Drei Temperatur-Grenzwerte sind zu beachten:

   (a) *Maximale Verlustleistung* $P_{tot,max}$

   Die maximale Verlustleistung $P_{tot,max} \approx P_{C,max}$ haben wir in Abschnitt 7.1.9.5 bereits kennengelernt (s.a. Bild 7.20). Findet der Betrieb des Transistors bei höherer Umgebungstemperatur statt, so vermindert sich der Wert von P_{tot} mit zunehmender Temperatur entsprechend einer *Lastminderungskurve* (derating), wie wir sie bei der Z-Diode (Abschn. 6.8.5) behandelt haben.

   (b) *Maximale Sperrschichttemperatur* $\vartheta_{j,max}$

   Auch $\vartheta_{j,max}$ ist bereits erörtert; wir wollen sie nur der Vollständigkeit halber noch einmal hier aufführen.

   (c) *Lagerungstemperaturbereich* $\vartheta_{s,max}$, $\vartheta_{s,min}$

   Der Hersteller gibt normalerweise eine obere und eine untere Temperaturgrenze ϑ_s an, innerhalb derer der Transistor gelagert werden kann, ohne daß seine Kenndaten beeinflußt werden. Übliche Bereiche für ϑ_s sind $-55°C \cdots \vartheta_{j,max}$.

7.1.10 Transistor–Ersatzschaltbilder

Ersatzschaltbilder haben allgemein die Aufgabe, das komplexe Verhalten von Bauelementen oder Schaltungen mit Hilfe von einfachen Grundbausteinen nachzubilden und dadurch einer bequemen Berechnung zugänglich zu machen. Aus der großen Anzahl möglicher Ersatzschaltbilder für den Transistor wollen wir nur die für den praktischen Anwendungsfall ausreichenden herausstellen. Für Strukturuntersuchungen sind darüberhinaus physikalische Ersatzbilder notwendig.

7.1.10.1 Transistorersatzschaltbild für tiefe Frequenzen

In Bild 7.23 haben wir bereits eine einfache Ersatzschaltung kennengelernt. Wir wollen sie ein wenig erweitern und kommen damit zum *Transistorersatzschaltbild für tiefe Frequenzen* (Bild 7.41). Wie bei der Diode darf auch beim Transistor der *Bahnwiderstand* des Halbleitermaterials manchmal nicht vernachlässigt werden. In Gleichung (6.22) wurde die für den Bahnwiderstand gescherte Diodenkennlinie angegeben.

Führt man beim Bipolartransistor den *Basisbahnwiderstand* r_{BB} ein, so entsteht zwischen den Klemmen E, B' und C der *innere Transistor*. Die Klemme B' ist von außen nicht zugänglich. Die zwischen ihr und dem Emitter abfallende Steuerspannung u'_{BE} ist aber maßgebend für den Kollektorkurzschlußstrom i_{CK}. Es gilt

$$u'_{BE} = u_{BE} - i_B \cdot r_{BB} \tag{7.80}$$

Im Kollektorkreis liegt eine *spannungs-* oder *stromgesteuerte Stromquelle* mit

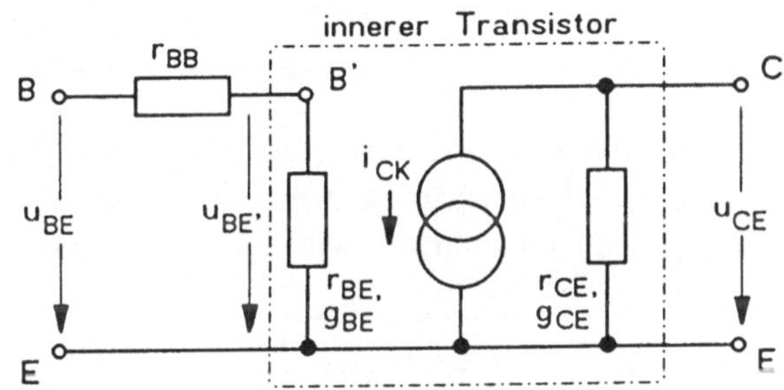

Bild 7.41: Transistor-Ersatzbild für tiefe Frequenzen

dem Kurzschlußstrom

$$i_{CK} = S \cdot u'_{BE} = \beta \cdot i_B \ . \tag{7.81}$$

Hierin ist S die *Steilheit* des Transistors in $[\frac{mA}{V}]$ oder in [mS]. Sie wird aus der Steuerkennlinie (s.a. Bilder 7.13 und 7.17) hergeleitet:

$$\boxed{S = \left.\frac{\partial I_C}{\partial U_{BE}}\right|_{U_{CE}=const}} \ . \tag{7.82}$$

Die Steuerkennlinie $I_C = f(U_{BE})$ folgt dem Gesetz

$$I_C = const \cdot exp\left(\frac{U_{BE}}{U_T}\right) \ . \tag{7.83}$$

Durch Differentiation erhält man

$$S = \frac{\partial I_C}{\partial U_{BE}} = const \cdot \frac{1}{U_T} \cdot exp\left(\frac{U_{BE}}{U_T}\right) \quad . \tag{7.84}$$

oder

$$\boxed{S = \frac{1}{U_T} \cdot I_c.} \tag{7.85}$$

Für Raumtemperatur ($\equiv U_T = 26mV$) wird daraus

$$\boxed{S\left[\frac{mA}{V}\right] = 39 \cdot I_C\,[mA]} \quad . \tag{7.86}$$

Diese Formel gilt für jeden Bipolar-Transistor!

In der Praxis ist es meistens günstiger, statt mit der Steilheit S mit der Stromverstärkung B bzw. β zu rechnen, weil diese Daten leichter verfügbar sind. Aus Gleichung (7.81) entnehmen wir den Zusammenhang zwischen S und β

$$\boxed{S = \beta \cdot g_{BE}} \quad . \tag{7.87}$$

Wir werden in der Ersatzschaltung nach Bild 7.41 künftig den Kurzschlußstrom $i_{CK} = \beta \cdot i_B$ bevorzugen.

7.1.10.2 Vollständiges Ersatzschaltbild für tiefe und hohe Frequenzen

Führen wir nun noch die bereits bekannten *Eingangs-* und *Ausgangskapazitäten* C_{BE} und C_{CE} und die *Kollektor-Basis-Rückwirkung* $C_{CB} \parallel g_{CB}$ ein, so entsteht die *vollständige Ersatzschaltung* nach Bild 7.42. Der Rückwirkungsleitwert g_{CB} repräsentiert letztlich den Early-Effekt; er ergibt sich aus der Theorie etwa zu

$$\boxed{g_{CB} = \frac{g_{CE}}{\beta}} \quad . \tag{7.88}$$

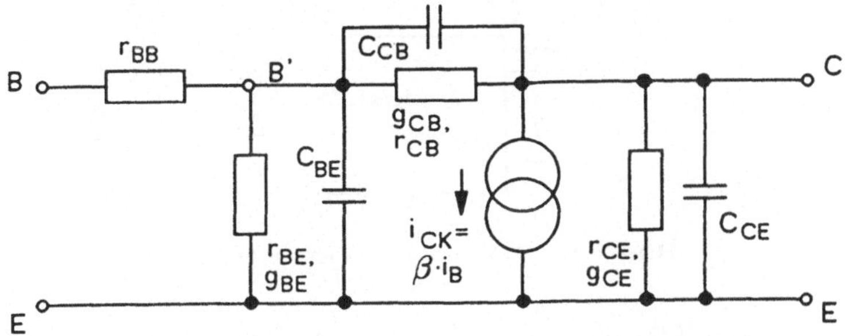

Bild 7.42: Vollständige Transistorersatzschaltung

Drückt man andererseits die Wirkung des Early-Effekts auf den Ausgangsleitwert g_{CE} - der ja im Idealfall Null sein sollte - aus, so erhält man beim NPN-Transistor für einen bestimmten Arbeitspunkt (U_{CEo}; I_{Co})

$$g_{CE} = \frac{1}{r_{CE}} \approx \frac{I_{Co}}{w_c} \cdot \frac{1}{\sqrt{U_{CEo}}} \cdot \sqrt{\frac{\varepsilon \cdot n_D}{2 \cdot e \cdot n_A \cdot (n_D + n_A)}} \tag{7.89}$$

mit w_c: Sperrschichtweite (Basis-Kollektor) und n_D, n_A: Kollektor- und Basis-Dotierungsgrad.

Die Rückwirkungskapazität C_{CB} verursacht den sog. *Miller-Effekt*; sie heißt deshalb auch *Miller-Kapazität*. In der Emitterschaltung mit einer Spannungsverstärkung v_u wirkt C_{CB} so, als sei im Eingangskreis eine zusätzliche Kapazität der Größe

$$C'_{BE} = (1 + v_u) \cdot C_{CB} \tag{7.90}$$

wirksam. Im Band II werden diese Zusammenhänge näher untersucht.

7.1.11 Transistor-Vierpol- oder Zweitorparameter

Bei der Verwendung des Transistors als *Verstärkervierpol* gemäß Bild 7.43 interessiert uns vor allen Dingen die Abhängigkeit der Ausgangssignalgrößen u_2 und i_2 von den Eingangssignalgrößen u_1 und i_1. Sie können auch komplex sein; wir beschränken uns hier auf den rellen Fall.

Die Gleichstromgrößen U_2, I_2, U_1 und I_1 sind in vielen Fällen von untergeordneter Bedeutung, weil sie nur zur Arbeitspunkteinstellung dienen. Der Anwender ist auch selten daran interessiert, wie die Abhängigkeit der einzelnen Größen voneinander (intern) zustandekommt, das heißt, der Transistor

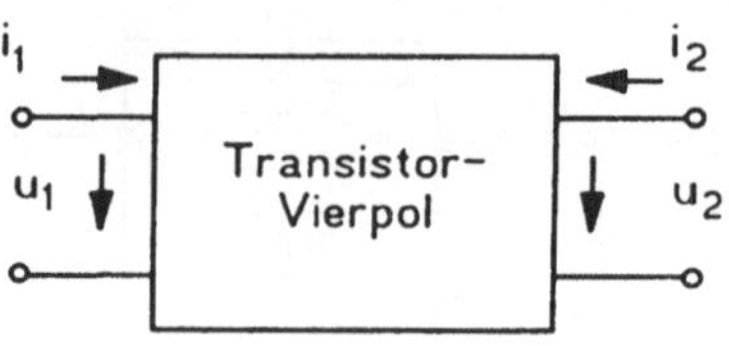

Bild 7.43: Transistor als Vierpol (Zweitor)

ist für ihn ein Gebilde mit zwei Eingangs- und zwei Ausgangsklemmen, also ein *Vierpol* oder *Zweitor*. Da der Transistor jedoch nur 3 Anschlüsse besitzt, müssen Ein- und Ausgang je eine Klemme gemeinsam haben.

> *Jedes beliebige Bauelement, das den gleichen Zusammenhang zwischen den Eingangs- und Ausgangsklemmen herstellt, zeigt ein identisches Vierpolverhalten.*

Bevor wir die Vierpolgleichungen näher behandeln, soll noch ein Hinweis erfolgen: Die zur Beschreibung der Vierpole verwendeten Beziehungen haben *allgemeine Gültigkeit* und sind nicht nur für den Transistor verwendbar. Beim Transistor gelten sie wegen dessen inhärenten Nichtlinearitäten nur für *differentiell kleine Änderungen der Signale* und sind vom Arbeitspunkt abhängig. Sie sind somit *Kleinsignal-Parameter*.

In der Vierpoltheorie ist eine Vielzahl von verschiedenen Darstellungsweisen möglich (z.B. a-, b-, c-, d-, h-, s-, y- und z- Darstellung). Wir wollen uns hier auf 3 Parameterarten beschränken, nämlich auf die h-Parameterdarstellung, die für den Transistor im Bereich der Elektronik die wichtigste ist, sowie auf die y- und z-Parameter, die nur kurz gestreift werden.

7.1.11.1 Die z-Parameter

Mit den Bezeichnungen von Bild 7.43 läßt sich das Verhalten des Vierpols mit folgendem Gleichungspaar vollständig beschreiben

$$u_1 = z_{11} \cdot i_1 + z_{12} \cdot i_2 \qquad (7.91)$$

$$u_2 = z_{21} \cdot i_1 + z_{22} \cdot i_2 \; . \qquad (7.92)$$

Die z-Parameter besitzen die Dimension von *Widerständen*. Sie haben folgende Bedeutung

$$\textit{Leerlauf - Eingangswiderstand} \qquad z_{11} = \left.\frac{u_1}{i_1}\right|_{i_2=0} , \qquad (7.93)$$

$$\textit{Leerlauf - Rückwirkungswiderstand} \qquad z_{12} = \left.\frac{u_1}{i_2}\right|_{i_1=0}, \tag{7.94}$$

$$\textit{Leerlauf - Übertragungswiderstand} \qquad z_{21} = \left.\frac{u_2}{i_1}\right|_{i_2=0}, \tag{7.95}$$

$$\textit{Leerlauf - Ausgangswiderstand} \qquad z_{22} = \left.\frac{u_2}{i_2}\right|_{i_1=0}. \tag{7.96}$$

Bild 7.44 zeigt die den Gleichungen (7.91) und (7.92) zugrundeliegende Ersatzschaltung. Die z-Parameter sind für Transistoranwendungen insofern ungünstig, als Leerläufe meßtechnisch schwierig zu realisieren sind.

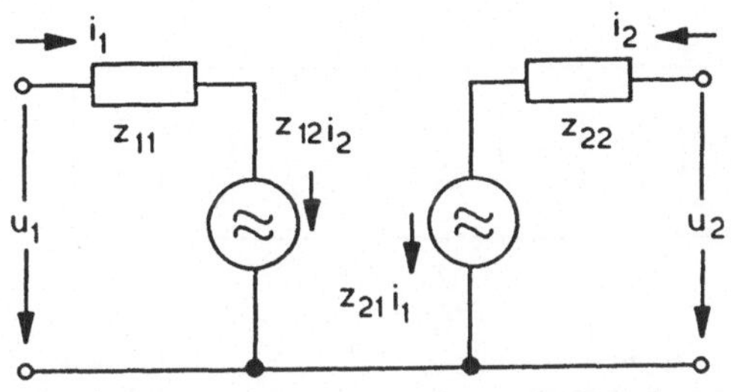

Bild 7.44: z-Parameter-Ersatzschaltung

In Matrix-Schreibweise erhält man für das Gleichungssystem

$$\boxed{\begin{pmatrix} u_1 \\ u_2 \end{pmatrix} = \begin{pmatrix} z_{11} & z_{12} \\ z_{21} & z_{22} \end{pmatrix} \cdot \begin{pmatrix} i_1 \\ i_2 \end{pmatrix}}\ . \tag{7.97}$$

7.1.11.2 Die y-Parameter

Der Vierpol nach Bild 7.43 ist auch durch folgendes Gleichungssystem vollständig beschrieben

$$i_1 = y_{11} \cdot u_1 + y_{12} \cdot u_2 \tag{7.98}$$

$$i_2 = y_{21} \cdot u_1 + y_{22} \cdot u_2\ . \tag{7.99}$$

Die y-Parameter haben die Dimensionen von *Leitwerten* mit den Bedeutungen:

$$\textit{Kurzschluß - Eingangsleitwert} \qquad y_{11} = \left.\frac{i_1}{u_1}\right|_{u_2=0}, \tag{7.100}$$

$$\textit{Kurzschluß – Rückwirkungsleitwert} \qquad y_{12} = \left.\frac{i_1}{u_2}\right|_{u_1=0} , \qquad (7.101)$$

$$\textit{Kurzschluß – Übertragungsleitwert} \qquad y_{21} = \left.\frac{i_2}{u_1}\right|_{u_2=0} , \qquad (7.102)$$

$$\textit{Kurzschluß – Ausgangsleitwert} \qquad y_{22} = \left.\frac{i_2}{u_2}\right|_{u_1=0} . \qquad (7.103)$$

y_{12} heißt auch *Rückwärtssteilheit* und y_{21} entsprechend *Vorwärtssteilheit*. Die y–Parameter werden vorwiegend bei *Hochfrequenz* verwendet. Das auf den y–Parametern basierende Ersatzschaltbild zeigt Bild 7.45. Das Gleichungssystem (7.98), (7.99) läßt sich auch in Matrixform darstellen:

$$\boxed{\begin{pmatrix} i_1 \\ i_2 \end{pmatrix} = \begin{pmatrix} y_{11} & y_{12} \\ y_{21} & y_{22} \end{pmatrix} \cdot \begin{pmatrix} u_1 \\ u_2 \end{pmatrix}} . \qquad (7.104)$$

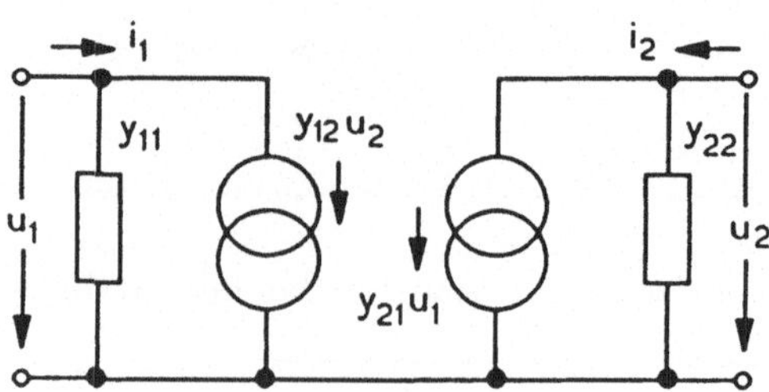

Bild 7.45: y–Parameter–Ersatzschaltung

7.1.11.3 Die h–Parameter

Wie eingangs erwähnt, werden die Vierpolparameter des Niederfrequenz–Transistors in den meisten Fällen als h–Parameter angegeben. Mit den Bezeichnungen nach Bild 7.43 gilt

$$u_1 = h_{11} \cdot i_1 + h_{12} \cdot u_2 \qquad (7.105)$$

$$i_2 = h_{21} \cdot i_1 + h_{22} \cdot u_2 . \qquad (7.106)$$

Die h–Parameter haben somit unterschiedliche Dimensionen.

- h_{11} bezeichnet einen Widerstand,
- h_{12} und h_{21} sind dimensionslos,

- h_{22} ist ein Leitwert.

Sie werden deshalb auch *Hybrid-Parameter* (hybrid (lat.) = verschiedenartig, zwitterhaft) genannt. Sie haben folgende Definitionen

$$Kurzschluß-Eingangswiderstand \qquad h_{11} = \left.\frac{u_1}{i_1}\right|_{u_2=0}, \tag{7.107}$$

$$Leerlauf-Spannungsrückwirkung \qquad h_{12} = \left.\frac{u_1}{u_2}\right|_{i_1=0}, \tag{7.108}$$

$$Kurzschluß-Stromverstärkung \qquad h_{21} = \left.\frac{i_2}{i_1}\right|_{u_2=0}, \tag{7.109}$$

$$Leerlauf-Ausgangsleitwert \qquad h_{22} = \left.\frac{i_2}{u_2}\right|_{i_1=0}. \tag{7.110}$$

In Matrizenschreibweise lautet das Gleichungssystem (7.105), (7.106)

$$\boxed{\begin{pmatrix} u_1 \\ i_2 \end{pmatrix} = \begin{pmatrix} h_{11} & h_{12} \\ h_{21} & h_{22} \end{pmatrix} \cdot \begin{pmatrix} i_1 \\ u_2 \end{pmatrix}}\,. \tag{7.111}$$

Wichtig ist für viele Rechenoperationen die *Determinante*

$$\boxed{\Delta h = h_{11} \cdot h_{22} - h_{12} \cdot h_{21}}\,. \tag{7.112}$$

Vorwiegend in angelsächsischer Literatur findet man auch andere Schreibweisen für die h-Parameter:

- $h_{11} = h_i$ (Index i = input),
- $h_{12} = h_r$ (r = reverse),
- $h_{21} = h_f$ (f = forward) und
- $h_{22} = h_o$ (o = output).

Hinzu kommt jeweils noch der Index für die *Art der Schaltung*, z.B. $h_{11e} = h_{ie}$ für die Emitterschaltung.

Leider unterscheiden sich die h-Parameter für die 3 Transistorgrundschaltungen (Emitter-, Basis- und Kollektorschaltung) zum Teil beträchtlich voneinander. *Für jeden Transistor gibt es somit für einen bestimmten Arbeitspunkt 12 verschiedene h-Parameter!*

Bei NF–Kleinsignaltransistoren werden in den Datenblättern normalerweise die vier h–Parameter für die Emitterschaltung (h_{11e}, h_{12e}, h_{21e} und h_{22e}) angegeben. Die übrigen Werte lassen sich daraus berechnen. Tabelle 7.1 enthält die Umrechnungsformeln. Ihnen liegen die Prinzipschaltungen nach Bild 7.46a $\cdots$ c mit den entsprechenden Gleichungssystemen 7.113 bis 7.122 zugrunde.

Emitterschaltung:

$$u_{1e} = h_{11e} \cdot i_{1e} + h_{12e} \cdot u_{2e} \tag{7.113}$$

$$i_{2e} = h_{21e} \cdot i_{1e} + h_{22e} \cdot u_{2e} \; . \tag{7.114}$$

Basisschaltung:

$$u_{1b} = h_{11b} \cdot i_{1b} + h_{12b} \cdot u_{2b} \tag{7.115}$$

$$i_{2b} = h_{21b} \cdot i_{1b} + h_{22b} \cdot u_{2b} \; . \tag{7.116}$$

Kollektorschaltung:

$$u_{1c} = h_{11c} \cdot i_{1c} + h_{12c} \cdot u_{2c} \tag{7.117}$$

$$i_{2c} = h_{21c} \cdot i_{1c} + h_{22c} \cdot u_{2c} \; . \tag{7.118}$$

Ferner gelten zwischen den Strömen und Spannungen noch folgende Beziehungen:

$$u_{BE} = u_{1e} = -u_{1b} = u_{1c} - u_{2c}, \tag{7.119}$$

$$i_B = i_{1e} = -i_{1b} - i_{2b} = i_{1c}, \tag{7.120}$$

$$u_{CE} = u_{2e} = u_{2b} - u_{1b} = -u_{2c}, \tag{7.121}$$

$$i_C = i_{2e} = i_{2b} = -i_{2c} - i_{1c} \; . \tag{7.122}$$

Die Hersteller geben die h–Parameter für die Emitterschaltung im allgemeinen in Form von *Kenndaten für einen bestimmten Arbeitspunkt* an. Darüber hinaus wird die Abhängigkeit von I_C bzw. U_{CE} in normierter Form als Diagramm dargestellt. Am Beispiel des bereits mehrfach zitierten Kleinsignaltransistors BC 413 werden diese Zusammenhänge einmal dargestellt (Tabelle 7.2 und Bilder 7.47a und b).

Tabelle 7.1: Umrechnungsformeln für h-Parameter

gegeben: h_e	gesucht: h_b	gesucht: h_c
h_{11e}	$h_{11b} = \dfrac{h_{11e}}{1 + \Delta h_e + h_{21e} - h_{12e}}$	$h_{11c} = h_{11e}$
h_{12e}	$h_{12b} = \dfrac{\Delta h_e - h_{12e}}{1 + \Delta h_e + h_{21e} - h_{12e}}$	$h_{12c} = 1 - h_{12e}$
h_{21e}	$h_{21b} = \dfrac{-(\Delta h_e + h_{21e})}{1 + \Delta h_e + h_{21e} - h_{12e}}$	$h_{21c} = -(1 + h_{21e})$
h_{22e}	$h_{22b} = \dfrac{h_{22e}}{1 + \Delta h_e + h_{21e} - h_{12e}}$	$h_{22c} = h_{22e}$

$$\Delta h_e = h_{11e} \cdot h_{22e} - h_{12e} \cdot h_{21e}$$

gegeben: h_e	gesucht: h_e	gesucht: h_c
h_{11b}	$h_{11e} = \dfrac{h_{11b}}{1 + \Delta h_b + h_{21b} - h_{12b}}$	$h_{11c} = \dfrac{h_{11b}}{1 + \Delta h_b + h_{21b} - h_{12b}}$
h_{12b}	$h_{12e} = \dfrac{\Delta h_b - h_{12b}}{1 + \Delta h_b + h_{21b} - h_{12b}}$	$h_{12c} = \dfrac{1 + h_{21b}}{1 + \Delta h_b + h_{21b} - h_{12b}}$
h_{21b}	$h_{21e} = \dfrac{-(\Delta h_b + h_{21b})}{1 + \Delta h_b + h_{21b} - h_{12b}}$	$h_{21c} = \dfrac{h_{12b} - 1}{1 + \Delta h_b + h_{21b} - h_{12b}}$
h_{22b}	$h_{22e} = \dfrac{h_{22b}}{1 + \Delta h_b + h_{21b} - h_{12b}}$	$h_{22c} = \dfrac{h_{22b}}{1 + \Delta h_b + h_{21b} - h_{12b}}$

$$\Delta h_b = h_{11b} \cdot h_{22b} - h_{12b} \cdot h_{21b}$$

gegeben: h_c	gesucht: h_b	gesucht: h_e
h_{11c}	$h_{11b} = \dfrac{h_{11c}}{\Delta h_c}$	$h_{11e} = h_{11c}$
h_{12c}	$h_{12b} = \dfrac{\Delta h_c + h_{21c}}{\Delta h_c}$	$h_{12e} = 1 - h_{12c}$
h_{21c}	$h_{21b} = \dfrac{h_{12c} - \Delta h_c}{\Delta h_c}$	$h_{21e} = -(1 + h_{21c})$
h_{22c}	$h_{22b} = \dfrac{h_{22c}}{\Delta h_c}$	$h_{22e} = h_{22c}$

$$\Delta h_c = h_{11c} \cdot h_{22c} - h_{12c} \cdot h_{21c}$$

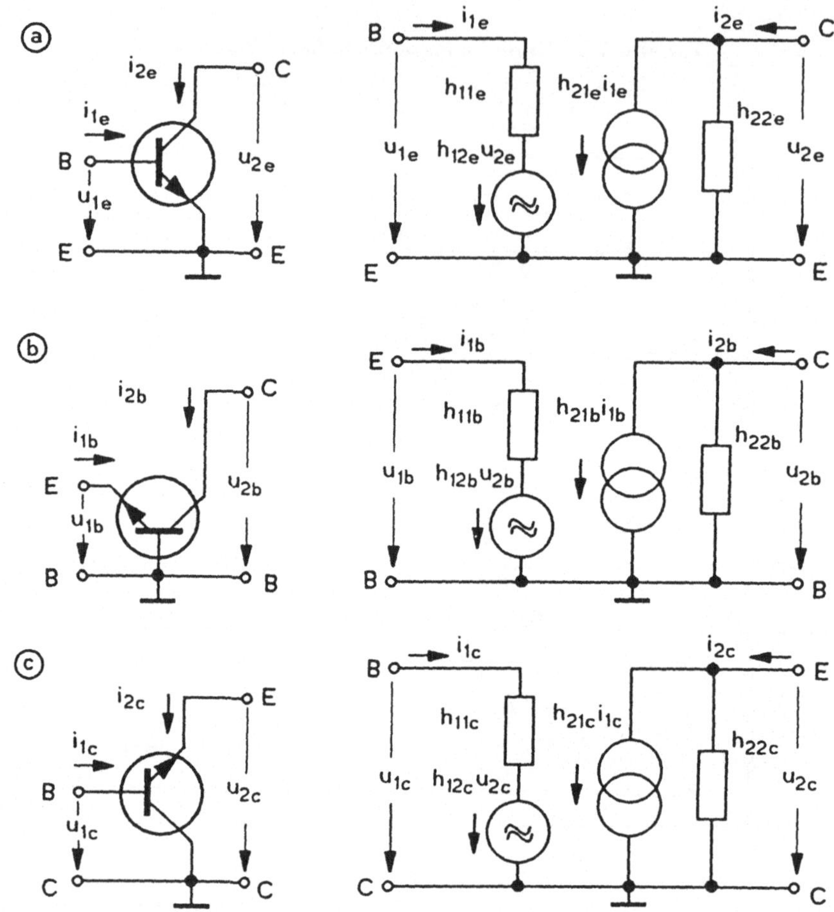

Bild 7.46: Transistor-h-Parameter-Grundschaltungen: Emitter- (a), Basis- (b) und Kollektorschaltung (c)

Für die praktische Auswertung der Formeln in Tabelle 7.1 kann man in den meisten Fällen noch einige Vernachlässigungen vornehmen, da zwischen den einzelnen Parametern starke Größenordnungsunterschiede auftreten. Dadurch ergeben sich Vereinfachungen, die im Einzelfall zu verifizieren sind. Häufig ist es darüber hinaus bequemer und *von der Genauigkeit her vollständig ausreichend*, wenn man statt mit den Vierpolparametern $h_{11} \cdots h_{22}$ mit den Elementen der Ersatzschaltung nach Bild 7.41 oder 7.42 arbeitet. Letzeres werden wir im Band II bei der Schaltungsberechnung vorzugsweise tun.

Tabelle 7.2: h–Parameter des Kleinsignaltransistors BC 413

Kennwerte bei $\vartheta_u = 25°C$ h–Parameter bei $U_{CE} = 5$ V, $I_C = 2mA, f = 1kHz$		Stromverstärkungsgruppe		Einheit
		B	C	
Stromverstärkung	h_{21e}	300 (240 ··· 500)	600 (450 ··· 900)	-
Eingangswiderstand	h_{11e}	4,5 (3,2 ··· 8,5)	8,7 (6 ··· 15)	$k\Omega$
Ausgangsleitwert	h_{22e}	30(< 60)	60(< 110)	μS
Spannungsrückwirkung	h_{12e}	$2 \cdot 10^{-4}$	$3 \cdot 10^{-4}$	-

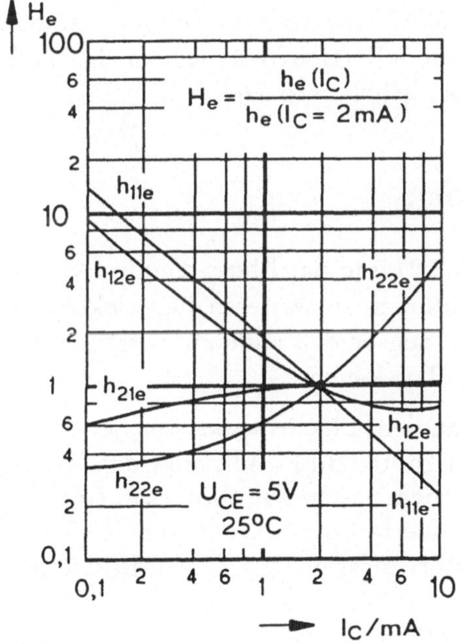

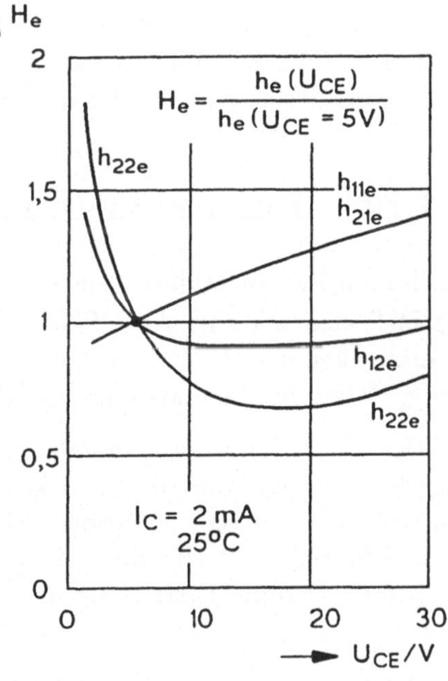

Bild 7.47: h–Parameter (normiert) in Abhängigkeit vom Kollektorstrom (a) und von der Kollektor–Emitter–Spannung (b) für BC 143

7.1.12 Der Transistor im inversen Betrieb

Es ist grundsätzlich möglich, einen Transistor so zu beschalten, daß die Funktion von Emitter und Kollektor gemäß Bild 7.48 vertauscht werden. Man spricht dann von *inversem Betrieb* (vgl. auch Abschnitt 7.8).

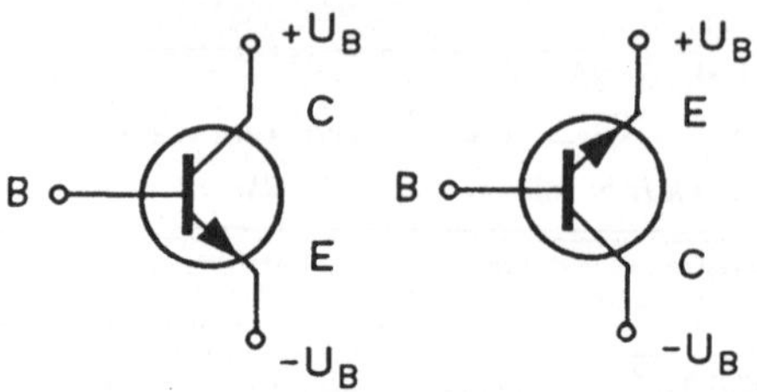

Bild 7.48: Vergleich zwischen normalem und inversen Betrieb

In diesem Falle ist die niedrigdotierte Basis–Kollektordiode in Durchlaßrichtung und die hochdotierte Basis– Emitterdiode in Sperrichtung gepolt. Das Transistorprinzip bleibt auch bei dieser Betriebsart erhalten, das Ersatzschaltbild hat grundsätzliche Gültigkeit, jedoch sind die Werte anders. Insbesondere ist β kleiner, und zwar etwa um den Faktor 10. Inverser Betrieb hat bei manchen Schalteranwendungen gegenüber aktivem Betrieb Vorteile hinsichtlich der Umschaltzeiten und wird deshalb dort absichtlich herbeigeführt.

7.1.13 Der Photo–Transistor

Nach dem Photo–Widerstand (Abschn. 5.3.2) und der Photo–Diode (Abschn. 6.8.7) lernen wir mit dem *Photo–Transistor* einen weiteren lichtelektrischen Wandler kennen. Er hat im Gegensatz zu den beiden anderen Verstärkerwirkung, es handelt sich also um ein aktives Bauelement.

Der Photo–Transistor ähnelt im Aufbau dem Flächentransistor, jedoch besitzt bei vielen Typen die Basis keinen Anschluß. Bild 7.49a zeigt den Aufbau am Beispiel eines NPN–Phototransistors schematisch. Die Basis–Emitterdiode ist in Flußrichtung, die Basis–Kollektordiode in Sperrichtung gepolt. Wegen $I_B = 0$ fließt ohne Belichtung der Kollektorreststrom I_{CEO} (s.a. Bild 7.30c). Es ist

$$I_{CEO} = \frac{I_{CBO}}{1 - A} \; . \tag{7.123}$$

Er ist um den Faktor $1/(1 - A)$ größer als der Sperrstrom I_{CBO}, der bei offenem Emitter fließen würde (s.a. Bild 7.30a). Faßt man die Kollektor–Basis–Sperrschicht als Photodiode auf, so hat sie ein Kennlinienfeld, wie wir es qualitativ in Abschnitt 6.8.7 kennengelernt haben. Der Photo–Transistor hat daher ein ähnliches Kennlinienfeld, hat aber eine wesentlich höhere Empfindlichkeit.

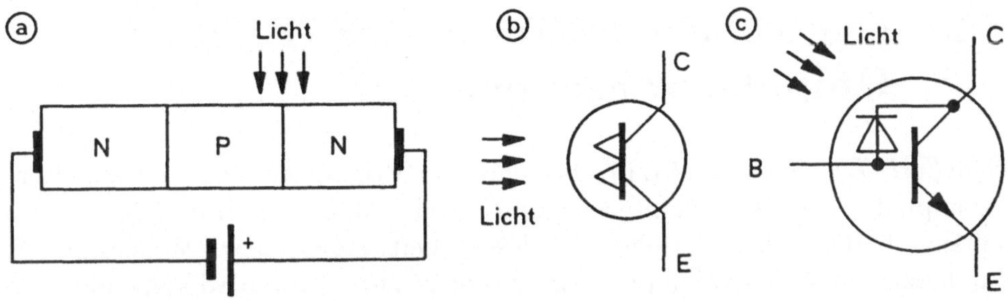

Bild 7.49: Phototranssitor schematisch (a), ohne Basisanschluß (b) (z.B. BPX 70), mit Basisanschluß (c) (z.B. BPX 25)

Eine weitere Empfindlichkeitssteigerung läßt sich erzielen, wenn man eine Photodiode mit *nachgeschaltetem Verstärkertransistor* verwendet. Diese Anordnung gibt es in integrierter Form, sie hat in diesem Falle 3 Anschlüsse, weil die Basis (hier des Verstärkertransistors) herausgeführt ist (Bild 7.49c). Bild 7.49b gibt einen Phototransistor ohne Basisanschluß wieder (Schaltsymbol). In Bild 7.50a ist das Kennlinienfeld des Phototransistors BPX 70, in Bild 7.50b das des BPX 25 dargestellt. Der BPX 25 ist wesentlich empfindlicher, dafür hat der BPX 70 bessere Linearität.

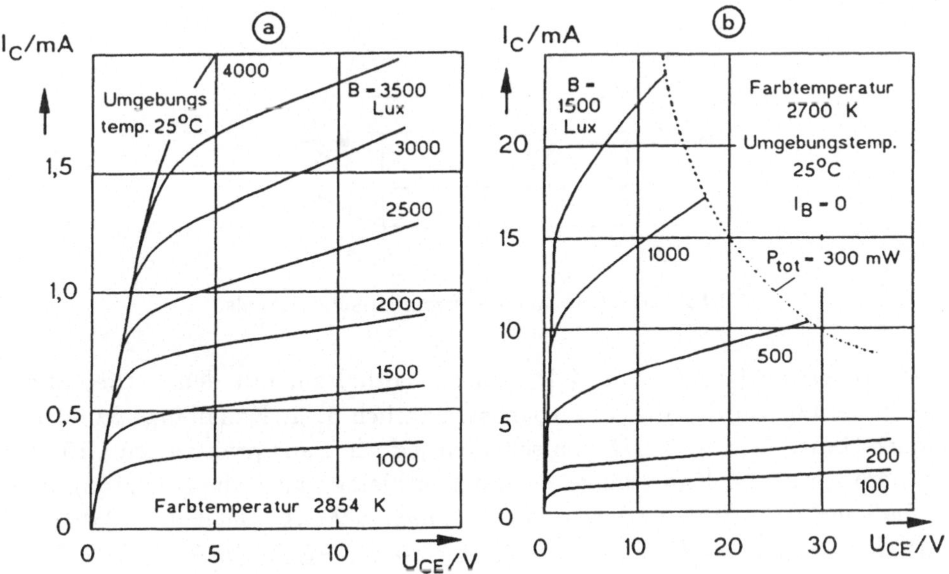

Bild 7.50: Kennlinienfeld des BPX 70 (a) und des BPX 25 (b)

7.2 Der Feldeffekt-Transistor (FET, Unipolartransistor)

Feldeffekt-Transistoren (FET) bestehen im Prinzip aus einem Halbleiter-- Strompfad - dem sogenannten „Kanal" (vgl. Modell in Bild 7.51 mit Kanallänge l, Breite b und Höhe h) - dessen Leitwert G_k bzw. Widerstand R_k durch externe Maßnahmen (z.B. ein senkrecht zum Strompfad stehendes elektrisches Feld) im Idealfall leistungslos gesteuert wird. Ein wesentlicher Unterschied zum herkömmlichen Flächentransistor besteht darin, daß beim FET der Strom *praktisch ausschließlich von Majoritätsträgern* transportiert wird, also von den Ladungsträgern, die in dem betreffenden Halbleiter in der Mehrzahl vorhanden sind. FETs werden daher als *Unipolar-Transistoren* bezeichnet, im Gegensatz zum herkömmlichen Transistor, der in diesem Sinne bipolar ist. Für G_k läßt sich schreiben

$$G_k = \frac{1}{R_k} = \frac{e \cdot n \cdot \mu \cdot b \cdot d}{l} \quad ; \qquad (7.124)$$

mit n: Zahl der Ladungsträger (Elektronen oder Löcher) pro Volumeneinheit und μ: deren Beweglichkeit.

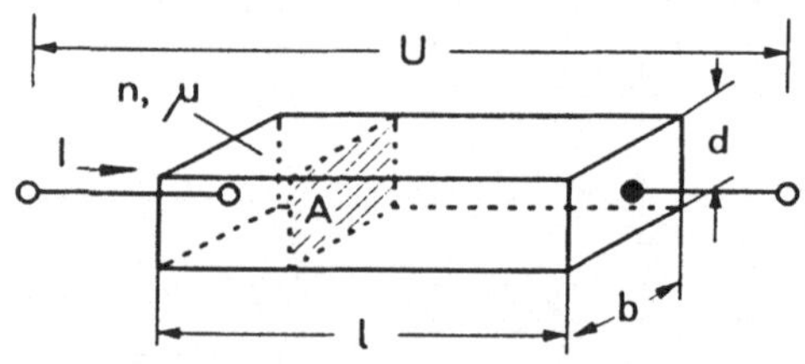

Bild 7.51: Prinzip eines stromleitenden Kanals

In Gleichung (7.124) sind 4 Parameter enthalten, mit denen theoretisch eine Steuerung von G_k durchführbar ist, nämlich n, μ, Kanallänge l und Kanalquerschnitt A = b · h. Davon scheiden jedoch 2 aus praktischen Gründen aus, nämlich μ und Kanalllänge l. Somit verbleiben noch die Steuerung über die *Ladungsträgerdichte* und über den *Kanalquerschnitt*. Die erste Möglichkeit führt zum Prinzip des *FET mit isoliertem Gate (IGFET, MISFET, MOSFET)* und die zweite zum *Sperrschicht-FET (PNFET, MESFET)* (s.u.).

Die ständig verbesserten technologischen Möglichkeiten bei der Vergrößerung des Kanalquerschnitts haben den MOSFET mittlerweile unter anderem auch zu einem wichtigen Bauelement der Leistungselektronik gemacht (Stichwort: V-MOSFET, vgl. Band II).

FETs sind Halbleiterverstärker, die, wie schon erwähnt, im Idealfall mit einem *elektrischen Feld*, also *leistungslos* gesteuert werden. Die Idee ist wesentlich älter als die des Bipolartransistors. 1925 ließ sich *Lilienfeld* in den USA eine Drei-Elektrodenanordnung auf Kupferoxidulbasis patentieren, die analog zur Vakuum-Triode arbeitete. 1934 erhielt *O. Heil* ein britisches Patent für eine Erweiterung dieses Prinzips. Die eigentliche Entwicklung setzte aber erst um 1950 *(Shockley)* ein, als es gelang, einkristallines Material in Verbindung mit der Planartechnik einzusetzen. Ohne den FET ist der heutige Stand der Halbleitertechnik nicht denkbar, denn er hat den Bipolartransistor mittlerweile in vielen Bereichen verdrängt. Aufgrund seines andersartigen Wirkungsprinzips ergaben sich viele Schaltungsneuerungen, die den Anwendungsbereich der Halbleiterelektronik stark ausgedehnt haben.

7.2.1 Arten von Feldeffekttransistoren, Übersicht

Man unterscheidet beim derzeitigen Stand der Technik *sechs verschiedene Typen von FET*, die sich einmal aus der *Art der Ladungsträger* und zum anderen aus dem *Steuerungsprinzip* ergeben. Bild 7.52 zeigt einen Überblick mit dem jeweiligen Schaltsymbol. Die verschiedenen Abkürzungen deuten auf den technologischen Aufbau hin; sie werden in den nachfolgenden Abschnitten eingehender erläutert.

Die *Steuerelektrode* heißt allgemein *Gate* G. Mit ihr läßt sich der Widerstand im Kanal zwischen *Source* S und *Drain* D steuern. Viele FETs sind symmetrisch, das heißt, sie haben die gleichen Eigenschaften, wenn man Source und Drain vertauscht.

Manchmal ist noch ein vierter Anschluß vorhanden, nämlich an das Halbleiterplättchen, also das Substrat, auf dem sich der Stromkanal befindet. Er wird als *Bulk* B bezeichnet. Das ist insbesondere bei integrierten Schaltungen der Fall, wenn mehrere Transistoren auf einem Chip sind. Als Substrat wird fast ausnahmslos Si verwendet. Der Bulk-Anschluß wird manchmal gegenüber S und D elektrisch vorgespannt, um die einzelnen Transistoren gegeneinander zu isolieren.

Feldeffekttransistoren vereinigen in sich viele der vorteilhaften Eigenschaften von bipolaren Transistoren und den historischen Elektronenröhren:

- Sie haben sehr kleine mechanische Abmessungen und brauchen im Gegensatz zu Röhren keine Heizung.

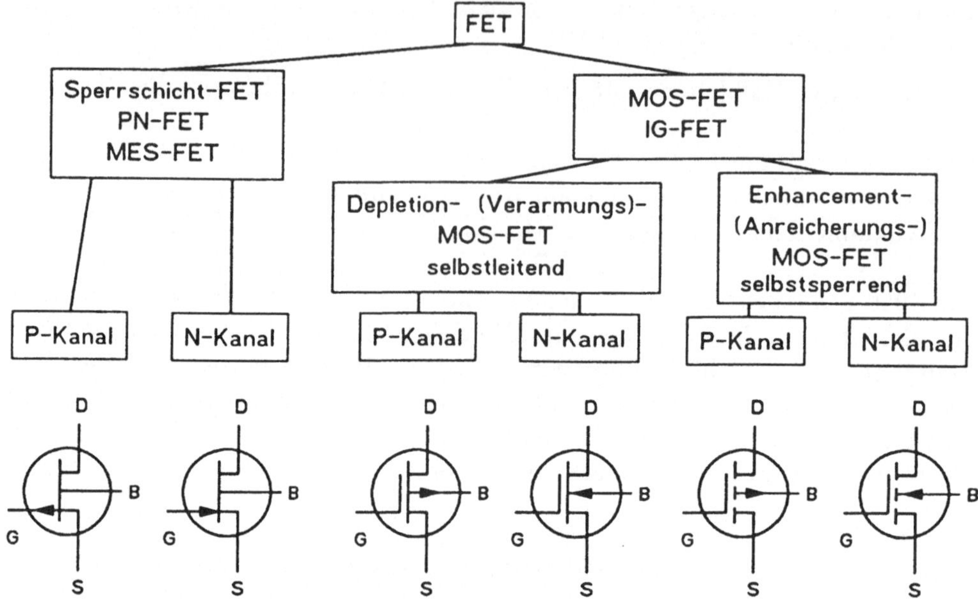

Bild 7.52: Übersicht über die Arten von FET, Schaltsymbole

- Sie haben mindestens ebenso hohe Eingangswiderstände wie Röhren und haben — zumindest beim IG- bzw. MOS-Typ — den Vorteil, daß die Polarität der Steuerspannung den Eingangswiderstand nicht beeinflußt.

- FETs lassen sich ebenso wie bipolare Transistoren komplementär herstellen.

- FETs lassen sich leicht in integrierte Schaltungen einbringen und nehmen dort weniger Platz in Anspruch als bipolare Transistoren.

- Bei kleinen Steuersignalen verhält sich der FET wie ein linearer Widerstand, der sich zwischen Werten von einigen 100 $\Omega \cdots 100 M\Omega$ steuern läßt.

- Das Rauschverhalten ist günstiger als bei bipolaren Typen, weil hier das Schrotrauschen der Minoritätsträger entfällt.

- Die Empfindlichkeit gegen radioaktive und kosmische Strahlung ist geringer als beim Bipolartransistor, bei dem durch diese Strahlung zusätzliche Rekombinationszentren für Minoritätsträger geschaffen werden, die die Lebensdauer und die Stromverstärkung verringern.

- FETs sind thermisch stabil, weil ihr Strom mit steigender Temperatur fällt.
- Bei Bipolar-Transistoren wird die Verwendung als schneller Schalter durch die Speichereffekte der Minoritätsträger in der Basis-Emitter-Sperrschicht erschwert. Wir kennen diesen Zusammenhang bereits von der Diode her (recovery-time, s. Abschn. ??). Beim FET entfallen diese Probleme, weil ausschließlich Majoritätsträger wirksam sind. Allerdings spielen hier die Kapazitäten eine größere Rolle. Bei geeigneter Ansteuerung (niedrige Quellimpedanz) erreicht man dennoch Schaltzeiten von einigen 100 ps.

7.2.2 Der Sperrschicht–FET (PN– und MESFET)

Gemäß Bild 7.52 unterscheiden wir N-Kanal- und P-Kanal-Sperrschicht-- Typen. Der *Sperrschicht-FET* heißt auch, wie oben schon erwähnt, *PN-FET*. Je nachdem, ob ein Halbleiter-PN-Übergang oder ein Schottky-Metall-Halbleiterkontakt gemäß Abschnitt 6.8.12 den Kanal vom Gate trennt, sprechen wir vom PN- bzw. vom MESFET. Der MESFET hat (wie ja auch die Schottkydiode) besonders günstige Hochfrequenzeigenschaften.

7.2.2.1 Der N–Kanal–Sperrschicht–FET, Aufbau und Wirkungsweise

Ein sehr einfaches Modell eines *N-Kanal-Sperrschicht-FET* zeigt Bild 7.53a im Längsschnitt. Es besteht aus einem quaderförmigen N-Si-Kristall mit je einem oben und unten eindotierten P-Bereich. Der Dotierungsübergang sei abrupt. An der Grenze zwischen den verschiedenen Dotierungen entsteht je ein PN-Übergang mit je einer Sperrschicht, was dem Transistor seinen Namen gibt. Die Stirnseiten und die Querstreifen sind kontaktiert.

Wir betrachten zunächst einmal das Verhalten der Anordnung bei offenem Drain-Anschluß. Der Stromkanal im Siliziumkristall zwischen S und D verhält sich wie ein linearer Widerstand. Seine Leitfähigkeit ist von der Dotierung und der Temperatur abhängig. Spannt man das Gate gegen die Source negativ vor ($U_{GS} < 0$), so entsteht in der Umgebung von G eine *Verarmungszone*, wie wir sie von der normalen Diode her kennen (Bild 7.53b).

Erhöht man U_{GS} immer weiter, so steigt die radiale Feldstärke; die Sperrschicht und die Verarmungszone erweitern sich bis zur Mittelachse des Kristalls und schnüren den Stromkanal mehr und mehr ab. Dadurch wird der Widerstand D-S extrem hoch.

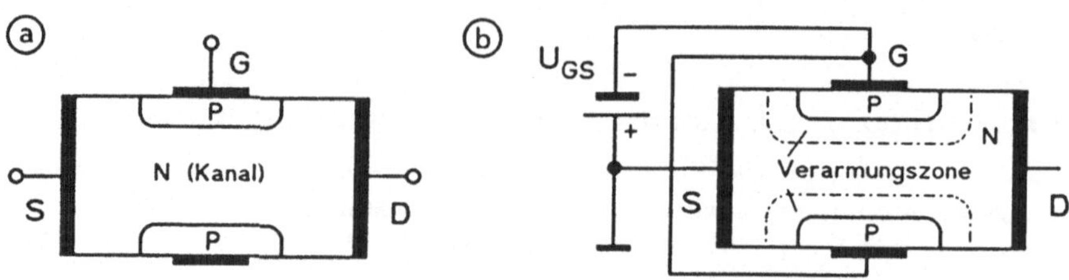

Bild 7.53: Modell des N-Kanal-PN-FET (a) und Bildung der Sperrschicht zwischen Gate und Kanal (b)

Im praktischen Betriebsfall erhält auch die Drain eine - in diesem Fall positive - Spannung U_{DS}. Jetzt hat die Verarmungszone einen anderen, und zwar *keilförmigen Verlauf*. Wir wollen uns das anhand des Bildes 7.54a klarmachen. Wählt man die Spannung $U_{GS} = 0$ und legt an D eine positive Spannung ($U_{DS} > 0$), so entsteht in der Mittelachse des Kanals ein quasilinearer Spannungsabfall, bzw. eine Feldstärke

$$-E_x = \frac{U_{DS}}{l} \ . \qquad (7.125)$$

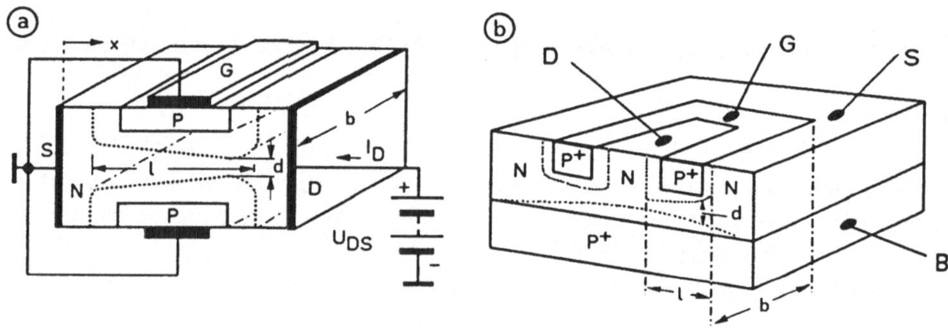

Bild 7.54: Trichterförmiger Stromkanal für $U_{DS} > 0$ (a) und planarer N-Kanal-PN-FET (b)

Da die Spannung gegen das Gate im Strompfad mit zunehmendem x größer wird, greift auch die Verarmungszone immer tiefer in den Kanal hinein und erzeugt somit die erwähnte keilförmige Einschnürung. Mit steigenden Werten für U_{DS} wird der Trichter immer enger. In diesem Bereich ist der Drainstrom I_D etwa proportional U_{DS} *(Ohmscher Bereich)*. Diejenige Spannung U_{GS}, die den Kanal vollständig abschnürt, heißt *pinch-off-* oder *Abschnürspannung* U_{DSP}.

Bei einer bestimmten Spannung U_{DSsat} hat sich der Keil am drainseitigen Kanalende soweit verengt, daß eine Steigerung von U_{DS} keine wesentliche Stromsteigerung mehr bringt. Es fließt der *Sättigungsstrom* I_{Dsat} (s.a. Bild 7.55). Im Fall $U_{GS} = 0$ ist U_{DSsat} gleich der *Pinch-off-* oder *Abschnürspannung* U_{DSP}. Verändert man nun noch die Spannung U_{GS} nach negativen Werten hin, so überlagern sich die Effekte nach Bild 7.53b und 7.54a. Die Abschnürgrenze wird bei kleineren Spannungen U_{Dsat} erreicht, und I_{Dsat} hat ebenfalls immer kleiner werdende Werte.

Die praktische Ausführung von Sperrschicht-FETs weicht von dem Modell in Bild 7.54a ab, weil es schwierig ist, derartige quaderförmige Strukturen zu erzeugen. Man nutzt vielmehr die Vorzüge der Planartechnik und kommt zu Anordnungen ähnlich Bild 7.54b, wo der FET auf einem P^+-leitenden Substrat aufgebaut ist.

Wir wollen nun zunächst einen funktionalen Zusammenhang zwischen den 3 Größen U_{GS}, U_{DS} und I_D für den Ohmschen Bereich herleiten, der das Transistorprinzip nicht nur des PN-FETs, sondern auch des IG- bzw. MOSFETs hinreichend genau beschreibt und den wesentlichen Unterschied zum Bipolartransistor zeigt.

Verfolgt man die den Strom I_D bildenden Ladungsträger auf ihrem Weg von der Source zur Drain (Kanallänge l), so haben sie eine mittlere Geschwindigkeit v_l und benötigen eine mittlere Laufzeit t_l. Es gilt

$$t_l = \frac{l}{v_l} = -\frac{l}{\mu} \cdot E_x = -\frac{l^2}{\mu \cdot U_{DS}} \quad . \tag{7.126}$$

Der Kanalstrom I_D ergibt sich, wenn die Summe Q_k aller zur Verfügung stehenden bewegten Ladungsträger im Kanalvolumen gerade einmal umgesetzt ist. Das ist in der Zeit t_l der Fall. Die Frage lautet nun nach der Abschätzung der Gesamtladung im Kanal, denn es gilt

$$I_D = \frac{-Q_k}{t_l} \quad . \tag{7.127}$$

Die Ladung im Kanal setzt sich zusammen aus einem Anteil Q_{k0}, der bereits von vornherein (z.B. aufgrund der Dotierung) vorhandenen Ladungsträger und der Gegenladung Q_{GK} zur Gate-Elektrode. An jeder Stelle x der Kanalachse herrscht, wie wir gesehen haben, wegen des gemeinsamen Wirkens von U_{GS} und U_{DS} ein anderes Potential bzw. eine andere Feldstärke. Bei unserem einfachen Modell ist aber die Annahme einer mittleren Spannung zwischen Gate und Kanal der Größe

$$\overline{U_{GK}} = U_{GS} - \frac{U_{DS}}{2} \tag{7.128}$$

realistisch. Damit erhalten wir bei gegebener Kapazität C_{GK} zwischen Gate und Kanal als Gegenladung zur Gateelektrode

$$Q_{GK} = -C_{GK} \cdot \left(U_{GS} - \frac{U_{DS}}{2} \right) . \tag{7.129}$$

Mit

$$Q_k = Q_{k0} + Q_{GK} \tag{7.130}$$

und den Gleichungen (7.129) und (7.127) erhalten wir für den Drainstrom I_D

$$\boxed{I_D = \frac{\mu \cdot U_{DS} \cdot Q_k}{l^2} = \frac{\mu}{l^2} \cdot \left[U_{DS} \cdot Q_{k0} - \left(U_{DS} \cdot U_{GS} - \frac{U_{DS}^2}{2} \right) \cdot C_{GK} \right]} . \tag{7.131}$$

Gleichung (7.131) enthält, da wir davon ausgehen können, daß wegen der Quellenfreiheit der Steuerung Q_{k0} im Kanal konstant ist, einen linearen und einen quadratischen Term in U_{DS}. Wir wollen (7.131) noch etwas handlicher gestalten, indem wir die Ladungen durch meßbare Größen ersetzen. Für kleine Werte von U_{DS} überwiegt zunächst der lineare Anteil, später erhält der quadratische mehr Gewicht. Gleichung 7.131 ist offenbar nur solange physikalisch sinnvoll, wie I_D mit wachsendem U_{DS} zunimmt. Das Maximum von I_D erhalten wir demnach für $\partial I_D / \partial U_{DS} = 0$, also für

$$\frac{\partial I_D}{\partial U_{DS}} = \frac{\mu}{l^2} \cdot \{ Q_{k0} + (U_{DS} - U_{GS}) \cdot C_{GK} \} = 0 . \tag{7.132}$$

Hieraus gewinnen wir einen Ausdruck für die *Sättigungsspannung*, (das ist die Spannung, bei der der *Sättigungsstrom* I_{Dsat} auftritt)

$$U_{DSsat} = U_{GS} - \frac{Q_{k0}}{C_{GK}} . \tag{7.133}$$

Setzen wir (7.133) in (7.131) ein, so erhalten wir den Sättigungsstrom

$$\boxed{I_{Dsat} = I_D(U_{DSsat}) = -\frac{\mu \cdot C_{GK} \cdot U_{DSsat}^2}{2 \cdot l^2} = -\frac{\mu \cdot C_{GK}^2}{2 \cdot l^2} \cdot \left[U_{GS} - \frac{Q_{k0}}{C_{GK}} \right]} . \tag{7.134}$$

Gleichung (7.131) läßt sich unter Verwendung von (7.133) und (7.134) in einen allgemein gültigen Zusammenhang für die *Strom/Spannungscharakteristik im Ohmschen Bereich* umformen:

$$\boxed{I_D = I_{Dsat} \cdot \left\{ 1 - \left(1 - \frac{U_{DS}}{U_{DSsat}} \right)^2 \right\}} . \tag{7.135}$$

In U_{DSsat} verbirgt sich als Parameter U_{GS}. Der Klammerausdruck in Gleichung (7.132) wird maximal für $U_{GS} = 0$. Der hierzu gehörige Strom I_{DSS} heißt *Kurzschluß–Sättigungsstrom*; er ist eine Kenngröße des FET und hat den Wert

$$\boxed{I_{DSS} = I_{Dsat}(U_{GS} = 0) = -\frac{\mu \cdot C_{GK}}{2 \cdot l^2} \cdot U_{DSS}^2} \quad , \quad mit \tag{7.136}$$

$$\boxed{U_{DSS} = U_{DSsat}(U_{GS} = 0) = -U_{DSP}} \quad . \tag{7.137}$$

Wir haben die Grundgleichungen $I_D = f(U_{DS}, U_{GS})$ hier an einem sehr einfachen Beispiel des N–Kanal–PN–FET erörtert. Die anderen Ausführungsformen sind zwar zum Teil sehr verschieden hiervon, aber dennoch is das Grundprinzip der Wirkungsweise aller FET gleich:

> *Das FET-Prinzip beruht auf der (leistungslosen) Steuerung einer bewegten Ladung im Kanal mittels einer elektrischen Feldstärke , wobei die Ladungsmenge auf den Kanal begrenzt bleibt (Quellenfreiheit bezüglich Gate).*

Somit haben die hergeleiteten Beziehungen im Prinzip Allgemeingültigkeit. Wir werden allerdings das Modell in den folgenden Abschnitten noch etwas verfeinern und auf die verschiedenen Typen anpassen.

7.2.2.2 Kennlinien und Kenngrößen des Sperrschicht–FET

Wie beim Bipolartransistor gibt es auch beim FET *Steuerkennlinien* und *Ausgangskennlinien*. Wegen der leistungslosen Steuerung sind *Eingangskennlinien nicht* vorhanden. Vom Verlauf her ähneln die Steuerkennlinien: *Drainstrom I_D als Funktion der Gate–Source–Spannung U_{GS}* mit der Drain–Source–Spannung U_{DS} als Parameter, also

$$I_D = f(U_{GS})\,|_{U_{DS}=const}$$

qualitativ sehr stark den Steuerkennlinien von Elektronenröhren.

Das Ausgangskennlinienfeld stellt den Zusammenhang her

$$I_D = f(U_{DS})\,|_{U_{GS}=const} \quad .$$

Da beim symmetrischen FET D und S vertauscht werden können, setzen sich die Ausgangskennlinien im III. Quadranten fort.

Bild 7.55 zeigt an einem Beispiel die Kennlinienfelder für einen N-Kanal-Sperrschicht-FET. Die charakteristischen Vorgänge im FET haben wir im vorhergehenden Abschnitt kennengelernt. Wir wollen hier nun die wichtigsten Kenndaten diskutieren und sehen, wie sie sich im Kennlinienfeld niederschlagen.

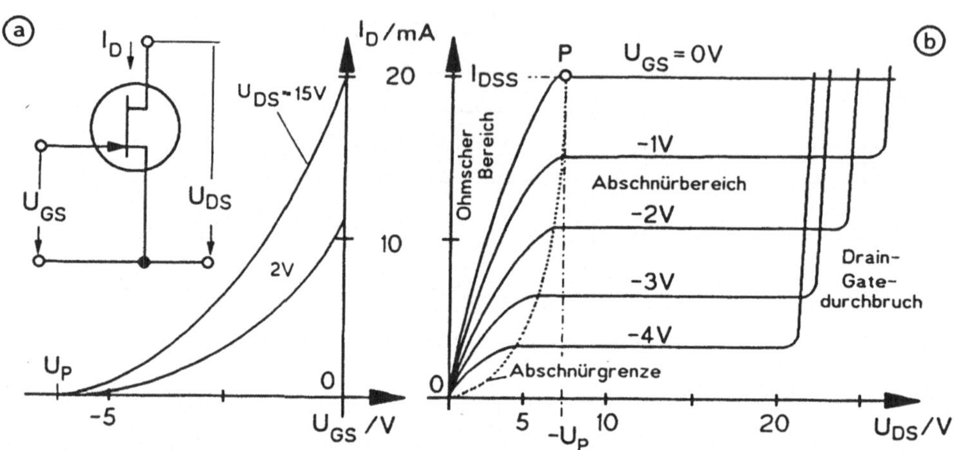

Bild 7.55: Kennlinienfelder des N-Kanal-PN-FET, Steuerkennlinienfeld (a) und Ausgangskennlinienfeld (b)

1. **Abschnürgrenze, Abschnürspannung (pinch-off-Spannung)** U_P

   Die *Abschnür- (pinch-off-) Grenze* trennt im Ausgangskennlinenfeld den *Ohmschen Bereich* vom *aktiven* oder *Abschnürbereich*. Im Steuerkennlinienfeld ist die Abschnürspannung U_P diejenige Sperrspannung zwischen Gate und Source, bei der der Strom I_D einen gegen den normalen Arbeitsstrom sehr kleinen Wert erreicht. Hierbei ist U_{DS} Parameter. Das Steuerkennlinienfeld zeigt diesen Wert als Berührungspunkt der Steuerkennlinie mit der Abszisse. Im Ausgangskennlinienfeld erscheint er mit entgegengesetztem Vorzeichen im Knie der Kennlinien (z.B. entspricht Punkt P für $U_{GS} = 0$ der Sättigungsspannung U_{DSS} nach Gleichung (7.137)).

   U_P hängt von der Geometrie des Kanals (Dicke d in Bild 7.54), von der Ladungsträgerkonzentration n_D (bzw. n_A bei P-Kanal) und von der Dielektrizitätskonstanten ε_r des Halbleiters ab. Theoretische Untersuchungen ergeben für den N-Kanal

$$\boxed{U_P = U_D - \frac{e \cdot n_D \cdot d^2}{8 \cdot \varepsilon_o \cdot \varepsilon_r}} \,. \tag{7.138}$$

U_D ist die Diffusionsspannung des PN-Übergangs und e die Elementarladung des Elektrons nach Gleichung (2.1).

$$Für \left\{ \begin{matrix} N \\ P \end{matrix} \right\} - Kanal - FET \; ist \; U_P \left\{ \begin{matrix} negativ \\ positiv \end{matrix} \right\} .$$

2. **Drain–Source–Kurzschlußstrom I_{DSS}**

   Der *Drain-Source-Kurzschlußstrom* I_{DSS} nach Gl. (7.136) ist der für $U_{GS} = 0$ (Kurzschluß nach Bild 7.54) zwischen D und S als Funktion von U_{DS} fließende Strom.

   Er hängt ab vom *Dotierungsgrad* n_D bzw. n_A, der Länge l, Dicke d und Breite b des Kanals sowie der Ladungsträgerbeweglichkeit μ_n bzw. μ_p im Material. Für den N-Kanal wird

$$I_{DSS} = -\frac{U_P}{3} \cdot \frac{e \cdot \mu_n \cdot n_d \cdot b \cdot d}{l} \approx \frac{e^2 \cdot n_D \cdot d^3 \cdot b \cdot \mu_n}{24 \cdot \varepsilon_o \cdot \varepsilon_r \cdot l} \quad . \tag{7.139}$$

$$I_{DSS} \; ist \left\{ \begin{matrix} negativ \\ positiv \end{matrix} \right\} \; für \; \left\{ \begin{matrix} N- \\ P- \end{matrix} \right\} Kanal - FET \; .$$

3. **Gleichung der Kennlinienfelder $I_D = f(U_{DS}, U_{GS})$**

   Wir haben im Abschnitt 7.2.2.1 bereits eine Gleichung für I_D hergeleitet, die allerdings auf sehr vereinfachenden Annahmen basiert. Shockley hat dieses Modell verfeinert; er erhielt für die Kennlinie $I_D = f(U_{DS}, U_{GS})$ des N-Kanal-PN-FETs im *Ohmschen Bereich* die Beziehung

$$I_D = I_{DSS} \cdot \left\{ \frac{3 \cdot U_{DS}}{(-U_P)} - \frac{2}{(-U_P)^{3/2}} \cdot \left[(U_{DS} - U_{GS})^{3/2} - (-U_{GS})^{3/2} \right] \right\} \; . \tag{7.140}$$

   Mit dem Parameter $U_{DS} = const$ liefert Gleichung 7.140 die *Steuerkennlinien.*

$$Hierbei \; ist \left\{ \begin{matrix} U_P < 0 \\ U_{GS} < 0 \\ U_{DS} > 0 \end{matrix} \right\} für \; N - Kanal - FET \; .$$

Mit dem Parameter $U_{GS} = const$ ergeben sich die *Ausgangskennlinien.*

Für *kleine Werte von* U_{DS} ist der in der eckigen Klammer von Gl. (7.140) stehende Term von kleinem Gewicht gegenüber dem linken Term in der geschweiften Klammer, das heißt, I_D ist *in erster Näherung direkt proportional* U_{DS}. In der Nähe des Nullpunkts haben die Ausgangskennlinien etwa den in Bild 7.56 skizzierten Verlauf, solange man dafür Sorge trägt, daß die Source–Gate–Diode nicht in den Durchlaß gesteuert wird.

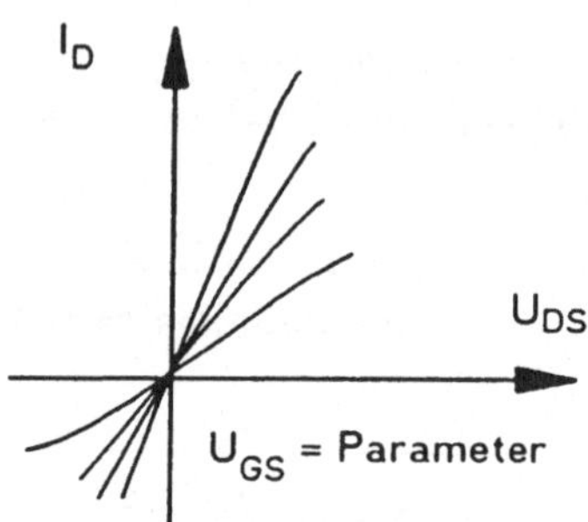

Bild 7.56: Ausgangskennlinien in der Nähe des Ursprungs $U_{DS} = 0$

Mit wachsendem U_{DS} wird das Gewicht des Terms in der eckigen Klammer immer größer, das heißt, die Stromzunahme wird kleiner.

Gleichung (7.140) verliert ihre Gültigkeit, wenn sie ihr Maximum erreicht hat, weil I_D entsprechend den Kennlinien in einen Sättigungsverlauf übergeht, während der nach (7.140) wieder abnehmen würde.

Die Spannung U_{DSsat} für das Maximum von (7.140) erhalten wir durch Differentation und Setzung

$$\frac{\partial I_D}{\partial U_{DS}} = 0 \quad \Rightarrow \quad \frac{3 \cdot I_{DSS}}{-U_P} \cdot \left[1 - \sqrt{\frac{U_{DSsat} - U_{GS}}{-U_P}} \right] = 0 \ . \qquad (7.141)$$

Hieraus ergibt sich

$$\boxed{U_{DSsat} = (-U_P) + U_{GS}} \ . \qquad (7.142)$$

Nach Bild 7.55 ist $U_{DSsat} = -U_P$ für $U_{GS} = 0$ (Punkt P).

Der Abschnürpunkt verschiebt sich mit zunehmender Sperrspannung U_{GS} entsprechend Gleichung (7.142) immer mehr nach links.

Für $U_{DS} > U_{DSsat}$ ist I_D praktisch nur noch von U_{GS} abhängig. In diesem Bereich gilt allgemein

$$I_D = I_{Dsat} = I_{DSS} \cdot \left[1 + \frac{3 \cdot U_{GS}}{-U_P} + \left(\frac{U_{GS}}{-U_P}\right)^{2/3}\right] \quad . \tag{7.143}$$

In den meisten Fällen läßt sich aber ein einfacherer *quadratischer* Zusammenhang verwenden, der im Abschnitt 7.2.2.1 erläutert wurde.

$$\boxed{I_D = I_{Dsat} = I_{DSS} \cdot \left[1 - \frac{U_{GS}}{U_P}\right]^2} \quad . \tag{7.144}$$

Die im interessierenden Bereich auftretende Abweichung zwischen den Gleichungen (7.143) und (7.144) beträgt maximal einige Prozent. Sie ist normalerweise klein gegen die Exemplarstreuungen der FET. Wir werden deshalb mit (7.144) weiterarbeiten.

Ein Vergleich der Steuerkennlinien für *Spannungssteuerung* von Bipolar- und Feldeffekt-Transistor zeigt *geringere nichtlineare Verzerrungen beim FET* gegenüber dem Bipolartransistor. Während die exponentielle Kennlinie $I_C = f(U_{BE})$ Harmonische höherer Ordnung hat (s.a. Band II), ist in der Kennlinie $I_{Dsat} = f(U_{GS})$ lediglich eine quadratische Komponente vorhanden.

4. **Steilheit; Kurzschlußsteilheit**

Analog zur *Steilheit* des Bipolartransistors (s.a. Abschn. 7.1.10.1) läßt sich auch für den FET eine Definition angeben. Sie lautet

$$\boxed{S = \left.\frac{\partial I_D}{\partial U_{GS}}\right|_{U_{DS=const}}} \quad . \tag{7.145}$$

Wegen der leistungslosen Steuerung des FET existiert jedoch *kein Stromverstärkungsfaktor* wie beim Bipolartransistor.

Je nach Arbeitsbereich können wir nun unterschiedliche Ausdrücke für die Steilheit S des FET berechnen.

Im *Ohmschen Bereich* erhalten wir S durch Differentiation von Gleichung (7.140) nach U_{GS}

$$\boxed{S = -\frac{3 \cdot I_{DSS}}{U_P} \cdot \left\{\sqrt{\frac{U_{DS} - U_{GS}}{-U_P}} - \sqrt{\frac{U_{GS}}{U_P}}\right\}} \quad . \tag{7.146}$$

für $U_{DS} < U_{DSsat}$. Legen wir Gleichung (7.131) zugrunde, so ergibt sich

$$\boxed{S = -\frac{\mu \cdot C_{GK} \cdot U_{DS}}{l^2}} \quad . \tag{7.147}$$

Im *Abschnürbereich* ergibt sich S durch Differentiation von Gleichung (7.146) nach U_{GS}

$$S = \frac{\partial I_{Dsat}}{\partial U_{GS}} = \frac{2 \cdot I_{DSS}}{-U_P} \cdot \left(1 - \frac{U_{GS}}{U_P}\right) = \frac{2}{|U_P|} \cdot \sqrt{I_{DSS} \cdot I_{Dsat}} \quad . \tag{7.148}$$

Die Steilheit hat ihr Maximum für $U_{GS} = 0$. Sie heißt *Kurzschlußsteilheit* S_S; ihr Wert beträgt

$$\boxed{S_S = -\frac{2 \cdot I_{DSS}}{U_P}} \quad . \tag{7.149}$$

Nehmen wir wieder Gleichung (7.131) als Grundlage, so wird

$$\boxed{S_S = \frac{\mu \cdot C_{GK}}{l^2} \left[\frac{Q_{k0}}{C_{GK}} - U_{GS}\right]} \quad . \tag{7.150}$$

5. **Ausgangsleitwert g_{DS} und Ausgangswiderstand r_{DS}**

   Für den Ausgangswiderstand r_{DS} des FET gilt analog zu den Definitionen in Gl. (7.51) und (7.52) beim Bipolartransistor

$$r_{DS} = \frac{1}{g_{DS}} = \left.\frac{\partial U_{DS}}{\partial I_D}\right|_{U_{GS}=const} \quad . \tag{7.151}$$

Mit Gleichung (7.141) ist für $U_{DS} = U_{DSsat}$ bereits der Kehrwert berechnet; verallgemeinert gilt deshalb im *Ohmschen Bereich*

$$\boxed{g_{DS} = \frac{1}{r_{DS}} = -\frac{3 \cdot I_{DSS}}{U_P} \cdot \left(1 - \sqrt{\frac{U_{DS} - U_{GS}}{-U_P}}\right)} \quad . \tag{7.152}$$

für $U_{DS} < U_{DSsat}$.

Alternativ liefert der Ansatz mit Gleichung (7.131)

$$\boxed{g_{DS} = \frac{\mu}{l^2} \cdot [C_{GK} \cdot (U_{DS} - U_{GS}) + Q_{k0}]} \quad . \tag{7.153}$$

Für $U_{DS} > U_{DSsat}$ ist $g_{DS} = 1/r_{DS}$ minimal, näherungsweise konstant und identisch mit der Kurzschlußsteilheit. Deshalb gilt im *Abschnürbereich*

$$g_{DS} = \frac{1}{r_{DS}} \approx 0 \; . \tag{7.154}$$

6. **Durchbruchspannungen**

   Entsprechend Bild 7.55 tritt beim PN-FET bei höheren Spannungen U_{DS} ein Lawinendurchbruch vorwiegend zwischen Drain und Gate auf. In den Datenblättern erscheint deshalb als Grenzwert die *Drain-Gate-Durchbruchspannung.* Im Kennlinienfeld Bild 7.55 ist der Durchbruchbereich angedeutet. Er muß im Normalbetrieb gemieden werden.

7. **Restströme**

   Die Restströme beim Sperrschicht-FET sind leichter zu überschauen als beim Bipolartransistor. Hier kommen lediglich die *Sperrströme zwischen Gate und Source* infrage. Sie haben dieselbe Temperaturabhängigkeit wie der Sperrstrom einer konventionellen Diode.

8. **Temperaturkenngrößen**

   Das Temperaturverhalten von I_D bei konstantem U_{DS} und U_{GS} wird von zwei gegenläufigen Einflüssen bestimmt.

   (a) Die *Beweglichkeit* μ *der Ladungsträger im Kanal* nimmt mit steigender Temperatur ab. Dadurch wird ein *negativer Temperaturkoeffizient* für I_D erzeugt, I_D nimmt ab. Für die relative Änderung von μ bei Raumtemperatur (T = 300 K) gilt

   $$\boxed{\frac{1}{\mu} \cdot \frac{\partial \mu}{\partial \vartheta} \approx -6 \cdot 10^{-3} \qquad \left[\frac{1}{K}\right]} \quad . \tag{7.155}$$

   (b) Auf der anderen Seite wächst der Betrag der Abschnürspannung U_P linear mit der Temperatur. Bei zunehmender Temperatur, konstanten Werten für U_{GS}, U_{DS} und μ nimmt I_D demnach zu. Maßgebend dafür ist die Abnahme der Diffusionsspannung U_D am PN-Übergang zwischen Gate und Kanal, die wir ja bereits vom Bipolartransistor her als *Temperaturdurchgriff* D_ϑ kennen (s.a. Gleichung

(7.75). Es gilt

$$D_\vartheta = \frac{\partial U_D}{\partial \vartheta} \approx 2,2 \quad \left[\frac{mV}{K}\right] . \tag{7.156}$$

Durch geeignete Wahl des Arbeitspunktes erreicht man, daß sich Abnahme von I_D infolge (a) und Zunahme infolge (b) gerade kompensieren und damit die Temperaturdrift Null ist. Bild 7.57 zeigt qualitativ, wie bei einer bestimmten Spannung U_{GSK} alle Steuerkennlinien mit der Temperatur als Parameter durch den Kompensationspunkt K gehen.

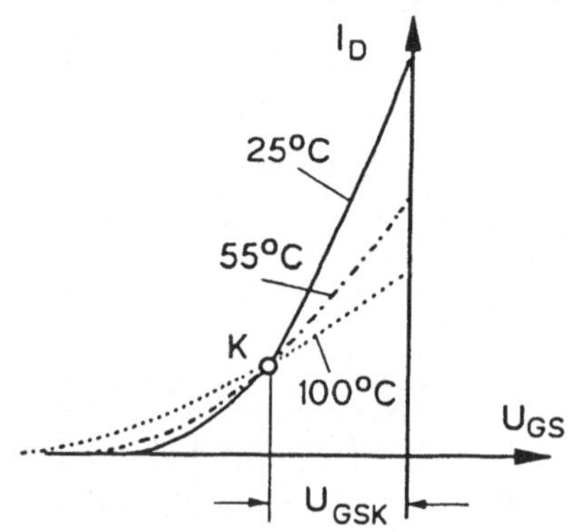

Bild 7.57: Temperaturabhängigkeit der Steuerkennlinie beim PN-FET

7.2.2.3 Der P-Kanal-Sperrschicht-FET

Der *P-Kanal-Sperrschicht-FET* hat prinzipiell denselben Aufbau wie der N-Kanal-Sperrschicht-FET. Lediglich die Dotierung des Kanals und des Gates sind genau umgekehrt: Der Kanal ist P-dotiert, das Gate N-dotiert. Beide Typen lassen sich komplementär herstellen. Der Unterschied zum N-Kanal-Typ liegt in der Polarität der Betriebsgrößen (vgl.a. Tabelle 7.3 weiter unten).

Wie eingangs bereits erwähnt, läßt sich bei vielen FET-Typen D und S im Betrieb vertauschen, ohne daß sich das Verhalten des FET wesentlich ändert. Die Ausgangskennlinien setzen sich also im III. Quadranten mehr oder weniger symmetrisch zum Nullpunkt fort.

7.2.2.4 Ersatzschaltbilder des Sperrschicht-FET

Wie beim Bipolartransistor sind auch beim FET eine Vielzahl von Ersatzschaltbildern möglich.

Bild 7.58a zeigt eine Darstellung, die das physikalische Verhalten bei niedrigen Frequenzen gut annähert. Das gegen den Kanal vorgespannte Gate hat gegen Drain und Source jeweils einen *Sperrwiderstand* r_{GD} bzw. r_{GS}. Ihnen liegen die *Sperrschichtkapazitäten* C_{GD} bzw. C_{GS} parallel. Die *Steuerwirkung des Gate auf den Drainstrom* wird durch eine Stromquelle mit dem Kurzschlußstrom $S \cdot U'_{GS}$ erfaßt. Wegen der Bahnwiderstände r_D und r_S sind nämlich die im Inneren wirksamen Spannungen reduziert.

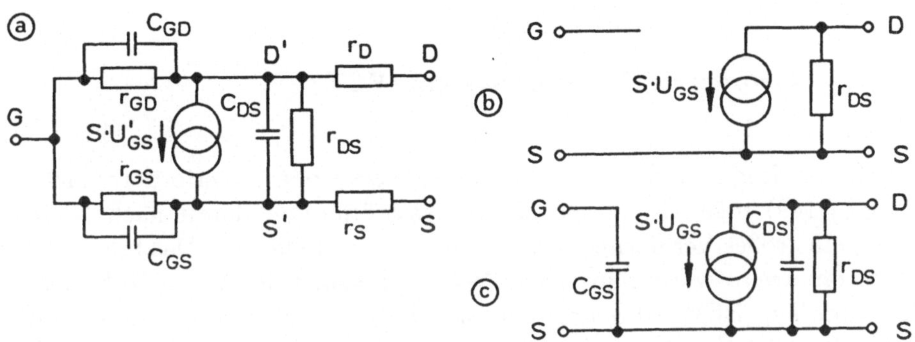

Bild 7.58: PN-FET: Physikalisches Ersatzbild (a), elektrisches Ersatzschaltbild für tiefe (b) und für hohe Frequenzen (c)

Für die an der *inneren Source* wirksame Steuerspannung gilt

$$U'_{GS} = U_{GS} - I_D \cdot r_S \ , \tag{7.157}$$

und die wirksame Drain-Sourcespannung hat den Wert

$$U'_{DS} = U_{DS} - I_D \cdot (r_S + r_D) \ . \tag{7.158}$$

Hierbei ist $I_G \approx 0$ angenommen. Der Innenwiderstand r_{DS} und die Ausgangskapazität C_{DS} vervollständigen das Ersatzbild.

Das Ersatzschema nach Bild 7.58a ist jedoch für Schaltungsanwendungen unzweckmäßig. Hier verwendet man die Ersatzschaltung nach Bild 7.58b für tiefe oder Bild 7.58c für höhere Frequenzen bis etwa 50 MHz.

Im Eingang ist der Sperrwiderstand unendlich hoch und damit vernachlässigbar. Lediglich die Sperrschichtkapazität C_{GS} ist bei höheren Frequenzen zu berücksichtigen. Im Ausgang liegt die spannungsgesteuerte Stromquelle $S \cdot U_{GS}$ mit dem Innenwiderstand r_{DS}, und bei höheren Frequenzen wird zusätzlich die Kapazität C_{DS} wirksam.

Die Ersatzschaltungen nach Bild 7.58b und c haben den wesentlichen Vorteil, daß sie der Bipolartransistorersatzschaltung (Bild 7.42) genau entsprechen. Wir können deshalb bei der Schaltungsberechnung in sehr vielen Fällen dieselben Ansätze benutzen (s.a. Band II, Kapitel 12).

Ein weiteres Ersatzbild ist die y-Parameter-Darstellung, auf die wir hier verzichten wollen.

7.2.2.5 Geometrie des Sperrschicht-FET

Hohe Steilheiten liefern gute Verstärkereigenschaften. Sie erfordern nach Gleichung (7.149) möglichst große Sättigungsströme und damit nach Gleichung (7.139) ein großes Verhältnis b/l (Kanalbreite/Kanallänge). Das führt zu Transistorgeometrien, wie die in Bild 7.59a am Beispiel des Valvo N-Kanal-PN-FET vom Typ BFW 10 dargestellt ist. Drain und Source greifen kammartig ineinander. Ein Schnitt senkrecht zu den „Kammzinken" diagonal durch das Chip ist in Bild 7.59b teilweise dargestellt.

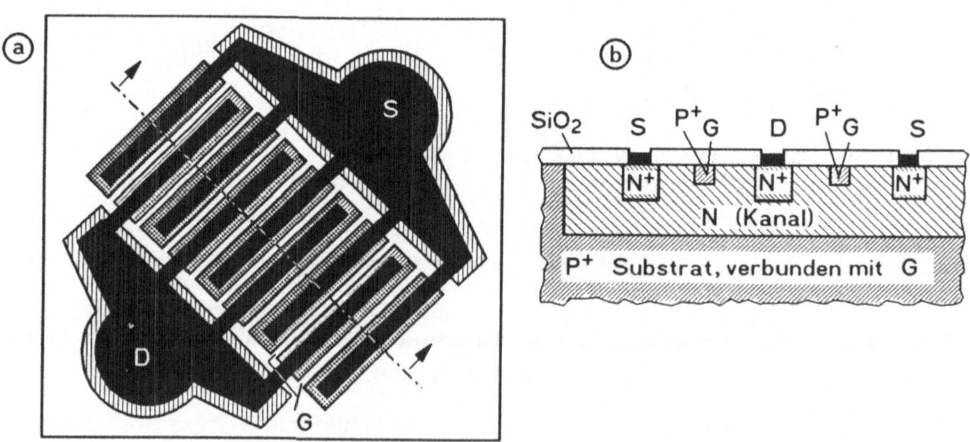

Bild 7.59: Geometrie (a) und Schnittbild (b) des N-Kanal-PN-FET BFW 10

Gate und Substrat (Bulk B) sind miteinander verbunden. Zwischen den Leiterbahnen für Drain und Source liegen insgesamt 8 N-Kanäle, die über die Rücken der Kämme parallelgeschaltet sind. Bei kleiner Kanallänge wird dadurch die Breite groß.

7.2.3 Feldeffekttransistor mit isoliertem Gate (IGFET, MISFET oder MOSFET)

Im Gegensatz zum Sperrschicht-FET, bei dem das Gate über den (sehr hochohmigen) Sperrwiderstand *galvanisch* mit dem Kanal verbunden ist, wird beim IGFET das Gate durch eine *dünne Isolatorschicht* vom Kanal getrennt. Besteht der Isolator (wie häufig beim Si-Transistor) aus SiO_2, so spricht man vom MOSFET. Ist der Isolator kein Oxid des Wirtsmaterials, so heißt die Anordnung auch MISFET. Die Schichtenfolge: Metall (Gate-Elektrode) - Oxid - Halbleiter bzw. Metall (Gate-Elektrode) - Isolator - Halbleiter hat den Transistoren ihren Namen gegeben (**M**etal-**O**xide-**S**emiconductor bzw. **M**etal-**I**nsulator-**S**emiconductor-FET)).

Bei Si-Transistoren ist es, wie erwähnt, naheliegend, die Isolationsschicht durch Oxidation des Si zu elektrisch hochwertigem SiO_2 zu erzeugen. Grundsätzlich sind aber auch andere Verfahren möglich, beispielsweise die thermische Zersetzung von Stickstoff- und Siliziumverbindungen zu Siliziumnitrid (MNSFET). Die MOSFET sind am verbreitetsten; wir werden uns deshalb in unseren weiteren Betrachtungen auf sie konzentrieren, ohne daß dies eine wesentliche Einschränkung bedeutet. Beim MOSFET sind *vier Grundtypen* zu unterscheiden (s.a. Bild 7.52).

1) *Selbstsperrender Typ*, enhancement-type (to enhance, engl.: erhöhen), normally-off-type, Anreicherungs-Typ:
   Bei diesem Typ fließt bei $U_{GS} = 0$ praktisch kein Drainstrom.

$$I_D \approx 0 \quad f\ddot{u}r \quad U_{GS} = 0 \ .$$

2) *Selbstleitender Typ,* depletion-type (to deplete, engl.: erschöpfen, entleeren), normally-on-type, Verarmungs-Typ:
   Bei diesem Typ fließt bei $U_{GS} = 0$ ein wesentlicher Drainstrom.

$$I_D \neq 0 \quad f\ddot{u}r \quad U_{GS} = 0 \ .$$

3;4) Bei beiden Typen sind außerdem *N-Kanal-* oder *P-Kanalausführung* möglich.

In das Schema der beiden Grundtypen selbstleitend und selbstsperrend läßt sich übrigens auch der *Sperrschicht-FET* (PN-FET) einordnen. Er ist in diesem Sinne selbstleitend.

7.2.3.1 Wirkungsweise und schematischer Aufbau des MOSFET

Das Bild 7.60 zeigt den schematischen Aufbau von N-Kanal-MOSFETs, und zwar vom selbstsperrenden (a) und selbstleitendem Typ (b). Der Unterschied zwischen beiden liegt im wesentlichen in der *Beschaffenheit der Isolationsschicht zwischen Source und Gate.*

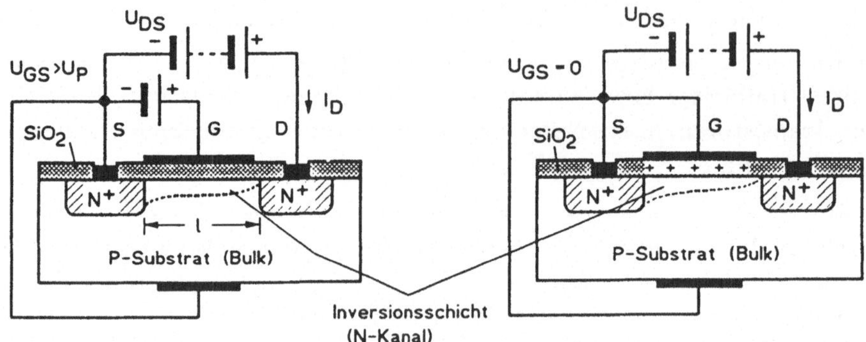

Bild 7.60: Selbstsperrender (a) und selbstleitender N-Kanal-MOSFET (b)

In beiden Fällen bildet die metallische Gate-Elektrode zusammen mit dem darunterliegenden P-Substrat- bzw. Kanalbereich einen Plattenkondensator, wobei die Oxidschicht das Dielektrikum darstellt. Source- und Drainelektrode bestehen aus eindiffundierten N^+ - Gebieten.

Die Leitfähigkeitsänderung im Kanalgebiet kommt nun dadurch zustande, daß die Elektronendichte in der unmittelbaren Nähe des Dielektrikums durch Influenz mit Hilfe der Gatespannung beeinflußt werden kann. Dabei bildet sich, ausgehend von der Kanaloberfläche, eine *Inversionsschicht* (d.h. die P-Leitung wird zur N-Leitung). Der Kanalwiderstand ist abhängig von der Eindringtiefe der Inversionsschicht in das Substrat und damit von der Source-Gate-Spannung.

Beim *selbstsperrenden Typ* ist die Struktur der Oxidschicht so beschaffen, daß beim Kurzschluß zwischen Source und Gate sich noch keine Inversionsschicht ausbildet. Erst wenn U_{GS} positiv gemacht wird, influenziert das Gate einen Kanal.

Im *selbstleitenden Typ* enthält die Isolationsschicht, bedingt durch den Herstellungsprozeß, bereits im spannungslosen Zustand eine größere Anzahl von ortsfesten positiven Ladungsträgern. Sie bewirken schon im Kurzschlußfall eine Inversion im Kanal, deren Tiefe dann mit Gate-Source-Spannungen beider Polaritäten beeinflußt werden kann.

N-Kanal-MOSFETs arbeiten genau mit entgegengesetzten Polaritäten, wobei der selbstleitende Verarmungstyp kein großes praktisches Gewicht hat. Heutige MOS-Elemente gehören vorwiegend dem P-Kanal-Anreicherungstyp an. Sie lassen sich aus den gleichen physikalischen Gründen einfacher herstellen, wie sie auch für Bipolar-NPN-Si-Transistoren gelten.

7.2.3.2 Kennlinien und Kenngrößen des MOSFET, Vergleich mit dem Sperrschicht-FET

Wir wollen den Unterschied zwischen den beiden Betriebseigenschaften selbstleitend und selbstsperrend am Beispiel des N-Kanal-MOSFET und anhand der Strom-Spannungskennlinienfeldern noch ein wenig näher betrachten.

Beim selbstsperrenden MOSFET sind im Falle $U_{GS} = 0$ die für den Stromtransport notwendigen Ladungsträger nicht vorhanden. Sie müssen durch entsprechendes $U_{GS} > U_{GS0} > 0$ erst *angereichert* werden. Bild 7.61a zeigt dies anhand der Steuerkennlinie (links) und der Ausgangskennlinie (rechts). Die pinch-off-Spannung liegt bei positiven Werten ($U_P = U_{GS0} > 0$).

Die Steuerkennlinie des selbstleitenden MOSFET hat *sowohl einen positiven als auch einen negativen Bereich* für U_{GS} in der Nähe des Nullpunktes, in dem der Drainstrom gesteuert werden kann (Bild 7.61b). Hier sind bereits bei $U_{GS} = 0$ so viele Ladungsträger vorhanden, daß der Kanal leitend ist. Will man I_D zu Null machen, so muß man U_{GS} negativ werden lassen; im N-Kanal tritt dann eine *Verarmung* an Ladungsträgern ein. Die pinch-off-Spannung liegt bei negativen Werten ($U_P = U_{GS0} < 0$). Bei diesem Typ ist es aber durchaus möglich, durch Anlegen einer Gatespannung $U_{GS} > 0$ den Drainstrom I_D (wie beim Anreicherungstyp) weiter zu steigern. Der — eigentlich irreführenderweise — als Verarmungstyp bezeichnete MOSFET kann also sowohl im Verarmungs- als auch im Anreicherungsbetrieb arbeiten.

Im Vergleich dazu ist der *Sperrschicht-FET* eigentlich ein *reiner Verarmungstyp* (Bild 7.61c). Er kann nämlich nur im linken Teil der Steuerkennlinie, also im Verarmungsbereich, betrieben werden. Für $U_{GS} > 0$ ist eine Steuerung in Ausnahmefällen nur unterhalb der Schwellspannung U_D möglich, weil daüberhinaus dann die Drain-Gate-Strecke leitend wird. Manchmal findet man dies in der Literatur als Anreicherungsbetrieb beschrieben.

Beim P-Kanal-MOSFET gelten im Prinzip die gleichen Gesetzmäßigkeiten, lediglich die Vorzeichen der Ströme und Spannungen sind umgekehrt. In Tabelle 7.3 sind die Unterschiede zusammengestellt.

Nachfolgend wollen wir einige wichtige Kennlinien und Kenndaten des MOSFET erörtern.

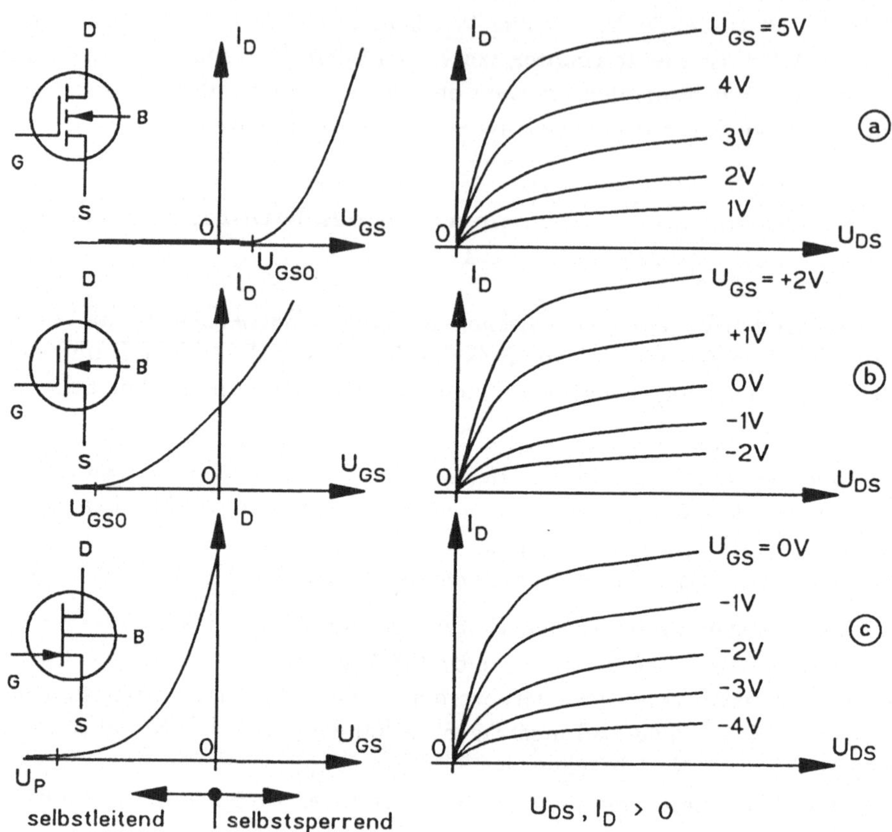

Bild 7.61: Vergleich der FET–Kennlinien miteinander

1. **Gleichung der Kennlinien $I_D = f(U_{DS}, U_{GS})$**

Grob qualitativ haben die Kennlinien $I_D = f(U_{DS}, U_{GS})$ ähnlichen Verlauf wie beim PN–FET. Auch hier existiert wieder ein Ohmscher und ein Abschnürbereich. Da das Gate jedoch isoliert vom Kanal angebracht ist, erfolgt die Steuerung über die *Kapazität* C_{GK} zwischen Gate und Kanal (s.a. Punkt 5)). Hat der Kanal die Länge l, so gilt für den P–Kanal – MOSFET nach *Shockley* im *Ohmschen Bereich*

$$I_D = -\mu_p \cdot \frac{C_{GK}}{l^2} \cdot \left\{ [U_{GS} - U_{GS0}] \cdot U_{DS} - \frac{U_{DS}^2}{2} \right\} \qquad (7.159)$$

für $|U_{DS}| < |U_{GS0} - U_{GS}|$.

Tabelle 7.3: Vorzeichen der Betriebsgrößen bei FET

FET-Typ	Leitungstyp	U_P, U_{GSO}	U_{GS}	U_{DS}, I_D
N-Kanal-MOS-FET	selbstleitend (Verarmungstyp)	< 0	$>, =, < 0$	> 0
	selbstsperrend Anreicherungstyp)	≥ 0	> 0	> 0
P-Kanal-MOSFET	selbstleitend	> 0	$>, =, < 0$	< 0
	selbstsperrend	≤ 0	< 0	< 0
N-Kanal-PN-FET	selbstleitend	< 0	< 0	> 0
P-Kanal-PN-FET	selbstleitend	> 0	> 0	< 0

Hierin ist μ_p die *Beweglichkeit der Löcher* und U_{GS0} die *Gate-Source-Schwellspannung* (s.a. Bild 7.61). Hinsichtlich der Vorzeichen für die Spannungen gilt Tabelle 7.3.

Mit U_{GS} als Parameter stellt Gleichung (7.159) das *Ausgangskennlinienfeld*, mit U_{DS} als Parameter das *Steuerkennlinienfeld* dar.

Für kleine Werte von U_{DS} ist I_D näherungsweise linear von U_{DS} abhängig, da der zweite Term in Gl. (7.159) noch kein großes Gewicht hat.

Vergleichen wir (7.159) mit (7.131), so sehen wir, daß (7.159) von der Annahme $Q_{k0} = 0$ ausgeht, das heißt, es ist nur influenzierte Ladung Q_{CK} zugrundegelegt.

2. **Drain-Source-Sättigungsstrom I_{DSS}**

Der *Drain-Source-Sättigungsstrom* ergibt sich analog zu Gleichung (7.143) als Maximum der Gleichung (7.159)

$$I_{DSS} = -\mu_p \cdot \frac{C_{GK}}{2 \cdot l^2} \cdot [U_{GS} - U_{GS0}]^2 \tag{7.160}$$

für $|U_{DS}| \geq |U_{DSS}|$ mit der *Sättigungsspannung*

$$\boxed{U_{DSS} = U_{GS} - U_{GS0}} \; . \tag{7.161}$$

I_{DSS} ist wie beim PN-FET quadratisch mit U_{GS} verknüpft. Der Vollständigkeit halber sei auch hier noch einmal auf Gl. (7.136) hingewiesen.

3. **Steilheit**

Analog zu den Gleichungen (7.146) und (7.148) erhalten wir mit der Definition Gl. (7.145) für die Steilheit

$$S = -\mu_p \cdot C_{GK} \cdot \frac{U_{DS}}{l^2} \ . \tag{7.162}$$

Sie hat ihr Maximum bei $U_{DS} = U_{DSS}$; es beträgt

$$\boxed{S_{max} = -\mu_p \cdot C_{GK} \cdot \frac{U_{GS} - U_{GS0}}{l^2}} \ . \tag{7.163}$$

4. **Ausgangswiderstand r_{DS}**

Der Ausgangswiderstand r_{DS} ergibt sich nach Gl. (7.151) aus (7.159). Bequemer ist der Kehrwert g_{DS}.

$$\boxed{g_{DS} = \frac{1}{r_{DS}} = -\mu_p \cdot C_{GK} \cdot \frac{U_{GS} - U_{GS0} - U_{DS}}{l^2}} \ . \tag{7.164}$$

5. **Die MOS–Kapazitäten C_{GD} und C_{GS}**

Auch die dynamischen Eigenschaften des MOSFET werden wesentlich von der (unvermeidlichen) *MOS–Kapazität* C_{GK} zwischen Gate und dem Kanal bestimmt. Diese Kapazität ist *spannungsabhängig*, sie hat ein Minimum bei der Abschnürspannung. In den Datenblättern wird sie allgemein in 2 *Teilkapazitäten* C_{GS} und C_{GD} dargestellt. Bild 7.62 zeigt die Spannungsabhängigkeit von C_{GS} und C_{GD} am Beispiel des P–Kanal–Anreicherungstyps Motorola M 119. Näherungsweise gilt

$$C_{GK} = C_{GD} + C_{GS} \ . \tag{7.165}$$

6. **Ersatzschaltbild des MOSFET**

Die Ersatzschaltung des MOSFET für Frequenzen bis zu einigen MHz ist von der Struktur her identisch mit der des PN–FET in Bild 7.58b. Die gesteuerte Stromquelle hat lediglich den Kurzschlußstrom $S \cdot (U_{GS} - U_{GSO})$, und für r_{DS} ist Gleichung (7.164) zu verwenden.

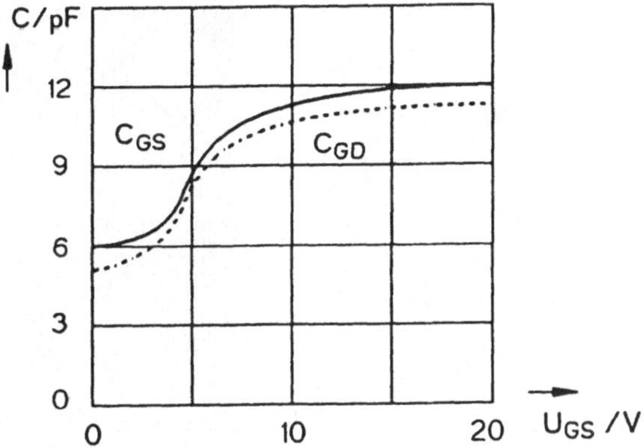

Bild 7.62: C_{GS} und C_{GD} als Funktion von U_{GS}

7.2.3.3 MOSFET mit 2 Gates (MOSFET-Tetrode, Dual-Gate-MOSFET

Bei Hochfrequenzanwendungen möchte man möglichst geringe Rückwirkungen zwischen Drain und Source haben. Das erreicht man durch Einführung eines *zweiten Gates* G_2. Hierdurch wird die beim normalen FET vorhandene Rückwirkungskapazität C_{GD} (Größenordnung $0,1 \cdots 1pF$) wesentlich reduziert. Bild 7.63a zeigt schematisch den Aufbau der so entstandenen *FET-Tetrode* bzw. des Dual-Gate-MOSFET. Wird G_2 hochfrequenzmäßig geerdet, so hat die Inversionsschichtänderung in der Umgebung der Drain praktisch keinen Einfluß mehr auf die Kanallänge unterhalb von G_1. Die Rückwirkungskapazität reduziert sich auf etwa $50mpF$. G_2 läßt sich auch zusätzlich zur Steuerung von I_D verwenden. Hierbei werden die Steuerwirkungen von G_1 und G_2 *multiplikativ* miteinander verknüpft. Der Dual-Gate-MOSFET wird deshalb auch mit Vorteil in Mischstufen, Modulatoren usw. eingesetzt. Er zeichnet sich durch niedriges HF-Rauschen aus und kann auch im fast gesperrten Zustand große Signale mit geringen Verzerrungen verarbeiten (gute Kreuzmodulationsfestigkeit). Bild 7.63b zeigt am Beispiel einer Valvo-MOSFET-Tetrode das Layout eines Chips.

7.2.4 FET-Grundschaltungen

Entsprechend der Emitter-, der Basis- und der Kollektorschaltung für den Injektionstransistor gibt es beim FET die *Source-*, die *Gate-* und die *Drainschaltung*, deren grundsätzlichen Aufbau wir hier skizzieren, deren Eigenschaften wir aber erst im Band II ausführlicher betrachten wollen. Lediglich

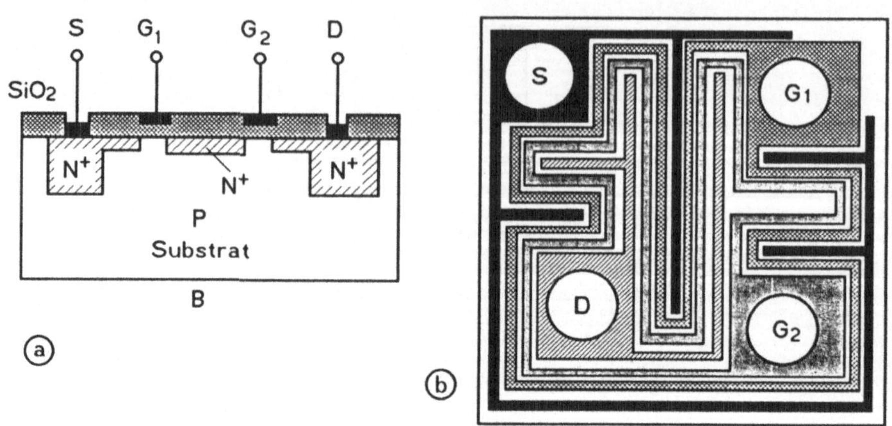

Bild 7.63: Dual-Gate-MOSFET im Schnitt (a) und Layout (b)

die Einstellung der Arbeitspunkte soll uns in diesem Band interessieren.

7.2.4.1 Sourceschaltung

Die *Sourceschaltung* wird ähnlich häufig angewendet wie beim Bipolartransistor die Emitterschaltung. Die Source liegt signalmäßig an Masse, das Gate bildet den Eingang und die Drain den Ausgang. Bild 7.64a zeigt eine typische Anordnung und Bild 7.64b die dazu äquivalente Kleinsignal-Ersatzschaltung.

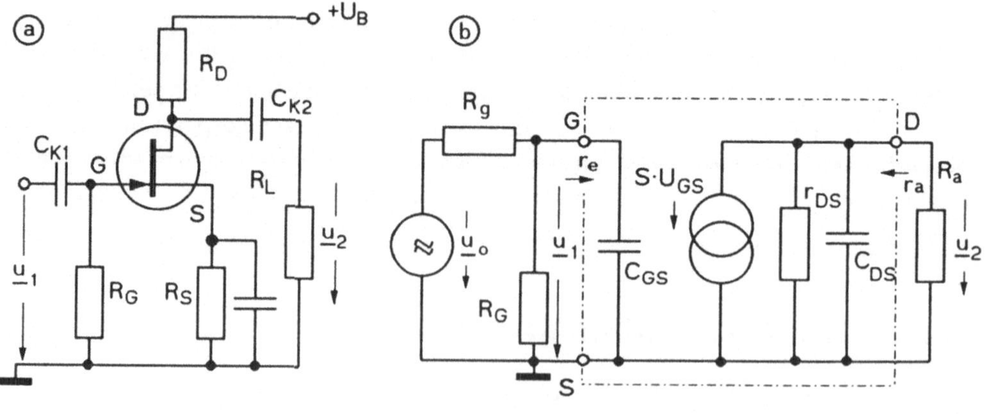

Bild 7.64: Sourceschaltung für den N-Kanal-PN-FET (a) und Kleinsignal-Ersatzbild (b)

7.2.4.2 Drainschaltung (Sourcefolger)

Die *Drainschaltung* entspricht der Kollektorschaltung. Hier liegt entsprechend Bild 7.65 die Drain signalmäßig an Masse, und die Source dient als Ausgang. Im Gegensatz zur Sourceschaltung ist das Ausgangssignal in Phase zum Eingangssignal.

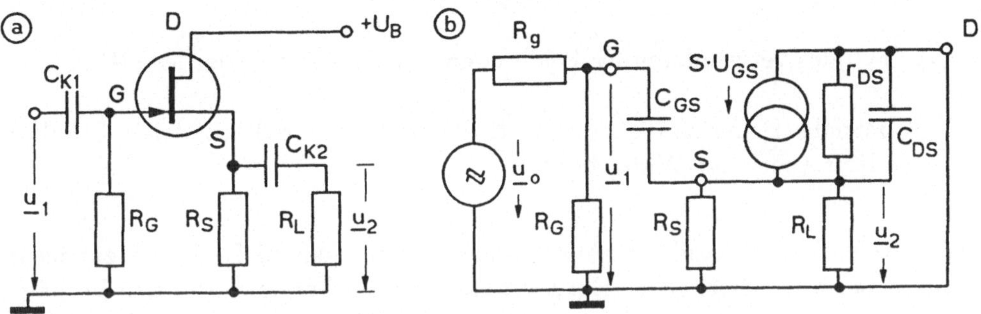

Bild 7.65: Drainschaltung für N-Kanal PN-FET (a) und Ersatzbild (b)

7.2.4.3 Gateschaltung

Die Gateschaltung zeigt Bild 7.66a, ihre Ersatzschaltung Bild 7.66b. Sie wird vorzugsweise bei Hochfrequenz angewandt und entspricht der Basisschaltung.

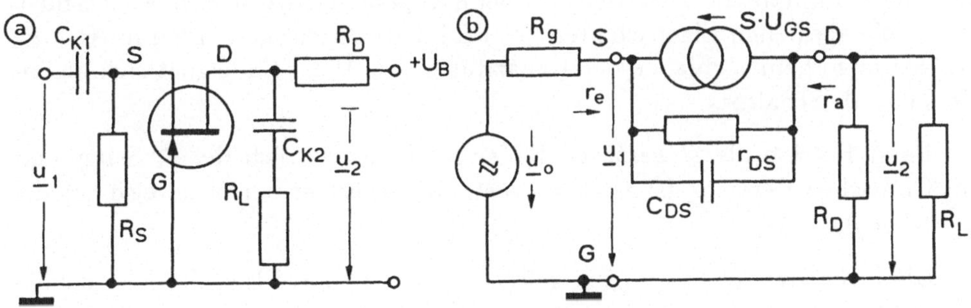

Bild 7.66: Gateschaltung für den N-Kanal-PN-FET (a) und Ersatzbild (b)

7.2.5 Wahl und Einstellung des Arbeitspunktes

7.2.5.1 Allgemeines

Für die Wahl und die Einstellung des Arbeitspunktes sind eine Reihe von Kriterien maßgebend, die man im wesentlichen unter zwei Stichworten zusammenfassen kann:

- Typ des verwendeten FET (P- oder N-Kanal, PN- oder MOSFET),
- Betriebsart des Transistors (z. B. Klein- oder Großsignaltrieb, Schalter oder steuerbarer Widerstand).

Wir wollen uns anhand des Ausgangskennlinienfeldes in Bild 7.68 zunächst einen Überblick verschaffen. Darüberhinaus ist ein Vergleich mit den Verhältnissen beim Bipolartransistor (z.B. Bild 7.22) nützlich.

Kleinsignalbetrieb erfolgt im Abschnürbereich. Im Interesse geringer nichtlinearer Verzerrungen liegt der Arbeitspunkt - hier mit A_1 bezeichnet - häufig in der Nähe der halben Betriebsspannung U_{DS}. Legt man auf Temperaturstabilität besonderen Wert, so muß der Arbeitspunkt in den *Kompensationspunkt* K der Steuerkennlinie (s.a. Bild 7.57) etwa in die Gegend von A_2 nach kleineren Ruheströmen hin verschoben sein.

Für *Großsignalbetrieb* gelten ähnliche Überlegungen wie beim Bipolartransistor. Hier ist beispielsweise A-Betrieb (im Punkt A_1) oder B-Betrieb (Punkt A_3) denkbar. Bei *Schalterbetrieb* benötigen wir zwei Arbeitspunkte in der Nähe von A_4 (AUS $\hat{=}$ gesperrt) und A_5 (EIN $\hat{=}$ leitend). Bei der Dimensionierung sind ähnliche Kriterien wie beim Bipolartransistor von Wichtigkeit, wobei die speziellen Eigenschaften der FET berücksichtigt werden müssen (z. B. Vorgänge beim Umladen der Kapazität C_{GS}). Der FET eignet sich besonders gut als Schalter.

Beim Betrieb als *steuerbarer Widerstand* bewegt sich der Arbeitspunkt im Ohmschen Bereich. Ist U_{DS} = const, so variiert er beispielsweise auf der Geraden A_6 - A_7.

Die bisherigen Überlegungen gelten für alle Typen FET; die Konsequenzen sind wegen der verschiedenartigen Steuerkennlinien jedoch für jeden Typ unterschiedlich. *Grundsätzlich ist zu beachten, daß die Steuerkennlinien Exemplarstreuungen von mehr als 200 % aufweisen können* (vgl.a. Bild 7.68, PN-FET!)

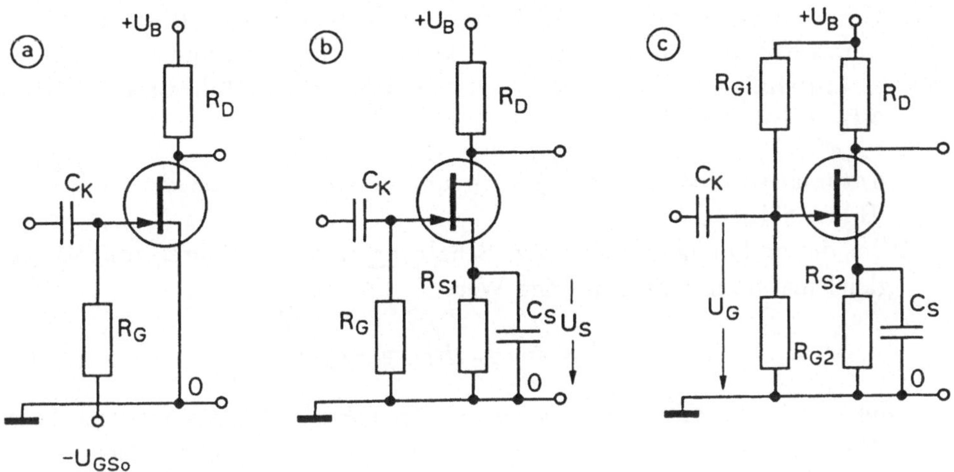

Bild 7.67: Wahl und Einstellung des Arbeitspunktes (Erläuterungen im Text)

7.2.5.2 PN–FET

Für den PN–FET muß U_{GS} entgegengesetztes Vorzeichen zu U_{DS} haben (Arbeitspunkt A_8 in Bild 7.68 links, N–Kanal–PN–FET). Für die Schaltungstechnik gibt es eine Reihe von Möglichkeiten (Bild 7.67, am Beispiel des N–Kanal–PN–FET demonstriert).

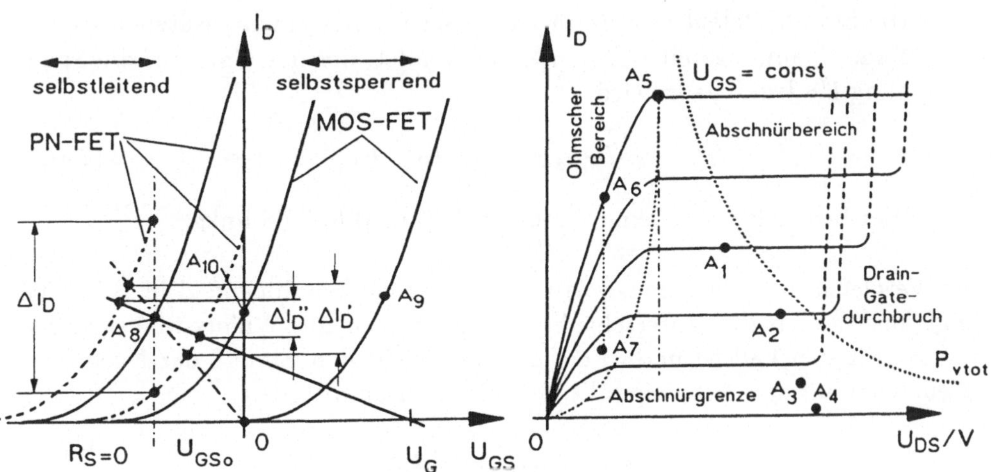

Bild 7.68: Arbeitspunkteinstellung beim PN–FET (N–Kanal)

1. *Verwendung einer separaten Vorspannungsquelle* U_{GS_o} (Bild 7.67a): Dieses Konzept hat den Nachteil, daß die Exemplarstreuungen und Temperatureinflüsse voll in den Arbeitspunkt eingehen (Ruhestromänderung ΔI_D in Bild 7.68 links).

2. *Automatische Vorspannungserzeugung mittels Sourcewiderstand* R_{S1} (Bild 7.67b):
Bei dieser häufig verwendeten Schaltung wird die Source mittels R_{S1} gleichspannungsmäßig auf den Wert

$$U_{S_o} = I_{D_o} \cdot R_{S1} = -U_{GS_o} \tag{7.166}$$

gelegt. Da das Gate stromlos ist und über R_{G1} auf Massepotential liegt, ($U_G = 0$), ist der Potentialunterschied zwischen G und S gleich $-U_{GS}$. Die stabilisierende Wirkung von R_{S1} infolge der Stromgegenkopplung kennen wir bereits vom Bipolartransistor (s.a. Abschnitt 7.1.8.4). Der Vorteil dieser Schaltung liegt im einfachen Aufbau und der stabilisierenden Wirkung von R_{S1}. Ein – wenn auch meistens geringer – Nachteil ist, daß ein Teil der Betriebsspannung U_B an R_{S1} abfällt. Die Vorspannung wird hier zwangsläufig durch I_{D_o} erzeugt, daher der Ausdruck automatische Vorspannungserzeugung. Die exemplar- und temperaturbedingte Drainstromstreuung beträgt hier $\Delta I'_D$ in Bild 7.68 links.

3. *Vorspannungserzeugung mit Spannungsteiler und Sourcewiderstand* R_{S2} (Bild 7.67c):
Die Stabilität läßt sich weiter verbessern, indem man zusätzlich zu R_{S2} einen Spannungsteiler R_{G1}, R_{G2} verwendet, der das Gate auf die Spannung U_G legt. Dann wird

$$U_{GS_o} = U_G - I_{D_o} \cdot R_{S2} \ . \tag{7.167}$$

Hier beobachten wir eine Streuung $\Delta I''_D$ in Bild 7.68 links.

Der Vergleich der Schaltungen a) $\cdots$ c) im Steuerkennlinienfeld in Bild 7.68 zeigt anschaulich die Unterschiede. Zeichnet man die Widersstandsgeraden von R_S für den Fall b) und c) ein und vergleicht den Einfluß der Exemplarstreuungen auf den Arbeitspunkt, so sieht man unmittelbar

$$\Delta I_D > \Delta I'_D > \Delta I''_D \ . \tag{7.168}$$

Außerdem erkennen wir, daß die bessere Stabilität der Variante c) durch einen größeren Widerstand R_S erkauft wird ($R_{S2} > R_{S1}$, Widerstandsgerade flacher).

7.2.5.3 Selbstsperrender MOSFET

Für den selbstsperrenden FET muß U_{GS} dasselbe Vorzeichen wie U_{DS} haben. (Punkt A_9 in Bild 7.67). Hier liegen die Verhältnisse also ähnlich wie beim Bipolartransistor, und die Vorspannung U_G läßt sich mit Hilfe eines Spannungsteilers R_{G1}, R_{G2} aus U_{DS} analog zu Bild 7.68c einstellen. Es ist ebenfalls wieder Stromgegenkopplung möglich, und wieder gilt Gleichung (7.167). Im Gegensatz zum PN-FET ist hier

$$|U_G| > |I_{Do} \cdot R_S| \ . \tag{7.169}$$

U_G kann auch mit Vorwiderstand aus U_B oder mittels Spannungsgegenkopplung von der Drain her gewonnen werden.

7.2.5.4 Selbstleitender MOSFET

Beim selbstleitenden MOSFET liegt der Arbeitspunkt in der Nähe der Ordinatenachse $U_{GS} = 0$ (Punkt A_{10} in Bild 7.67). Man benötigt hier in der Regel nur wenig oder gar keine Mittel zur Arbeitspunkteinstellung.

Abschließend wollen wir noch noch eine Aussage über die *maximale Amplitude der Steuerspannungen* treffen: Für den PN-FET gilt generell, daß die Gate-Source-Steuerspannung u_1 betragsmäßig höchstens um die Schwellspannung der Gate-Source-Diode größer werden darf als U_{GSo}, weil sonst der PN-Übergang in Flußrichtung arbeitet. Beim MOS-FET besteht diese Einschränkung nicht. Die Steuerspannung kann im Rahmen der absoluten Grenzwerte beide Polaritäten annehmen.

7.2.6 Vorsichtsmaßnahmen beim Umgang mit FETs

Bei FETs und insbesondere bei MOSFETs ist das Gate sehr gefährdet. Die maximal zulässigen Spannungen zwischen Gate einerseits und Drain oder Source andererseits dürfen bestimmte Werte (Größenordnung 20 - 50 V) nicht überschreiten. Insbesondere beim MOSFET wird sonst ein irreversibler Durchschlag zwischen Gate und Kanal erzeugt, der den Transistor unbrauchbar macht. Dazu genügt es, wenn der FET z.B. beim Einbau in die Schaltung berührt wird und statische Aufladungen durch Kunststoffe oder Kunstfasertextilien usw. auf das Gate kommen. Die Hersteller schützen den FET auf dem Weg zum Verbraucher durch Kurzschließen der Anschlußdrähte (Schelle, Leitgummi). Nach dem Einbau in die Schaltung sind die Transistoren bei richtiger Dimensionierung allgemein nicht mehr gefährdet.

Es gibt auch Typen, bei denen das Gate über integrierte Z-Dioden geschützt ist. Dabei wird allerdings eine Einbuße im Eingangswiderstand in Kauf genommen.

7.2.7 Anwendungsspektrum der verschiedenen FET-Typen

Das breite Spektrum der derzeitigen FET-Strukturen bietet für fast alle technischen Anwendungsfälle günstige Lösungen.

Digitaltechnik:
Insbesondere die MOS-Technik hat eine sehr stürmische Entwicklung auf diesem Sektor bewirkt, deren Ende noch nicht abzusehen ist. Bevorzugt werden selbstsperrende Typen. Neben den günstigen elektrischen Eigenschaften zeichnet sich der MOSFET gegenüber dem Bipolartransistor durch wesentlich kleinere mechanische Abmessungen aus (höhere Packungsdichte bei ICs).

Kleinsignal–Verstärkertechnik:
Wegen des günstigen Rauschverhaltens bei tiefen Frequenzen (Funkelrauschen) sind besonders Sperrschicht-FET gut geeignet und werden zunehmend gegenüber entsprechenden Bipolar-Typen bevorzugt. Beim Einsatz von MOSFET ist es prinzipiell gleichgültig, ob man selbstleitende oder selbstsperrende Typen nimmt. In einfachen Verstärkern eignen sich Verarmungstypen besonders.

Hochfrequenzanwendungen:
Bei Anwendungen in mittleren und hohen Frequenzbereichen lassen sich Sperrschicht- und MOSFETs in gleichem Maße verwenden. Für geregelte Verstärker und Mischstufen bieten sich besonders MOS FET-Tetroden an.

Höchstfrequenzanwendungen:
Hier sind PN-Sperrschicht-FET und MeS-FET auf GaAs-Basis geeignet. Der MeS-FET ist ebenfalls ein Sperrschicht-Typ; er arbeitet nach dem Prinzip der Schottky-Diode (**Me**tal-**S**emiconductor-FET) (s.a. Abschn. 6.8.12).

Schaltertechnik:
Für sehr schnelle Schalteranwendungen darf die im Kanal gespeicherte Ladung nicht zu groß sein. Hierfür ist die Technik der Ionenimplantation in Silizium gut geeignet, da es auf sehr kleine Chip-Abmessungen ankommt.

Leistungs–FET:
In zunehmendem Maße werden auch Feldeffekt-Leistungstransistoren eingesetzt; Details hierzu sowie die Schaltungstechnik für FET alllgemein wird im Band II ausführlicher behandelt.

Kapitel 8

Thyristoren

In diesem Kapitel Abschnitt wollen wir Bauelemente behandeln, die *mindestens vier Schichten abwechselnden Leitfähigkeitstyps* und damit mindestens *drei PN-Übergänge* enthalten. Sie haben thyratronähnliche Strom-Spannungskennlinien, also einen hochohmigen und einen niederohmigen Kennlinienzweig, die voneinander durch ein Gebiet negativen differentiellen Widerstandes getrennt sind. (s.a. Unijunctiontransistor, Abschnitt 6.8.14 und Bild 8.2b). Das Thyratron ist eine (veraltete) Leistungs-Glimmentladungsröhre, die vor Einführung der Halbleiterkomponenten große Bedeutung hatte.

Nach DIN 41786 werden Bauelemente, die mindestens drei PN-Übergänge (von denen einer ein Schottky-Kontakt sein kann) und Schaltverhalten aufweisen, als Thyristoren bezeichnet.

Den schematischen Aufbau zeigt Bild 8.1. Je nachdem, ob zwei, drei oder alle vier Halbleiterzonen mit Anschlüssen versehen sind, unterscheidet man

- *Thyristor-Dioden* (Vierschichtdioden),
- *Thyristor-Trioden* (allgemein kurz Thyristor genannt),
- *Thyristor-Tetroden*.

Thyristoren sind *Leistungsschalter* und gehören damit zu den Baulelementen der Leistungselektronik. Zu Gruppe der Leistungsschalter zählen wir ebenfalls die Bipolar-Leistungstransistoren und die Leistungs-MOSFET; sie sind aber nicht Gegenstand dieses Kapitels.

Bei der Vierschichtdiode sind nur die Anschlüsse A (Anode) und K (Katode) herausgeführt.

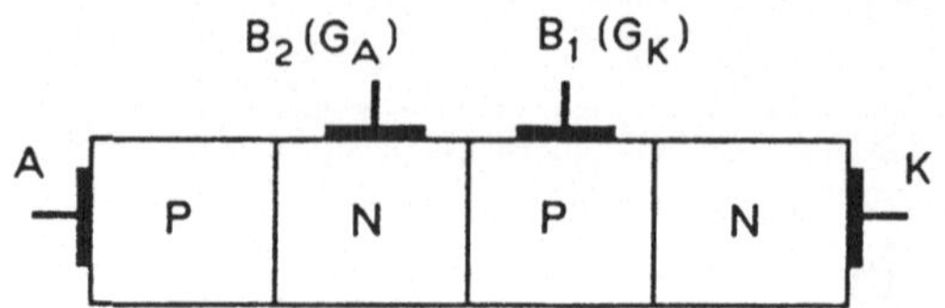

Bild 8.1: Thyristor schematisch

Die Thyristor-Triode hat eine zusätzliche, der Katode benachbarte Steuerelektrode (Basis-Elektrode) B_1 (auch *Gate* G_K oder kurz G genannt) während bei der Thyristor-Tetrode auch die anodenseitige N-Schicht als Steuerelektrode B_2 (oder Gate G_A) herausgeführt ist.

Thyristoren sind stets in Siliziumtechnik ausgeführt. Der Grund liegt in der für Si typischen Eigenschaft, daß der Stromverstärkungsfaktor A oder α_0 bei Transistoren für sehr kleine Ströme gegen Null geht. Diese Eigenschaft ist aber für die Funktionsweise des Thyristors wichtig (s.u.).

8.1 Die Thyristordiode (Vierschichtdiode)

Bei der Vierschichtdiode sind lediglich die Anode und die Katode kontaktiert. Bild 8.2a zeigt den Aufbau schematisch sowie das Schaltsymbol. In Bild 8.2b ist die Strom-Spannungs-Charakteristik dargestellt. Sie hat *vier typische Bereiche*.

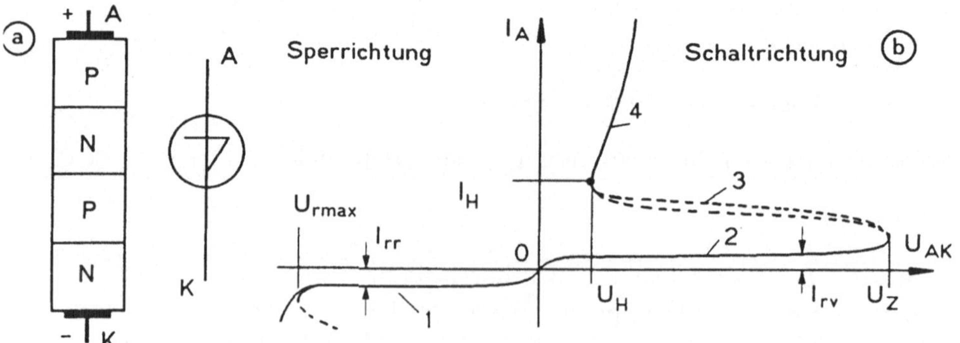

Bild 8.2: Vierschichtdiode, Aufbau schematisch (a) und Kennlinie (b)

Im *Rückwärts-* oder *Sperrbereich (1)* verhält sich die Vierschichtdiode wie eine normale Diode mit dem *Rückwärtssperrstrom* I_{rr}. In *Vorwärts-* oder

Durchlaßrichtung tritt für *kleine Werte von* U_{AK} zunächst der kleine *Vorwärtssperrstrom* I_{rv} in der Größenordnung des Rückwärtssperrstroms auf (2). Überschreitet U_{AK} den kritischen Wert der *Zünd-* oder *Kippspannung* U_Z ($U_Z = 10 \cdots 200V$), so wird die Anordnung leitend, und die Spannung bricht auf den kleinen Wert der *Durchlaß-* oder *Haltespannung* U_H zusammen ($U_H = 1 \cdots 2V$). Der dabei durchlaufene Kennlinienbereich (3) hat *negative differentielle Widerstandscharakteristik.*

Oberhalb des *Haltestroms* I_H zeigt die Stromcharakteristik der Vierschichtdiode etwa den Verlauf einer normalen, in Vorwärtsrichtung betriebenen Diode (4). Wird der Haltestrom unterschritten, so löscht die Vierschichtdiode wieder (typische Werte für I_H sind einige mA). Verlängert man die Durchlaßkennlinie geradlinig bis zu U_{AK}-Achse, so ergibt sich als Schnittpunkt die *Schleusenspannung* U_s.

Zum Verständnis der Wirkungsweise der Vierschichtdiode und damit letztlich auch des Thyristors allgemein werden wir die einzelnen Bereiche anhand von geeigneten Ersatzschaltungen im Abschnitt über die Thyristortriode exemplarisch betrachten.

8.2 Die Thyristortriode (Thyristor im herkömmlichen Sinn)

8.2.1 Schematischer Aufbau und Kennlinien

Wenn man vom *Thyristor* schlechthin spricht, ist allgemein die Thyristor*triode* gemeint. Sie unterscheidet sich von der Vierschichtdiode dadurch, daß die innere P-Zone als dritte Elektrode (Steuergate G oder G_K) herausgeführt ist (Bild 8.3a). Bei offenem Gate ergibt sich eine Strom-Spannungscharakteristik, wie wir sie im Prinzip von der Vierschichtdiode bereits kennen. Sie ist in Bild 8.3b eingetragen. Führt das Gate einen zusätzlichen Strom $I_G > 0$, so verlagert sich die Zündspannung U_Z mit zunehmendem I_G zu niedrigeren Werten. Gleichzeitig nimmt der Sperrstrom I_{rv} in Vorwärtsrichtung zu und der Haltesstrom I_H ab (gestrichelt eingetragen).

8.2.2 Der Thyristor in Sperrichtung.

In Bild 8.4 sind die drei PN-Übergänge in Form von Dioden d_1, d_2 und d_3 dargestellt. Der Gate-Anschluß ist hierbei unerheblich und deshalb nicht dargestellt. Wird der Thyristor in Rückwärtsrichtung gepolt (Minuspol an A,

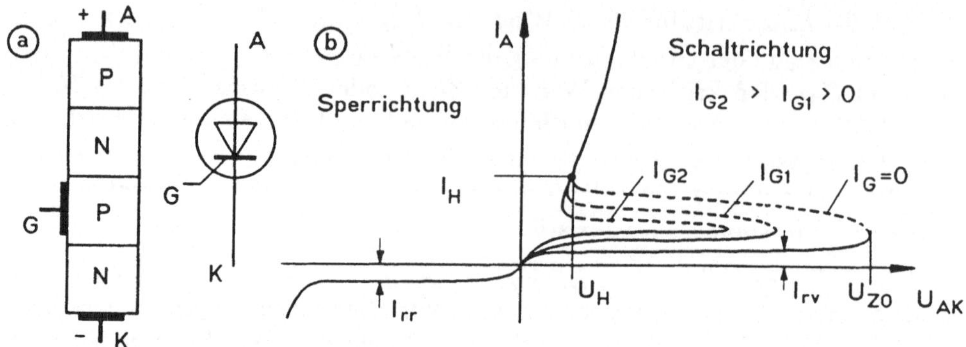

Bild 8.3: Thyristortriode, schematischer Aufbau (a) und Kennlinien (b)

Pluspol an K), so sind die Dioden d_1 und d_3 gesperrt, und d_2 ist leitend. Übersteigt die Sperrspannung den (in der Praxis hohen) Wert U_{rmax} (Bild 8.2b), so findet ein Lawinendurchbruch statt, wie wir ihn von der konventionellen Diode her kennen. (s.a. Abschn. 6.1.4).

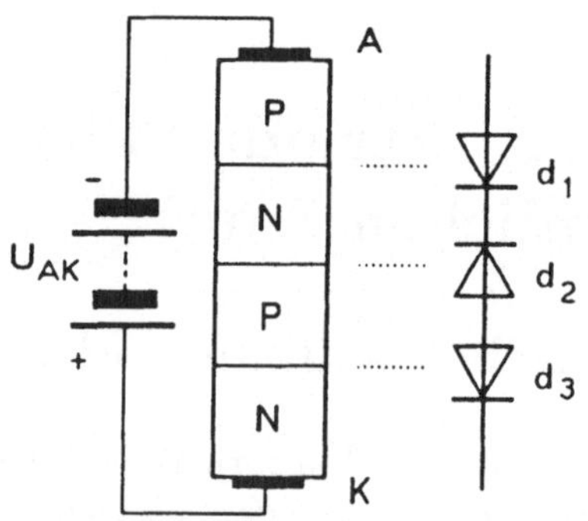

Bild 8.4: Thyristor im Sperrbetrieb

8.2.3 Der Thyristor in Durchlaßrichtung

Wir zerlegen uns den Thyristor entsprechend Bild 8.5 in mehrere Teile und erhalten so eine *Ersatzschaltung*, die das Verhalten des Thyristors sehr gut annähert, bestehend aus zwei Transistoren (PNP- und NPN-Typ) und einer Z-Diode. Das Modell läßt sich auch anwenden auf die Vierschichtdiode, wenn man den Gate-Anschluß zur Basis von T_2 wegläßt bzw. zur Thyristor-Tetrode erweitern, wenn man einen zusätzlichen Gate-Anschluß zur Basis von T_1 einführt. Die Z-Diode ist von untergeordneter Bedeutung und wird in der Literatur häufig weggelassen.

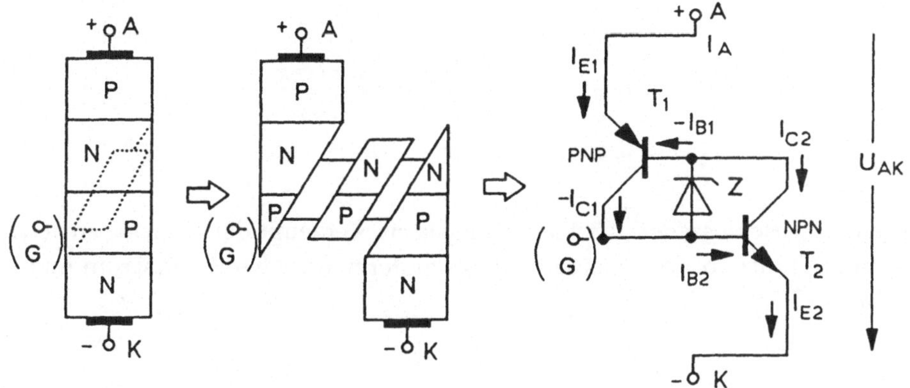

Bild 8.5: Ersatzschaltung der Thyristors im Durchlaß

Läßt man die Spannung U_{AK} zwischen A und K von kleinen Werten an langsam steigen, so sind T_1, T_2 und Z zunächst gesperrt. In den beiden Transistoren fließen nur die *Kollektorrestströme* I_{CBO}, und in erster Näherung ist der Kollektorstrom des einen Transistors gleich dem Basisstrom des anderen, weil Z noch nicht im Durchbruch ist. Steigt U_{AK} weiter, so wird die Z-Diode schließlich niederohmig, und der Potentialunterschied der beiden Transistorbasen ist gleich der Z-Spannung und bleibt konstant. Bei weiter steigendem U_{AK} gelangen deshalb beide Transistoren immer schneller in den leitenden Zustand. Dabei setzt ein Rückkopplungseffekt ein. Der verstärkte Kollektorstrom von T_1 hat einen verstärkten Basisstrom in T_2 zur Folge, der verstärkte Basisstrom in T_2 wieder einen verstärkten Kollektorstrom in T_2. Dieser bewirkt wieder einen verstärkten Basisstrom in T_1 - der Kreis ist geschlossen. Durch diese Mitkopplung wird die Schaltung momentan leitend, der Thyristor ist durchgeschaltet. Die im gezündeten Zustand an der Hauptstrecke A–K abfallende Spannung U_H ist dann

$$U_H \approx U_{BE2} + U_{CEsat1} = U_{BE1} + U_{CEsat2} \ . \tag{8.1}$$

Die Anordnung löscht erst wieder, wenn der Strom soweit abgesunken ist, daß die *Schleifenverstärkung* (s.a. Band II, Kap. 6) der beiden Transistoren nicht mehr ausreicht, um sich gegenseitig durchgeschaltet zu halten.

Wir wollen die Anordnung nun analytisch untersuchen, um die Kippbedingung exakter zu formulieren und lassen dabei die Z-Diode außer Betracht. Für Spannungen $U_{AK} < U_Z$ gilt für die Summe der beiden Kollektorrestströme (Paralleschaltung zweier nahezu identischer Dioden)

$$I_0 = -I_{CB01} + I_{CB02} = -I_s \cdot \left[exp\left(\frac{-U_{AK}}{U_T}\right) - 1\right] \quad und \tag{8.2}$$

$$I_{CB01} \approx I_{CB02} \approx I_{B1} \approx I_{B2} \ . \tag{8.3}$$

Wegen des geschlossenen Rückkopplungskreises erzeugt der Kollektorreststrom des einen Transistors als Basisstrom des anderen dort Kollektorstrom und umgekehrt.

T_1 arbeitet in Basisschaltung, also gilt

$$I_{B1} = (1 - \alpha_{01}) \cdot I_{E1} - I_{CB01} \ . \tag{8.4}$$

T_2 wird in Emitterschaltung betrieben:

$$I_{C2} = \alpha_{02} \cdot I_{E2} + I_{CB02} \ . \tag{8.5}$$

Ferner ist

$$I_{B1} = I_{C2} \quad und \tag{8.6}$$

$$I_{E1} + I_G = I_{E2} = I_A \ , \quad also \tag{8.7}$$

$$(1 - A_1) \cdot I_{E1} - I_{CB01} = \alpha_{02} \cdot I_{E2} + \alpha_{02} \cdot I_G + I_{CB02} \ , \quad daraus \tag{8.8}$$

$$I_{E1} = \frac{\alpha_{02} \cdot I_G - I_{CB01} + I_{CB02}}{1 - (\alpha_{01} + \alpha_{02})} \quad oder \tag{8.9}$$

$$\boxed{I_A = \frac{\alpha_{02} \cdot I_G + I_0}{1 - (\alpha_{01} + \alpha_{02})}} \ . \tag{8.10}$$

Für $I_G = 0$ liegen die Verhältnisse der Vierschichtdiode vor. Wir sehen, daß Gleichung (8.10) eine Polstelle bei

$$\alpha_{01} + \alpha_{02} = 1 \tag{8.11}$$

hat. Das ist die *Kippbedingung*, denn physikalisch bedeutet dies, daß I_A extrem groß wird, wobei der mittlere PN-Übergang völlig wirkungslos wird, weil er mit Ladungsträgern überschwemmt ist. Wichtig für das Zustandekommen des Thyristor-Effekts (Erfüllung der Gleichung (8.11)) ist die (besonders bei Si ausgeprägte) Erscheinung, daß α_0 stromabhängig ist, wie dies Bild 8.6 im Prinzip zeigt.

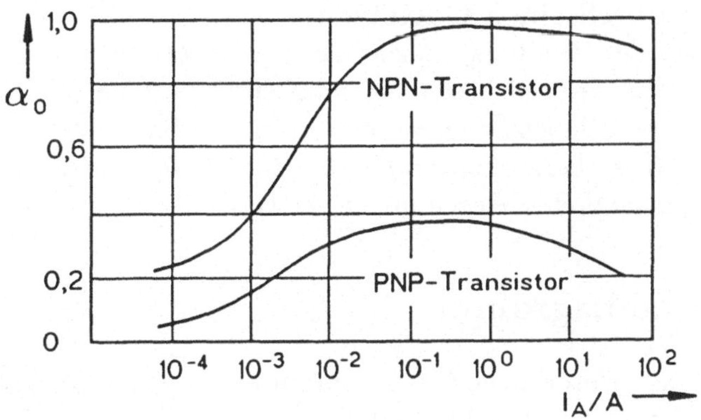

Bild 8.6: Stromabhängikeit von α_0 bei PNP- und NPN-Transistoren

8.2.4 Arten der Zündung eines Thyristors

Ein Thyristor zündet, wenn der Kollektorstrom eines Transistors in der Ersatzschaltung nach Bild 8.5 so groß geworden ist, daß der Rückkopplungseffekt einsetzt. Hierfür gibt es eine Reihe von Möglichkeiten:

1. **Erhöhung der Anodenspannung (Überkopfzündung)**

   U_{AK} wird solange erhöht, bis U_{Z0} überschritten wird. Diese Art der Zündung ist für Vierschichtdioden (Thyristordioden) brauchbar, bei Thyristoren mit Steuergate meistens verboten.

2. **Schneller Spannungsanstieg (Rate–Effekt)**
   Läßt man U_{AK} nicht allmählich, sondern sehr schnell z. B. mit einer Steilheit ($dU_{AK}/dt > 2\ kV/\mu s$) ansteigen, so kann der Thyristor bereits bei Spannungen $< U_{Z0}$ zünden.

   Dieser Effekt ist normalerweise unerwünscht, er entsteht durch Verschiebungsströme in den Sperrschichtkapazitäten, die zum Zünden ausreichen. Durch technologische Maßnahmen (ITT: shorted emitter technique) läßt sich die kritische Spannungssteilheit dU_{AK}/dt erhöhen.

3. **Zufuhr von Energie in Form von Wärme, Licht, Strahlung**
   Hier gilt das gleiche, was wir von der Ladungsträgerpaarerzeugung und damit der Reststromerhöhung von der Diode und vom Transistor her bereits kennen. Sie kann beim Thyristor eine Zündung bewirken. Dieser Effekt ist meistens unerwünscht. Technisches Interesse hat lediglich der *innere Photoeffekt*, man nutzt ihn im Photothyristor aus.

4. **Zünden durch einen Gatestrom**
Diese Art der Zündung ist die weitaus verbreitetste. Sie ist nur bei Thyristortrioden und -Tetroden möglich. Während die Thyristortriode nur katodenseitig gezündet werden kann (die Basis des NPN-Transistors in Bild 8.5 ist herausgeführt) läßt sich die Tetrode auch anodenseitig zünden (zusätzlicher Anschluß an der Basis des PNP-Transistors).

8.2.5 Zünddiagramm

Der zur Zündung erforderliche Gatestrom unterliegt Exemplarstreuungen und ist temperaturabhängig. Die Hersteller geben in den Datenblättern *Zünddiagramme* an, die diese Einflüsse berücksichtigen. Wir wollen uns anhand des Valvo-Thyristors der Reihe BTY 79/··· R die charakteristischen Größen näher betrachten. (Bild 8.7).

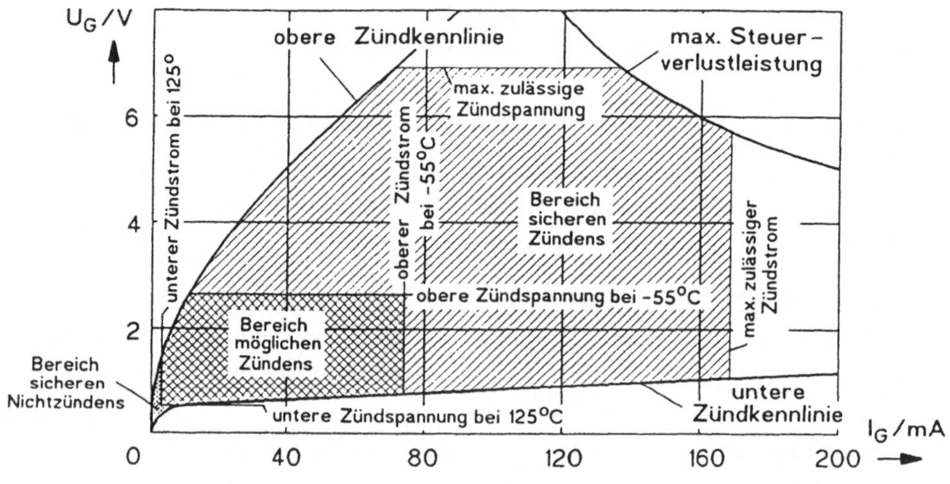

Bild 8.7: Zünddiagramm der Reihe BTY79/ ···R

Untere Zündspannung:

Höchstwert der am Gate zulässigen Spannung U_G bei der alle Thyristoren dieser Type *gerade noch nicht* zünden. Diese Größe ist wichtig bei der Beurteilung des Störabstandes. Sie hat ihren kritischsten Wert bei der höchstzulässigen Betriebstemperatur.

Obere Zündspannung:
Mindestwert der Steuerspannung, bei der alle Thyristoren einer Type *sicher* zünden.

Oberer Zündstrom :
Mindestwert des Steuerstroms I_G, bei dem alle Thyristoren einer Type sicher zünden. Mit zunehmender Temperatur wird dieser Wert kleiner.

unterer Zündstrom :
Maximalwert des Steuerstroms I_G, bei dem alle Thyristoren einer Type sicher nicht zünden; kritischer Wert bei der höchstzulässigen Temperatur.

Innerhalb des doppelt schraffierten Bereichs ist eine Zündung *möglich. Oberhalb* und *rechts davon* ist eine Zündung *sicher* (einfach schraffierter Bereich). Man sollte sich bei der Dimensionierung zweckmäßig im Bereich sicherer Zündung bewegen. Die Grenze nach oben gibt dabei die höchste zulässige Gate-Verlustleistung $P_{Gmax} = U_G \cdot I_G$.

Im Zwickel um den Nullpunkt herum existiert noch der Bereich *sicheren Nichtzündens.*

8.2.6 Zündzeit t_{gt}

Die *Zündzeit* t_{gt} ist eine wichtige dynamische Kenngröße. Nach DIN 41786 ist sie definiert als die Zeitdauer zwischen dem Beginn eines sprungförmigen Steuerstromimpulses I_{GT} und dem Abfall der Vorwärtsspannung zwischen den Hauptanschlüssen des Thyristors von 90 % auf 10% des Anfangswertes (Bild 8.8a). Sie setzt sich zusammen aus der *Zündverzugszeit* t_{gd} und der *Durchschaltzeit* t_{gr} (Größenordnung $1 \cdots 10\ \mu s$ bei technischen Thyristoren):

$$\boxed{t_{gt} = t_{gd} + t_{gr}} \quad . \tag{8.12}$$

Die Zündverzugszeit ist die Zeitdauer zwischen Beginn des Zündstromimpulses und dem Abfall der Vorwärtsspannung auf einen definierten Wert (z.B. 90 %). Die Durchschaltzeit ist die Zeitdifferenz zwischen Zündzeit und Zündverzugszeit.

8.2.7 Freiwerdezeit t_q

Die *Freiwerdezeit* t_q ist die Mindestzeitdauer zwischen dem Nulldurchgang des Thyristorstromes vom Schalt- in den Sperrzustand und der frühest zulässigen Wiederkehr einer positiven Sperrspannung, bei der der Thyristor nicht

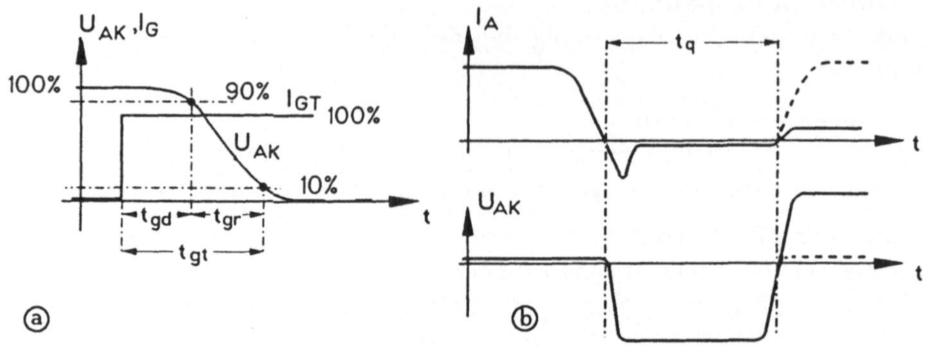

Bild 8.8: Zur Definition der Zündzeit t_{gt} und zur Freiwerdezeit t_q

ungewollt durchzündet (Bild 8.8b). Wird U_{AK} innerhalb der Freiwerdezeit wieder positiv, so zündet der Thyristor wieder durch (gestrichelt angedeutet). Größenordnung von t_q bei technischen Thyristoren: $10 \cdots 100\ \mu s$. Sie ist also länger als die Zündverzugszeit.

8.2.8 Kritische Spannungssteilheit

Die *kritische Spannungssteilheit* dU_{AK}/dt ist der höchstzulässige Wert der *Spannungsanstiegsgeschwindigkeit* bei $I_G = 0$ in Vorwärtsrichtung, bei der der Thyristor noch nicht durchschaltet.

8.2.9 Kritische Stromsteilheit

Die *kritische Stromsteilheit* dI_A/dt ist der höchstzulässige Wert der *Stromänderungsgeschwindigkeit* bei Durchschaltung in Vorwärtsrichtung, die der Thyristor ohne Schaden verträgt.

8.3 Der GTO–Thyristor

Die Vorteile der Thyristoren gegenüber den Biploar- und MOSFET–Schalttransistoren lassen sich in zwei Punkte zusammenfassen:

- hohe Sperrspannungen,
- hohe Durchlaßströme (kleine Verlustleistungen).

Dem steht ein wesentlicher Nachteil gegenüber:

- fehlende Abschaltbarkeit über das Gate, daher hoher Aufwand für spezielle Löschschaltungen.

Dies ist kein prinzipielles Problem, sondern ein technologisches, wie uns die nachfolgenden Überlegungen zeigen.

Legt man Gleichung (8.11) zugrunde, so muß man für das Abschalten des Thyristors über das Gate einen negativen Strom $-I_G$ zur Verfügung stellen, der den mittleren PN–Übergang stromlos macht und damit $I_A = 0$ bewirkt. Sein Betrag hat die Größe

$$\boxed{|I_{Goff}| > I_H \cdot \frac{1 - \alpha_{01} - \alpha_{02}}{\alpha_{02}}} \quad . \tag{8.13}$$

$|I_{Goff}|$ sollte im Interesse einer erträglichen Gatebelastung möglichst klein sein; die Forderung muß also lauten

$$\boxed{\alpha_{02} \Longrightarrow 1} \quad , \quad \boxed{\alpha_{01} \Longrightarrow 0} \quad . \tag{8.14}$$

Das ist technologisch schwierig und konnte durch spezielle Techniken erst Mitte der siebziger Jahre erreicht werden. Die hieraus resultierenden Thyristoren heißen *GTO–Thyristoren* (GTO = Gate Turned Off).

8.3.1 Thyristoren mit Feldeffektsteuerung

Das Prinzip der Stromsteuerung durch Feldeffekte hat sich auch bei den Thyristoren eingebürgert, und zwar unterscheidet man Thyristoren mit isoliertem Gate ähnlich den MOSFETs und - als neue Entwicklung - FCTh (s.u), die mit Sperrschichteffekten arbeiten. Wir behandeln zunächst den Feldeffektthyristor mit isoliertem Gate.

8.3.2 Feldeffektthyristor mit isoliertem Gate

Der *Feldeffektthyristor mit isoliertem Gate* ist dem konventionellen Thyristor sehr ähnlich. Er arbeitet jedoch im Gegensatz zu diesem mit reiner *Spannungssteuerung*. Die Struktur des Feldeffektthyristors zeigt schematisch Bild 8.9. Der Hauptunterschied liegt in der Struktur des Gate. Ähnlich wie beim FET ist es durch eine dünne Oxydschicht vom Kristall isoliert. Anode, innere N-Zone und innere P-Zone bilden einen MOS-FET vom N-Kanal-Anreicherungstyp. Eine Steuerspannung negativer Polarität induziert einen dünnen P-Kanal im inneren N-Gebiet, durch den der Thyristor gezündet wird. Vorteile des Feldeffektthyristors sind

- extrem niedrige Steuerleistung,
- einfache Triggerschaltung,
- gute Isolation zwischen Steuer- und Lastkreis.

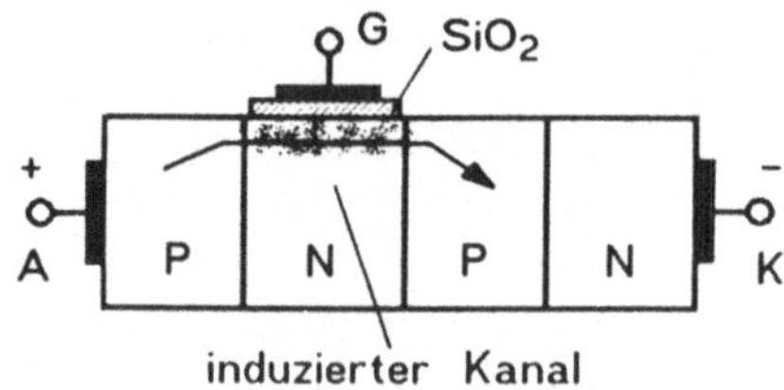

Bild 8.9: Feldeffektthyristor, schematisch

8.3.3 Feldgesteuerter Thyristor (FCTh)

Der *feldgesteuerte Thyristor* (**F**ield **C**ontrolled **Th**yristor) ist ein relativ neuartiger Halbleiter-Leistungsschalter, der die Vorzüge der GTO mit denen von Leistungstransistoren (höhere Schaltfrequenzen, geringerer Aufwand bei Ansteuerung und Schutz) kombiniert. Er wird ähnlich wie der Sperrschicht-FET über ein galvanisch nicht isoliertes Gate betrieben. Auf Einzelheiten können wir in diesem Rahmen nicht weiter eingehen.

8.4 Die Thyristortetrode

Bei der Thyristortetrode sind entsprechend Bild 8.10 beide Basiszonen kontaktiert. Die Thyristortetrode läßt sich deshalb zünden durch

- positives Signal an G_K ,
- negatives Signal an G_A ,
- Überkopfzündung.

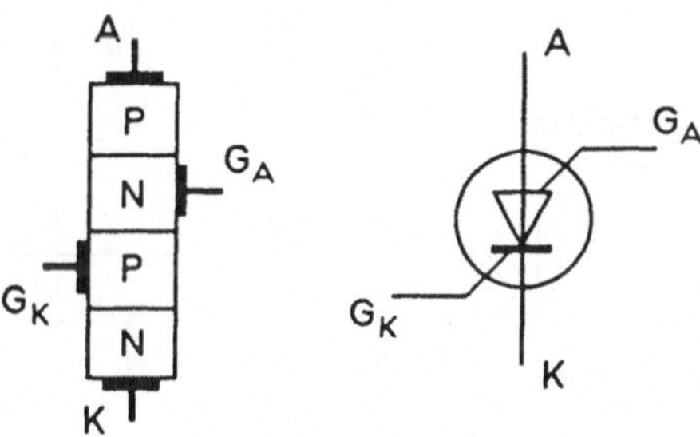

Bild 8.10: Thyristortetrode, schematisch

Sie läßt sich bei einigen Ausführungsformen im Gegensatz zur Thyristortriode aber auch über die Gates *löschen*. Möglichkeiten hierfür sind

- negatives Signal an G_K,
- positives Signal an G_A,
- Unterschreiten des Haltestromes oder
- $U_{AK} = 0$.

8.5 Bidirektionale (Zweiweg–) Thyristoren

Bidirektionale Thyristoren zeigen *Schaltverhalten für beide Stromrichtungen* und sind deshalb besonders für *Wechselspannungsanwendungen* geeignet. Sie enthalten im Innern eines Silizium- Chips zwei antiparallel geschaltete PNPN-Folgen.

8.5.1 Bidirektionale Thyristordiode

Bild 8.11a zeigt den Querschnitt und das Schaltbild einer bidirektionalen Thyristordiode. Die Zonenfolge I wird gezündet, wenn $U_{12} > U_{Z0}$ ist, und II wird leitend für $U_{12} < -U_{Z0}$. Eine Zündung durch den Rate-Effekt ist ebenfalls möglich. Die Überlappung L der beiden äußeren N-Zonen bewirkt eine Querentkopplung, indem hier eine Fünfschichtenfolge entsteht.

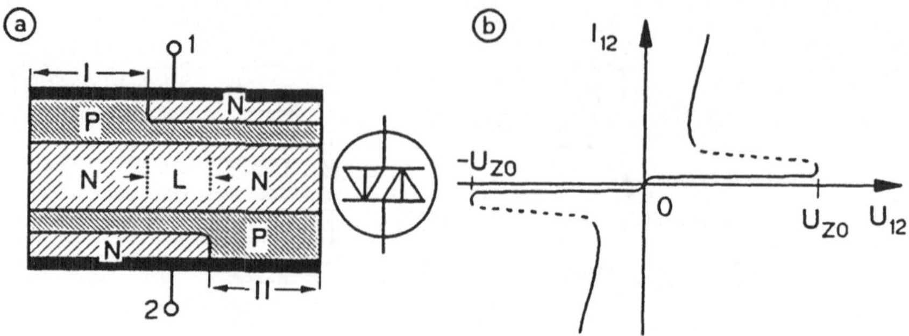

Bild 8.11: Bidirektionale Thyristordiode (a) und zugehörige Strom-Spannungskennlinie (b)

8.5.2 Bidirektionale Thyristortriode (Triac), Zweiwegthyristor

Der *Triac* (**Tri**ode-**AC**-Switch) besteht aus der Antiparallelschaltung zweier Thyristortrioden. Bei dem einen Thyristor ist G_A, beim anderen G_K zu einem gemeinsamen Gate G herausgeführt (Bild 8.12a). Die Kennlinie des Triacs zeigt Bild 8.12b.

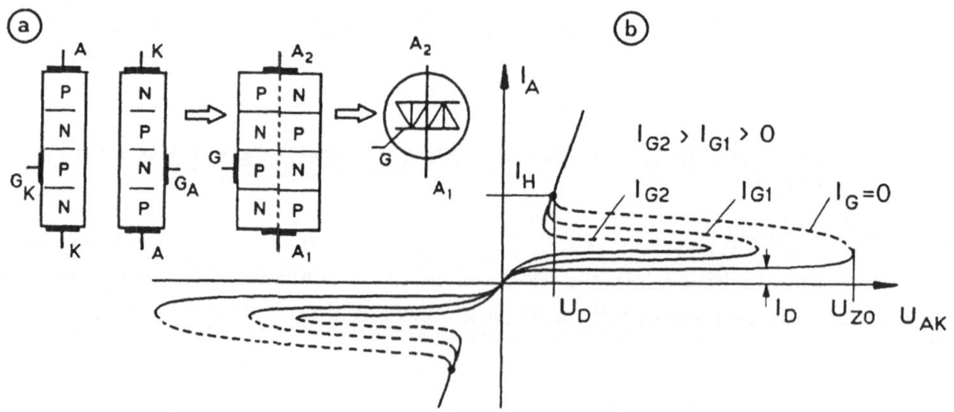

Bild 8.12: Entstehung eines Triac, schematisch (a) und Kennlinie (b)

Ein beliebig gepolter Impuls zwischen G und A2 zündet den Triac. Triacs eignen sich besonders für Wechselstromanwendungen und sind dort weit verbreitet (Beispiel: Dimmerschalter für Beleuchtungszwecke).

Tabelle 8.1: Kenndaten Diac BR 100

Kennwerte bei $\vartheta_j = 25°C$		
Durchbruchspannung bei $dU/dt = 10V/ms$	U_{BR}	$28 \cdots 36V$
Durchbruchstrom	I_{BR}	$< 100\mu A$
Unsymmetrie der Durchbruchspannung	$\|U_{BR,F} - U_{BR,R}\|$	$< 3V$
Differenz-Spannung bei $dU/dt = 10V/ms, I = 10mA$	ΔU	$> 6V$

8.6 Triggerdiode (Diac)

Triggerdioden haben ähnliches Verhalten wie Vierschichtdioden (unsymmetrische Diacs) bzw. bidirektionale Vierschichtdioden (symmetrische Diacs). Bild 8.13 zeigt die Kennlinie der symmetrischen Valvo-Type BR 100. Nach dem Zünden der Diode bei U_{BR} ändert sich die Spannung nur um den Wert ΔU_F und geht nicht in die Nähe von Null. Tabelle 8.1 enthält die Kenndaten der BR 100. Triggerdioden dienen zur Impulserzeugung z.B. bei der Ansteuerung von Thyristoren.

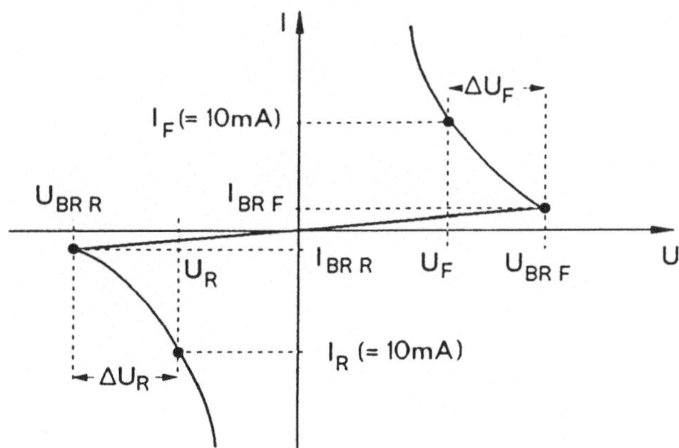

Bild 8.13: Kennlinie des symmetrischen Diac BR 100.

Kapitel 9

Einführung in die Halbleitertechnologie

Im Laufe der letzten 35 bis 40 Jahre hat die Halbleiterfertigung einen rasanten Entwicklungsprozeß durchgemacht, der Hand in Hand mit der mikroelektronischen Integrationstechnik ging. Bedingt durch die Fortschritte in der Technologie konnten neue Schaltungskonzepte realisiert werden, die wiederum Impulse auf die Technologie hatten. Diese gegenseitige Befruchtung ist nach wie vor in vollem Gange. Hiervon ist vor allem die Digitaltechnik betroffen.

Wir haben uns im Rahmen dieses Buchs nur mit *diskreten Bauelementen* befaßt und wollen uns deshalb bei der Behandlung der Halbleitertechnologie auch auf die wichtigsten Prinzipien der Herstellung einfacher Komponenten beschränken. Soweit nötig und überhaupt im Rahmen des Gesamtwerks möglich, werden wir in den Bänden II und III (analoge bzw. digitale Schaltungen) weitere Details behandeln.

Ein kurzer entwicklungsgeschichtlicher Abriß läßt im wesentlichen folgende Phasen erkennen:

1. *Fünfziger Jahre:*
   Beherrschung der *Grundprozesse* zur Herstellung von einkristallinen Ge- und Si-Materialien, beginnend mit Kristallstabdurchmessern von 15 mm (1955) über 1 inch (1960), 3 inch (1970) bis 200 mm (1990). Die ersten kommerziell interessanten Transistoren beruhten vor allem auf der *Legierungstechnik*, die heute nur noch selten (bei wenigen Leistungstransistoren) angewandt wird.

2. *Sechziger Jahre:*
   Entwicklung der *Planartechnik* auf der Basis von Si. Hierzu gehören

einige typische Fertigungsbereiche, die miteinander in enger Beziehung stehen:

(a) *Photolithographie* zur Herstellung von hochpräzisen Photomasken,

(b) *Thermische Oxidationstechnik* zur Erzeugung hochwertiger Isolationsschichten auf den einzelnen Bereichen der Kristalloberfläche,

(c) *Ätztechniken* zur definierten Strukturierung der Layouts für weitere Schritte zur Diffusion, Kontaktierung etc.,

(d) *Diffusionverfahren* zur gezielten Dotierung einzelner Bereiche,

(e) *Kontaktierungstechniken* zur Verbindung der Halbleiterchips mit den äußeren Gehäuseanschlüssen.

Mit der Entwicklung der Fertigungsprozesse gingen die *Analyse* und die *Modellierung des Verhaltens* der diskreten Bauelemente einher; erste Integrierte Schaltungen in *SSI–Technik* (**S**mall **S**cale **I**ntegration) und MOS–Technik kamen auf den Markt. Die Abmessungen einzelner Strukturen lag in der Größenordnung von 30 ··· 20 μm und damit noch etwa 2 Größenordnungen über denen, die man derzeit als elektrisch–physikalische Grenze ansieht.

3. *Siebziger Jahre:*
   Sie sind gekennzeichnet durch den steten Fortschritt in Hinblick auf Verkleinerung der Strukturen, Erhöhung der Packungsdichte auf den Chips *(MSI- und LSI-Schaltungen),* ***M**edium bzw.* ***L**arge* ***S**cale* ***I**ntegration),* Verbesserung der Zuverlässigkeit und des Frequenzverhaltens und Einführung der *Ionenimplantation*, der *Epitaxialtechnik* und der *Trockenätzverfahren*.

4. *Achtziger Jahre:*
   Im Vordergrund dieses Jahrzehnts stand die enorme Ausweitung der Digitaltechnik, die wiederum durch die verbesserten Möglichkeiten bei der Feinstrukturierung und durch die steigende Zuhilfenahme von Rechnern beim Schaltungsentwurf und bei der Schaltungssimulation ermöglicht wurde. Die Strukturen erreichten allmählich den 1 μm–Bereich. Das hatte zur Konsequenz, daß man sie nicht mehr nur zweidimensional (lateral) betrachten durfte, sondern daß die nun auftretenden Probleme auch die dritte Dimension, nämlich die Tiefe erfaßten.

   Die I^2L–Technik (**I**ntegrated **I**njection **L**ogic) ist ein Beispiel dafür, wie die enge Verflechtung von Schaltungs–Layout und Schaltungsprinzip zu völlig neuartigen Funktionseinheiten führte (vgl. a. Bd. III). Die VLSI-Technik (**V**ery **L**arge **S**cale **I**ntegration)) ermöglichte die Implementation eines kompletten Systems (z.B. einer Rechner-Zentraleinheit (vgl. Bd III) oder einer Kamera-Signalverarbeitung) auf einem einzigen Chip.

5. *Neunziger Jahre:*
Vor dem Hintergrund der oben skizzierten Probleme geht das Bemühen der Industrie dahin, die enorm wachsenden Anforderungen an die einzelnen Prozeßschritte bei der Beherrschung der dritten Dimension (Genauigkeit, Reinheit etc.) durch immer stärkere Automatisierung in den Griff zu bekommen, ohne dabei die Wirtschaftlichkeitsgrenze zu überschreiten.

9.1 Herstellung von Einkristallen

Am Anfang einer jeden Halbleiterfertigung steht die Herstellung des Kristallmaterials. Es existieren hauptsächlichen 2 Verfahren

- *Drehziehverfahren* nach *Czochralski*, das heute vorwiegend benutzt wird und das
- *Zonenziehverfahren*, das sich vor allem für Si eignet, heute aber nicht mehr so verbreitet ist.

Die Bilder 9.1a und b stellen beide gegenüber; sie werden nachfolgend kurz skizziert.

9.1.1 Das Drehziehverfahren

In einem Tiegel aus hochreiner Kohle oder Quarz befindet sich die Halbleiterschmelze. Sie hat eine Temperatur von ca. 950°C bei Ge oder 1450°C bei Si. Der Tiegel wird induktiv durch eine HF-Spule geheizt. Die Schmelze enthält bereits das Grund-Dotierungsmaterial (z.B. für n-Leitung As oder Sb, für p-Leitung Al, In oder Ga). Über der Schmelze befindet sich eine drehbare Achse, die vertikal gesteuert werden kann. Am unteren Ende dieser Achse ist ein kleiner Impfkristall eingespannt. Er wird bei Beginn des Ziehprozesses kurz in die Schmelze eingetaucht und wieder allmählich hochgezogen. Dabei bildet sich ein Kapillarschlauch aus flüssigem Material und Impfkristall. Er erstarrt an der Impfkristallseite, so daß unter allmählichem Drehen und Hochziehen ein immer länger werdender Einkristall wächst. Der ganze Prozeß wird entweder im Vakuum oder in einer Schutzgasatmosphäre (z. B. Argon oder Wasserstoff

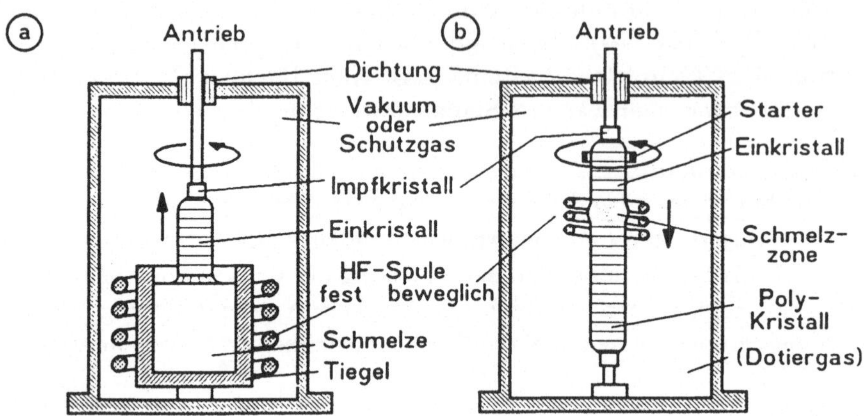

Bild 9.1: Herstellung von einkristallinen Halbleitern: Drehziehverfahren (a) und Zonenziehverfahren (b)

mit Stickstoff) durchgeführt. Die Drehbewegung während des Kristallziehens dient dem Zweck, einen rotationssymmetrischen Aufbau des Kristalls zu erhalten.

9.1.2 Zonenziehverfahren

Das Zonenziehverfahren war vor allem wichtig für die Züchtung von Si-Einkristallen. Es nutzt die Tatsache aus, daß Kapillarkräfte in der Lage sind, schmale Schmelzzonen ohne Tiegel zusammenzuhalten. Im Boden des Ziehofens befindet sich ein drehbarer Kristallhalter. Er trägt einen polykristallinen Si-Stab, der grunddotiert ist (s.o.) und in einem separaten Fertigungsschritt vorher gewonnen wurde. Am oberen Stabende liegt eine einkristalline Impfkristallscheibe, die in der oberen Drehachse des Ziehgefäßes eingespannt ist. Eine kurze Hochfrequenzspule umschließt den Stab. Sie läßt sich mit einem Antrieb langsam entlang der Stabachse auf und ab bewegen. Die Spule erzeugt im Betrieb eine schmale Schmelzzone im Si-Stab. Der Ziehvorgang beginnt am oberen Teil des Stabes. Das Material ist zunächst noch kalt, sein Widerstand relativ hoch. Er reicht im allgemeinen nicht aus, um durch Wirbelstromwärme im HF-Feld ein Schmelzen zu erreichen. Deshalb bedient man sich eines niederohmigen Starterringes aus Graphit, der durch Strahlungswärme den Si-Stab soweit aufheizt, daß dessen Leitfähigkeit schließlich ausreicht, im HF-Feld selbst zu schmelzen. Hat sich zwischen Impfkristall und dem polykristallinen Si-Stab als Keim eine schmale Schmelzzone gebildet, so wird die

HF-Spule langsam nach unten gezogen, und der Stab wird zonenweise in den einkristallinen Zustand umgeschmolzen.

Die weiteren Technologieschritte dienen letztendlich vorwiegend dem Ziel, *PN-Übergänge zu erzeugen*, also in einem einkristallinen Halbleitermaterial *auf möglichst kurzer Wegstrecke einen räumlich stark veränderlichen Konzentrationsverlauf von Donatoren und Akzeptoren* zu erreichen. Erzeugt man die verschiedenartige Dotierung bereits bei der Herstellung des Einkristalls, so entstehen *gezogene* (rate-grown) Dioden oder Transistoren. Sie sind nur von historischem Interesse.

Erfolgt die Herstellung der PN-Übergänge nach dem Ziehen des Einkristalls, so entstehen entweder *legierte* oder *diffundierte* oder *Epitaxial-Strukturen*. Auch Ionenimplantation ist möglich.

9.1.3 Die Legierungstechnik

Die Legierungstechnik stammt aus den Anfängen der Halbleitertechnologie; wir wollen sie am Beispiel des *Legierungstransistors* (alloy-transistor) erörten. Gängig waren vor allem PNP-Ge-Transistoren für kleinere und mittlere Leistungen und Frequenzen bis wenige hundert MHz.

Werdegang, Aufbau und Dotierungsprofil eines Ge-Legierstransistors zeigt schematisch Bild 9.2.

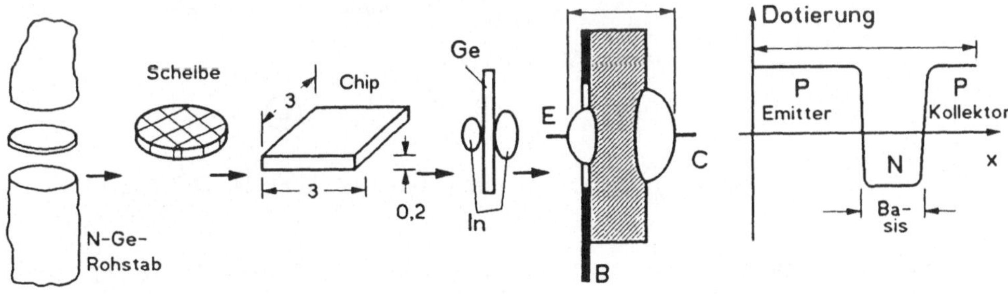

Bild 9.2: Entstehung, Aufbau und Dotierungsprofil des Ge-Legierungstransistors

Aus dem schwach dotierten N-Ge-Material werden quadratische Scheiben mit etwa 3 mm Kantenlänge und 0,2 mm Dicke ausgeschnitten. Beim Legierungsvorgang (Bild 9.3) wird P-leitendes Störstellenmaterial (z.B. In) als kleines Kügelchen auf die Scheibe gelegt und erhitzt. Bei etwa 160°C beginnt die In-Pille zu schmelzen, und bei 450°C löst das flüssige In das Ge an der Berührungsstelle auf; die Legierung findet statt. Es entsteht um die Pille herum ein PN- Übergang.

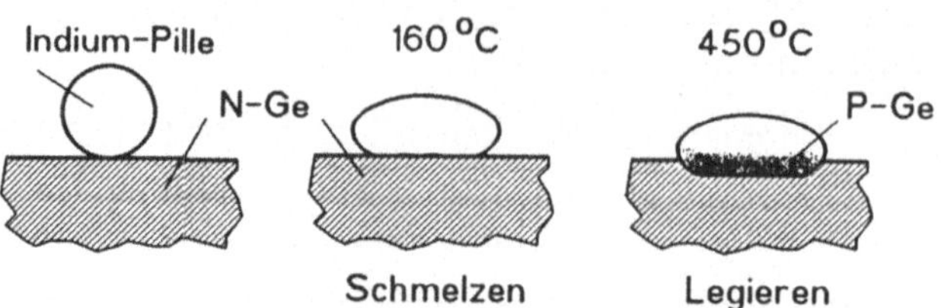

Bild 9.3: Legierungsvorgang

Die Kollektorpille hat meistens größere Abmessungen als die Emitterpille. Das verbessert die Stromverstärkung, weil wegen der divergierenden Strombahnen vom Emitter zum Kollektor die Ladungsträger durch den großflächigen Kollektor besser erfaßt werden. Um die Hochfrequenzeigenschaften der legierten Transistoren zu verbessern, sind zwei Verfahren entwickelt worden, die oft auch kombiniert angewendet wurden und die frühe Stufen der *Ätz-* und der *Diffusionstechnik* darstellten.

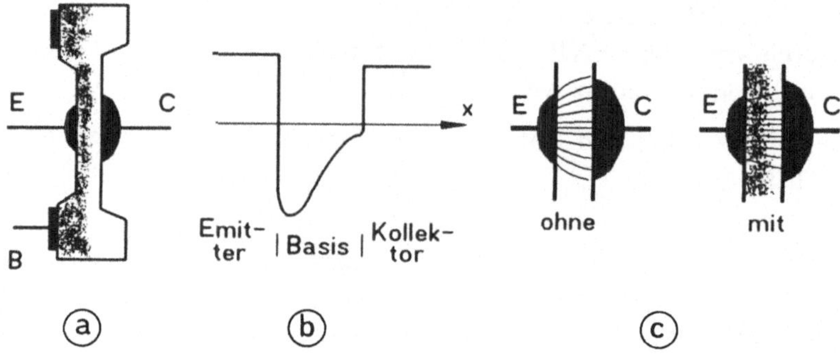

Bild 9.4: Drifttransistor (a), Dotierungsprofil (b) und Wirkung des Driftfeldes (c)

1. Auf jeder Seite des Basisplättchens werden vor dem Legierungsprozeß kleine Mulden geätzt, so daß für die aktive Basiszone eine dünne Membrane übrigbleibt.

2. Das Plättchen wird zusätzlich nach dem Ätzen und vor dem Legieren einem Diffusionsvorgang ausgesetzt, bei dem das vorher gleichmäßig dotierte Material in einem Diffusionsofen auf der Emitterseite mit N-Störstellen angereichert wird, so daß über die Dicke der Basiszone ein etwa exponentiell verlaufendes Dotierungsgefälle entsteht (Bilder 9.4a und b). Diese Dotierung sorgt für ein zusätzliches *Driftfeld*, das die Ladungsträger in Richtung Kollektor beschleunigt. Deshalb liegen die Strombahnen enger zusammen.

Bild 9.4c zeigt diesen Unterschied schematisch. Die Hochfrequenzeigenschaften sind bei diesem Typ besser, weil sich kleinere Transistorkapazitäten ergeben. Derartige Drifttransistoren fanden Anwendung bei Frequenzen bis etwa 100 MHz.

Die Legierungstechnik läßt sich auch auf andere Bauelemente anwenden (z.B. Leistungsdioden und -transistoren); wir haben sie hier nur exemplarisch gestreift.

9.1.4 Die Mesa–Technik und der Mesa–Transistor

Eine wesentliche Verbesserung der Hochfrequenzeigenschaften von Transistoren brachte in den sechziger Jahren die *Mesa-Technik* (mesa (span.) = Tafelberg)). Auch hier finden Ätz- und Difussionsverfahren sowie eine Variante der *Planartechnik* (s.a. nächsten Abschnitt) Anwendung.

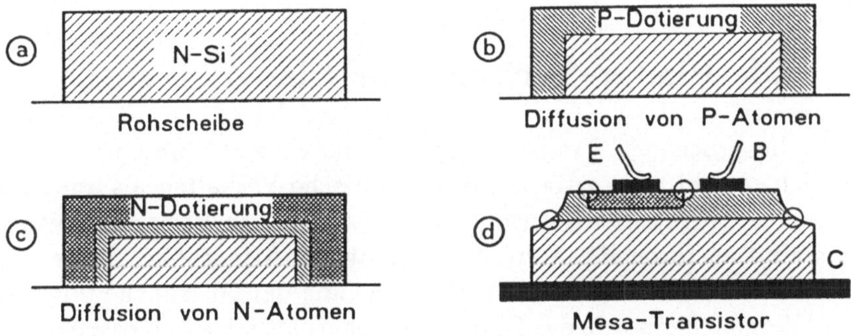

Bild 9.5: Mesa-Technik (a ⋯ c) und Mesatransistor (d), (schematisch)

Der Ausgangskristall wird beim Ziehen bereits schwach P- (bei Ge) oder N-dotiert (bei Si), wodurch ein hochohmiges Material für PNP- oder NPN-Transistoren entsteht. Der Stab wird in Scheiben von ca. 0,5 mm Dicke zersägt und poliert. Anschließend werden Störatome entgegengesetzter Leitfähigkeit bei Temperaturen um 800°C aus der Gasphase eindiffundiert. Die Bilder 9.5a ⋯ c zeigen diesen Vorgang schematisch am Beispiel des NPN-Si-Transistors. Zunächst erfolgt die P-Diffusion. Die so entstehende Sperrschicht bildet später die Basis-Kollektorübergänge. Die Eindringtiefe der Störatome in das Grundmaterial läßt sich sehr gut kontrollieren. Sie beträgt etwa 1 ⋯ 2 μm. Da die fertigen Transistoren etwa 0,2 bis 1 mm^2 groß sind, ergibt eine Scheibe etwa 1000 Transistoren. Durch erneutes Diffundieren mit N-Störatomen werden die Basis-Emitter-PN-Übergänge geschaffen (Bild 9.5c). Durch spezielle

Präzisions-Maskentechniken und Schrägbedampfung erreicht man, daß diese PN- Übergänge in Form von räumlich getrennten, schmalen Rechtecken entstehen, (in Bild 9.5 nicht dargestellt). Im Anschluß daran werden die Basiskontaktstreifen (z.B. Au + 1% Sb) in etwa 10 μm Abstand vom Emitter aufgedampft. Basis und Emitter liegen also auf derselben Seite des Kristalls, und somit ist die Reproduzierbarkeit der Basisdicken ($\approx 1 \mu m$) sehr gut. Durch Abdeckung der einzelnen Transistorsysteme mit einer säurefesten Maske und anschließendes Ätzen eines etwa 10 μm tiefen Gitterrasters werden kleine tafelbergförmige Inseln erzeugt, die jeweils einen Transistor tragen. Nach dem Schleifen der Rückseite wird die Scheibe in Plättchen zerlegt, die sperrschichtfrei auf Trägerbleche aufgelötet, kontaktiert und in Gehäuse gebracht werden. Wegen der Kleinheit der Transistorpillen sind für die Kontaktierung spezielle Kaltschweißverfahren entwickelt worden (s. Abschnitt Kontaktierung). Die Positionierung der Anschlußdrähte geschieht mit Mikromanipulatoren. Das Mesa-Verfahren hat einen hohen Reproduzierbarkeitsgrad, so daß diese Transistoren gegenüber den Legierungstypen relativ geringe Exemplarstreuungen besitzen. Den Schnitt eines fertigen Mesa-Transistors zeigt Bild 9.5d.

9.1.5 Die Planar-Technik, der Planar-Transistor

Die bisher besprochenen Transistortypen besitzen einen wesentlichen Nachteil, der sich sowohl ungünstig auf das elektrische Verhalten als auch auf die Lebensdauer auswirkt. Sowohl Emitter-Basis- als auch Basis-Kollektor-PN-Übergang sind an ihren Rändern unmittelbar der Atmosphäre ausgesetzt (in Bild 9.5d durch Kreise markiert). Die Abdeckung der Oberfläche mit Spezialfetten und dergleichen sowie das Einpacken in hermetisch geschlossene Gehäuse bringt hier nur wenig dauerhafte Erfolge. Zunächst für den Si-Transistor und später auch für den Ge-Transistor hat sich deshalb die *Planartechnik* durchgesetzt, bei der der Oberflächenschutz im Falle des Si durch Oxydation des Siliziums selbst zu dem sehr beständigen und elektrisch hochwertigen SiO_2 erzeugt wird. Sie hat sich weit über die Herstellung einzelner Transistoren hinaus verbreitet und ist heute die Fertigungstechnik für integrierte Schaltungen (IS: Integrierte Schaltung, IC: Integrated Circuit) schlechthin. Bei Ge ist die Erzeugung der Schutzschicht durch Oxidation direkt nicht möglich und daher komplizierter.

Die Planartechnik beinhaltet - wie im Abschnitt 9 unter Punkt 2) schon erwähnt - eine Reihe von Einzelschritten. Der Planartransistor kann prinzipiell als eine in den Kristall versenkte Mesa-Struktur betrachtet werden. Die Herstellung eines Si-NPN-Planartransistors zeigt schematisch Bild 9.6. Wie beim Mesatransistor befinden sich auch hier mehrere hundert bis tausend Einzeltransistoren während der Herstellung auf einer Si-Scheibe.

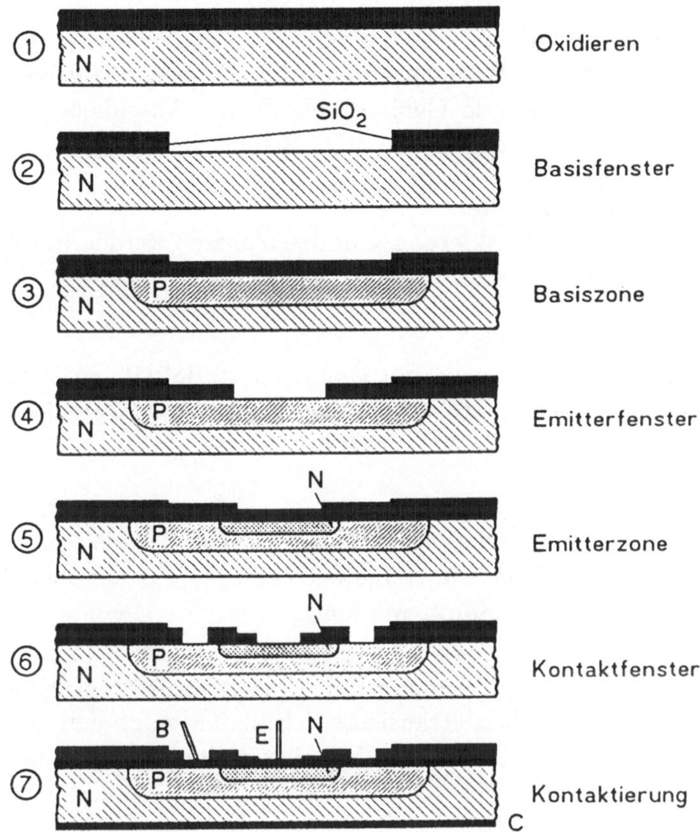

Bild 9.6: Si-Planartechnik, schematisch

Wir wollen die einzelnen Technologieschritte kurz erörtern.

1. *Oxydieren:*
   Eine entsprechend der Verwendung dotierte N-Si-Scheibe wird geätzt, poliert und durch Oxydation mit einer etwa 1 μm starken SiO_2-Schicht oberflächenpassiviert.

2. *Ätzen der Basisfenster:*
   Mittels eines fotolitografischen Verfahrens wird die Oxydschicht an bestimmten Stellen fensterförmig abgeätzt. Hierzu wird das Plättchen zunächst mit einem Fotoresistlack beschichtet und mit einer Maske belichtet. Nach dem Entwickeln der Fotoschicht bleibt der Lack nur an den

Stellen stehen, wo die Oxidschicht erhalten bleiben soll. An den anderen Stellen wird das Oxid weggeätzt.

3. *Bilden der Basiszonen:*
Akzeptormaterial (z.B. Bor) wird in die freiliegenden Zonen eindiffundiert, so daß P-leitende Gebiete entstehen. Anschließende Oxidation stellt wieder eine durchgehende SiO_2-Schicht her.

4. *Ätzen der Emitterfenster:*
In einem erneuten Maskierungs- und Ätzprozeß werden in den P-Zonen kleinere Fenster analog 2. erzeugt.

5. *Bilden der Emitterzone:*
Die anschließende Diffusion mit Donatormaterial läßt im Emitterfenster eine dünne N-Zone entstehen, die wiederum durch Oxidation passiviert wird.

6. *Basis- und Emitterkontaktierung:*
In einem weiteren Prozeß des Maskierens und Ätzens werden im Oxid Löcher im Basis- und Emittergebiet erzeugt, auf die sperrschichtfreie Kontaktflächen aufgedampft werden.

Die weitere Verarbeitung (Trennung der Einzeltransistoren, Kontaktierung etc.) erfolgt wie beim Mesa-Transistor. Bild 9.6 zeigt den Aufbau eines Planar-Systems. Das Planarverfahren hat eine Reihe von wesentlichen Vorteilen:

- Das Transistorsystem liegt an den entscheidenden Stellen, nämlich dort, wo die PN-Grenzen an die Halbleiteroberfläche stoßen, unter einer schützenden Oxidschicht, und zwar jeweils an einer Stelle, die durch den vorhergehenden Ätzprozeß völlig unberührt bleibt.
- Die Exemplarstreuungen sind geringer,
- Das Rauschmaß ist klein.
- Die Restströme sind gering.
- Die Stromverstärkung ist hoch.
- Der Preis liegt niedrig.
- Die Lebensdauer ist hoch.

Die Anwendung der Planartechnik auf Ge–Transistoren hat, wie schon erwähnt, erst viel später Serienreife erlangt, weil die Oxidation des Ge zu keinem wirksamen Oberflächenschutz führt. Ge–Oxidschichten sind wasserlöslich und thermisch instabil. Andererseits läßt sich aber theoretisch zeigen, daß ein Ge–Transistor gegenüber einem Si–Transistor gleicher Geometrie bessere HF–Eigenschaften hat (insbesondere geringeres Rauschen und höhere Leistungsverstärkung). Das ist auf die größere Ladungsträgerbeweglichkeit μ bei Ge zurückzuführen (s.a. Tabelle 4.2). Die Passivierung von Ge–Planartransistoren geschieht ebenfalls mit einer SiO_2–Schicht, indem man organische Siliziumverbindungen bei etwa 600°C thermisch zersetzt und unlösbar auf das Ge aufwachsen läßt.

9.1.6 PNIP– und NPIN–Transistoren

Bei den Flächendioden hatten wir Typen kennengelernt, bei denen bestimmte Eigenschaften durch die Einlagerung zusätzlicher Schichten mit geringerer Leitfähigkeit verbessert werden (s.a. Abschn. 6.8.2). Beim Transistor gibt es ähnliche Strukturen. Bild 9.7 zeigt schematisch den Aufbau und das Dotierungsprofil des *PNIP-* und des *NPIN-Transistors.* Durch die zwischen Basis und Kollektor eingelagerte intrinsic-Schicht werden diese beiden Elektroden elektrisch weiter voneinander getrennt. Das führt zu einer Verringerung der Sperrschichtkapazität, verbesserten Hochfrequenzeigenschaften und wegen der Erhöhung der sogenannten *„punch-through"-Spannung* zu verbesserten Hochspannungseigenschaften. Die punch-through–Spannung ist diejenige Spannung, bei der die Kollektorraumladungsschicht sich über die volle Basisbreite erstreckt und das Emittergebiet erreicht. In der Ausgangskennlinie macht sich das in einem steilen Kollektorstromanstieg bemerkbar (Kollektor–Emitter–Durchbruch). Das Dotierungsprofil hat gewisse Ähnlichkeit mit dem des Drifttransistors. In der Planartechnik lassen sich derartige Strukturen in Verbindung mit der Epitaxie (s. nächsten Abschnitt) realisieren.

9.1.7 Die Epitaxie, Epitaxial–Transistoren

Unter *Epitaxie* versteht man das monokristalline Aufwachsen einer (0,5 ··· 20 μm dünnen) Schicht auf einem monokristallinen Wirtsmaterial (epi (gr.): darauf, taxis: das Anordnen). Dies geschieht im wesentlichen mittels des *CVD-Verfahrens* (Chemiacl Vapour Deposition), eines vielseitig verwendbaren Beschichtungsverfahrens, mit dessen Hilfe man außer einkristallinen auch polykristalline Si–Schichten sowie SiO_2–, leitende Glas– und Metallschichten erzeugen kann. Das Prinzip besteht darin, daß man ein entsprechendes Gas,

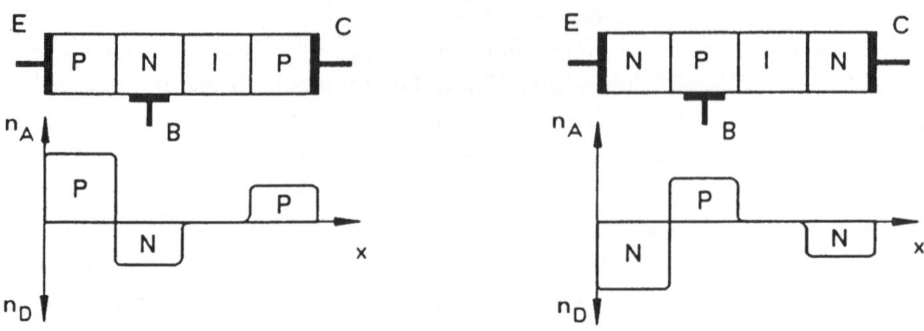

Bild 9.7: Aufbau und Dotierungsprofil von PNIP- und NPIN-Transistoren

das den abzuscheidenen Stoff in geeigneter chemischer Verbindung enthält, über die Schicht leitet, mit der er bei entsprechender Temperatur (einige hundert °C) reagiert, so daß er dort verbleibt. Im Fall der Si-Epitaxie verwendet man ein Gemisch aus Wasserstoff und Siliziumchlorid $SiCl_4$ bei etwa 1150°C, wobei sich Si abscheidet und Salzsäure HCl abgeführt wird. Mittels Epitaxie lassen sich beispielsweise auch P-P$^+$-, N-N$^+$-, N$^+$-N-Strukturen realisieren (vgl. vorigen Abschnitt). Die Schichtdicke und die Störstellenkonzentration lassen sich dabei fast beliebig steuern, so daß man Dotierungsprofile durch Epitaxie erzielen kann, die mit anderen Techniken nur schwer zu erreichen sind.

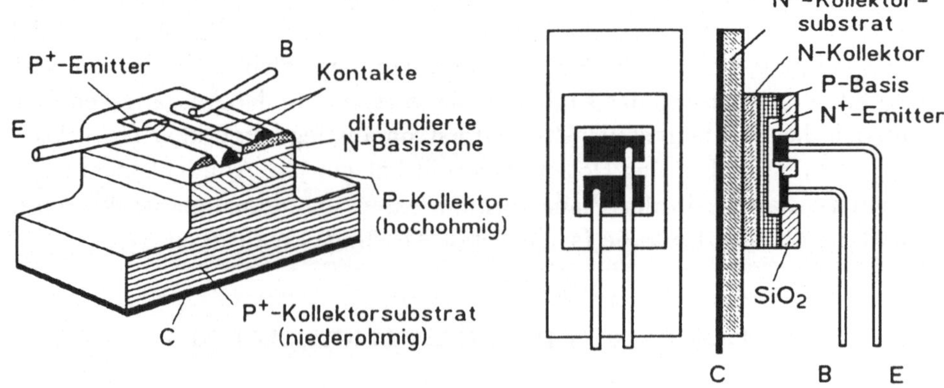

Bild 9.8: PNP-Epitaxial-Mesa Transistor (a) und NPN-Epitaxial-Planar-Transistor

Beim Mesa- und Planar-Transistor liegen zwar Emitter und Basis räumlich und elektrisch sehr dicht benachbart, technologisch bedingt ist jedoch der Kollektor relativ dazu weit entfernt, weil die Kristallscheibe mechanisch eine bestimmte Mindestdicke haben muß. Weil das Ausgangsmaterial aus elektrischen Gründen nur gering dotiert und damit hochohmig ist, ergibt sich ein erhöhter Kollektorbahnwiderstand, der die Sättigungsspannung U_{CEsat} heraufsetzt.

Ziel der Transistorentwickler war es deshalb im diesem speziellen Fall, bei *gleichem mechanischen Abstand den Kollektor elektrisch näher an die Basis* heranzubringen. Hierzu bedient man sich der eben beschriebenen Epitaxie. Die wirksame Kollektorschicht läßt sich, wenn sie epitaktisch entsteht, auf die Dicke begrenzen, die elektrisch notwendig ist (einige μm).

Als Ausgangssubstrat dient beim Epitaxialtransistor eine hochdotierte und damit niederohmige Scheibe, auf die eine dünne, niedrig dotierte, hochohmige Schicht gleicher Ladungsträgerart aufgewachsen ist. Auf einer solchen Scheibe lassen sich nun Transistorchips mit Mesa- oder Planarstruktur in der bereits besprochenen Technologie aufbauen. Bild 9.8a zeigt den Aufbau eines PNP-Epitaxial-Mesa-Transistors. Der bereits erwähnte Nachteil der ungeschützten Basis-Kollektorsperrschicht ist auch hier noch vorhanden. In Bild 9.8b ist der Aufbau eines NPN-Epitaxial-Planartransistors dargestellt. Die elektrisch entscheidenden Regionen liegen unter einer schützenden Oxidschicht.

9.1.8 Der Annular-Transistor

Die Planartechnik besitzt noch einen Nachteil, der durch die passivierende SiO_2-Schicht entsteht und der sich insbesondere bei PNP-Strukturen bemerkbar macht. Liegt ein SiO_2-Film über einer schwach dotierten, hochohmigen Halbleiterschicht, so können Störstellenatome in der SiO_2-Schicht durch Influenz Veränderungen im darunterliegenden Halbleiter hervorrufen und ihn völlig unkontrolliert beeinflussen. Das wird besonders kritisch an der *Kollektor-Basissperrschicht*, weil hier das hochohmige Kollektormaterial insbesondere bei höheren Betriebsspannungen in seiner Leitfähigkeit invertiert wird.

Aus dem schwach P-leitenden Si wird N-leitendes, und somit erstreckt sich die effektive Basisregion unter der SiO_2-Oberfläche bis in die Randregion des Chips, wo — genau wie beim Mesa-Transistor — kein Schutz gegen Oberflächeneffekte besteht. Die Folge ist ein erhöhter Reststrom und geringere Spannungsfestigkeit. Enthält der Chip mehrere Transistoren, so können unerwünschte Verkopplungen auftreten, die dem *Latch-Up-Effekt* in der MOS-Technologie ähneln und die durch parasitäre Thyristoren verursacht werden (s.u. und vgl. Bd. II).

Da die Inversion vom Prinzip her nicht zu vermeiden ist, muß man durch einen speziellen Aufbau des Chips wenigstens erreichen, daß der Inversionskanal unter der SiO_2-Schicht einen kontrollierten Verlauf erhält. Das erreicht

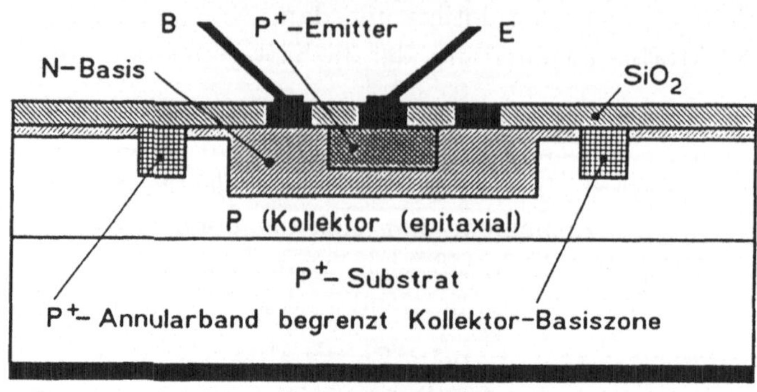

Bild 9.9: Annular-Transistor

man durch Einfügung eines hochdotierten, niederohmigen P^+-Ringes, der den Kanal nach außen hin begrenzt (Bild 9.9). Diese sog. *Annular-Struktur* vereint die guten Hochspannungseigenschaften der Mesatechnik mit den niedrigen Restströmen der Planartechnik und liefert außerdem gute Hochfrequenzeigenschaften.

9.1.9 Ionen-Implantation

Ein weiteres Verfahren der kontrollierten Verunreinigung von Halbleitern ist die *Ionen-Implantation*. Hierbei wird das Substrat mit einem Strahl hochenergetischer Ionen (Größenordnung 30 keV) bombardiert, wobei einzelne Ionen etwa 0,1 μm in das Substrat eindringen, dort verbleiben und somit dort implantiert sind. Dieses Verfahren hat eine Reihe von Vorteilen:

- Sehr genau einstellbares Dotierungsprofil mit beliebigen Geometrien,
- niedrigere Arbeitstemperaturen (ca. 700°C),
- Einpflanzung von Störatomen, die durch Diffusion oder Legieren nicht einpflanzbar sind,
- selektive Dotierung wegen der scharfen Strahlbündelung.

Dem stehen zwei Nachteile gegenüber:

- geringe Eindringtiefe (s.o.),

- Beschädigung der Materialoberfläche durch den Beschuß; die Dotieratome befinden sich nicht exakt auf den Gitterplätzen (Gegenmaßnahme: Ausheizen *(Temperung)* des Kristalls bei ca 500°C).

Die Ionenimplantation hat mittlerweile eine große Bedeutung in der Dotierungstechnik erlangt.

9.1.10 Kontaktierungstechnik

Ein wichtiger Gesichtspunkt bei der Herstellung von Halbleiterbauelementen ist die zuverlässige, mechanisch und elektrisch belastbare und die elektrischen Eigenschaften des Chips nicht verändernde Kontaktierung zwischen Chip und Gehäuse. Bei diskreten Bauelementen mit Einzelfunktionen (Diode, Transistor etc.) ist das Gehäuse, sofern es aus Metall besteht, galvanisch mit einer Elektrode verbunden; beim Planartransistor ist das in der Regel aus thermischen Gründen der Kollektor (Prinzip des „buried collector" (vgl. z.B. Bild 9.9)), bei der Diode (s.a. Bild 6.12) können es Anode oder Katode sein. Der Chip ist hier planar aufgelötet, es entsteht ein Metall-Halbleiter-Kontakt vom Anreicherungstyp (vgl. Abschnitt 6.8.12).

Für die Kontaktierung der übrigen, häufig flächenmäßig sehr viel kleineren Elektroden (in der Planartechnik sind das in der Regel Al-Leiterbahnanschlüsse) verwendet man dünne Golddrähte, die mit *Thermokompressions-* oder *Ultraschall-Kaltschweißverfahren* befestigt werden. Bild 9.10 zeigt diese auch als *Bonden* bezeichnete Technik.

Beim Kugel- oder Nagelkopf-Bonden (Bild 9.10a) wird der Golddraht durch eine heizbare Hartmetallkapillare geführt und an seinen Ende mit einer Wasserstofflamme geschmolzen (1). Die entstandene flüssige Kugel wird mit der Kapillare auf den Kontaktpunkt des vorgeheizten Chips gedrückt und legiert dort mit dem Al zu einer sperrschichtfreien Verbindung (2). Die Düse wird angehoben (3), der Draht fest auf dem äußeren Anschluß gepreßt (4) - wobei er mit diesem verschweißt - und anschließend mit der Flamme abgeschmolzen, so daß erneut eine flüssige Kugel für den nächsten Kontaktpunkt entsteht (1).

Zusätzlich zur Flamme kann man auch eine Ultraschall-Erregung der Kapillare einführen, so daß sich die Temperatur reduzieren läßt. Beim Schneiden-Bonden wird zum Andrücken eine zusätzliche Schneide verwendet (Bild 9.10b).

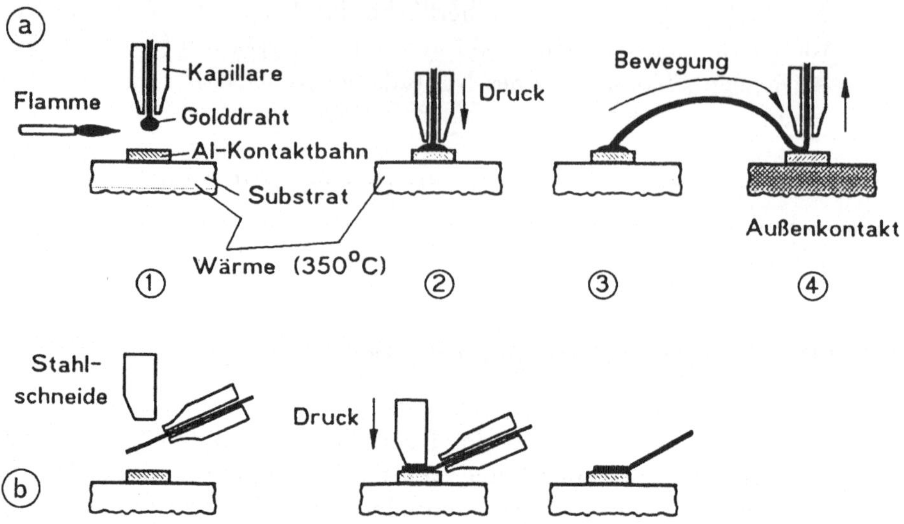

Bild 9.10: Kontaktierungstechniken (Bonden): Nagelkopf-Bonden (a) und Schneiden-Bonden (b)

9.1.11 Realisierung einzelner Grundkomponenten

Für den Aufbau komplexer ICs benötigt man auf dem Chip Grundkomponentnen wie Widerstände, Dioden, Transistoren, Kondensatoren etc. Je nach Prozeßarchitektur (vgl. nächsten Abschnitt) lassen sie sich mit unterschiedlichem Aufwand realisieren. Die prinzipielle Einschränkung gegenüber „normalen" diskreten Bauelementen ist hier, daß sie aus Folgen von geeigneten P- und N-Zonen bestehen. Dabei lassen sich folgende Regeln formulieren:

- *Ohmsche Widerstände* erfordern in bipolarer Technik viel Fläche, zusätzliche Technologiestufen und sind im Wertebereich stark eingeschränkt. In der MOS-Technik sind sie leicht dadurch zu erhalten, daß man (flächensparende) FET im Ohmschen Bereich betreibt. Durch geeignete Schaltungen läßt sich der Wertebereich elektronisch vergrößern.

- *Kondensatoren* lassen sich entweder als Sperrschichtkapazitäten (gepolt) oder als MOS-Kapazitäten (ungepolt) realisieren. Der Wertebereich ist auf kleine Größen begrenzt. Auch hier existieren Schaltungskonzepte für die elektronische Bereichserweiterung.

- *Dioden* und *Transistoren* sind relativ einfach herzustellen; in der Bipolartechnik ist für die gegenseitige Isolation einzelner Komponenten auf dem Chip entsprechend Sorge zu Tragen (vgl. a. Annulartransistor).

- *Induktivitäten* und *Transformatoren* müssen vollständig durch geeignete Schaltungskonzepte simuliert oder vermeidbar gemacht werden.
- *Leiterbahnen* lassen sich entweder in Al oder polykristallinen Si realisieren.

Bild 9.11 zeigt grob schematisch einige Grund-Bauelemente in Planar-Halbleitertechnologie.

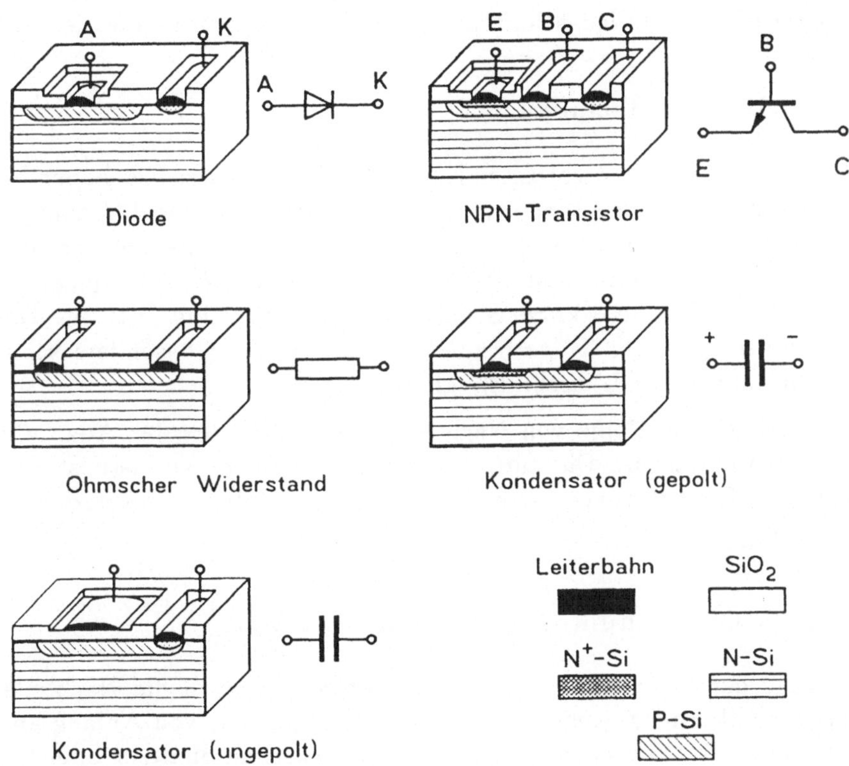

Bild 9.11: Beispiele für Bauelemente in Planar-Halbleitertechnik

9.1.12 Prozeßarchitekturen

Wie wir eingangs zu diesem Kapitel gesehen haben, standen zu Beginn der Halbleiterelektronik einzeln bipolare Techniken ausschließlich im Vordergrund.

In dem Maße, in dem die ICs an Bedeutung gewannen, bildete sich daraus eine Prozeßarchitektur. Später kam die MOS-Technik hinzu und eroberte viele Bereiche der Bipolartechnik, ohne sie jedoch verdrängen zu können. Vielmehr besitzt jede für sich spezifische vorteilhafte und nachteilige Eigenschaften, die der Ingenieur kennen sollte, um sich ihrer bedienen zu können.

Im Bestreben, die Vorzüge beider Techniken gleichzeitig auszunutzen, hat sich in den letzten 10 Jahren eine dritte wichtige Prozeßarchitektur in Form der BICMOS-Technik herausgebildet. Das Kürzel steht für **BI**polar-Complementär-**MOS**-Technik, ist also eine Symbiose aus der Bipolar- und der CMOS-Technik, einer speziellen Weiterentwicklung der MOS-Technik. Wir wollen die wichtigsten Eigenschaften der 3 Richtungen miteinander vergleichen.

9.1.12.1 Bipolar-Technik

Bipolartransistoren, die wichtigsten Komponenten bipolarer ICs, haben höhere Steilheiten und niedrigere Innenwiderstände als FET. Die Hochfrequenzeigenschaften sind besser, und damit sind bipolare Komponenten in der Analog- und in der Digitaltechnik überall dort überlegen, wo hohe Frequenzen verarbeitet werden oder/und kurze Schaltzeiten gefordert sind (z.B. für Tonstudioanwendungen, in der Trägerfrequenztechnik und bei besonders schnellen Digitalschaltungen (ECL-Technik) vgl. Bd III).

Dem stehen eine Reihe von Nachteilen gegenüber, die das Anwendungsspektrum einschränken: Die zum Teil erheblich höhere Verlustleistung, das ungünstigere Temperaturverhalten, der niedrigere Integrationsgrad und der höhere Preis.

9.1.12.2 MOS-Technik (PMOS, NMOS, CMOS)

Die Vorzüge der MOS-Technik sind streckenweise genau die Nachteile der Bipolar-Technik und umgekehrt. Die MOS-Technik war von Anfang an eine Planartechnik. Im Vordergrund stand die Realisierung digitaler Speicher als Ersatz für den Magnetkernspeicher. Wir unterscheiden 3 wesentliche Entwicklungsstufen. Der Einfachheit halber erörtern wir sie am Beispiel der jeweiligen Transistoren als deren wichtigster Komponente.

1. **P-Kanal-MOSFET mit Al-Gate**
   Der P-Kanal-MOSFET mit Al-Gatekontaktierung stand am Anfang der Entwicklung. Typisch ist hier der *MTOS-Prozeß* (**M**etal **T**hick **O**xide **Si**licon. Sein Aufbau ist, abgesehen vom Leitfähigkeitstyp, vergleichbar mit dem in Bild 7.60.

2. **N-Kanal–MOSFET mit Al-Gate oder Poly–Si–Gate**
   Wegen gewisser technologischer Probleme, die sich vor allem an der Grenzschicht zwischen Kanal und Gateoxid zeigten, gelang es erst später, den N-Kanal-MOSFET serienreif zu machen. Der wesentliche Vorteil - die größere Beweglichkeit der Elektronen gegenüber den Löchern im P-Kanal - führte zu schnelleren Schaltungen. Außerdem konnte die Packungsdichte unter anderem dadurch erhöht werden, daß man anstelle von Metall-Verbindungsleitungen Stromführungen auf der Basis von polykristallinem Si *(Poly-Si)* verwendete.

3. **Komplementär– oder CMOS–Technik**
   Die etwa ab 1975 eingeführte *Komplementär-Kanal-MOS-Technik* gestattete den Bau hochkomplexer Schaltungen mit extrem niedriger Verlustleistung. Das Prinzip von *CMOS* besteht darin, daß man die Grundschaltungen aus Transistoren realisiert, die zueinander komplementär sind. Es bieten sich 2 Möglichkeiten:

   (a) *P-Wannenprozeß* und

   (b) *N-Wannenprozeß*.

   Gemäß Bild 9.12a ist das Grundsubstrat beim P-Wannenprozeß N-leitend. In ihm ist zum einen ein N-Kanal-MOSFET und zum anderen eine wannenförmige P-Insel eingebracht, die wiederum einen P-Kanal-MOSFET trägt. Beim N-Wannenprozeß geht man entgegengesetzt vor.

   Die Wahl, welcher Transistor sich in der Wanne befindet, hängt von den Anforderungen an die Gesamtschaltung ab. Dabei muß man in Betracht ziehen, daß das Wannenmaterial wegen der Überkompensation (Umwandlung von P- in N-Leitung oder umgekehrt) niederohmiger als das Grundsubstrat und daß P-Leitung langsamer als N-Leitung ist.

Die CMOS-Technik birgt zwei wichtige parasitäre Erscheinungen in sich, die die Funktionsweise des Gesamtsystems infragestellen und die Schaltung im Extremfall sogar zerstören können. Wie im Bild 9.12a angedeutet ist, kann sich in vertikaler Richtung ein *parasitärer Transistor* (hier vom NPN-Typ zwischen Substrat (als Kollektor), Wanne (Basis) und der Source (als Emitter) bilden. Noch kritischer ist die ebenfalls angedeutete horizontale Vierschichtenfolge (in Bild 9.12b), die einen *parasitären Thyristor* darstellt (vgl. Bild 8.5). Dieser Thyristor zündet unter bestimmten inneren oder äußeren Bedingungen durch und erzeugt damit den sog. *Latch-Up-Effekt*, der in der Regel sehr unangemehme Folgen hat.

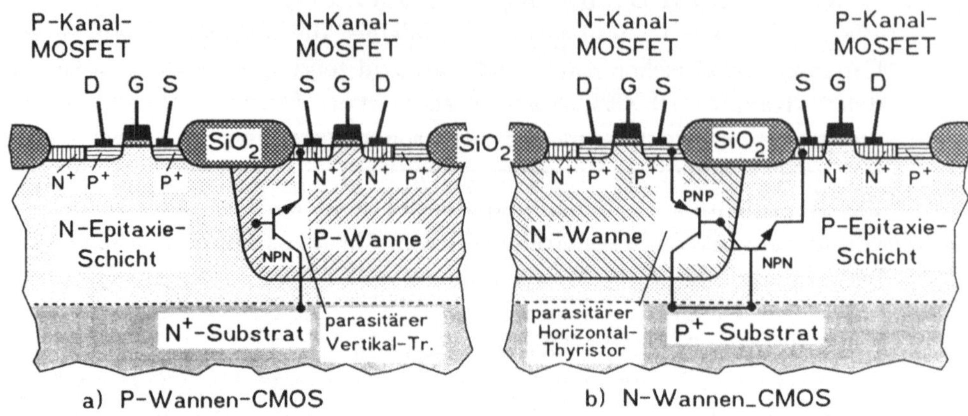

Bild 9.12: CMOS-Strukturen: P-Wannen- (a) und N-Wannen-Konzept (b)

9.1.12.3 BICMOS–Technik

Reine Bipolar- und MOS-Technologien besitzten, wie oben grob dargelegt, spezifische Engpässe. In der reinen Bipolartechnologie benötigt ein Transistor etwa die 5- bis 10-fache Fläche eines MOS-Transistors. Zusätzlich können die Abstände zwischen den MOS-Transistoren aufgrund der Selbstisolierung kleiner sein als bei Bipolartransistoren. Dadurch können digitale Schaltungen, in denen nicht die Verdrahtung dominiert und die nicht besonders schnell sein müssen, in MOS-Technik auf einem Bruchteil der Chipfläche hergestellt werden. Hohe Packungsdichte mit Bipolartransistoren bietet die *Integrierte Injektions Logik* (I^2L, vgl. Bd. III). Diese Technik konnte sich jedoch nicht weit verbreiten, weil sie sehr hohe Anforderungen an die Prozeßführung stellt.

Die Anwendung dynamischer Techniken bei MOS-Schaltungen (z.B. Kondensator als dynamischer Speicher) ist auf bipolare Schaltungen nicht übertragbar. Der Strom durch einen Bipolartransistor kann im Prinzip nur in einer Richtung fließen, im MOSFET jedoch in beiden. Das ist sehr vorteilhaft für den Bau von Analogschaltern (*„Transmission-Gates“* in MOS-Technik).

Die Leistungsaufnahme in Digitalsystemen ist bei Bipolarschaltungen im Prinzip höher als bei MOS-Schaltungen, solange man niedrige Frequenzen betrachtet. Falls aber eine Anwendung vorliegt, bei der ein größeres System mit umfangreicher Verdrahtung und entsprechenden Kapazitäten mit hoher Taktfrequenz betrieben wird, kann eine bipolare Lösung durchaus leistungsärmer sein. Wie in Band III bei der ECL-Technik gezeigt wird, kann nämlich der Spannungshub auf den Leitungen auf einige 100 mV begrenzt werden. Dadurch ist nur eine kleine Ladungsänderung notwendig, und die dynamische Leistungsaufnahme wird gering. In VLSI-Systemen gibt es aber oft große Schaltungsteile, die nicht mit der maximalen Taktfrequenz arbeiten. Hier ist die CMOS-Technik leistungsärmer. Nur an den Stellen, wo die höchsten Frequenzen auftreten, benötigt man bipolare Technik.

Die Industrie ist deshalb seit etwa 10 Jahren dabei, kombinierte Bipolar-CMOS-Prozesse zu entwickeln, die bereits zu einer Reihe hochintegrierter BICMOS-Schaltungen mit mehr als 10^8 Elementen pro Chip geführt haben. Hierbei stehen Speicher und Gate-Arrays im Vordergrund, die im Band III behandelt werden.

Literaturverzeichnis

Zu Kapitel 1 Passive Grundbauelemente

[1] **Bitterlich, W.:** Einführung in die Elektronik, Springer 1967

[2] **A E G:** AEG-Hilfsbuch für elektrische Licht- und Kraftanlagen, W. Girardet, Essen 1981

[3] **Rint, Curt:** Handbuch für Hochfrequenz- und Elektro-Techniker, Band I bis VIII, Verlag für Radio-, Foto- und Kinotechnik, Berlin

[4] **Siemens:** Diverse Sonderdrucke aus Fachzeitschriften (Siemens-Zeitschrift u.a.)

[5] **Valvo:** Diverse Nummern der Fachreihen Technische Informationen für die Industrie und Valvo-Brief

[6] **Meinke/Gundlach:** Taschenbuch der Hochfrequenztechnik, Springer 1973

[7] **Steinbuch/Rupprecht:** Nachrichtentechnik, Springer 1967

[8] **Völz, Horst:** Elektronik für Naturwissenschaften, Akademie-Verlag Berlin 1974

[9] **Höft, Herbert:** Passive elektronische Bauelemente, Dr. A. Hüthig Verlag, 1977

[10] **Zinke, Seither:** Widerstände, Kondensatoren, Spulen und ihre Werkstoffe, Springer 1982

[11] **Vitrom:** Hauptkatalog, Druckschriften Widerstände etc, 1991

[12] **Valvo:** Druckschriften Widerstände, Kondenstatoren etc, 1991

Zu Kapitel 2, Leitungsmechanismus im Vakuum

s.a. [3], [4], [6], [7], [9]

[13] **Barkhausen, H.**: Lehrbuch der Elektronenröhren und ihrer technischen Anwendungen, Bände I - IV, Hirzel Verlag 1968

[14] **Rothe, H. u. Kleen, W.**: Bücherei der Hochfrequenztechnik, Bände 2...5, Geest und Portig, Leipzig 1959

[15] **Rumpf, K.H.**: Bauelemente der Elektronik - Eigenschaften- Anwendung, VEB-Verlag Technik, Berlin 1966

[16] **Unger, H.-G./Schultz, W.**: Elektronische Bauelemente und Netzwerke I, 2. Auflage, Vieweg 1971

[17] **Kortüm, G.**: Lehrbuch der Elektrochemie, 5. Auflage, Verlag Chemie, Weinheim (Bergstr.) 1972

[18] **Bergmann, Schäfer:** Lehrbuch der Experimentalphysik, Walter de Gruyter 1987

Zu Kapitel 3 und 4, Grundlagen der Halbleiterphysik

s.a. [1], [3], [4], [5], [6], [7], [9], [16]

[19] **Spenke, E.**: Elektronische Halbleiter, 2. Auflage, Springer 1965

[20] **Rusche/Wagner/Weitzsch:** Flächentransistoren, Springer 1961

[21] **Paul, R.**: Halbleiterphysik, (Bd. 1 der Reihe Elektronische Festkörperbauelemente) Verlag Dr. A. Hüthig, Heidelberg 1975

[22] **Möschwitzer, u.a.**: Halbleiterelektronik, Band Lehrbuch, Verlag Dr. A. Hüthig, Heidelberg 1975

[23] **Möschwitzer, u.a.**: Band Arbeitsbuch, Verlag Dr. A. Hüthig, Heidelberg 1975

[24] **Möschwitzer, u.a.**: Band Wissensspeicher, Verlag Dr. A. Hüthig, Heidelberg 1975, Verlag Dr. A. Hüthig, Heidelberg 1975

[25] **Adler, R.B. u.a.**: Introduction to Semiconductor Physics, Semiconductor Electronics Education Committee, Vol 1, J. Wiley & Sons, 1964

[26] **Beam, W.R.**: Electronics of Solids, Mc Graw-Hill Physical and Quantum Electronics Series, Mc Graw-Hill Book Company 1965

[27] **Haug, A.**: Theoretische Festkörperphysik, Bd. I, F. Deuticke, Wien 1964

[28] **Mc Kelvey, J.P.**: Solid State and Semiconductor Physics, Harper tab Row, New York, Evanston u. London and J. Weatherhill, Inc., Tokyo 1966

[29] **Madelung, O.**: Halbleiter, Handbuch der Physik Bd.XX, Elektrische Leitungsphänomene II, S. 1-245, Springe Verlag 1957

[30] **Madelung, O.**: Die physikalischen Eigenschaften der III - V Verbindungen, Festkörperprobleme Bd. III, S. 55 - 80, Fr. Vieweg & Sohn, Braunschweig 1964

[31] **Moll, J.L..**: Physics of Semiconductors, Mc Graw-Hill Physical and Quantum Electronics Series, Mc Graw-Hill Book Company 1964

[32] **Myser, H.A.**: Einführung in die Halbleiterphysik, Dr. D. Steinkopff Verlag, Darmstadt 1960

[33] **Ollendorff, F.**: Technische Elektrodynamik Bd. II, Teil 4: Grundlagen der Kristall-Elektronik, Springe Verlag 1966

[34] **Bardeen, J., Brattain, W.H.**: The Transistor, a Semi-Conductor Triode, Nature of the Forward Current in Germanium Point-Contact Rectifiers., Phys. Rev. 74(1948), 230, 231

[35] **Bardeen, J., Brattain, W.H.**: Physical Principles Involved in Transistor Action. Phys. Rev. 75 (1949), 1208-1225

[36] **Kunz, H., Kraft, W.**: Bipolartransistoren und ihre Anwendungen, Verlag des Akademischen Maschinen- und Elektroingenieurvereins an der ETH Zürich, 1. Auflage 1983

Zu Kapitel 5, Bauelemente auf polykristalliner Basis

[37] **Möschwitzer, A. Köhler, E.**: Elektronische Festkörperbauelemente, Nachrichtentechnik 15 (1965), Nachrichtentechnik 16 (1966)

[38] **Siemens/Halske:** Halbleiter-Datenbücher (Standard- und Industrie-Typen)

[39] **Kuhrt, F., Lippmann, H.J.:** Hallgeneratoren-Eigenschaften und Anwendungen, Springer 1968

[40] **Heywang, W.:** Sensorik, Bd. 17 Reihe Halbleiterelektronik, Springer 1985

[41] **Heywang, W.:** Amorphe und polykristalline Halbleiter, Bd. 18 Reihe Halbleiterelektronik, Springer 1985

Zu Kapitel 6 u. 7, Dioden und Bipolar–Transistoren

s.a. [1], [6], [7], [9], [15], [19], [20], [22]., [23], [24], [36]

[42] **Telefunken:** Der Transistor, Band I und II, Telefunken GmbH, Ulm, Donau 1965

[43] **Ebers, J.J., Moll, J.L.:** Large-Signal Behavior of Junction Transistors, Proc. IRE, 1954, S. 1761-1772

[44] **Moll, J.L.:** Large-Signal Transient Response of Junction Transistors, Proc. IRE, 1954, S. 1773-1784

[45] **Gummel,H.K., Poon, H.C.:** An Integral Charge Control Model of Bipolar Transistors, Bell Syst. Tech. Journ. May-June 1970, S.827-852

[46] **Schlegel:** Der Transistor, C.F. Wintersche Verlagsbuchhandlung Prien, 2. Auflage 1961

[47] **Weitzsch, F.:** PNP-Flächentransistoren, Kompendium Teil I und II, Valvo Berichte Bd. III, H1 u. 3, 1957

[48] **Valvo:** Transistor-Kompendium Teil I, Grundlagen 2. Auflage 1967

[49] **Gärtner, W.W.:** Einführung in die Physik des Transistors, Springer Verlag 1963

[50] **Guggenbühl, W., Wunderlin, W., Strutt, M.J.O.:** Halbleiterbauelemente, Bd. I Halbleiter und Halbleiterdioden, Bd. II und III , Transistoren, Birkhäuser Verlag Basel und Stuttgart 1962

[51] **Dosse, J.:** Der Transistor, R. Oldenbourg, München 4. Auflage 1962

[52] **Kesel,G., Hammerschmitt, J., Lange, E.:** Signalverarbeitende Dioden, Reihe Halbleiterelektronik Bd 8, Springer 1982

[53] **Müller, R.**: Bauelemente der Halbleiterelektronik, Reihe Halbleiterelektronik Bd 2, 3. Auflage, Springer 1987

[54] **Tietze, U., Schenk, C.H.**: Halbleiter-Schaltungstechnik, Springer 1989, 9. Auflage

Zum Abschnitt Kapazitätsdioden s.a. [54]

[55] **Micic, L.**: Diodenabgestimmter Resonanzkreis, Int. Elektron. Rundschau 1968, No. 6

[56] **Ocker, H.**: Automatische Scharfabstimmung mit der Kapazitätsdiode BA 101 im UHF-Tuner, Telefunken RMI 601165

[57] **Rinderle, H., Hoffmann, G .**: Studie über die Diodenabstimmung für den LW- und MW-Bereich, Int. Elektron. Rundschau 1968, Heft 1 und 2

Zum Abschnitt Z-Dioden s.a. Literatur zu Kap.6 und 7

[58] **ITT**: Handbücher Z-Dioden

Zum Abschnitt Photohalbleiter s.a. [40], [41]

[59] **Wiesner, R.**: Der PN-Fotoeffekt, Halbleiterprobleme III, Fr. Vieweg Verlag, Braunschweig 1956

[60] **Nitsche, E.**: Zum Stand der Solarzellen-Technologie, Raumfahrtforschung XII (1968) Heft 2

[61] **Winstel, G. Weyrich C.**: Optoelektronik II, Photodioden, Phototransistoren, Photoleiter und Bildsensoren, Reihe Halbleiterelektronik Bd 11, Springer 1987

Zum Abschnitt Unijunction–Transistoren

[62] **Damaye:** Rund um den Unijunction-Transistor, Elektronik 17 (1968) Heft, 1, 2 und 3.

[63] **Heumann, K., Stumpe, A.C.:** Thyristoren, Eigenschaften und Anwendung, Teubner Stuttgart, 3. Auflage 1974

[64] **Trofimenkoff, F.N., Huff, G.J.:** DC–Theory of the Unijunction–Transistor, Int. J. Electronics 20 (1966)

Zum Abschnitt Feldeffekt–Transistoren

s.a. [3], [9], [24]

[65] **Paul, R.:** Feldeffekttransistoren, Physikalische Grundlagen und Eigenschaften, Verlag Berliner Union GmH, Stuttgart 1972

[66] **Möschwitzer, A.:** Zum statischen und dynamischen Grosignalverhalten des MOS–Feldeffekttransistors, NTZ 1967 Heft 3, 150–154

[67] **Wüstehube, J.:** Feldeffekt-Transistoren, Valvo GmH, April 1968

[68] **Trappe, P., Brumme, R.:** Das Gleichstromverhalten des Feldeffekt-Transistors, Teil I Nachrichtentechnik 17 (1967), Heft 1, 2–7

[69] **Paul, R.:** Frequenzverhalten von Sperrschicht–Feldeffekt–Transistoren AEÜ 21 (1967) Heft 4, 259–272

[70] **Paul, R.:** Der MOS–Transistor, Nachrichtentechnik 15 (1965), Heft 11, 412–420

[71] **Mäusl, R.:** Der Feldeffekt–Transistor, Theorie und Eigenschaften, Elektronik 1965, Heft 5, 139–142

[72] **Morgenstern, H.:** Physikalische Rauschursachen in Feldeffekt-Transistoren
a) Teil 1: Der Sperrschicht–Feldeffekt–Transistor, Nachrichtentechnik 17 (1967), Heft 12, 471–474
b) Teil 2: Der MOS–Feldeffekt–Transistor Nachrichtentechnik 18 (1968), Heft 1, 36–40

[73] **Sevin, L.J. Jr.:** Field-Effect Transistors, Mc Graw–Hill Book Company 1965

[74] **Wallmark, J.T.:** Field-Effect Transistors, Physics, Technology and Applications, Prentice Hall Inc., Englewood Cliffs, New Jersey 1966

[75] **Richmann, P.:** Characteristics and Operation of MOS Field-Effect Devices, Mc Graw-Hill Book Company 1967

[76] **Beneking, H.:** Feldeffekttransistoren, Band 7 Reihe Halbleiterelektronik, Springer 1973

[77] **Hillebrand, F., Meierling H.:** Feldeffekttransistoren in analogen und digitalen Schaltungen, Franzis-Verl. 1972

[78] **Kellner, W., Kniepkamp, H.:** GaAs-Feldeffekttransistoren, Reihe Halbleiterelektronik Bd. 16, Springer Verlag 1985

Zu Kapitel 8, Thyristoren

[79] **Lappe, R.:** Thyristor-Stromrichter für Antriebsregelungen, VEB Verlag Technik, Berlin 1968

[80] **BBC:** Silizium-Stromrichter-Handbuch, BBC Baden (Schweiz), 1971

[81] **Valvo:** Thyristoren, Hanseatische Druckanstalt, Hamburg

[82] **Keller, H., Wieczorek, G.:** Die Silizium-Vierschicht-Diode und ihre Anwendungen als elektronischer Schalter, Frequenz 15 (1961), 33-39

[83] **Gerlach, W., Köhl, G.:** Steuerbare Siliziumgleichrichter, Festkörperprobleme II, 203-215, Fr. Vieweg & Sohn, Braunschweig 1963

[84] **Mayerhofer, W.A.:** Die Vierschicht-Diode - ein bistabiler Halbleiter-Zweipol, Elektronische Rundschau 13 (1959), 51-54

[85] **Schultz, W.:** Berechnung der statischen Kennlinie von Vierschichtentrioden (Thyristoren), Z. angew. Physik XX, Heft 1 (1965), 26-35

[86] **Köhl, G.:** Wirkungsweise und Eigenschaften steuerbarer Siliziumgleichrichter, Int. Elektron. Rundschau 17 (1963) Heft 7, 337-340

[87] **Köhl, G.:** Über die Bemessung hochsperrender Thyristoren, Elektron. Zeitschrift Ausg. A, Bd. 89 (1968) Heft 6, 131-135

[88] **Herlet, A.:** Physikalische Grundlagen von Thyristor-Eigenschaften, Scientia Electrica XII (1966) Fasc. 4, 105-122

[89] **Anke, D.**: Leistungselektronik, Oldenbourg Verlag München, 1986

[90] **ETG–Fachbericht 23**: Abschaltbare Elemente der Leistungselektronik und ihre Anwendungen, VDE Verlag, 1988

Zu Kapitel 9, Halbleitertechnologie

s.a. [3], [9], [24], [42], [50]

[91] **Seiler, K.**: Physik und Technik der Halbleiter, Wissenschaftl. Verlagsgesellschaft Stuttgart 1964

[92] **Stern, L.**: Grundlagen integrierter Schaltungen, Franzis–Verlag 1971

[93] **Ruge, I.**: Halbleitertechnologie, Band 4 Reihe Halbleiterelektronik, 2. Auflage, Springer 1984

[94] **Widmann, D., Mader, H.,Friedrich, H.**: Technologie hochintegrierter Schaltungen, Band 19 Reihe Halbleiterelektronik, Springer 1988

[95] **Rein, H.–M., Ranfft, R.**: Integrierte Bipolarschaltungnen, Band 13 Reihe Halbleiterelektronik, Springer 1980

[96] **Weiß, H., Horninger, K.**: Integrierte MOS–Schaltungen, Band 14 Reihe Halbleiterelektronik, Springer 1982

[97] **Höfflinger, B, Zimmer G.**: Hochintegrierte analoge Schaltungen, Oldenbourg 1987

Index